Geyer/Hanke/Littich/Nettekoven

•

Grundlagen der Finanzierung

Grundlagen der Finanzierung

verstehen – berechnen – entscheiden

3. Auflage

von

ao. Univ.-Prof. Dr. Alois Geyer
Univ.-Prof. Dr. Michael Hanke
ao. Univ.-Prof. Dr. Edith Littich
Ass.-Prof. Dr. Michaela Nettekoven

Linde
international

Bibliografische Information Der Deutschen Bibliothek

Die Deutsche Bibliothek verzeichnet diese Publikation in der Deutschen Nationalbibliografie; detaillierte bibliografische Daten sind im Internet über http://dnb.ddb.de abrufbar.

ISBN: 978-3-7143-0165-6

1210 Wien, Scheydgasse 24, Tel.: 0043/1/24 630
www.lindeverlag.at

Druck: Hans Jentzsch & Co. GmbH
1210 Wien, Scheydgasse 31

Vorwort zur dritten Auflage

Die ersten beiden Auflagen dieses Buches wurden vom Markt sehr positiv aufgenommen. Es wird mittlerweile an zahlreichen Universitäten und Fachhochschulen im gesamten deutschen Sprachraum verwendet.

In der nun vorliegenden dritten Auflage haben wir nur geringfügige Änderungen vorgenommen. Neben Aktualisierungen und Anpassungen an veränderte rechtliche und institutionelle Rahmenbedingungen sind einige Beispiele präzisiert und korrigiert worden.

Die Danksagungen aus dem Vorwort zur ersten Auflage gelten natürlich weiterhin; zusätzlich möchten wir auch Prof. Dr. Gregor Dorfleitner und Dr. Robert Ferstl (beide Universität Regensburg) sowie Sabine Ferdik für ihre Unterstützung unseren Dank aussprechen.

Anregungen und Korrekturen sind selbstverständlich herzlich willkommen. Der Powerpoint-Foliensatz für Vortragende wurde für diese Auflage neu überarbeitet und ist weiterhin bei den Autoren auf Anfrage erhältlich. Formelsammlung und Errataliste finden sich nach wie vor unter den im Vorwort zur ersten Auflage genannten Links.

Innsbruck/Wien, im Februar 2009

Alois Geyer – Michael Hanke – Edith Littich – Michaela Nettekoven

Vorwort zur ersten Auflage

Dieses Lehrbuch soll Studierende im Grundstudium wirtschaftswissenschaftlicher Studienrichtungen in Grundprobleme und Denkweisen in den Bereichen Finanzierung und Investition einführen. Es dient als Literaturgrundlage für die Basislehrveranstaltung „Finanzierung I" an der Wirtschaftsuniversität Wien. Die zugehörige Lehrveranstaltung ist am Beginn des Studiums angesiedelt und umfasst zwei Semesterstunden.

Noch ein Finanzierungslehrbuch?

Der Hintergrund für die Entstehung dieses Lehrbuchs war die Neugestaltung der Studieneingangsphase an der Wirtschaftsuniversität Wien. Diese Studieneingangsphase ist für alle hier angebotenen Studienrichtungen (von der Betriebswirtschaft bis zur Wirtschaftsinformatik) weitgehend einheitlich gestaltet. In der Vorbereitungsphase zu dieser Neuorganisation wurden die Inhalte der von allen Studienanfängern zu absolvierenden gemeinsamen Veranstaltungen (der so genannte „Common Body of Knowledge") neu strukturiert und aufeinander abgestimmt. Die Planung der Lehrinhalte erfolgte zudem in Abstimmung mit den jeweils darauf aufbauenden Lehrveranstaltungen des Hauptstudiums. Die Inhalte wurden sorgfältig danach ausgewählt, ob sie für notwendig bzw. sinnvoll erachtet werden, und nicht nach den Inhalten existierender Lehrbücher ausgerichtet.

Dies führte zu der Problematik, dass im Bereich „Finanzierung I" kein Lehrbuch gefunden werden konnte, das die akkordierten Inhalte in moderner Form auf dem gewünschten Niveau darstellt. Nachdem wir uns als betreuende Abteilung im ersten Jahr mit Foliensammlungen beholfen hatten, wurde rasch klar, dass dies keine zufrieden stellende Dauerlösung sein konnte. Die dramatisch ansteigenden Studierendenzahlen (über 4000 Neuanfänger im Studienjahr 2002/03) machten die Erstellung eines Lehrtexts schon aus Gründen der begrenzt vorhandenen Betreuungskapazität beinahe unumgänglich. Dies führte zu dem Entschluss, ein neues, „anderes" Finanzierungslehrbuch zu schreiben.

Worin unterscheidet sich nun das vorliegende Buch von anderen Finanzierungslehrbüchern, insbesondere von manchen, schon in hoher Auflagenzahl erscheinenden, „etablierten" deutschsprachigen Lehrbüchern? Aus unserer Sicht sind es vor allem

- die Auswahl der Lehrinhalte und
- die Anzahl der Beispiele.

Für die Auswahl der Lehrinhalte war die Stellung der Lehrveranstaltung am Beginn des Studiums besonders ausschlaggebend. Sie erfordert neben einer Erläuterung und Einordnung des Begriffs Finanzierung (für Studierende ohne wirtschaftliche Vorkenntnisse) auch das Eingehen auf die Rolle von Modellen im Allgemeinen und in der Finanzierung im Besonderen. Unser Finanzierungsbegriff ist dabei inhaltlich eher von der angloamerikanischen als von der traditionellen deutschsprachigen Sichtweise geprägt: Während in der Betriebswirtschaftslehre im deutschen Sprachraum unter dem Begriff „Finanzierung" vorwiegend Betriebliche Finanzwirtschaft verstanden wird (wurde?), umfasst für uns dieser Begriff beispielsweise auch Finanzökonomik und Kapitalmarktlehre. Demgemäß finden sich in diesem Buch – im Gegensatz zu vielen „traditionellen" deutschsprachigen Finanzierungslehrbüchern – Überlegungen zur Risikoeinstellung von Entscheidungsträgern ebenso wie eine Einführung in moderne Finanzinstrumente wie Futures und Optionen.

Wir haben den Umfang auf das durch die Lehrveranstaltungsdauer begrenzte Zeitbudget abgestimmt. Einige Themenbereiche, die uns weniger wichtig erscheinen, finden daher keine Berücksichtigung. Dies betrifft etwa eine detaillierte Systematik unterschiedlicher Finanzierungsformen, die aus unserer Sicht für den Anfänger von untergeordneter Bedeutung ist. Des Weiteren fehlen ausführliche Querverbindungen zum betrieblichen Rechnungswesen. Grund dafür ist, dass wir diese (an sich bedeutende) Thematik als eine Art „Überbau" ansehen, der erst nach dem „Legen der Fundamente" (d.h. nach dem Erwerb einer soliden Basis sowohl in der Finanzierung als auch im Rechnungswesen) sinnvoll in Angriff genommen werden kann. Auch jene Teilbereiche der Finanzierung, die enge Bezüge zu anderen Disziplinen aufweisen, wie z.B. der Bereich der Kreditsicherheiten mit seinen Querverbindungen zum Zivilrecht, wurden bewusst knapp gehalten und zum Großteil auf die für die Finanzierung relevanten Aspekte reduziert.

Die langjährige Erfahrung der Autoren mit Einführungsveranstaltungen im Bereich Finanzierung ist dafür verantwortlich, dass den Beispielen und Übungsaufgaben in diesem Buch eine wesentliche Rolle beigemessen wird. Wiederholt wurde in der Vergangenheit seitens der Studierenden der Wunsch nach mehr Übungsgelegenheiten mit Selbstkontrollmöglichkeit artikuliert. Dies führte schließlich schon vor Jahren zur Erstellung eines Beispielskriptums mit ausführlich kommentierten Lösungen, das sich großer Beliebtheit erfreute. Die in der Folge deutlich verbesserten Prüfungsergebnisse belegen die vielfach gehörte These, dass ein großer Teil der Studierenden auch die Theorie effizienter anhand von Beispielen erlernt. Aus diesem Grund beinhaltet dieses Buch zahlreiche Beispiele im Text selbst, die vorwiegend der Veranschaulichung der präsentierten theoretischen Inhalte bzw. der Darstellung einfacher Anwendungen dienen. Darüber hinaus finden sich am Ende jedes Abschnitts zahlreiche Übungsaufgaben, die zur Wiederholung und Festigung des Gelernten dienen sollen. Um eine effiziente Selbstkontrolle des Wissensstandes zu ermöglichen, sind auch die Lösungen aller Übungsaufgaben enthalten. Zur Unterstützung eines „ehrlichen Übens“ wurden diese jedoch nicht direkt den Übungsaufgaben angeschlossen, sondern in den Anhang gestellt.

Zur Verwendung dieses Lehrbuchs

Dieses Buch ist so konzipiert, dass es auch für das Selbststudium geeignet ist. Generell ist es sinnvoll, unmittelbar im Anschluss an die Lektüre der einzelnen Abschnitte die zugehörigen Übungsaufgaben durchzuarbeiten. Da die Inhalte teilweise aufbauend sind (die Darstellung der dynamischen Investitionsrechenverfahren ohne Grundkenntnisse der Finanzmathematik ist beispielsweise nicht praktikabel), sollten nachfolgende Abschnitte erst in Angriff genommen werden, wenn die Inhalte aus den jeweils vorangehenden Abschnitten lückenlos verstanden wurden. Die Literaturangaben am Ende der einzelnen Kapitel sind als Startpunkte für ein vertieftes (über die Inhalte der Einführungslehrveranstaltung hinausgehendes) Studium der jeweiligen Bereiche gedacht. Zur Erleichterung des Einstiegs in das Studium englischsprachiger Literatur haben wir wichtigen Begriffen deren englischsprachige Bezeichnung in Klammern beigefügt.

Ein Wort zur Darstellung und Rundung von Zwischenergebnissen: Wir haben – wenn nötig – Zwischenergebnisse für die Darstellung gerundet. Bei der Berechnung der Endergebnisse wurde jedoch immer mit dem exakten Wert gerechnet, auch wenn zur Vereinfachung der Darstellung der gerundete Wert eingesetzt wurde. Ein Beispiel: Sei $a{=}2\pi$

und $b=2^a$, dann halten wir z.B. als Zwischenergebnis fest: $a=6{,}283$. Zur Fortsetzung schreiben wir: $b=2^{6,283}=77{,}88$ (berechnet mit dem exakten Wert für a), und nicht $b=2^{6,283}=77{,}87$ (berechnet mit dem gerundeten Wert für a).

Jenen Studierenden, die dieses Buch als Grundlagenliteratur für die Lehrveranstaltung „Finanzierung I" an der Wirtschaftsuniversität Wien verwenden, empfehlen wir, *vor* den einzelnen Lehrveranstaltungsterminen die jeweils relevanten Teile (vgl. die per Aushang und Internet bekannt gemachten Ablaufpläne der einzelnen Lehrveranstaltungen) durchzuarbeiten, um in den Lehrveranstaltungen eventuell verbliebene offene Fragen klären zu können. Bei der Prüfung wird eine Formelsammlung zur Verfügung gestellt. Zur Erleichterung der Prüfungsvorbereitung steht diese Formelsammlung im WWW zum Download bereit: http://www.wu-wien.ac.at/inst/or/finbuch/formeln.pdf.

Wir wünschen allen Lesern spannende Stunden mit dem vorliegenden Lehrbuch und hoffen, Ihnen damit den Einstieg in das interessante, aber auch komplexe Gebiet der Finanzierung etwas zu erleichtern.

Für Lehrende, die dieses Buch im Rahmen ihrer Lehrveranstaltungen verwenden

Eine zu den Inhalten dieses Lehrbuchs korrespondierende PowerPoint-Präsentation kann von den Autoren auf Anfrage in elektronischer Form zur Verfügung gestellt werden.

Danksagungen

Unser Dank gilt allen, die zur Entstehung dieses Buchs beigetragen haben. Besonders hervorzuheben sind dabei jene Kollegen, die verschiedene Fassungen des Manuskripts bzw. Teile davon Korrektur gelesen haben. In alphabetischer Reihenfolge: Ao.Univ.Prof. Dr. Bettina Fuhrmann, Mag. Ewald Gößweiner, Mag. Martin Hohlrieder, Dr. Thomas Leopoldseder, Dr. Erich Obersteiner, Mag. Harald Pfaffeneder, Mag. Helmut Sorger. Die Verantwortung für sämtliche verbliebenen Fehler liegt natürlich bei den Autoren. Eine laufend aktualisierte Liste von bekannt werdenden Errata findet sich im WWW unter dem URL
http://www.wu-wien.ac.at/inst/or/finbuch/errata.pdf.

Wien, im August 2003

Alois Geyer – Michael Hanke – Edith Littich – Michaela Nettekoven

Inhaltsverzeichnis

Kapitel 1

Grundlegendes zur Finanzwirtschaft

1.1 Grundbegriffe

Bevor wir die Begriffe „Finanzierung“ und „Investition“ definieren, erläutern wir zuerst einige finanzwirtschaftliche Grundbegriffe. Unter einer *Zahlung* verstehen wir jenen Vorgang, durch den sich der Geldbestand eines Unternehmens[1] verändert. Dabei ist in vielen Fällen unbedeutend, ob sich der *Bargeldbestand* oder der *Kontostand* (eines Girokontos) ändert. Zahlungen, die den Geldbestand erhöhen, werden (aus der Sicht des betrachteten Unternehmens) als *Einzahlungen* bezeichnet. Im Gegensatz dazu führen *Auszahlungen* zu einem Absinken des Geldbestands. Zur einfachen Unterscheidung zwischen Ein- und Auszahlungen dient das Vorzeichen: Einzahlungen werden durch ein positives Vorzeichen gekennzeichnet,[2] Auszahlungen durch ein negatives Vorzeichen.

In der Finanzwirtschaft interessieren typischerweise drei Merkmale einer Zahlung: die (betragsmäßige) *Höhe* der Zahlung, die *Richtung* der Zahlung (ausgedrückt durch ihr Vorzeichen) und der *Zeitpunkt* der Zahlung. Häufig sind darüber hinausgehende Informationen (z.B. über die Identität des Empfängers einer Auszahlung) für finanzwirtschaftliche Analysen nicht interessant; in solchen Fällen werden sie einfach ignoriert. Chronologisch geordnete, inhaltlich zusammengehörende Zahlungen (z.B. alle Zahlungen im Zusammenhang mit einem bestimmten Kredit) bezeichnen wir als *Zahlungsreihe* oder *Zahlungsstrom.*

[1] Wir werden im Folgenden aus Gründen der leichteren Lesbarkeit den Begriff „Unternehmen“ verwenden, obwohl unsere Ausführungen meist auch für private Haushalte Gültigkeit haben. Generell nehmen wir an, dass es sich um erwerbswirtschaftliche Unternehmen handelt (im Gegensatz zu sozialen Einrichtungen und anderen so genannten Non-Profit-Organisationen).

[2] Dieses wird – gemäß der allgemeinen Konventionen in der Mathematik – üblicherweise weggelassen.

Mit Hilfe dieser Grundbegriffe sind wir nun in der Lage, den Inhalt von Finanzierung und Investition (gemeinsam häufig als *Finanzwirtschaft*, engl. *finance*, bezeichnet) – und damit das Thema dieses Lehrbuchs – näher zu beschreiben:

> Finanzierung und Investition befassen sich mit der Gestaltung und Bewertung von Zahlungsströmen.

Wir werden später eine Zahlungsreihe, die mit einer Einzahlung beginnt, als *Finanzierung* bezeichnen. Beginnt eine Zahlungsreihe dagegen mit einer Auszahlung, nennen wir sie *Investition*. Ein typisches Beispiel für ein finanzwirtschaftliches Problem ist die Entscheidung über eine Kreditaufnahme bzw. -vergabe[3]: Ein Kreditnehmer könnte heute von einem Kreditgeber einen bestimmten Geldbetrag erhalten gegen das Versprechen, in der Zukunft nach einem vereinbarten Schema Zins- und Tilgungszahlungen zu leisten. Für den Kreditnehmer stellt eine Kreditaufnahme eine Finanzierungsmaßnahme dar, für den Kreditgeber eine Investition. Finanzierung und Investition sind also die zwei Seiten einer Medaille. Der Kreditgeber wird den Kredit nur dann gewähren, wenn ihm die zukünftig erwarteten Zahlungen des Kreditnehmers mehr wert sind als der heute zur Verfügung gestellte Geldbetrag. Der Kreditnehmer wiederum wird den Kredit nur dann aufnehmen, wenn ihm der heute zur Verfügung gestellte Geldbetrag mehr wert ist als die zukünftigen Zahlungen. Um eine *Entscheidung* über die Kreditvergabe bzw. -aufnahme treffen zu können, muss in einem ersten Schritt eine *Bewertung* des versprochenen zukünftigen Zahlungsstroms (der Zins- und Tilgungszahlungen) vorgenommen werden. Dies erfordert üblicherweise die Durchführung von *Berechnungen*, die auf einer Abbildung der Entscheidungssituation in einem Modell basieren. Die Erstellung eines solchen Modells wiederum erfordert ein grundlegendes *Verständnis* der Einrichtung „Kreditvertrag“. Ordnen wir die Schritte Entscheidung – Berechnung – Verständnis nach ihrem „logischen“ zeitlichen Ablauf, ergibt sich der Untertitel dieses Lehrbuchs, der sich wie ein roter Faden durch alle Themenbereiche des Buchs zieht.

Finanzierung und Investition werden häufig unter dem Begriff *Finanzwirtschaft* zusammengefasst. Die Finanzwirtschaft wird üblicherweise als Teilbereich der Betriebswirtschaftslehre betrachtet. Die wissenschaftliche Disziplin, die sich mit den Finanzierungsbeziehungen von

[3] Wir werden Kredite detaillierter in Abschnitt 5.2 besprechen.

Wirtschaftsunternehmen beschäftigt, wird als *Betriebswirtschaftliche Finanzierungstheorie* (engl. *corporate finance*) bezeichnet. Finanzierung ist jedoch auch für private Haushalte von Bedeutung. Hier stehen die typischen Problemstellungen wie Kreditaufnahme für Wohnraum oder Auto bzw. private Vermögensbildung im Mittelpunkt der Betrachtung; die entsprechende Wissenschaftsdisziplin wird als *personal finance* bezeichnet. Die *Finanzwissenschaft* (als Teildisziplin der Volkswirtschaftslehre) beschäftigt sich mit der Finanzierung im Bereich der öffentlichen Haushalte. Weitere wichtige Teildisziplinen der Finanzierung sind (ohne Anspruch auf Vollständigkeit) *Kapitalmarktlehre*, *Finanzökonomik*, *Finanzanalyse* und *Portfoliomanagement*.

1.2 Die traditionelle Sichtweise der Finanzwirtschaft

1.2.1 Güter- und finanzwirtschaftlicher Kreislauf

Ein Grundmodell der traditionellen betriebswirtschaftlichen Finanzierungslehre ist der güter- und finanzwirtschaftliche Kreislauf, wie er in Abbildung 1.1 dargestellt ist.

Ausgangspunkt der Betrachtungen in diesem Denkschema ist ein Unternehmen, das Rohstoffe einkauft, verarbeitet, und die hergestellten Fertigprodukte verkauft. Dieser Bereich des Unternehmens wird als *güterwirtschaftlicher Bereich* bezeichnet. Jedem Güterstrom entspricht dabei ein Geldstrom in die entgegengesetzte Richtung: Für Zugänge bei den Rohstoffen fallen Auszahlungen an, für Abgänge bei den Fertigprodukten erhält das Unternehmen Einzahlungen. Beschaffungsvorgänge führen also zu einer Kapital*bindung*. Damit ist gemeint, dass das vorher frei verfügbare Kapital nun in Form von Rohstoffen *gebunden* ist und demnach nicht mehr für alternative Einsatzzwecke zur Verfügung steht. Beim Verkauf der Fertigprodukte kommt es hingegen zu einer Kapital*freisetzung*: Das Kapital, das in den gelagerten Produkten gebunden war, ist nach Zahlungseingang wieder für beliebige andere Zwecke verfügbar.

Aus der fehlenden zeitlichen Übereinstimmung zwischen Kapitalbindung und Kapitalfreisetzung resultiert ein Bedarf nach Kapital. Die Deckung dieses Kapitalbedarfs erfolgt auf Finanz(mittel)märkten. Abbildung 1.2 veranschaulicht die Einbettung des operativen Geschäftsbereiches eines Unternehmens in seine Finanzbeziehungen: Um überhaupt mit der Produktion beginnen zu können, sind Investitionen und Beschaffungsvorgänge nötig, die Kapital binden. Das dafür benötigte Ka-

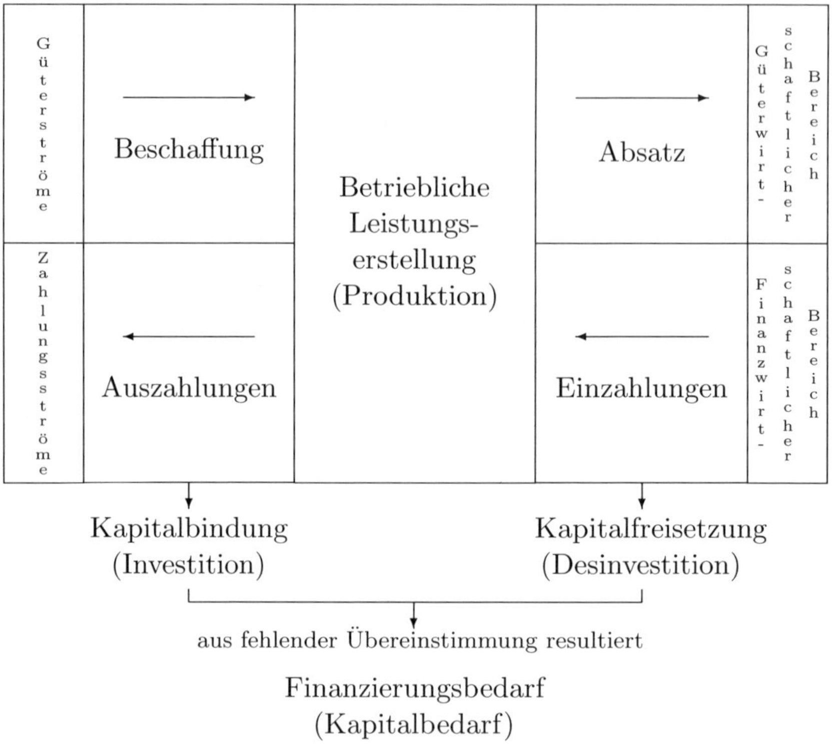

Abbildung 1.1: Güter- und finanzwirtschaftlicher Kreislauf

pital wird auf Finanzmärkten beschafft (z.B. durch Kreditaufnahme oder durch zusätzliche Beträge, die von Eigentümern des Unternehmens zur Verfügung gestellt werden). Ein Teil des Überschusses aus dem operativen Geschäft fließt an die Kapitalgeber zurück (bei einem Kredit in Form von Zins- und Tilgungszahlungen, bei Einlagen der Eigentümer durch eine Erfolgsbeteiligung, z.B. eine Dividende bei Aktiengesellschaften).

In dieser vor allem in der ersten Hälfte des vergangenen Jahrhunderts vorherrschenden Betrachtungsweise erfüllte die Finanzwirtschaft eigentlich nur eine Art „Hilfsfunktion“: Als eigentliches Ziel des Unternehmens wurde die Produktion von Gütern und Dienstleistungen angesehen, die wiederum der Versorgung der Bevölkerung dienen sollte. *Um produzieren zu können*, musste erst investiert werden. *Um investieren zu können*, musste erst das notwendige Kapital aufgebracht werden. Wesentliche Aufgabe des finanzwirtschaftlichen Unternehmensbereiches war also, die Produktion zu ermöglichen und am Laufen zu halten.

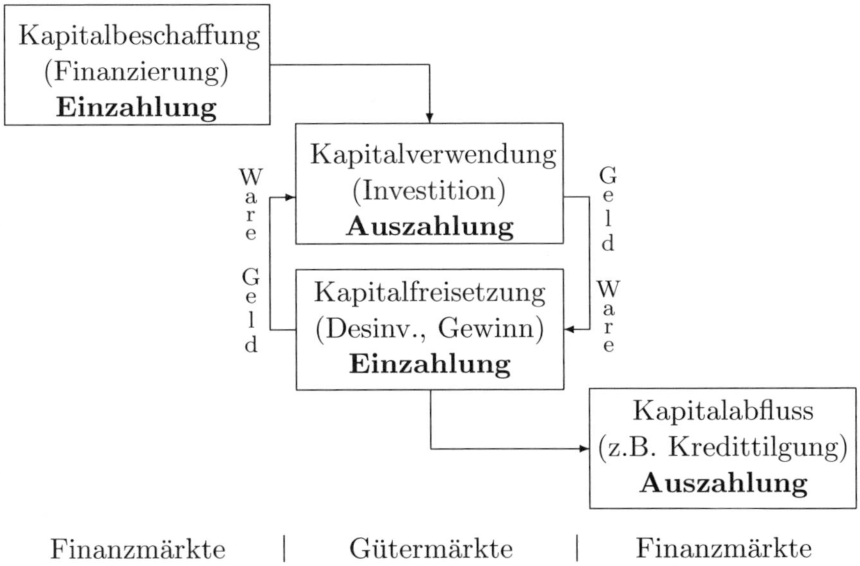

Abbildung 1.2: Einbettung des operativen Bereichs eines Unternehmens in seine Finanzierungsbeziehungen

Ab der zweiten Hälfte des letzten Jahrhunderts rückte das Gewinnstreben der Unternehmen durch zunehmenden Wettbewerb in den Vordergrund. Nach und nach wurde erkannt, dass auch der Finanzbereich auf dieses allgemeine Unternehmensziel hin ausgerichtet werden sollte, und dass die traditionelle Sichtweise mit ihren Methoden dazu nicht in der Lage war.

1.2.2 Finanzwirtschaft und Rechnungswesen

In der traditionellen Sichtweise war die Finanzwirtschaft eng mit dem betrieblichen Rechnungswesen (Buchhaltung, Kostenrechnung, Bilanzierung) verflochten. Vielfach wurde zwischen diesen Bereichen überhaupt nicht unterschieden, und die Bezeichnungen wurden austauschbar verwendet. Dies ist heute noch an der organisatorischen Stellung der Finanzwirtschaft in Unternehmen erkennbar, wie wir in Abschnitt 1.4 noch sehen werden. Mit dem Übergang von der traditionellen zur modernen Sichtweise von Finanzierung und Investition (dazu gleich mehr in Abschnitt 1.3) „verselbstständigte“ bzw. „löste“ sich die Finanzwirtschaft vom betrieblichen Rechnungswesen und bildete eine eigenständige Teildisziplin.

Worin bestehen nun Gemeinsamkeiten und Unterschiede zwischen Finanzwirtschaft und Rechnungswesen? Ein Anknüpfungspunkt ergibt sich daraus, dass – vereinfacht ausgedrückt – die Aktivseite einer Bilanz die (historische) Verwendung finanzieller Mittel widerspiegelt. Hier finden sich die Werte von Vermögensgegenständen wie Maschinen, Fahrzeuge, Grundstücke, Gebäude, Rohstoffe etc. Aus der Passivseite hingegen kann man ableiten, wie das Unternehmenskapital aufgebracht wurde. Sie zeigt Art und Umfang von finanziellen Ansprüchen der Kapitalgeber an das Unternehmen.

Ein wesentlicher Unterschied zwischen Finanzwirtschaft und Rechnungswesen besteht in den verfolgten Zielen: Während beim Rechnungswesen, vor allem beim so genannten *externen Rechnungswesen* (Buchhaltung bzw. Bilanzierung) die *Dokumentationsfunktion* im Vordergrund steht, ist die Finanzwirtschaft auf die *Entscheidungsvorbereitung* ausgerichtet. Das Rechnungswesen arbeitet demnach vorwiegend vergangenheitsorientiert, die Finanzwirtschaft dagegen zukunftsgerichtet. Ein weiterer wesentlicher Unterschied zur buchhalterischen Betrachtung besteht in den verwendeten Grundbausteinen. Während die kleinsten betrachteten Einheiten in der Finanzwirtschaft *Zahlungen* sind, bauen Buchhaltung und Bilanzierung auf *Buchungen* auf. Jeder Geschäftsvorgang, der Auswirkungen auf Bilanzpositionen (Vermögen bzw. Kapital) hat, wird durch eine Buchung festgehalten. Als Erfolgsgröße dient der *Gewinn* pro Rechnungsperiode. Die durch Buchungen erfassten *Aufwände* (Geschäftsvorgänge, die Gewinn mindernd wirken) bzw. *Erträge* (Geschäftsvorgänge, die den Gewinn erhöhen) unterscheiden sich jedoch häufig von ihren finanzwirtschaftlichen Gegenstücken (Auszahlungen bzw. Einzahlungen). So wird z.B. der Ertrag aus einem Verkauf von Waren „auf Ziel“[4] bereits bei Rechnungslegung verbucht, nicht erst bei Zahlungseingang. Es gibt also Abweichungen zeitlicher Natur.

Daneben existieren aber auch inhaltliche Differenzen, wie am Beispiel der buchhalterischen Abschreibung gezeigt werden kann. Der Wertverlust einer betrieblich genutzten Maschine wird im Rechnungswesen durch eine Aufwandsbuchung (die so genannte *Abschreibung*) festgehalten. Diesem Aufwand steht aber in der Finanzwirtschaft keine entsprechende Auszahlung gegenüber, weshalb die Abschreibung als *unbarer Aufwand* bezeichnet wird. Das Rechnungswesen unterscheidet sich von der Finanzwirtschaft insbesondere auch durch seine periodenbezogene

[4] D.h. der Käufer muss nicht bar bezahlen, sondern erhält für die Bezahlung eine Frist von z.B. 90 Tagen.

Betrachtungsweise: Als Erfolgsgrößen erhalten wir dort z.B. den Gewinn *eines Jahres* oder die Kosten *eines Monats.* Demgegenüber zeichnet sich die Finanzwirtschaft durch eine umfassendere, nicht periodenabhängige Sicht aus: Wir werden beispielsweise in Kapitel 4 den „Erfolg“ eines Investitionsprojekts daran messen, um wieviel es uns „insgesamt“ (betrachtet über die gesamte Laufzeit des Investitionsprojektes) reicher macht (d.h. unser Vermögen erhöht).[5]

Zur Terminologie ist anzumerken, dass der Ausdruck *Kapital* in der Finanzwirtschaft häufig als Synonym für *Geld* bzw. *finanzielle Mittel* gebraucht wird, während seine Bedeutung im Rahmen des Rechnungswesens typischerweise enger gefasst ist. Im Rahmen der Finanzwirtschaft sprechen wir beispielsweise von der *Aufbringung des Kapitals* für benötigte Investitionen und meinen damit einfach, dass wir die benötigten finanziellen Mittel zur Anschaffung der Investitionen irgendwie aufbringen. Das kann, muss aber nicht durch eine Maßnahme erfolgen, die sich auf der Passivseite bzw. Kapitalseite der Bilanz niederschlägt, wie z.B. eine Kreditaufnahme. Als Alternative zum Kredit könnte man z.B. nicht benötigte Vermögensgegenstände verkaufen und den dabei erzielten Erlös zur Anschaffung des Investitionsprojektes verwenden. Dieser so genannte *Aktivtausch* (ein Tausch von Vermögensgegenständen) hat keinerlei Auswirkungen auf die Kapitalseite der Bilanz.

1.3 Die moderne Sichtweise der Finanzwirtschaft

In der modernen Finanzierungstheorie wird – analog zu allgemeinen mikroökonomischen Theorien – vom rationalen Verhalten aller Teilnehmer am Wirtschaftsleben ausgegangen, die ihren Nutzen maximieren (*homo oeconomicus*). Diese grundlegende Annahme bestimmt im Prinzip alle Bereiche von Unternehmen und privaten Haushalten, und damit auch finanzwirtschaftliche Entscheidungen. Unter *Nutzen* wollen wir dabei eine Art Maßstab für die Präferenzen eines Entscheidungsträgers verstehen: Wenn Gut A einem anderen Gut B vorgezogen wird, dann hat A einen höheren Nutzen für den Entscheidungsträger als B.

Im Mittelpunkt der Betrachtungen steht dabei der Nutzen, den ein Entscheidungsträger durch Konsum erreichen kann. Hintergrund dieses Gedankens ist, dass es nicht das Geld an sich ist, wonach die Menschen streben, sondern jene Güter, die man sich um Geld kaufen kann. Meist wird zusätzlich zu Rationalität und Nutzenmaximierung noch an-

[5] Der Begriff *Vermögen* wird im folgenden Abschnitt näher erläutert.

genommen, dass die Entscheidungsträger noch nicht gesättigt sind; mit anderen Worten: Zusätzlicher Konsum stiftet immer zusätzlichen Nutzen. Entscheidend für die Konsummöglichkeiten eines Entscheidungsträgers ist der Umfang der für Konsumzwecke frei verwendbaren finanziellen Mittel. Quelle für diese Mittel wird hauptsächlich das laufende (Erwerbs-)Einkommen eines Entscheidungsträgers sein. Daneben besteht die Möglichkeit, derzeit nicht benötigtes Geld anzulegen und erst in der Zukunft für Konsumzwecke zu verwenden. Demgegenüber könnte Geld, das erst in der Zukunft verdient werden wird, schon heute ausgegeben werden: Eine Kreditaufnahme führt zu einer sofortigen Einzahlung, die sofort für Konsumzwecke verwendet werden kann. Als Gegenleistung verspricht der Kreditnehmer dem Kreditgeber, in der Zukunft einen Teil seines Einkommens für Zins- und Tilgungszahlungen zu verwenden. Dieser Teil des Einkommens steht dann in der Zukunft natürlich nicht mehr für Konsumzwecke zur Verfügung.

In Analogie zu unserer Definition eines *Zahlungsstroms* wollen wir als *Konsumstrom* die Einzahlungen verstehen, die für die Konsummöglichkeiten eines Entscheidungsträgers im Zeitablauf zur Verfügung stehen. Die Bewertung solcher Konsumströme erweist sich als schwieriges Unterfangen. Nehmen wir an, es stehen zwei Konsumströme zur Wahl, KS_1 und KS_2. KS_1 bringt 20 € heute und 25 € in einem Jahr, KS_2 dagegen 30 € heute und 10 € in einem Jahr. Welche der beiden Möglichkeiten präferiert wird, ist individuell verschieden und hängt von der *Zeitpräferenz* des Entscheidungsträgers ab. Jemand, der eher „in den Tag hinein lebt" und sich weniger Sorgen über die Zukunft macht, wird KS_2 vorziehen. Eher auf Kontinuität bedachte Menschen werden KS_1 präferieren.

Falls die Entwicklung des (Erwerbs-)Einkommens mit der Entwicklung der Konsumwünsche im Zeitablauf nicht übereinstimmt, können Konsumströme durch Geldanlage bzw. Geldaufnahme den persönlichen Wünschen angepasst werden. Als Beispiel sei eine Jungfamilie genannt, in der sich ein Elternteil für eine gewisse Zeit der Kinderbetreuung widmet und deshalb auf die Erzielung eines Erwerbseinkommens verzichtet. Wenn die Konsumbedürfnisse (z.B. Wohnraum) dieser Familie ihr *derzeitiges* Einkommen übersteigen, ist durch eine Kreditaufnahme eine Befriedigung dieser Konsumwünsche möglich, wobei Teile des zukünftigen Einkommens für die Rückzahlung des Kredits gebunden werden und damit in der Zukunft nicht mehr für Konsumzwecke verwendbar sein werden. In einem späteren Lebensabschnitt (sobald die Kinder aus dem Haus sind), kann das Einkommen der Familie höher sein als die aktuellen Konsumwünsche. Dann kann ein Teil für eine private Zusatzpension angespart werden, um den Lebensstandard im Alter (nach dem Ende des Erwerbslebens) aufrecht erhalten zu können. Eine Möglichkeit der Geldanlage besteht dabei im Erwerb einer Unternehmensbeteiligung, z.B. in Form von Aktien. Ein Unternehmen dient in dieser Sichtweise als Instrument der privaten Haushalte. Aus diesen Überlegungen erhalten wir eine alternative Interpretation bzw. Definition von Investition und Finanzierung, die insbesondere für den Bereich *personal finance* von Bedeutung ist:

> Finanzierung und Investition sind Maßnahmen zur Anpassung von Konsumströmen an die Präferenzen von Entscheidungsträgern.

Grundsätzlich müssten wir Investitionsprojekte danach beurteilen, ob die zukünftigen Konsummöglichkeiten, die sich aus der Zahlungsstromstruktur der Investitionsprojekte ergeben, mit unseren Konsumwünschen übereinstimmen. Die Möglichkeit zur Geldanlage bzw. Geldaufnahme erleichtert dabei die Bewertung solcher mit Investitionsprojekten verbundenen Konsumströme erheblich. Wenn *beliebige Beträge* zu einem *einheitlichen Zinssatz* angelegt bzw. aufgenommen werden können (dazu mehr in Abschnitt 2.2.4 und in Kapitel 4), kann man zeigen, dass sich die Bewertung von Konsumströmen auf die Frage reduziert, ob diese das Vermögen eines Entscheidungsträgers erhöhen oder nicht. Als *Vermögen* eines Entscheidungsträgers bezeichnen wir die Summe der Marktwerte aller Güter (inkl. Bar- und Buchgeldbestände), die in seinem Eigentum stehen. Mit dem Ausdruck *Netto*vermögen betonen wir, dass Reichtum durch die Differenz zwischen Vermögen und Schulden ausgedrückt wird.[6] Der Besitzer eines Porsche mit Marktwert 50.000 € und Schulden in Höhe von 60.000 € ist ärmer als jemand, der nichts besitzt, aber auch keine Schulden hat.

Entscheidungen, die in Unternehmen getroffen werden, beeinflussen die Vermögensposition der Eigentümer des Unternehmens. Solche Entscheidungen erhöhen das Vermögen der Eigentümer, wenn sie das *Nettovermögen* des Unternehmens erhöhen (wir betrachten hier wieder ein Unternehmen als Instrument seiner Eigentümer).

[6] Für Leser mit Vorkenntnissen im Rechnungswesen: beides zu Marktpreisen, nicht etwa zu Buchwerten!

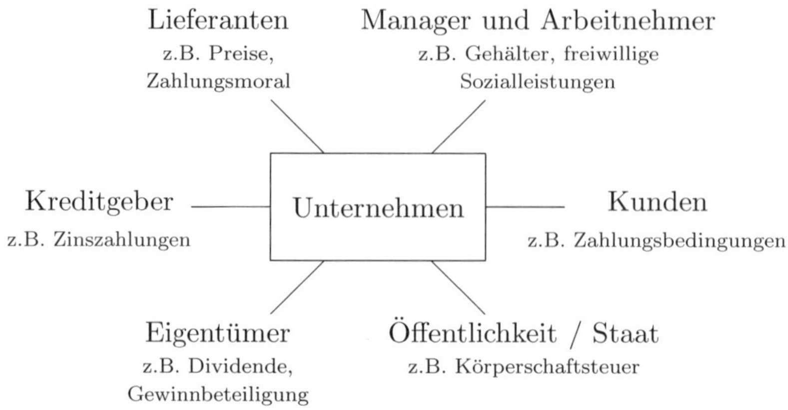

Abbildung 1.3: Finanzielle Ansprüche der Stakeholder

1.4 Finanzwirtschaft in Unternehmen

1.4.1 Eine moderne Sichtweise von Wirtschaftsunternehmen

Ein Zweig der modernen Betriebswirtschaftslehre sieht ein Unternehmen als eine Art Netzwerk von Vertragsbeziehungen. Diese Sichtweise betont, dass ein Unternehmen mit einer Vielzahl von Anspruchsgruppen (engl. *stakeholders*) in Beziehung steht, wobei es sich zum Teil um explizite Verträge, zum Teil aber um implizite Ansprüche handelt. So hat ein Kunde des Unternehmens nach Abschluss eines Kaufvertrages Anspruch auf Lieferung der Ware (gegen Bezahlung des Kaufpreises); dabei handelt es sich um einen expliziten Anspruch aus dem Kaufvertrag. Schon vor Abschluss des Kaufvertrages erwartet der Kunde aber beispielsweise, dass er entsprechend beraten und dabei höflich und zuvorkommend behandelt wird. Darauf hat er aber keinen (expliziten) Rechtsanspruch, sondern nur einen impliziten Anspruch. Abbildung 1.3 greift aus der Menge aller Ansprüche die *finanziellen Ansprüche* der Stakeholder heraus und ordnet sie den einzelnen Anspruchsgruppen zu. Aus dieser Sicht heraus kann eine alternative Definition der Begriffe Finanzierung und Investition gewonnen werden:

> Finanzierung und Investition befassen sich mit der Ausgestaltung finanzieller Ansprüche zwischen einem Unternehmen und seinen Stakeholdern.

1.4.2 Finanzwirtschaftliche Ziele

Aus der Vielzahl und Heterogenität der Interessen der Anspruchsgruppen ergeben sich unterschiedliche Erwartungen hinsichtlich der Entscheidungen des Unternehmens und der damit verbundenen Ziele. Mögliche Unternehmensziele sind z.B. Existenzsicherung, Kundenfreundlichkeit, Mitarbeiterzufriedenheit oder die Maximierung des (Netto-)Vermögens. Welche dieser Ziele in der Unternehmenspolitik eine wichtige Rolle spielen, hängt stark von den Interessen und der Durchsetzungsfähigkeit der einzelnen Anspruchsgruppen ab. Betrachten wir z.B. ein Unternehmen, das hoch spezialisierte und schwer ersetzbare Arbeitskräfte beschäftigt. Diese Arbeitnehmer könnten erheblichen Einfluss auf sie betreffende unternehmerische Entscheidungen erhalten, indem sie (offen oder unterschwellig) damit drohen, bei Nichterfüllung ihrer Forderungen das Unternehmen zu verlassen. Rein rechtlich ist es so, dass die Eigentümer[7] eines Unternehmens über die wesentliche Entscheidungsmacht verfügen. Auch wenn sie das Unternehmen nicht selbst leiten, sondern diese Aufgabe an Manager delegieren, dürfen sie doch grundsätzlich erwarten, dass das Management in erster Linie die Interessen seiner Auftraggeber verfolgt. In einem ersten Schritt werden wir daher aus der Menge der Ziele aller Anspruchsgruppen jene der Eigentümer in den Vordergrund rücken.

Die Ziele der Eigentümer des Unternehmens kann man nun weiter unterteilen in *monetäre* (z.B. Vermögen) und *nicht-monetäre* Ziele (z.B. Prestige). Nicht zuletzt aus Gründen der leichten Quantifizierbarkeit legen wir den Schwerpunkt unserer Betrachtungen auf monetäre Ziele der Eigentümer. Als Messlatte für das Erreichen monetärer Ziele kommen prinzipiell verschiedene Größen in Betracht. Ohne nähere Definition seien etwa periodenbezogene Erfolgsgrößen wie Umsatz, Gewinn oder Rendite genannt. Wir wählen dagegen ein nicht periodenbezogenes Erfolgskriterium, das gegenüber seinen Konkurrenten den Vorteil aufweist, in einem bestimmten Kapitalmarktmodell (einem vollkommenen und vollständigen Kapitalmarkt; siehe Abschnitt 2.2.4) theoretisch gut begründbar zu sein: die Maximierung des (Netto-)Vermögens. Vereinfacht gesprochen unterstellen wir also, dass Entscheidungsträger ihre Investitions- und Finanzierungsentscheidungen so treffen, dass sie damit möglichst reich werden. Dies deshalb, weil die Möglichkeit zu Konsumauszahlungen umso höher ist, je reicher man ist. Wenn einem die

[7] Präziser wäre hier der Begriff *Eigenkapitalgeber*, der jedoch erst in Kapitel 5 näher erläutert wird. Wir bleiben daher vorerst bei dem Begriff *Eigentümer*.

derzeitige Verteilung des (Erwerbs-)Einkommens nicht gefällt, besteht jederzeit die Möglichkeit, diese durch Geldanlage bzw. Geldaufnahme den persönlichen Wünschen anzupassen.

Die Fokussierung auf die monetären Ziele der Eigentümer wird häufig auch als *Shareholder Value*-orientiertes Management bezeichnet. Dies liegt daran, dass sich die Erhöhung des Nettovermögens einer Aktiengesellschaft im Wert der Aktie niederschlägt. Anders formuliert: Gute Entscheidungen im Sinne der Aktionäre sind solche, die den Aktienkurs (nachhaltig) erhöhen. Auch überzeugte Anhänger des *Shareholder Value*-Managements werden jedoch zugestehen, dass andere Ziele wie z.B. Mitarbeiterzufriedenheit ebenfalls von Bedeutung sind, nicht zuletzt deshalb, weil sie wichtig für das Erreichen des Oberziels (Nettovermögensmaximierung) sind. Wir bezeichnen diese Ziele als *Nebenziele*. Eine wesentliche Aufgabe der Unternehmenspolitik ist es, auf eine ausgewogene Berücksichtigung von Ober- und Nebenzielen zu achten.

Wir wollen auch darauf hinweisen, dass das Erreichen des Oberziels der Maximierung des Nettovermögens von großer Bedeutung für das Erreichen der Ziele der anderen Anspruchsgruppen ist. So wird ein Unternehmen, dem es wirtschaftlich gut geht, eher in kostspielige Umweltschutzmaßnahmen investieren können als eines, das gerade in einer schwierigen Wirtschaftslage ist. Auch freiwillige betriebliche Sozialleistungen werden für das erstgenannte Unternehmen viel eher möglich sein.

Eine wesentliche Nebenbedingung für die Existenz des Unternehmens (und damit für das Erreichen *aller* Ziele) ist die *Liquidität* des Unternehmens. Unter Liquidität versteht man die (Fähigkeit zur) termin- und betragsgenaue(n) Erfüllung von Zahlungsverpflichtungen. *Dauerhafte* Illiquidität ist ein Insolvenzgrund; je nach konkreten Umständen kann es zur Eröffnung eines Ausgleichs- oder Konkursverfahrens kommen.[8] Wesentlicher Unterschied zwischen diesen beiden Formen von Insolvenzverfahren ist, dass im Falle eines (erfolgreichen) Ausgleichsverfahrens das Unternehmen weiterbesteht, während im Falle des Konkurses der Bestand des Unternehmens endet. Darüber hinaus ist der Anteil der Forderungen, den die Gläubiger (oder Kreditgeber) des Unternehmens erhalten (die so genannte *Quote*), beim Ausgleichsverfahren typischerweise deutlich höher als beim Konkursverfahren. Die Eigentümer des Unternehmens haben im Fall eines Ausgleichs keine Verluste zu tragen. Im Konkursfall haben sie zwar einen Anspruch auf einen Anteil am

[8] In Deutschland spricht man allgemein von einem Insolvenzverfahren statt einem Ausgleichs- oder Konkursverfahren.

Restvermögen, das nach Abzug der Verfahrenskosten und der Deckung aller Forderungen der Gläubiger verbleibt. Da in aller Regel dieses Restvermögen im Konkursfall gleich null ist (da schon die Forderungen der Gläubiger nur teilweise erfüllt werden), gehen die Eigentümer de facto leer aus: Sie erhalten keine Zahlungen im Rahmen des Konkursverfahrens und verlieren mit dem Untergang des Unternehmens auch jegliche Ansprüche auf Anteile an zukünftigen Gewinnen. Der Wert ihrer Unternehmensbeteiligung sinkt auf null. Ein Unternehmen, das *zeitweilig* illiquid wird, muss beispielsweise mit höheren Kreditzinsen bzw. der Forderung nach (zusätzlichen) Kreditsicherheiten rechnen, weil die Gläubiger die mangelnde Liquidität als „Alarmsignal" werten. Sie ist möglicherweise ein Vorbote einer nachfolgenden permanenten Illiquidität, die zu einem Insolvenzverfahren und damit zum Verlust eines (zumeist großen) Teils der finanziellen Ansprüche führen kann.

Ein klassischer finanzwirtschaftlicher Zielkonflikt besteht zwischen *Rentabilität* und *Liquidität*. Unter Rentabilität versteht man allgemein den Quotienten aus „Überschuss aus Kapitalnutzung" und „Kapitaleinsatz". In manchen Lehrbüchern findet man noch die Rentabilität als finanzwirtschaftliches Oberziel. Periodenbezogene Kriterien wie Gewinn oder Rentabilität eignen sich jedoch als finanzwirtschaftliche Zielgrößen nicht besonders gut. Sie sind jedenfalls aus theoretischer Sicht nicht so gut begründbar wie die von uns gewählte Alternative der Maximierung des Nettovermögens.[9] Die Aufrechterhaltung der Liquidität (man bezeichnet dies auch als die *Wahrung des finanziellen Gleichgewichts*) wiederum ist kein Ziel an sich, sondern eine unbedingt einzuhaltende Nebenbedingung (*conditio sine qua non*), bei deren Verletzung die Existenz des Unternehmens bedroht ist.

Obwohl (oder gerade weil) wir weder die Rentabilität als Oberziel noch die Liquidität als Nebenziel betrachten, möchten wir den hinter diesem klassischen Zielkonflikt stehenden Grundgedanken kurz erläutern. Ein Höchstmaß an Liquidität könnte erreicht werden, wenn der Bestand an liquiden Mitteln ständig auf möglichst hohem Niveau gehalten würde. Für Geld, das in der Kassa liegt, bekommt man aber keine Zinsen, und die Verzinsung von Einlagen auf dem Girokonto ist üblicherweise im Vergleich zu alternativen Verwendungsmöglichkeiten sehr gering. Das finanzwirtschaftliche Oberziel der Vermögensmaximierung würde besser

[9] Bei mehrperiodigen Investitionsprojekten beispielsweise fällt die Entscheidung zwischen zwei Projekten schwer, wenn jedes dieser Projekte in bestimmten Perioden einen höheren Gewinn bringt als das jeweils andere.

erreicht, wenn ein möglichst großer Teil der finanziellen Mittel ertragreich angelegt (und damit z.B. langfristig gebunden) würde. Dann stehen diese Mittel jedoch nicht mehr für einen unerwarteten kurzfristigen Bedarf zur Verfügung, was wiederum zu einer Gefährdung der Liquidität führen kann. Da die Erhöhung des Zielerreichungsgrades bei einem der beiden Ziele mit einer Verschlechterung des Zielerreichungsgrades beim jeweils anderen Ziel einhergeht, spricht man von einem Zielkonflikt.

1.5 Stellung und Aufgaben des Finanzmanagements

In größeren Unternehmen existiert üblicherweise ein eigener Zuständigkeitsbereich „Finanzen". Dieser Bereich erfüllt im Wesentlichen vier bedeutende Funktionen:

1. Aktivmanagement (engl. *asset management*)
2. Passivmanagement (engl. *liability management*)
3. Informationsmanagement
4. Risikomanagement

Je nach Umfang und Tragweite der Entscheidungen werden diese Aufgabenbereiche entweder eigenverantwortlich oder entscheidungsvorbereitend wahrgenommen. Unter *Aktivmanagement* versteht man (aus bilanzorientierter Sicht) die *Strukturierung der Vermögensseite*, also sämtliche Investitionsentscheidungen (z.B. die Entscheidung zwischen alternativen Investitionsmöglichkeiten) eines Unternehmens. *Passivmanagement* bezeichnet demgegenüber die *Strukturierung der Kapitalseite*, also Finanzierungsentscheidungen (z.B. die Auswahl von Finanzierungsalternativen). Im Rahmen des *Informationsmanagements* ist in erster Linie die Dokumentationsfunktion zu nennen, die insbesondere im Rahmen des internen und externen Rechnungswesens wahrgenommen wird. Daneben fällt auch die Pflege der Kontakte zu den Kapitalgebern (engl. *investor relations*) in diese Kategorie. Hauptaufgaben des *Risikomanagements* sind das Erkennen sowie die Bewertung und Steuerung von Risikopositionen (z.B. die Absicherung von Geschäften in einer Fremdwährung).

Dem Finanzvorstand (engl. *chief financial officer*, CFO) eines großen Unternehmens unterstehen typischerweise (zumindest) zwei Abteilungen: Das *Treasury* und das *Controlling*. Hauptaufgaben des Treasury sind Finanzmittelbeschaffung, kurzfristige Finanzplanung und Risikomanagement. Dem Controller obliegt dagegen die Aufsicht über Investitionsplanung, Buchhaltung und Bilanzierung, Kostenrechnung und Steuerangelegenheiten. Die traditionelle Sichtweise der Finanzwirtschaft findet hier darin ihren Niederschlag, dass Aufgabenbereiche der Finanzwirtschaft und solche des Rechnungswesens durch die gleichen Abteilungen wahrgenommen werden.

Kapitel 2

Modelle in der Finanzwirtschaft

In der Finanzwirtschaft werden Modelle verwendet, die auf denselben Grundlagen beruhen wie Modelle, die in anderen Bereichen eingesetzt werden. Es ist daher sinnvoll, Modelle zunächst in allgemeiner Form darzustellen. Wir zeigen die Bedeutung und die Einsatzmöglichkeiten von Modellen im Rahmen der Finanzwirtschaft anhand von Beispielen.

2.1 Der betriebliche Planungsprozess

Der betriebliche Planungsprozess ist eine strukturierte Vorgangsweise zur Auswahl von Entscheidungen, die die Unternehmensziele verwirklichen sollen. Finanzwirtschaftliche Planung ist üblicherweise in den gesamtbetrieblichen Planungsprozess eingebettet. Charakteristisch für jeden Planungsprozess ist ein stufenweises Vorgehen in folgenden Schritten:

1. Zielbildung
2. Identifikation der Handlungsmöglichkeiten (Alternativen)
3. Vergleich und Bewertung der Alternativen (hier kommen Entscheidungsmodelle zum Einsatz)
4. Entscheidung

Im Kontext von Finanzierung und Investition beginnt der Planungsprozess daher mit der Vorgabe von *finanzwirtschaftlichen Zielen* (siehe Abschnitt 1.4). Zur Erreichung dieser Ziele müssen entsprechende Maßnahmen ergriffen werden. Es müssen sowohl Entscheidungen in der Gegenwart getroffen werden als auch zukünftige Maßnahmen geplant werden. Meist gibt es mehrere Handlungsalternativen mit jeweils unterschiedlichen Konsequenzen in der Zukunft. Entscheidungsmodelle (siehe Abschnitt 2.3) dienen dazu, aus einem Vergleich der Konsequenzen eine – im Hinblick auf das vorgegebene Ziel – optimale Entscheidung zu finden.

Beispiel 2.1:
Ein Unternehmen produziert Spezialanfertigungen von Metallteilen. Diese Teile sind genau auf die Erfordernisse des Auftraggebers abgestimmt und werden nur nach Auftrag gefertigt. Die Herstellung dieser Teile ist sehr aufwändig und dauert – je nach Spezifikation – einige Wochen oder Monate.

Während der Produktionszeit fallen laufend Auszahlungen für den Betrieb der Produktionsanlagen und für Löhne an. Der Einkauf von Rohmaterial erfolgt nach der Auftragserteilung. Die Verkaufserlöse fließen dem Unternehmen erst nach erfolgter Lieferung zu.

Aufträge werden in sehr unregelmäßigen Intervallen erteilt. Es fällt schwer zu prognostizieren, wann Aufträge eingehen und wie lange die Bearbeitung dauert. Dennoch ist das Unternehmen im Durchschnitt gut ausgelastet und erwirtschaftet (langfristig) Gewinne. Allerdings treten aufgrund der Asynchronität von Ein- und Auszahlungen kurz- bis mittelfristig Liquiditätsprobleme auf. Um die Liquidität – die Fähigkeit zur termin- und betragsgenauen Erfüllung von Zahlungsverpflichtungen – kontinuierlich zu sichern, müssen geeignete Finanzierungsmaßnahmen ergriffen werden.

In diesem Beispiel bildet das Liquiditätsziel den Ausgangspunkt des finanzwirtschaftlichen Planungsprozesses. Aus der Problembeschreibung wird deutlich, dass eine sehr komplexe Situation vorliegt. Es gibt eine Vielzahl von unsicheren Faktoren, die den Kapitalbedarf bestimmen. Um diese komplexe Planungsaufgabe bewältigen zu können, werden Entscheidungsmodelle erstellt und eingesetzt.

2.2 Modelle

Modelle sind vereinfachende Darstellungen der Realität. Den Ausgangspunkt der Modellerstellung bildet meist eine konkrete Problemstellung, wie in Beispiel 2.1. Auf jeder Stufe des Planungsprozesses werden vereinfachende Annahmen getroffen. Die Vereinfachungen dienen dazu, komplexe Zusammenhänge in einfachere Bausteine zu zerlegen. Durch die Vereinfachung wird es in vielen Fällen überhaupt erst möglich, das Problem zu bearbeiten und zu lösen. Damit die gefundene Lösung auch praktisch umgesetzt werden kann, werden im Anschluss an die Ermittlung der Lösung die entsprechenden Rückschlüsse auf die Realität gezogen.

In Beispiel 2.1 müssen zunächst die vorhandenen Möglichkeiten zur Zielerreichung bestimmt werden. Bereits hier können Vereinfachungen vorgenommen werden. Von allen verfügbaren Möglichkeiten zur Kapitalbeschaffung[1] werden z.B. nur jene ausgewählt, die das Unternehmen kennt, die sich bewährt haben, oder die dem Unternehmen angeboten werden.

Angenommen, es wird zum Zweck der Kapitalbeschaffung die Entscheidung getroffen, einen Kredit aufzunehmen. Diese Vorauswahl muss hinsichtlich Kreditbetrag und Laufzeit konkretisiert werden. Mit dieser Entscheidung sind Konsequenzen während der Laufzeit des Kredits verbunden (Zins- und Tilgungszahlungen – siehe Abschnitt 5.2.2.3), die im Hinblick auf die Zielsetzung überprüft werden müssen. Die Konsequenzen der Aufnahme eines bestimmten Kreditbetrags für die Liquidität hängen von der Entwicklung der Auftragseingänge ab. Auch hier ist es notwendig und sinnvoll, Vereinfachungen vorzunehmen. Man kann z.B. die Betrachtung auf einen bestimmten Zeitraum einschränken und für diesen Zeitraum die Anzahl der Aufträge prognostizieren. Sind die Konsequenzen einzelner konkreter Maßnahmen unter bestimmten Bedingungen bekannt, kann schließlich die optimale Höhe des Kreditbetrags bestimmt werden.

Anhand dieses Beispiels werden bereits einige wesentliche Merkmale und Aufgaben von Modellen deutlich. Nun wollen wir einige Arten von Modellen kurz beschreiben, auf die wir uns im Rahmen der weiteren Darstellung beziehen werden.

2.2.1 Beschreibungsmodelle

Beschreibungsmodelle dienen zur Beschreibung eines komplexen Sachverhalts oder einer Problemstellung. Das Ziel ist, ein besseres Verständnis für die vorliegenden Zusammenhänge zu erhalten und zu erkennen, welche Elemente des Modells für die Zielgrößen besonders wichtig sind. Eine typische Aussage auf Basis von Beschreibungsmodellen lautet: „Wenn die Bedingungen x und y vorliegen, dann nimmt die Variable z den Wert z^* an."

In Beispiel 2.1 könnte man ein (statistisches) Modell zur Beschreibung der Häufigkeit von Aufträgen und deren Größe formulieren. Man

[1] In Kapitel 5 werden verschiedene Finanzierungsformen vorgestellt.

verwendet historische Daten und versucht, aus diesen Daten Regelmäßigkeiten abzuleiten. Aufgrund der typischen Vereinfachungen einerseits und der Komplexität in der Realität andererseits gelingt keine exakte Nachbildung der historischen Beobachtungen. Es verbleibt immer ein unerklärbarer Rest (so genannter *Modellfehler*). Das Modell wird anhand der historischen Daten so lange modifiziert, bis es *dieselben* Daten ausreichend genau beschreibt.

Weitere Beispiele für die Aufgaben von Beschreibungsmodellen sind Antworten auf Fragen wie „Welcher Zusammenhang besteht zwischen Einzahlungen, Auszahlungen und Liquidität?“ oder „Wie reagiert der Umsatz auf den Einsatz von Marketinginstrumenten?“ Ein quantitatives Beschreibungsmodell konkretisiert diese Antworten so weit wie möglich, sodass zahlenmäßige Konsequenzen abgeleitet werden können (z.B.: „Wenn ein Werbespot pro Woche 14-mal gezeigt wird, bewirkt das eine durchschnittliche Umsatzsteigerung um 20.000 €.“). Der oben erwähnte Modellfehler besteht darin, dass die *tatsächlich* beobachtete Umsatzsteigerung bei 14 gesendeten Werbespots von 20.000 € abweichen wird.

2.2.2 Prognosemodelle

Prognosemodelle dienen zur Bestimmung von *zukünftigen* Werten von Größen, die einen Einfluss auf die Entscheidungssituation haben. Eine typische Aussage auf Basis von Prognosemodellen lautet: „Wenn im Zeitpunkt t die Bedingungen x und y vorliegen, dann wird die Variable z im Zeitpunkt $t+1$ (voraussichtlich) den Wert z^* annehmen.“

Im vorliegenden Beispiel 2.1 werden Prognosen für die Anzahl und die Größe der Aufträge benötigt. Eine wesentliche Voraussetzung für Prognosen sind ausreichend genaue Beschreibungsmodelle. Charakteristisch für Prognosemodelle ist, dass der Zeitpunkt, *zu dem* die Prognose erstellt wird, und der Zeitpunkt, *für den* die Prognose erstellt wird, nicht identisch sind. Dies impliziert außerdem, dass schon während der Modellerstellung darauf geachtet werden muss, ob die zur Ermittlung der Prognose benötigte Information zu dem Zeitpunkt verfügbar ist, zu dem die Prognose erstellt wird.

Vielfach wird unter dem Begriff *Prognose* nur verstanden, dass ein einziger Wert – eben *die* Prognose – ermittelt wird, z.B. die Anzahl der Aufträge im nächsten Monat. Vereinfacht könnte man diesen Wert als den wahrscheinlichsten Wert verstehen. Prognosemodelle haben jedoch eine weiter gehende Bedeutung. Im Allgemeinen dienen Prognosemodelle zur Ermittlung von Wahrscheinlichkeiten für alle möglichen Werte der betrachteten Größe (z.B. wie wahrscheinlich ist „kein Auftrag“, „ein Auftrag“ usw.). Im Rahmen von Entscheidungsmodellen (siehe Abschnitt 2.2.3) werden Prognosen in diesem allgemeineren Sinn benötigt.

Weitere Beispiele für die Aufgaben von Prognosemodellen sind Antworten auf Fragen wie „Welche Einzahlungen sind im nächsten Monat zu erwarten, wenn in diesem und im vorangegangenen Monat eine bestimmte Anzahl von Lieferungen und Leistungen erfolgte?“ oder „Welcher Umsatz ist in der nächsten Woche zu erwarten, wenn in dieser Woche zehn Werbespots gesendet werden?“

2.2.3 Entscheidungsmodelle

Entscheidungsmodelle dienen zur Festlegung von optimalen Maßnahmen oder Verhaltensweisen. Sie können auf Beschreibungs- oder Prognosemodelle aufbauen. Eine typische Aussage auf Basis von Entscheidungsmodellen lautet: „Wenn die Bedingungen x und y vorliegen, ist die Wahl von Alternative a^* optimal im Hinblick auf die gewählte Zielsetzung.“ Wesentliches Merkmal eines Entscheidungsmodells ist ein Entscheidungskriterium, das erlaubt, eine optimale Auswahl zu treffen.

In Beispiel 2.1 könnte man den optimalen Kreditbetrag auf Basis von Prognosen der zukünftigen Aufträge (und dem damit verbundenen Kapitalbedarf) auswählen. Die optimale Auswahl zeigen wir im Anschluss an die Darstellung des allgemeinen Entscheidungsmodells in Abschnitt 2.3.

Weitere Beispiele für die Aufgaben von Entscheidungsmodellen sind Antworten auf Fragen wie „Welche Produktionsmengen maximieren bei gegebenen Kapazitätsbeschränkungen den Gewinn?“ oder „Welche Route soll für eine Lieferung gewählt werden, um die Transportkosten zu minimieren?“

2.2.4 Ein Kapitalmarktmodell

In diesem Buch wird mehrmals der Begriff des *Kapitalmarkts* verwendet. Dabei ist jeweils zu unterscheiden, ob damit ein real existierender Markt für Wertpapiere und Vermögenswerte gemeint ist oder ein theoretischer Kapitalmarkt, der einem bestimmten Modell entspricht. In Kapitel 5 und 6 werden wir uns vor allem mit Institutionen und Vorgängen auf realen Kapitalmärkten wie z.B. der Börse oder dem durch Banken repräsentierten Markt für Kredite befassen. Im Rahmen der Investitionsrechnung in Kapitel 4 werden wir jedoch von einem theoretischen Kapitalmarkt*modell* ausgehen: dem Modell eines *vollkommenen* und *vollständigen* Kapitalmarkts.

Bevor wir diese Eigenschaften definieren, wollen wir zunächst eine allgemeine Sichtweise der Vorgänge auf einem (realen oder theoretischen) Kapitalmarkt darstellen. Wie auf jedem Markt treffen auch am Kapitalmarkt Angebot und Nachfrage aufeinander. Allerdings werden auf diesem Markt nicht Güter (Lebensmittel, Geräte, etc.) gehandelt, sondern *Zahlungsströme*. Ein Zahlungsstrom besteht aus inhaltlich zusammengehörigen Ein- und Auszahlungen und ist durch vier Eigenschaften bestimmt:

1. *Breite*: Die Höhe der Zahlungen bestimmt die Breite des Zahlungsstroms.

2. *Zeitliche Struktur*: Die Zeitpunkte, zu denen Beträge anfallen, bestimmen die zeitliche Struktur des Zahlungsstroms.

3. *Laufzeit*: Der Zeitraum, in dem Zahlungen anfallen, bestimmt die Laufzeit (oder Länge) des Zahlungsstroms. Fallen z.B. Zahlungen zu den Zeitpunkten t=0, t=1 und t=2 an, hat der Zahlungsstrom eine Laufzeit von zwei Perioden (berechnet als Differenz zwischen dem Zeitpunkt der letzten Zahlung und dem Zeitpunkt der ersten Zahlung).

4. *Unsicherheit* der Zahlungen: Zahlungen können sicher (z.B. bei einem Sparbuch mit garantierter Verzinsung) oder unsicher sein. So ist z.B. die Wertentwicklung eines Grundstücks und damit die Einzahlung bei einem zukünftigen Verkauf unsicher. Je nach Grundstück (Lage oder Widmung) kann das Ausmaß der Unsicherheit verschieden hoch sein.

Während am Gütermarkt Geld gegen Ware getauscht wird, wird am Kapitalmarkt ein Geldbetrag *heute* gegen einen Zahlungsstrom *in der Zukunft* getauscht. Bei einer *Kapitalanlage* leistet der Kapitalgeber heute eine Auszahlung und erhält als Entschädigung für die Überlassung des Kapitals in der Zukunft entsprechende Einzahlungen. Wir sagen: Der Kapitalgeber *kauft* einen zukünftigen Zahlungsstrom. Der Preis für diesen Zahlungsstrom ist die heutige Auszahlung. Beispiele für eine Kapitalanlage sind der Kauf eines Grundstücks, die Anschaffung einer Maschine zur Herstellung von Waren oder die Anlage von Kapital auf einem Sparbuch. Bei diesen Vorgängen erfolgt heute eine Auszahlung, die der

Kapitalgeber	Kapitalnehmer
• leistet heute eine Auszahlung • erhält in der Zukunft einen Zahlungsstrom • ist Käufer (Nachfrager) eines Zahlungsstroms • ist Kapitalanbieter	• erhält heute eine Einzahlung • leistet in der Zukunft einen Zahlungsstrom • ist Verkäufer (Anbieter) eines Zahlungsstroms • ist Kapitalnachfrager

Tabelle 2.1: Gegenüberstellung und Kurzbeschreibung wichtiger Begriffe

Bezahlung einer Ware am Gütermarkt entspricht. Der Geldbetrag, der heute angelegt wird, entspricht dem Preis für die Ware am Gütermarkt. Die Gegenleistung für die heutige Auszahlung besteht in einem zukünftigen Zahlungsstrom – z.B. dem Verkaufserlös für ein Grundstück, den zukünftigen Einzahlungen aus dem Verkauf der produzierten Waren oder Zinszahlungen und Kapitalrückzahlung aus dem Sparbuch.

Analog bezeichnen wir den *heutigen Verkauf* eines zukünftigen Zahlungsstroms als *Kapitalbeschaffung* (z.B. in Form einer Kreditaufnahme). Der *Verkäufer* erhält *heute* eine Einzahlung. Seine Gegenleistung erfolgt jedoch erst in der Zukunft – eventuell verteilt auf mehrere Zeitpunkte (z.B. beim Kredit in Form des Zahlungsstroms, der aus Tilgungs- und Zinszahlungen besteht). In Tabelle 2.1 stellen wir diese Begriffe einander nochmals gegenüber.

Die bisherige Beschreibung der Vorgänge auf einem Kapitalmarkt weist noch keine Vereinfachungen oder Annahmen auf, die grundsätzlich von der Realität abweichen. Wir haben nur eine abstrakte Sichtweise gewählt. Für zahlreiche Fragestellungen und Entscheidungen im Kontext von Kapitalmärkten erweist es sich als vorteilhaft, wenn folgende Modelle definiert und verwendet werden:

1. *Vollkommener Kapitalmarkt*: Auf einem vollkommenen Kapitalmarkt gibt es für einen zukünftigen Zahlungsstrom nur *einen* Preis, der für alle Marktteilnehmer gleich ist. Es gibt keine Möglichkeit, dass einzelne Marktteilnehmer – auf welche Weise auch immer – den Preis beeinflussen können und sich so Vorteile gegenüber anderen Marktteilnehmern verschaffen.

Wenn für eine Transaktion am Kapitalmarkt eine Gebühr eingehoben wird (z.B. eine Bank verlangt eine Provision für die Vergabe eines Kredits) oder der Zinssatz für die Kapitalbeschaffung (*Sollzins*) höher ist als für die Veranlagung (*Habenzins*), dann ist ein Kapitalmarkt unvollkommen.

2. *Vollständiger Kapitalmarkt*: Auf einem vollständigen Kapitalmarkt kann jederzeit ein Betrag in beliebiger Höhe angelegt werden (Auszahlung). Analog dazu kann jederzeit eine beliebig hohe Einzahlung am Kapitalmarkt beschafft werden. Diese beiden Annahmen werden meist in der Aussage zusammengefasst, dass auf einem vollständigen Kapitalmarkt jeder Zahlungsstrom gehandelt werden kann, egal welche Breite, welche zeitliche Struktur, welche Laufzeit und welche Unsicherheit er aufweist. Ein Kapitalmarkt ist unvollständig, wenn z.B. ein bestimmter Mindestbetrag erforderlich ist, um einen Zahlungsstrom handeln zu können.

Im Rahmen der Theorie des Kapitalmarkts ermöglichen diese Annahmen die Ermittlung eines einheitlichen Marktwerts für Zahlungsströme, der unabhängig von den Präferenzen der Marktteilnehmer ist. Wir werden in diesem Buch nicht weiter auf diese Aspekte eingehen und verweisen auf die weiterführende Literatur (siehe z.B. Schmidt/Terberger [1999], Kapitel 3).

2.3 Das allgemeine Entscheidungsmodell

Ein Entscheidungsmodell beruht auf einer einheitlichen Strukturierung der Problemstellung und weist folgende Elemente auf:

1. Mehrere, einander ausschließende Aktionen oder (Handlungs-)Alternativen a_i, i=1, . . . , m, z.B. die zur Wahl stehenden, alternativen Investitionsprojekte oder Kredite, wobei jedes a_i einer möglichen Aktion (Projekt A, Projekt B, etc.) entspricht.

2. Mehrere, vom Entscheidungsträger im Allgemeinen nicht beeinflussbare (Umwelt-)Zustände z_j, j=1, . . . , n, z.B. die Auftragslage oder die Konjunkturentwicklung, wobei jedes z_j einem möglichen Zustand entspricht.

3. Wahrscheinlichkeiten p_j (j=1, . . . , n), die jedem Zustand zugeordnet werden, z.B die Wahrscheinlichkeit für eine Erholung der Konjunktur

		Zustände			
		z_1	z_2	$\dots$	z_n
Wahrscheinlichkeiten		p_1	p_2	$\dots$	p_n
Aktionen	a_1	x_{11}	x_{12}	$\dots$	x_{1n}
	a_2	x_{21}	x_{22}	$\dots$	x_{2n}
	$\vdots$	$\vdots$	$\vdots$	$\ddots$	$\vdots$
	a_m	x_{m1}	x_{m2}	$\dots$	x_{mn}

Tabelle 2.2: Elemente des allgemeinen Entscheidungsmodells

beträgt 40%, während die Wahrscheinlichkeit für eine Stagnation 35% und für eine Rezession 25% beträgt.

4. Konsequenzen oder Handlungsfolgen für jedes Aktions-Zustands-Paar (a_i, z_j), z.B.: Wenn man sich für Alternative a_1 (Projekt A) entscheidet und die Konjunktur sich erholt (z_1), sind damit bestimmte Konsequenzen für dieses Projekt verbunden. Wenn die Konjunktur stagniert, resultieren andere Konsequenzen. Jede mögliche Konsequenz wird in Form einer Zahlung x_{ij} *quantifiziert*. Eine verbale Beschreibung ist unter Umständen hilfreich, eventuell sogar notwendig, reicht jedoch nicht für eine Lösung des Entscheidungsproblems.

5. Ein Entscheidungskriterium zur (optimalen) Auswahl einer bestimmten Aktion: z.B. die Maximierung des Vermögens.

Diese Elemente eines Entscheidungsmodells sind in Tabelle 2.2 zusammengefasst.

2.3.1 Aktionen (Handlungsalternativen)

Ein Entscheidungsmodell enthält mehrere, einander ausschließende Aktionen oder (Handlungs-)Alternativen (a_i, i=1, …, m). Diese Aktionen müssen unter der Kontrolle des Entscheidungsträgers stehen. Er muss in der Lage sein, jede dieser Aktionen zu realisieren. Eine Aktion kann auch durch Kombination von zwei oder mehreren Aktionen gebildet werden. Der Verzicht auf eine bestimmte Maßnahme ist unter Umständen ebenfalls eine Aktion.

Welche Aktionen sind in Beispiel 2.1 geeignet? Für die Erreichung der Zielsetzung kann ein Kredit aufgenommen werden (wobei wir davon ausgehen, dass damit bereits eine Vorauswahl aus einer Vielzahl von anderen Finanzierungsformen getroffen wurde). Wenn Angebote von verschiedenen Banken eingeholt werden, die sich voneinander unterscheiden, können wir jede in Frage kommende Kreditvariante einer entsprechenden Aktion zuordnen. Wenn wir zur Vereinfachung davon ausgehen, dass nur Kredite von der Hausbank beschafft werden, können wir uns auf die *Höhe* des aufgenommenen Kreditbetrags konzentrieren. Wir betrachten daher für die in Beispiel 2.1 (S. 18) beschriebene Situation mehrere Aktionen, die sich im Hinblick auf die Höhe des Kreditbetrags unterscheiden.

Mit der Festlegung der Aktionen wird auch die Art der Antwort auf das Entscheidungsproblem mitbestimmt. Als Lösung der vorliegenden Problemstellung wird eine Aussage der folgenden Form resultieren: „Unter den vorliegenden Bedingungen ist es optimal, einen Kredit in Höhe von x € aufzunehmen.“ Bevor weitere Schritte unternommen werden, sollte der Entscheidungsträger überprüfen, ob Aussagen dieser Art in die Tat umgesetzt werden können und zur Lösung des Problems geeignet sind.

2.3.2 Zustände

Ein Entscheidungsmodell enthält mehrere, vom Entscheidungsträger im Allgemeinen nicht beeinflussbare[2] (Umwelt-)Zustände (z_j, j=1, ..., n). Zustände können typischerweise dadurch voneinander abgegrenzt werden, dass sie unterschiedliche Konsequenzen für die betrachteten Aktionen haben. Üblich sind auch verbal umschriebene Kategorien (wie z.B. die Auftragslage ist „gut“, „mittelmäßig“ oder „schlecht“). Diese drei Zustände können aus einer Prognose der Aufträge abgeleitet werden (z.B. ein prognostiziertes Auftragsvolumen bis 1 Mio. € bedeutet „schlecht“, 1–5 Mio. „mittelmäßig“ und über 5 Mio. „gut“).

Welche Zustände sind in Beispiel 2.1 geeignet? Die unsichere Auftragslage (im Hinblick auf Höhe und Frequenz der Aufträge) ist jener Aspekt der Entscheidungssituation, der vom Unternehmen nicht unmittelbar beeinflusst werden kann. Außerdem hat die Auftragslage Auswirkungen auf den Finanzbedarf und damit die Konsequenzen der Aktionen für die Liquidität. Wie bereits oben angedeutet, werden wir zur Vereinfachung den Planungshorizont auf das nächste Monat einschränken.

[2] Es gibt auch Modelle, die die Möglichkeit vorsehen, dass die Zustände sich im Zeitablauf ändern, vom Unternehmen beeinflusst werden können oder von den gewählten Aktionen abhängen. Für die Darstellung in diesem Buch gehen wir davon aus, dass die Zustände für die *jetzt* betrachtete Entscheidungssituation gegeben sind und nicht geändert werden können.

Weiters werden wir zur Vereinfachung davon ausgehen, dass der Kapitalbedarf für das nächste Monat auf Basis von Prognosen für Anzahl und Höhe der Aufträge ermittelt werden kann.

Charakteristisch für ein Entscheidungsmodell ist allerdings, dass hier nicht mit *einer* Zahl für den erwarteten Kapitalbedarf gearbeitet wird, sondern mehrere mögliche Situationen betrachtet werden. Auf Basis der prognostizierten Auftragslage kann man z.B. zwischen den Zuständen „geringer“, „durchschnittlicher“ und „hoher“ Kapitalbedarf unterscheiden. Jedem dieser drei Zustände werden wir einen konkreten Geldbetrag zuordnen, der den jeweiligen Kapitalbedarf charakterisiert und eine numerische Lösung des Entscheidungsproblems ermöglicht (siehe Abschnitt 2.3.4).

2.3.3 Wahrscheinlichkeiten

Jedem Zustand in einem Entscheidungsmodell wird eine Eintrittswahrscheinlichkeit p_j $(j{=}1,\ldots,n)$ zugeordnet. Wahrscheinlichkeiten dürfen nicht negativ sein, und die Summe der Wahrscheinlichkeiten über alle Zustände muss eins (100%) betragen.

Wahrscheinlichkeiten können auf subjektiven Erfahrungen beruhen. In diesem Fall ist es notwendig, entsprechende persönliche Einschätzungen oder verbale Aussagen zu quantifizieren. Eine *subjektive* Wahrscheinlichkeit kann als der Grad der Überzeugung interpretiert werden, welche eine Person vom Eintritt eines Ereignisses hat.

Aus historischen Daten kann die relative Häufigkeit eines Ereignisses abgeleitet werden. Wenn eine genügend große Anzahl von Wiederholungen vorliegt, können Aussagen der Form „in den vergangenen 120 Monaten wurden 36 Monate mit einem Umsatzrückgang beobachtet“ gemacht werden. Die relative Häufigkeit 36/120=0,3 kann daher als Wahrscheinlichkeit von 30% für einen Umsatzrückgang verwendet werden. Wenn die Anzahl der Wiederholungen gegen unendlich geht, kann der Grenzwert der relativen Häufigkeit als *objektive* Wahrscheinlichkeit definiert werden (z.B. Lotto, Roulette, Münzwurf usw.).

Die Wahrscheinlichkeiten beschreiben den *Informationsstand* eines Entscheidungsträgers und können zur Charakterisierung der Entscheidungssituation verwendet werden:

1. *Entscheidungen unter Sicherheit* liegen dann vor, wenn die Wahrscheinlichkeit für einen Zustand eins beträgt und für alle anderen Zustände null.

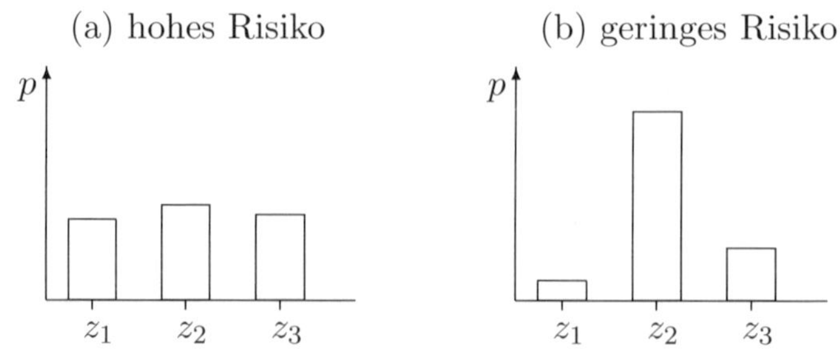

Abbildung 2.1: Zwei Wahrscheinlichkeitsverteilungen, die unterschiedliches Risiko repräsentieren

2. *Entscheidungen unter Unsicherheit* liegen dann vor, wenn wir *keine* Wahrscheinlichkeiten für die einzelnen Zustände angeben können. Entscheidungsprobleme bei Unsicherheit können mit Hilfe von so genannten Entscheidungsregeln gelöst werden (siehe z.B. Götze [2008], S. 384).

3. *Entscheidungen unter Risiko* liegen dann vor, wenn Wahrscheinlichkeiten für alle betrachteten Zustände vorhanden sind. Das Risiko der Entscheidungssituation kann auf Basis der Verteilung der Wahrscheinlichkeiten beurteilt werden. Wenn alle Wahrscheinlichkeiten in etwa gleich groß sind – wie z.B. in Abbildung 2.1(a) – ist das Risiko größer, als wenn ein Zustand eine relativ hohe Wahrscheinlichkeit aufweist, wie z.B. Zustand z_2 in Abbildung 2.1(b).

Für das vorliegende Beispiel 2.1 nehmen wir an, dass historische Daten vorliegen. Wir gehen davon aus, dass aus einer entsprechenden statistischen Analyse den drei oben definierten Zuständen folgende Wahrscheinlichkeiten zugeordnet werden können: 25% für „Kapitalbedarf gering“, 40% für „durchschnittlich“ und 35% für „hoch“.

2.3.4 Handlungskonsequenzen

Ein Entscheidungsmodell enthält (Handlungs-)Konsequenzen für jedes Aktions-Zustands-Paar (a_i, z_j). Diese Konsequenzen können in einem ersten Schritt in verbaler Form angegeben werden. Zur Ermittlung einer optimalen Lösung eines Entscheidungsproblems ist es allerdings erforderlich, *monetäre* Konsequenzen zu bestimmen und in der Matrix der Zahlungen zu erfassen. Die Zahlungen x_{ij} sind als Differenzen der Ein- und Auszahlungen definiert, die mit der i-ten Aktion und dem j-ten

Aktionen	Zustände (Kreditbedarf)			Erwartungswerte
	100 (z_1) p_1=0,25	200 (z_2) p_2=0,40	300 (z_3) p_3=0,35	
Kreditbetrag 100 (a_1)	0,75	2,00	3,25	2,125
Kreditbetrag 200 (a_2)	1,25	1,50	2,75	1,875
Kreditbetrag 300 (a_3)	1,75	2,00	2,25	2,025

Tabelle 2.3: Entscheidungsmodell für Beispiel 2.1

Zustand verbunden sind. Zahlungen, die für jede Handlungskonsequenz identisch sind, brauchen dabei nicht berücksichtigt werden.

Die Zahlungsmatrix muss vollständig besetzt sein, das heißt, es muss jedem Aktions-Zustands-Paar eine entsprechende Zahlung zugeordnet werden. Diese Forderung zwingt den Entscheidungsträger, die Entscheidungssituation vollständig zu durchdenken.

Zur Quantifizierung der Handlungskonsequenzen in Beispiel 2.1 betrachten wir drei Aktionen, die durch eine Kreditaufnahme in Höhe von 100, 200 und 300 (in 1.000 €) charakterisiert sind. Die monetären Konsequenzen werden in Form der damit verbundenen Zinszahlungen ausgedrückt. Bei einem Jahreszinssatz von 9% sind z.B. bei einer Kreditaufnahme von 100 im nächsten Monat $100 \cdot 0{,}09/12 = 0{,}75$ an Zinsen zu bezahlen.

Die mit den Aktionen verbundenen Konsequenzen sind damit jedoch noch nicht vollständig erfasst. Wir müssen noch berücksichtigen, welchen Effekt die Zustände haben. Angenommen der Kreditbedarf beträgt *tatsächlich* 300, aber es werden nur 100 aufgenommen. Der Fehlbetrag von 200 muss dann kurzfristig aufgebracht werden, wobei für den zusätzlichen Betrag ein höherer Zinssatz verrechnet wird. Wenn angenommen wird, dass dieser Zinssatz 15% beträgt, fällt eine Zinszahlung in Höhe von $100 \cdot 0{,}09/12 + 200 \cdot 0{,}15/12 = 3{,}25$ an.

Schließlich betrachten wir noch den Fall, dass mehr Kapital als nötig beschafft wird. Wenn der Kapitalbedarf tatsächlich 200 beträgt, aber 300 beschafft werden, kann der Überschuss von 100 veranlagt werden. Bei einem angenommenen Anlagezinssatz von 3% beträgt die Zinszahlung in diesem Fall $300 \cdot 0{,}09/12 - 100 \cdot 0{,}03/12 = 2$. Die komplette Zahlungsmatrix ist in Tabelle 2.3 angegeben (die in der letzten Spalte dargestellten Erwartungswerte werden im folgenden Abschnitt erläutert). Zu beachten ist, dass es sich um Auszahlungen handelt, aber den Zahlen kein negatives Vorzeichen vorangestellt ist.

2.3.5 Entscheidungskriterium

Die (optimale) Auswahl einer Aktion erfolgt auf Basis eines geeigneten Entscheidungskriteriums. Eines der wichtigsten Kriterien ist der Erwartungswert der Zahlungen.

Der Erwartungswert der Zahlungen für eine Aktion a_i ist die gewichtete Summe der Zahlungen der einzelnen Zustände, wobei die Gewichtung mit den Wahrscheinlichkeiten p_j erfolgt:

$$\begin{aligned} \mathrm{E}(\tilde{x}_i) &= x_{i1} \cdot p_1 + x_{i2} \cdot p_2 + \cdots + x_{in} \cdot p_n \\ &= \sum_{j=1}^{n} x_{ij} \cdot p_j. \end{aligned}$$

$\tilde{x}_i$ bezeichnet die unsicheren Zahlungen, die mit der i-ten Aktion verbunden sind. In Beispiel 2.1 erhält man für die drei Aktionen die Erwartungswerte, die in Tabelle 2.3 angegeben sind. Diese Erwartungswerte werden wie folgt berechnet. Wenn Aktion a_1 gewählt wird, dann beträgt der Erwartungswert der Zahlungen

$$\mathrm{E}(\tilde{x}_1) = 0{,}75 \cdot 0{,}25 + 2{,}00 \cdot 0{,}40 + 3{,}25 \cdot 0{,}35 = 2{,}125.$$

Für die Aktionen a_2 und a_3 erhält man analog

$$\begin{aligned} \mathrm{E}(\tilde{x}_2) &= 1{,}25 \cdot 0{,}25 + 1{,}50 \cdot 0{,}40 + 2{,}75 \cdot 0{,}35 = 1{,}875 \\ \mathrm{E}(\tilde{x}_3) &= 1{,}75 \cdot 0{,}25 + 2{,}00 \cdot 0{,}40 + 2{,}25 \cdot 0{,}35 = 2{,}025. \end{aligned}$$

Der Erwartungswert kann als Durchschnitt der Zahlungen einer Aktion betrachtet werden, wenn sich die Entscheidungssituation in Zukunft sehr oft wiederholt. Wenn die Wahrscheinlichkeiten als relative Häufigkeiten interpretiert werden und z.B. die Aktion a_1 sehr oft wiederholt wird, wird in 25% der Fälle eine Zinszahlung von 0,75 anfallen. In 40% der Fälle wird die Zahlung 2,0 und in 35% der Fälle 3,25 betragen. Im Durchschnitt über alle Wiederholungen wird eine Zinszahlung von 2,125 – der Erwartungswert für a_1 – anfallen.

Nach dem Erwartungswert-Kriterium wird die Aktion mit dem maximalen Erwartungswert gewählt. Wenn die Matrix der Zahlungen negative Konsequenzen enthält (z.B. Auszahlungen wie in Beispiel 2.1), wird die Aktion mit dem minimalen Erwartungswert gewählt.

Der Erwartungswert für die Aktion a_2 (Beschaffung von 200) ist kleiner als für die Aktionen a_1 und a_3. Wenn die Aktion a_2 gewählt wird, ist im Durchschnitt mit den geringsten Zinszahlungen zu rechnen. Zu beachten ist, dass nach der Durchführung dieser Aktion nicht die erwartete Zinszahlung, sondern eine der drei Zahlungen 1,25, 1,50 oder 2,75 eintreten wird. Diese Abweichungen zwischen Erwartungswert und tatsächlichen Zahlungen können ebenfalls im Rahmen der Entscheidung berücksichtigt werden. Details dazu werden im nächsten Abschnitt behandelt.

2.4 Risikoeinstellung

Beispiel 2.2:
Ein Investor verfügt über 10.000 €, die er in Aktienfonds[3] investieren will. Aus der Vielzahl von möglichen Alternativen hat er zwei Fonds ausgewählt. Fonds TECH enthält vor allem Aktien aus dem Technologiebereich. Fonds BLUE wird als konservativ beschrieben und enthält vornehmlich Aktien großer Unternehmen mit langfristig stabilen Kurssteigerungen (so genannte *Blue Chips*).

Der Investor ist sich bewusst, dass große Unsicherheit im Hinblick auf das Ausmaß von Kursschwankungen und der Dauer von Kursrückgängen oder Kursanstiegen besteht. Um diesen Umstand zu berücksichtigen, trifft er eine starke Vereinfachung und unterscheidet nur zwischen günstiger bzw. ungünstiger Börsenlage. Die Wahrscheinlichkeit für eine gute Börsenlage setzt er mit 60%, diejenige für eine schlechte Börsenlage mit 40% an.

Bei einer Investition in Fonds TECH rechnet er bei günstiger Börsenlage mit einer Kurssteigerung von 50% innerhalb eines Jahres, bei ungünstiger Börsenlage erwartet er allerdings 20% Wertverlust. Fonds BLUE wird als eine weniger riskante Investition eingeschätzt, mit einer Kurssteigerung von 15% bei guter und 5% bei ungünstiger Börsenlage. Zusätzlich betrachtet er auch die Möglichkeit, sein Kapital je zur Hälfte auf die beiden Fonds zu verteilen[4].

Wie sollte der Investor sein Geld anlegen, wenn er sich ausschließlich am Erwartungswert orientiert?

Wie oben erwähnt, ist die Matrix der Zahlungen als Differenz der Ein- und Auszahlungen definiert, die mit einem Aktions-Zustands-Paar

[3] In einem Aktienfonds wird das Kapital vieler Anleger verwaltet. Das Kapital wird dabei nach bestimmten Kriterien in Aktien verschiedener Unternehmen investiert. Anteile am Fonds können am Kapitalmarkt gehandelt werden.

[4] Die so genannte Portfoliotheorie beschäftigt sich mit der optimalen Aufteilung des Vermögens auf mehrere Investitionen.

Aktionen	Zustände (Börsenlage) gut (z_1) p_1=0,6	schlecht (z_2) p_2=0,4	Erwartungswerte
Fonds TECH (a_1)	5.000	–2.000	2.200
Fonds BLUE (a_2)	1.500	500	1.100
Fonds TECH&BLUE (a_3)	3.250	–750	1.650

Tabelle 2.4: Zahlungsmatrix und Erwartungswerte für Beispiel 2.2

verbunden sind. Bei einer Investition in Fonds TECH und bei Eintritt der guten Börsenlage beträgt die Differenz der Ein- und Auszahlungen[5]

$$x_{11}: \quad -10.000 + 10.000 \cdot (1 + 0{,}5) = 5.000.$$

Für die anderen Elemente der Zahlungsmatrix erhält man:

$$\begin{aligned}
x_{12}: &\quad -10.000 + 10.000 \cdot (1 - 0{,}2) = -2.000 \\
x_{21}: &\quad -10.000 + 10.000 \cdot 1{,}15 = 1.500 \\
x_{22}: &\quad -10.000 + 10.000 \cdot 1{,}05 = 500 \\
x_{31}: &\quad 0{,}5 \cdot 5.000 + 0{,}5 \cdot 1.500 = 3.250 \\
x_{32}: &\quad 0{,}5 \cdot (-2.000) + 0{,}5 \cdot 500 = -750
\end{aligned}$$

Diese Berechnungen werden in Tabelle 2.4 zusammengefasst. Unter Verwendung der Wahrscheinlichkeiten können wir nun die Erwartungswerte für jede Alternative berechnen:

$$\begin{aligned}
\mathrm{E}(\tilde{x}_1) &= 5.000 \cdot 0{,}6 + (-2.000) \cdot 0{,}4 = 2.200 \\
\mathrm{E}(\tilde{x}_2) &= 1.500 \cdot 0{,}6 + 500 \cdot 0{,}4 = 1.100 \\
\mathrm{E}(\tilde{x}_3) &= 3.250 \cdot 0{,}6 + (-750) \cdot 0{,}4 = 1.650
\end{aligned}$$

Bei isolierter Betrachtung des Erwartungswerts ist es am günstigsten, nur in Fonds TECH (Aktion a_1) zu investieren.

Wenn Entscheidungen nur auf Basis des Erwartungswerts getroffen werden, wird ein wichtiger Aspekt missachtet: die Variabilität der möglichen Konsequenzen in Abhängigkeit von den Zuständen. In Beispiel 2.2 liegt bei Investition in Fonds TECH eine beträchtliche Variation in den Zahlungen vor (5.000 und –2.000). Bei einer Investition in Fonds BLUE

[5]Wir berücksichtigen hier noch nicht, dass Aus- und Einzahlung zu unterschiedlichen Zeitpunkten anfallen. Details dazu werden in Kapitel 3 erläutert.

weichen jedoch die Zahlungen für die beiden Zustände relativ wenig voneinander ab (1.500 und 500). Die beiden Alternativen unterscheiden sich daher deutlich im Hinblick auf das Risiko, das mit ihnen verbunden ist.

Die Ursache für das Risiko, von dem hier gesprochen wird, liegt in den Abweichungen der tatsächlich eintretenden Handlungskonsequenzen vom Erwartungswert. Es gibt verschiedene Möglichkeiten, das Risiko zu messen, auf die wir jedoch in diesem Buch nicht weiter eingehen. Unter dem Begriff *Risiko* werden wir in der Folge ein Maß für die Abweichungen vom Erwartungswert verstehen. Dieser Risikobegriff beruht sowohl auf positiven als auch auf negativen Abweichungen vom Erwartungswert. Er unterscheidet sich daher von dem umgangssprachlich verwendeten Begriff Risiko, der sich (meist) nur auf die negativen Konsequenzen einer Entscheidung oder auf negative Abweichungen vom Erwartungswert bezieht.

Das Risiko einer Investition (oder Handlungsalternative) ist (üblicherweise) objektiv gegeben (im vorliegenden Fall durch die unterschiedliche Schwankungsbreite der Kursänderungen). Die Präferenz für die eine oder andere Alternative hängt jedoch von der Risikoeinstellung des Investors ab und ist daher subjektiv. So ist es in Beispiel 2.2 denkbar, dass ein Investor, der diese Geldanlage hauptsächlich aus Spekulationsmotiven betrachtet, eine sehr starke Präferenz für Fonds TECH hat. Für ihn ist vor allem die Aussicht auf einen sehr hohen Kursgewinn attraktiv, während die Möglichkeit eines hohen Verlusts eine untergeordnete Rolle spielt. Ein sehr vorsichtiger Investor hingegen würde gerade diesen Verlust „fürchten“ und daher Fonds BLUE bevorzugen.

In Abschnitt 4.7 werden wir zeigen, wie das Risiko im Rahmen von Investitionsentscheidungen berücksichtigt werden kann. Hier soll zunächst gezeigt werden, wie die Risikoeinstellung eines Investors (oder allgemein eines Entscheidungsträgers) bestimmt werden kann.

Grundsätzlich unterscheidet man zwischen folgenden Formen der Risikoeinstellung:

1. *Risikoscheu* bzw. *risikoavers*: Zunehmendes Risiko einer Alternative wird nicht als attraktiv beurteilt, weil vor allem die negativen Abweichungen vom Erwartungswert beachtet werden.

2. *Risikoneutral*: Das Risiko einer Alternative spielt keine Rolle (wird nicht beachtet).

3. *Risikofreudig*: Zunehmendes Risiko einer Alternative wird als attraktiv beurteilt, weil vor allem die positiven Abweichungen vom Erwartungswert beachtet werden.

Die *subjektive* Risikoeinstellung eines Entscheidungsträgers kann aus seinem *Sicherheitsäquivalent* abgeleitet werden. Wir beschreiben nun, wie es durch Befragung des Entscheidungsträgers ermittelt werden kann.

Der Entscheidungsträger wird mit einem Spiel oder einer Lotterie mit unsicherem Ausgang konfrontiert. Angenommen er kann mit 50% Wahrscheinlichkeit entweder 20 € verlieren oder 60 € gewinnen.[6] Dann wird der Entscheidungsträger nach einem *sicheren* Geldbetrag gefragt, der für ihn gleich viel wert ist wie die Teilnahme am Spiel. Dieser Betrag wird als Sicherheitsäquivalent bezeichnet. Es kann als jener Preis für die Teilnahme am Spiel oder an der Lotterie aufgefasst werden, den der Entscheidungsträger maximal zu zahlen bereit ist. Das Sicherheitsäquivalent ist daher nicht als „richtige" Lösung für ein mathematisches Problem zu verstehen, sondern als subjektive Antwort eines Entscheidungsträgers angesichts einer Abwägung zwischen Sicherheit und Risiko.

Angenommen das Sicherheitsäquivalent beträgt 5 €. Das bedeutet, dass der Entscheidungsträger nicht bereit ist, mehr als 5 € für die Teilnahme an diesem Spiel zu zahlen. Er ist *indifferent* zwischen diesem Betrag und den Gewinn- bzw. Verlustchancen, die das Spiel bietet. Der Erwartungswert des Spiels beträgt 20 €:

$$0{,}5 \cdot (-20) + 0{,}5 \cdot 60 = 20.$$

Die Differenz von 15 € zwischen dem Erwartungswert und dem Sicherheitsäquivalent kann darauf zurückgeführt werden, dass mit dem Spiel ein Risiko verbunden ist. Es besteht zwar die Chance auf einen Gewinn, aber auch die Möglichkeit eines Verlusts. Weil das Sicherheitsäquivalent kleiner[7] als der Erwartungswert ist, kann man darauf schließen, dass für den Entscheidungsträger eine mögliche positive Abweichung vom Erwartungswert weniger wichtig ist als eine mögliche negative Abweichung. Er wird daher als risikoscheu bezeichnet.

Für die Beurteilung der Risikoeinstellung wird das Sicherheitsäquivalent (SÄ) mit dem Erwartungswert der unsicheren Zahlungen $\tilde{x}$ verglichen. Man kann folgende Fälle unterscheiden:

---

[6] Die Wahl dieser Beträge sollte sich an der Höhe der Zahlungen orientieren, die beim jeweiligen Entscheidungsproblem auftreten.

[7] Es ist auch möglich, dass der Entscheidungsträger einen negativen Betrag nennt. In diesem Fall müsste man ihm etwas zahlen, damit er bereit wäre, an dem Spiel teilzunehmen.

1. $\text{SÄ} < \text{E}(\tilde{x}) \iff$ risikoscheu
2. $\text{SÄ} = \text{E}(\tilde{x}) \iff$ risikoneutral
3. $\text{SÄ} > \text{E}(\tilde{x}) \iff$ risikofreudig

Wenn das Sicherheitsäquivalent kleiner als der Erwartungswert der Zahlungen ist, wird der Entscheidungsträger als *risikoscheu* bezeichnet. Ein *risikofreudiger* Entscheidungsträger wäre bereit, mehr als den Erwartungswert zu zahlen, um an einem Spiel teilzunehmen. Üblicherweise verhalten sich Entscheidungsträger risikoscheu. Die Risikoeinstellung *kann* jedoch von der Höhe der Beträge abhängen, die mit der Situation verbunden sind. Es ist denkbar, dass sich ein Entscheidungsträger bei einem Glücksspiel risikofreudig verhält, wenn der Preis für ein Los relativ gering ist. Wird jedoch um hohe Beträge mit entsprechend hohen Einsätzen gespielt, kann sich derselbe Entscheidungsträger risikoscheu verhalten (siehe Übungsaufgabe 2.5).

2.5 Weiterführende Literatur

Bamberg, Günter, Adolf G. Coenenberg und Michaela Krapp. *Betriebswirtschaftliche Entscheidungslehre*. 14. Auflage, Vahlen, 2008.

Götze, Uwe. *Investitionsrechnung*. 6. Aufl., Springer, 2008.

Laux, Helmut. *Entscheidungstheorie*. 7. Aufl., Springer, 2007.

Schmidt, Reinhard und Eva Terberger-Stoy. *Grundzüge der Investitions- und Finanzierungstheorie*. 4. Aufl. (Nachdruck), Gabler, 1999.

2.6 Übungsaufgaben

Übungsaufgabe 2.1:
Ein Botendienst kann Fahrten entweder mit einem Fahrrad oder einem Motorrad durchführen. Aufgrund der geringeren Geschwindigkeit können mit dem Fahrrad nur maximal 18 Fahrten pro Tag durchgeführt werden. Die Einzahlung pro Fahrt ist unabhängig vom Verkehrsmittel und beträgt 3 €. Die Auszahlungen pro Fahrt mit dem Fahrrad betragen 0,1 €, für Fahrten mit dem Motorrad 0,8 €.

Aus der Vergangenheit ist bekannt, wie viele Fahrten pro Tag anfallen. Die folgende Tabelle enthält Angaben über die Häufigkeit der Aufträge in den vergangenen 350 Tagen:

Anzahl der Fahrten pro Tag	12	13	14	15	16	17	18	19	20	21	22
Anzahl der Tage mit diesem Bedarf	25	40	42	47	38	40	36	34	24	14	10

Welches Fahrzeug soll angeschafft werden, um einen möglichst hohen erwarteten Einzahlungsüberschuss zu erzielen?

Übungsaufgabe 2.2:
Eine Bank hat dem Unternehmen net.OIS einen Kredit gewährt. In einem Jahr sollte net.OIS eine Zahlung an die Bank in Höhe von 550.000 € leisten. Allerdings ist das Unternehmen in wirtschaftlichen Schwierigkeiten. Die Bank nimmt an, dass net.OIS mit einer Wahrscheinlichkeit von 2% *überhaupt keine* Zahlung leisten kann (Zustand „nichts"). Mit 98% Wahrscheinlichkeit wird net.OIS den gesamten Betrag zahlen (Zustand „alles").

1. Wie hoch ist der Erwartungswert der Zahlung, die net.OIS in einem Jahr leisten wird?
2. Die Bank hat auch dem Unternehmen VALOS einen Kredit in derselben Höhe gewährt. Die Bank hat folgende Erwartungen für die Zahlungen die VALOS in einem Jahr leisten wird: 550.000 mit Wahrscheinlichkeit p_1=80% (Zustand „alles"), 530.000 (p_2=15%; Zustand „fast") und 500.000 (p_3=5%; Zustand „wenig"). Wie hoch ist der Erwartungswert der Zahlung, die VALOS in einem Jahr leisten wird?
3. Beurteilen Sie das Risiko, das für die Bank mit diesen beiden Krediten verbunden ist.

Übungsaufgabe 2.3:
Ein Unternehmen möchte rechtzeitig auf die zukünftige Marktentwicklung reagieren und überlegt, eine neue Produktionsanlage zu errichten. Als Alternative kann eine bestehende Anlage modernisiert und erweitert werden. Schließlich wird auch in Erwägung gezogen, gar nichts zu unternehmen. Zur Ermittlung der Konsequenzen, die mit diesen Alternativen verbunden sind, werden drei Möglichkeiten für die Marktentwicklung unterschieden. Die entsprechenden Wahrscheinlichkeiten, sowie die jeweils erwarteten Einzahlungsüberschüsse (in 1.000 €) sind in der folgenden Tabelle angegeben:

	Zustände (Marktentwicklung)		
	wachsend (z_1)	stagnierend (z_2)	rückläufig (z_3)
Aktionen	p_1=0,25	p_2=0,55	p_3=0,20
Neubau (a_1)	400	–150	–250
Erweiterung (a_2)	250	–100	–180
Nichts tun (a_3)	100	0	–100

1. Ermitteln Sie die Erwartungswerte für jede Alternative!

2. Welche Alternative sollte gewählt werden, wenn der erwartete Einzahlungsüberschuss als Kriterium verwendet wird?
3. Beurteilen Sie das Risiko der drei Alternativen!

Übungsaufgabe 2.4:
Ein Investor überlegt, heute eine von zwei Aktien zu kaufen. Aktie DYN hat einen Kurs von 35 €, Aktie KONS einen Kurs von 45 €. Je nach Börsenlage prognostiziert der Investor für den Zeitpunkt der Veräußerung der Aktie folgende Matrix der Einzahlungen:

	Zustände (Börsenlage)	
	gut (z_1)	schlecht (z_2)
Aktionen	p_1=0,4	p_2=0,6
Aktie DYN (a_1)	45	25
Aktie KONS (a_2)	55	45

1. Ermitteln Sie die Erwartungswerte der Zahlungen für beide Aktien!
2. Welche Aussagen über die Risikoeinstellung des Investors können Sie machen, wenn er (a) Aktie DYN bzw. (b) Aktie KONS kauft?
3. Ersetzen Sie die unsicheren Einzahlungen für jede der beiden Aktien durch eine sichere Einzahlung, die *Ihnen* gleich viel wert ist. Verwenden Sie Ihre Antwort, um Ihre eigene Risikoeinstellung zu beurteilen.

Übungsaufgabe 2.5:
Betrachten Sie die beiden Spiele, die in der folgenden Tabelle beschrieben sind (Beträge in €):

	Zustände		
Aktionen	p_1=0,01	p_2=0,99	Erwartungswerte
Spiel GMA	1.000	–10	0,1
Spiel AUW	100.000	–1.000	10,0

Jemand ist bereit, für einen Einsatz von 0,50 € bei Spiel GMA mitzuspielen. Dieselbe Person ist jedoch nicht bereit, 5 € für Spiel AUW zu zahlen. Welche Aussagen über die Risikoeinstellung dieser Person können Sie machen?

Übungsaufgabe 2.6:
Die statistischen Aufzeichnungen einer Versicherungsgesellschaft besagen, dass der Erwartungswert für den Schaden einer bestimmten Kategorie 250 € pro Jahr und Haushalt beträgt. Beurteilen Sie die Risikoeinstellung eines Entscheidungsträgers, der für seinen Haushalt eine Versicherung mit einer Jahresprämie von 320 € abschließt.

Kapitel 3

Elementare Finanzmathematik

3.1 Grundlagen

Einer der wichtigsten Grundsätze der Finanzmathematik ist intuitiv einleuchtend: Ein Euro heute ist mehr wert als ein Euro, den wir erst in einem Jahr erhalten. Wenn wir heute einen Euro besitzen, können wir ihn auf ein Sparbuch legen und aufgrund der von der Bank gewährten Zinsen in einem Jahr einen etwas höheren Betrag wieder von dem Sparbuch abheben. Das ist natürlich besser, als erst in einem Jahr nur einen Euro zu erhalten. Umgekehrt können wir einen Euro, den wir heute besitzen, sofort konsumieren, während wir andernfalls für den sofortigen Konsum einen Kredit aufnehmen und in einem Jahr mit dem dann fälligen Euro zurückzahlen müssen. Aufgrund der von der Bank verrechneten Kreditzinsen wäre der heute verfügbare Geldbetrag niedriger als ein Euro, dementsprechend weniger könnten wir heute konsumieren. Auch hier wird deutlich, dass ein Euro, den wir erst morgen erhalten, weniger wert ist als ein Euro, den wir heute schon besitzen.

Zahlungen, die zu verschiedenen Zeitpunkten eintreten, können also nicht *direkt* verglichen werden. Die Finanzmathematik stellt uns verschiedene Methoden zur Verfügung, die einen Vergleich solcher Zahlungen ermöglichen. Dabei werden die unterschiedlichen Fälligkeitszeitpunkte der Zahlungen sowie die dadurch eintretenden Zinseffekte (wie sie oben beschrieben wurden) berücksichtigt.

Die *Ursachen* der Verzinsung bleiben in der Finanzmathematik außer Betracht, mit ihnen befassen sich verschiedene Zinstheorien (siehe z.B. Lutz [1967]). Für die Untersuchungen im Rahmen der Finanzmathematik ist es ausreichend, die Zinsen als Leihgebühr für Geld anzusehen.

Finanzmathematische Berechnungen beruhen zum einen auf *Zahlungen*, zum andern auf *Kapitalbeständen*. Angenommen, ein bestimmter

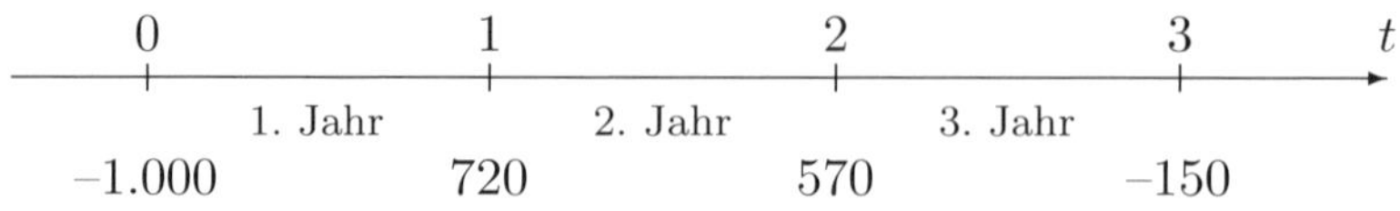

Abbildung 3.1: Zeitstrahl mit Zahlungen

Geldbetrag wird auf einem Sparbuch veranlagt. Durch die Gutschrift von Zinsen wird sich der Wert dieses veranlagten Kapitals (der Kapitalbestand) im Zeitablauf ändern. Eine Zahlung wird dann ausgelöst, wenn ein Geldbetrag von diesem Sparbuch abgehoben bzw. wenn ein Geldbetrag angelegt wird. Aus der Sicht des Besitzers des Sparbuchs ist die Veranlagung eines Geldbetrags auf dem Sparbuch eine *Auszahlung* (auch wenn er immer noch Eigentümer des Geldbetrags ist, ist doch die unmittelbare Verfügbarkeit über diesen Geldbetrag nicht mehr gegeben), aus der Sicht der Bank hingegen eine *Einzahlung*. Umgekehrt stellt das Abheben eines Geldbetrags vom Sparbuch für den Besitzer eine *Einzahlung* und für die Bank eine *Auszahlung* dar. Der umgangssprachliche Ausdruck „Geld auf ein Sparbuch einzahlen“ beschreibt also aus finanzmathematischer Sicht für den Besitzer des Sparbuchs eine *Auszahlung*.

Einzahlungen werden mit einem positiven, Auszahlungen mit einem negativen Vorzeichen gekennzeichnet. Sofern nicht ausdrücklich anders angegeben, werden Zahlungen immer am *Ende* einer Periode, z.B. eines Jahres, fällig (*nachschüssige* Zahlungen). Zahlungen, die in der Gegenwart („heute“) anfallen, werden dem Zeitpunkt null zugeordnet. Chronologisch geordnete, inhaltlich zusammengehörende Ein- und Auszahlungen bilden eine *Zahlungsreihe*, die anhand eines *Zeitstrahls* (wie in Abbildung 3.1) veranschaulicht werden kann.

3.2 Zinsenrechnung

Die Zinsenrechnung untersucht, auf welchen Betrag ein zu einem bestimmten Zeitpunkt angelegtes Kapital nach einer vorgegebenen Zeitspanne anwächst.

Legt ein Sparer einen Geldbetrag für einen bestimmten Zeitraum an, oder leiht er einen Geldbetrag für einen vorgegebenen Zeitraum aus, so werden als Entgelt für die Überlassung dieses Kapitals *Zinsen* verrechnet. Die Zeitpunkte, zu denen Zinsen fällig werden, heißen *Zinsver-*

rechnungstermine, *Zinszuschlagstermine* oder einfach *Zinstermine*. Der Zeitraum zwischen zwei Zinsterminen wird *Zinsperiode* genannt.

Die Höhe der zu zahlenden Zinsen hängt von verschiedenen Faktoren ab:

1. vom vereinbarten *Zinssatz*,
2. von der Dauer der Kapitalüberlassung (der *Laufzeit*) und
3. von der *Art der Zinsberechnung*.

Der Zinssatz wird mit i bezeichnet (vom englischen Ausdruck für Zinsen, *interest*). Er gibt an, wie viel an Zinsen für einen über eine bestimmte Zeitspanne (meist ein Jahr) geliehenen Betrag in Höhe von einer Geldeinheit gezahlt werden muss. Übliche Schreibweisen sind z.B. i=0,03 oder gleichbedeutend i=3%. Bezieht sich der angegebene Zinssatz auf die Zeitspanne eines Jahres, so schreibt man auch i=0,03 p.a. bzw. i=3% p.a. („pro anno"). Manche Autoren (z.B. Tietze [2008]) unterscheiden zusätzlich zwischen dem *Zinssatz* i und dem *Zinsfuß* p, für den $i=p\%$ gilt. p gibt also die Zinsen für einen über eine Zeiteinheit ausgeliehenen Betrag in Höhe von 100 Geldeinheiten an. Wir werden im Folgenden nur mit dem Zinssatz i arbeiten.

Beispiel 3.1:
Bei einem Zinssatz von i=0,05 p.a. erhält ein Anleger pro gespartem Euro 0,05 € oder 5 Cent Zinsen[1] in einem Jahr. Legt er beispielsweise 100 € an, erhält er 5 €, legt er 300 € an, erhält er 15 €, und legt er 430 € an, so erhält er 21,50 € an Zinsen.

Die *Laufzeit* bezeichnet die Dauer der Kapitalüberlassung, wir werden sie im Folgenden mit N bezeichnen. Je länger die Laufzeit ist, umso höher werden die gezahlten Zinsen sein.

Bei der Art der Zinsberechnung wird nach drei verschiedenen Merkmalen unterschieden, nämlich nach

1. der *Behandlung der bisher angefallenen Zinsen*,
2. der *Anzahl der Zinstermine pro Jahr* (und damit verbunden der *Länge der Zinsperiode*) und nach
3. dem *Zeitpunkt der Zinszahlung*.

[1] Bei jährlicher Verzinsung, siehe auch Abschnitt 3.2.3.

Bei der *einfachen* (oder *linearen*) *Verzinsung* werden in der Vergangenheit angefallene Zinsen in den folgenden Zinsperioden nicht weiter verzinst, während bei der *zusammengesetzten* (oder *exponentiellen*) *Verzinsung* bisher angefallene Zinsen zum ursprünglichen Kapital dazu gezählt („dem Kapital zugeschlagen") und in den Folgeperioden weiter verzinst werden. Die auf bisherige Zinsen angefallenen Zinsen bezeichnet man auch als *Zinseszinsen*. Die einfache Verzinsung wird in Abschnitt 3.2.1 kurz dargestellt, die (wesentlich wichtigere) zusammengesetzte Verzinsung ausführlich in Abschnitt 3.2.2.

Bei der zusammengesetzten Verzinsung hängt die Höhe der Zinszahlungen auch von der Länge der Zinsperiode ab. Werden Zinsen einmal im Jahr gutgeschrieben (bzw. angelastet), spricht man von *jährlicher Verzinsung*. Bei der so genannten *unterjährigen Verzinsung* ist die Zinsperiode kürzer als ein Jahr, z.B. ein Quartal. Für jede Zinsperiode werden die anteiligen Jahreszinsen dem Kapital zugeschlagen und weiter verzinst. Die unterjährige Verzinsung wird in Abschnitt 3.2.3 behandelt.

Schließlich ist der Zeitpunkt der Zinszahlung von Bedeutung: Bei *nachschüssiger* oder *dekursiver Verzinsung* werden die Zinsen für eine Zinsperiode am Ende dieser Periode fällig, bei *vorschüssiger* oder *antizipativer Verzinsung* hingegen am Beginn der jeweiligen Zinsperiode. Die vorschüssige Verzinsung wird in Abschnitt 3.4 kurz erläutert, sie spielt in der Praxis nur eine untergeordnete Rolle. Im Folgenden gehen wir, sofern nicht anders angegeben, stets von nachschüssiger Verzinsung aus.

3.2.1 Einfache Verzinsung

Bei der einfachen Verzinsung fallen Zinsen nur auf das anfangs überlassene Kapital an, die Zinsen selbst werden in den folgenden Perioden nicht weiter verzinst.

Wir bezeichnen das zu Beginn eines Jahres angelegte Anfangskapital mit K_0. Bei einfacher Verzinsung mit dem Jahreszinssatz i entwickelt sich das Kapital wie folgt:

$$\begin{array}{ll} \text{nach 1 Jahr:} & K_1 = K_0 + K_0 \cdot i = K_0 \cdot (1+i) \\ \text{nach 2 Jahren:} & K_2 = K_1 + K_0 \cdot i = K_0 \cdot (1+2\cdot i) \\ \text{nach 3 Jahren:} & K_3 = K_2 + K_0 \cdot i = K_0 \cdot (1+3\cdot i) \\ \ldots & \end{array}$$

Allgemein gilt also

$$K_N = K_{N-1} + K_0 \cdot i = K_0 \cdot (1 + N \cdot i)\,. \tag{3.1}$$

K_N wird als *Endwert* des Kapitals K_0 nach N Jahren bezeichnet. Der Endwert ergibt sich durch das so genannte *Aufzinsen* des Anfangskapitals. Bei einfacher Verzinsung bilden die Werte des Kapitals zu den einzelnen Zeitpunkten K_0, K_1, ..., K_N eine arithmetische Zahlenfolge.

Beispiel 3.2:
Ein Investor legt heute (zum Zeitpunkt t=0) einen Betrag von 300 € für sechs Jahre an. Der entsprechende Zinssatz beträgt 4% p.a. bei einfacher Verzinsung. Wie entwickelt sich sein Vermögen im Zeitablauf?

Zeitpunkt t	Kapital K_t	Zinsen für die Periode $[t; t+1]$
0	300,00	$K_0 \cdot i = 12{,}00$
1	312,00	$K_0 \cdot i = 12{,}00$
2	324,00	$K_0 \cdot i = 12{,}00$
3	336,00	$K_0 \cdot i = 12{,}00$
4	348,00	$K_0 \cdot i = 12{,}00$
5	360,00	$K_0 \cdot i = 12{,}00$
6	372,00	

Die jährlichen Zinsen werden jeweils nur vom Anfangskapital berechnet und sind daher konstant.

Beispiel 3.3:
Ein Investor legt heute 5.000 € zum Zinssatz von 6% p.a. bei einfacher Verzinsung an. Wie hoch ist sein Endvermögen nach drei Jahren?

Mit Formel (3.1) ergibt sich

$$K_N = K_0 \cdot (1 + N \cdot i) = 5.000 \cdot (1 + 3 \cdot 0{,}06) = 5.900.$$

Bei der einfachen Verzinsung spielt die Anzahl der Zinstermine bzw. die Länge der Zinsperiode keine Rolle. Da nur das Anfangskapital verzinst wird, ist der Endwert derselbe, unabhängig davon, ob einmal jährlich die Jahreszinsen oder mehrmals im Jahr anteilige Jahreszinsen gezahlt werden.

Beispiel 3.4:
Ein Investor legt heute 5.000 € zum Zinssatz von 6% p.a. bei einfacher Verzinsung an. Die Zinsen werden vierteljährlich anteilsmäßig fällig (d.h. jedes Quartal werden 1,5% Zinsen gutgeschrieben). Wie hoch ist sein Endvermögen nach drei Jahren?

Anstatt mit einer Laufzeit von 3 Jahren und dem Jahreszinssatz von i=0,06 wird jetzt mit einer Laufzeit N von zwölf Quartalen und dem Quartalszinssatz von i=1,5% gerechnet:

$$K_N = K_0 \cdot (1 + N \cdot i) = 5.000 \cdot (1 + 12 \cdot 0{,}015) = 5.900.$$

Das Endvermögen ist dasselbe wie in Beispiel 3.3.

Wenn ein bestimmtes Endkapital K_N gegeben ist, so kann man das zugehörige Anfangskapital K_0 durch *Abzinsen* des Endkapitals berechnen. Aus Gleichung (3.1) folgt direkt

$$K_0 = \frac{K_N}{1 + N \cdot i}. \tag{3.2}$$

K_0 wird auch als *Barwert* (oder *Gegenwartswert*) des zukünftigen Kapitals (oder der zukünftigen Zahlung) K_N bezeichnet. Er gibt an, welchen Betrag ein Investor heute anlegen muss, um (bei gegebenem Zinssatz i) nach N Jahren ein gewünschtes Endvermögen zu erhalten. Allgemeiner formuliert, bezeichnet der Barwert den heutigen Wert einer zukünftigen Zahlung.

Beispiel 3.5:
Ein Anleger möchte in drei Jahren ein neues Auto um 12.000 € kaufen. Welchen Betrag müsste er dafür heute auf ein Sparbuch mit Zinssatz 3% p.a. bei einfacher Verzinsung legen?

Wir berechnen den gesuchten Barwert der zukünftigen Zahlung mit Hilfe von Formel (3.2):

$$K_0 = \frac{K_N}{1 + N \cdot i} = \frac{12.000}{1 + 3 \cdot 0{,}03} = 11.009{,}17.$$

3.2.2 Zusammengesetzte Verzinsung

Werden die am Ende einer Zinsperiode fälligen Zinsen dem Kapital hinzugerechnet und in den Folgeperioden weiter verzinst, so spricht man von zusammengesetzter (oder exponentieller) Verzinsung. Die Zinsen, die auf früher angefallene Zinsen verrechnet werden, nennt man auch Zinseszinsen.

3.2.2.1 Endwert und Barwert

Wenn i nun den Jahreszinssatz bei zusammengesetzter Verzinsung bezeichnet, entwickelt sich ein gegebenes Anfangskapital K_0 folgendermaßen:

$$\begin{array}{lrcl} \text{nach 1 Jahr:} & K_1 & = & K_0 + K_0 \cdot i = K_0 \cdot (1+i) \\ \text{nach 2 Jahren:} & K_2 & = & K_1 + K_1 \cdot i = K_0 \cdot (1+i)^2 \\ \text{nach 3 Jahren:} & K_3 & = & K_2 + K_2 \cdot i = K_0 \cdot (1+i)^3 \\ \ldots & & & \end{array}$$

Nach N Jahren erhalten wir schließlich

$$K_N = K_{N-1} + K_{N-1} \cdot i = K_0 \cdot (1+i)^N \,. \tag{3.3}$$

Der Term $(1+i)^N$ heißt *Aufzinsungsfaktor*. Bei zusammengesetzter Verzinsung bilden die Werte des Kapitals $K_0, K_1, \ldots, K_N$ eine geometrische Folge.

Beispiel 3.6:
Ein Investor legt heute (zum Zeitpunkt t=0) einen Betrag von 300 € für sechs Jahre an. Der entsprechende Zinssatz beträgt 4% p.a. bei zusammengesetzter Verzinsung. Wie entwickelt sich sein Vermögen im Zeitablauf?

Zeitpunkt t	Kapital K_t	Zinsen für die Periode $[t; t+1]$
0	300,00	$K_0 \cdot i = 12{,}00$
1	312,00	$K_1 \cdot i = 12{,}48$
2	324,48	$K_2 \cdot i = 12{,}98$
3	337,46	$K_3 \cdot i = 13{,}50$
4	350,96	$K_4 \cdot i = 14{,}04$
5	365,00	$K_5 \cdot i = 14{,}60$
6	379,60	

Die jährlich bezahlten Zinsen sind jetzt nicht mehr konstant. Durch die Berücksichtigung von Zinseszinsen wächst das Kapital im Vergleich zur einfachen Verzinsung schneller (vgl. Beispiel 3.2, S. 43).

Beispiel 3.7:
Ein Investor legt heute 5.000 € zum Zinssatz von 6% p.a. bei zusammengesetzter Verzinsung an. Wie hoch ist sein Endvermögen nach drei Jahren?

Mit Hilfe von Formel (3.3) erhalten wir den Endwert,

$$K_N = K_0\,(1+i)^3 = 5.000 \cdot (1+0{,}06)^3 = 5.955{,}08.$$

Auch hier ist durch den Zinseszinseffekt das Endvermögen höher als bei einfacher Verzinsung (vgl. Beispiel 3.3, S. 43).

Der Unterschied zwischen den jeweiligen Endwerten bei einfacher und zusammengesetzter Verzinsung ist umso größer, je länger die Laufzeit und je höher der Zinssatz ist. Dies wird durch das folgende Beispiel veranschaulicht.

Beispiel 3.8:
Angenommen, vor 1000 bzw. 2000 Jahren hat jemand einen Cent (oder 0,01 €) auf ein Sparbuch gelegt. Wie hoch ist das heutige Guthaben bei i=0,01 p.a. bzw. i=0,03 p.a., jeweils bei einfacher und zusammengesetzter Verzinsung?

	einfache Verzinsung		zusammengesetzte Verzinsung	
Endwerte	1% p.a.	3% p.a.	1% p.a.	3% p.a.
K_{1000}	0,11	0,31	209,59	$6{,}87 \cdot 10^{10}$
K_{2000}	0,21	0,61	4.392.862,05	$4{,}73 \cdot 10^{23}$

Die Entwicklung des Endwerts bei gegebenem Zinssatz und jährlicher Verzinsung ist auch aus Abbildung 3.2 ersichtlich. Hier wurde die Formel (3.3) für den Endwert bei zusammengesetzter Verzinsung auch für nicht ganzzahlige Laufzeiten N angewendet. Bei einfacher Verzinsung entwickelt sich das Endvermögen linear, bei zusammengesetzter Verzinsung exponentiell (daher auch die Bezeichnungen „lineare“ bzw. „exponentielle“ Verzinsung). Bei jährlicher Verzinsung sind die Endwerte bei beiden Verzinsungsarten für Laufzeiten von genau einem Jahr gleich. Nur bei Laufzeiten von weniger als einem Jahr ergibt die einfache Verzinsung ein höheres Endvermögen als die zusammengesetzte Verzinsung.

Der Barwert einer Zahlung lässt sich im Fall der zusammengesetzten Verzinsung gleich wie bei einfacher Verzinsung interpretieren: Er bezeichnet den heutigen Wert einer Zahlung, die erst in der Zukunft anfallen wird. Die Formel für den Barwert K_0 bei zusammengesetzter Verzinsung erhalten wir direkt aus Gleichung (3.3):

$$K_0 = \frac{K_N}{(1+i)^N} = K_N \cdot (1+i)^{-N} . \tag{3.4}$$

Den Term $(1{+}i)^{-N}$ nennt man auch *Abzinsungsfaktor*.

Beispiel 3.9:
Ein Anleger möchte in drei Jahren ein neues Auto um 12.000 € kaufen. Welchen Betrag müsste er dafür heute auf ein Sparbuch mit Zinssatz 3% p.a. bei zusammengesetzter Verzinsung legen?

Aus Formel (3.4) ergibt sich

$$K_0 = K_N \cdot (1+i)^{-N} = 12.000 \cdot (1+0{,}03)^{-3} = 10.981{,}70.$$

Hier macht sich der Zinseszinseffekt durch den im Vergleich zur einfachen Verzinsung niedrigeren Barwert (vgl. Beispiel 3.5, S. 44) bemerkbar.

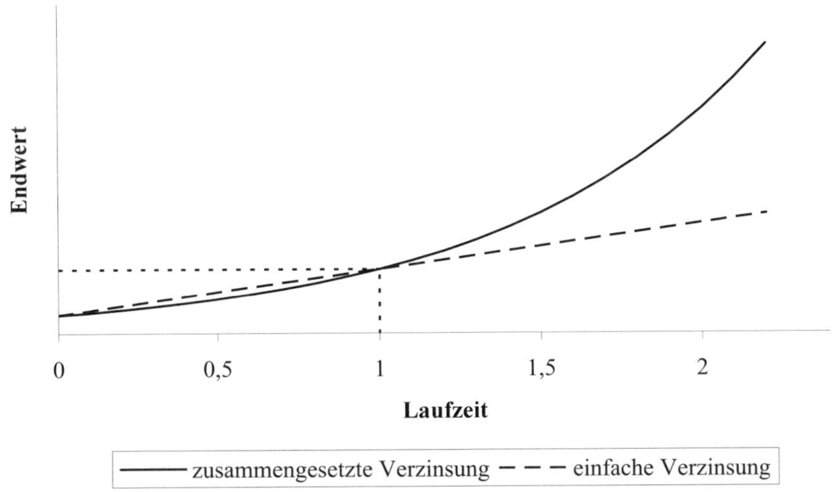

Abbildung 3.2: Endwert bei einfacher und zusammengesetzter Verzinsung in Abhängigkeit von der Laufzeit

Im Folgenden gehen wir, sofern nicht ausdrücklich anders angegeben, stets von zusammengesetzter Verzinsung aus.

3.2.2.2 Die Rendite

Angenommen, ein Betrag K_0 wird angelegt und wächst in N Jahren zu dem Kapital K_N an. Der dieser Steigerung entsprechende jährliche prozentuelle Kapitalzuwachs wird durch den so genannten *effektiven Zinssatz* (*interner Zinssatz*, *Rendite*) angegeben.

Die Formel für den effektiven (Jahres-)Zinssatz kann leicht aus der Formel (3.3) für den Endwert einer Zahlung abgeleitet werden:

$$K_N = K_0 \cdot (1 + i_{\text{eff}})^N$$

$$\Longrightarrow \quad i_{\text{eff}} = \sqrt[N]{\frac{K_N}{K_0}} - 1 = \left(\frac{K_N}{K_0}\right)^{1/N} - 1. \tag{3.5}$$

Bei jährlicher Verzinsung entspricht der effektive Zinssatz i_{eff} dem Jahreszinssatz i.

Beispiel 3.10:
Wie hoch ist der effektive Jahreszinssatz (die Jahresrendite) einer Veranlagung, bei der ein Anfangskapital von 16.000 € ein Jahr später auf 17.500 € angewachsen ist?

Bei einer Laufzeit von nur einem Jahr ist die Berechnung einfach. Wir erhalten

$$K_1 = K_0 \cdot (1 + i_{\text{eff}}) \implies i_{\text{eff}} = \frac{K_1}{K_0} - 1 = \frac{K_1 - K_0}{K_0}.$$

$$i_{\text{eff}} = \frac{17.500 - 16.000}{16.000} = 0{,}09375 \text{ p.a.} \simeq 9{,}38\% \text{ p.a.}$$

Beispiel 3.11:
Ein Investor legt heute 4.000 € an. Bei einer Laufzeit von drei Jahren beträgt das versprochene Endvermögen 4.800 €. Wie hoch ist der effektive Jahreszinssatz?

Diesmal verwenden wir direkt Formel (3.5) und erhalten

$$i_{\text{eff}} = \sqrt[3]{\frac{4.800}{4.000}} - 1 = 0{,}0626586 \text{ p.a.} \simeq 6{,}27\% \text{ p.a.}$$

Bei jährlicher Verzinsung stimmen der angegebene Jahreszinssatz i und der effektive Zinssatz überein. Bei unterjähriger Verzinsung ist das nicht mehr der Fall: Hier ist der angegebene Jahreszins (man nennt ihn auch den *nominellen Zinssatz*) niedriger als der effektive Jahreszins. Die Gründe hierfür werden wir in Abschnitt 3.2.3 erläutern.

Beispiel 3.12:
Eine Veranlagung liefert im ersten Jahr eine Verzinsung von 2% p.a., im zweiten Jahr 6% p.a. und im dritten Jahr 10% p.a. Wie hoch ist die effektive jährliche Verzinsung über diese drei Jahre?

Es gilt wieder

$$1 + i_{\text{eff}} = \sqrt[N]{\frac{K_N}{K_0}},$$

wir setzen für K_N ein und erhalten

$$\begin{aligned} 1 + i_{\text{eff}} &= \sqrt[3]{\frac{K_0 \cdot (1 + 0{,}02) \cdot (1 + 0{,}06) \cdot (1 + 0{,}10)}{K_0}} \\ &= \sqrt[3]{1{,}02 \cdot 1{,}06 \cdot 1{,}10} = 1{,}059497. \end{aligned}$$

Der effektive Jahreszinssatz beträgt daher rund 5,95% p.a.

Der Ausdruck $1+i_{\text{eff}}$ ist das geometrische Mittel der für die einzelnen Jahre geltenden Aufzinsungsfaktoren. Diese Interpretation werden wir in Abschnitt 3.5 wieder aufgreifen.

3.2.2.3 Zeitwert und Äquivalenz

Wird eine zum Zeitpunkt t eintretende Zahlung K_t auf einen anderen Zeitpunkt s auf- oder abgezinst, so bezeichnet man den Wert dieser Zahlung zum Zeitpunkt s auch als *Zeitwert* von K_t. Endwert und Barwert einer Zahlung sind somit Spezialfälle von Zeitwerten, nämlich die Zeitwerte zu den Zeitpunkten N bzw. 0.

Bei zusammengesetzter Verzinsung hängt der Zeitwert einer Zahlung K_N nur vom Zinssatz i und der Laufzeit N ab, nicht jedoch vom Rechenweg.[2]

Beispiel 3.13:
Für den Zeitwert zum Zeitpunkt t=7 ist es unerheblich, ob man das Anfangskapital K_0 zunächst neun Jahre aufzinst, danach drei Jahre abzinst und zuletzt ein Jahr aufzinst, oder ob man direkt sieben Jahre aufzinst:

$$K_7 = K_0 \cdot (1+i)^9 \cdot (1+i)^{-3} \cdot (1+i) = K_0 \cdot (1+i)^7.$$

Zahlungen, die zu unterschiedlichen Zeitpunkten anfallen, müssen erst durch Auf- oder Abzinsen auf denselben Zeitpunkt bezogen werden, bevor sie verglichen oder addiert bzw. subtrahiert werden dürfen. Dieser Bezugszeitpunkt kann prinzipiell beliebig gewählt werden, sehr oft wird jedoch t=0 oder t=N verwendet. Stimmen die Zeitwerte zweier Zahlungen zum Bezugszeitpunkt überein, so nennt man diese Zahlungen *äquivalent.* So sind z.B. eine Zahlung K_t und ihr Barwert K_0 immer äquivalent.

Beispiel 3.14:
Ein Investor hat die Wahl zwischen zwei verschiedenen Anlageformen. Für denselben Kapitaleinsatz erhält er bei der ersten Alternative eine sofortige Einzahlung in Höhe von 5.000 €, bei der zweiten Variante eine Einzahlung von 5.600 € in vier Jahren. Wofür sollte er sich bei einem Zinssatz von 3% p.a. entscheiden?

Da der Kapitaleinsatz bei beiden Varianten gleich hoch ist, genügt es, wenn wir die Barwerte der Einzahlungen vergleichen. Die Zahlung von 5.600 in vier Jahren ist heute nur

$$5.600 \cdot (1+0{,}03)^{-4} = 4.975{,}53$$

wert, die beiden Alternativen sind also nicht äquivalent. Der Investor sollte sich für die Anlageform entscheiden, die eine sofortige Zahlung von 5.000 verspricht.

[2] Dies gilt nicht im Fall der einfachen Verzinsung!

Anstatt die Barwerte der beiden Zahlungen zu vergleichen, könnten wir auch die jeweiligen Endwerte (oder jeden anderen Zeitwert) vergleichen: 5.000 heute angelegt ergeben nach vier Jahren

$$5.000 \cdot 1{,}03^4 = 5.627{,}54$$

und damit einen höheren Betrag als die dann fälligen 5.600. Auch aus dieser Betrachtung folgt, dass die sofortige Einzahlung von 5.000 vorzuziehen ist.

Beispiel 3.15:
Ein Kind bekommt zu seinem fünften Geburtstag ein Sparbuch mit einem Guthaben von 400 € geschenkt. Die Bank garantiert einen konstanten Zinssatz von 2,5% p.a. Zu seinem zwölften Geburtstag erhält das Kind nochmals einen Betrag von 500 €, der ebenfalls auf das Sparbuch gelegt wird. Welchen Betrag kann das Kind an seinem 16. Geburtstag vom Sparbuch abheben? Auch hier gibt es mehrere Lösungswege.

1. Lösungsweg: Getrenntes Aufzinsen beider Zahlungen bis zum 16. Geburtstag und anschließende Addition der Endwerte ergibt

$$400 \cdot 1{,}025^{11} + 500 \cdot 1{,}025^4 = 1.076{,}74.$$

2. Lösungsweg: Aufzinsen des Anfangskapitals bis zum zwölften Geburtstag, Addition der zu diesem Zeitpunkt anfallenden Zahlung und weiteres Aufzinsen bis zum 16. Geburtstag liefert dasselbe Endergebnis:

$$\left(400 \cdot 1{,}025^7 + 500\right) \cdot 1{,}025^4 = 1.076{,}74.$$

3.2.3 Unterjährige Verzinsung

In der Praxis werden Zinsen oft mehrmals im Jahr verrechnet. Beispielsweise verlangt eine Bank für einen gewährten Kredit einen *nominellen* Jahreszinssatz von 4% p.a., die Verzinsung erfolgt jedoch in jedem Quartal. In diesem Fall werden nach jeweils drei Monaten die anteiligen Zinsen (ein Viertel des Jahreszinssatzes) dem Kapital zugeschlagen und in den Folgeperioden weiter verzinst. Der Zinseszinseffekt tritt also früher ein als bei der jährlichen Verzinsung, nämlich schon nach drei Monaten statt erst nach einem Jahr. Deshalb hängt im Unterschied zur einfachen Verzinsung (vgl. Beispiel 3.4, S. 43) bei der zusammengesetzten Verzinsung der Endwert einer Zahlung von der Anzahl der Zinstermine pro Jahr ab.

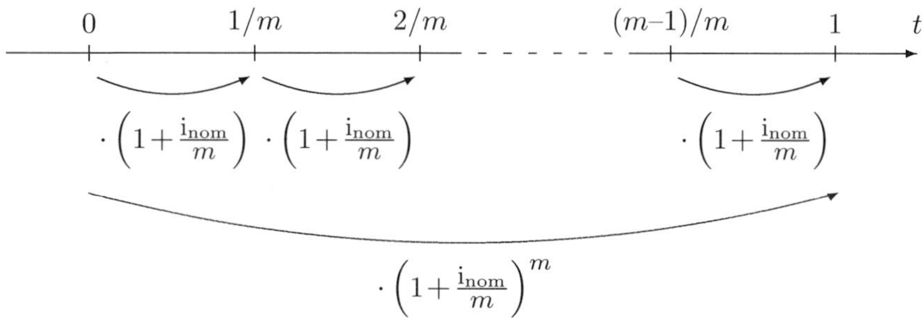

Abbildung 3.3: Unterjährige Verzinsung mit m Zinsterminen

3.2.3.1 Nomineller und effektiver Zinssatz

Allgemein wird bei unterjähriger Verzinsung das Jahr in m gleich lange[3] Zinsperioden unterteilt. Nach jeder dieser m Zinsperioden wird ein m-tel des nominellen Jahreszinssatzes i_{nom} an Zinsen verrechnet und dem Kapital zugeschlagen (i_{nom}/m wird manchmal auch als *relativer Zinssatz* bezeichnet). Bei unterjähriger Verzinsung mit m Zinsterminen pro Jahr ergibt sich also nach einem Jahr der Endwert (siehe auch Abbildung 3.3)

$$K_1 = K_0 \cdot \left(1 + \frac{i_{\text{nom}}}{m}\right)^m . \tag{3.6}$$

Beispiel 3.16:
Bei einem Anfangskapital von 100.000 € und einem nominellen Jahreszins von 4% p.a. ergeben sich nach einem Jahr, je nach der Anzahl der Zinsperioden pro Jahr, folgende Endwerte:

	m=1	m=2	m=4	m=12
K_1	104.000,00	104.040,00	104.060,40	104.074,15

Das Endvermögen steigt mit der Anzahl der Zinstermine pro Jahr.

Bei unterjähriger Verzinsung ist der jährliche prozentuelle Kapitalzuwachs, der durch den *effektiven* Jahreszinssatz i_{eff} beschrieben wird,

[3]Die unterschiedliche Anzahl der Tage in einem Monat, Quartal usw. wird nicht berücksichtigt, z.B. spricht man bei m=12 von monatlicher Verzinsung, ohne zwischen den einzelnen Kalendermonaten zu unterscheiden.

größer, als der *nominelle* Jahreszinssatz i_{nom} (in Beispiel 3.16 4%) zunächst vermuten lässt. Für den effektiven Jahreszinssatz gilt

$$1 + i_{\text{eff}} = \left(1 + \frac{i_{\text{nom}}}{m}\right)^m \quad \text{bzw.} \quad i_{\text{eff}} = \left(1 + \frac{i_{\text{nom}}}{m}\right)^m - 1. \tag{3.7}$$

(Bei jährlicher Verzinsung, d.h. bei $m{=}1$, sind effektiver und nomineller Jahreszins gleich.)

Beispiel 3.17:
Bei einem nominellen Jahreszins von 5% p.a. und monatlicher Verzinsung beträgt der effektive Jahreszinssatz

$$i_{\text{eff}} = \left(1 + \frac{0{,}05}{12}\right)^{12} - 1 = 0{,}051162 \simeq 5{,}116\%.$$

Das heißt, ein zu obigen Konditionen angelegtes Kapital ergibt denselben Endwert wie eine Anlage zum Zinssatz 5,116% bei jährlicher Verzinsung.

3.2.3.2 Endwert und Barwert

Wird das Anfangskapital K_0 bei unterjähriger Verzinsung für einen Zeitraum von N Jahren[4] angelegt, so erhalten wir für den Endwert

$$K_N = K_0 \cdot \left(1 + \frac{i_{\text{nom}}}{m}\right)^{m \cdot N}. \tag{3.8}$$

Der Aufzinsungsfaktor bei unterjähriger Verzinsung, $\left(1 + \frac{i_{\text{nom}}}{m}\right)^{m \cdot N}$, reduziert sich für $m{=}1$ auf jenen bei jährlicher Verzinsung. Wir werden ihn im Folgenden oft mit q^N abkürzen.

Beispiel 3.18:
Ein Investor legt heute 5.000 € zum nominellen Zinssatz von 6% p.a. an. Die Verzinsung erfolgt unterjährig bei 6 Zinsterminen pro Jahr. Wie hoch ist sein Endvermögen nach drei Jahren?

Mit Hilfe von Formel (3.8) erhalten wir

$$K_N = K_0 \cdot \left(1 + \frac{i_{\text{nom}}}{m}\right)^{m \cdot N} = 5.000 \cdot \left(1 + \frac{0{,}06}{6}\right)^{6 \cdot 3} = 5.980{,}74.$$

[4] Wir betrachten nur den Fall, dass Zahlungen am Beginn oder Ende einer Zinsperiode anfallen, d.h. dass N ein ganzzahliges Vielfaches von $1/m$, jedoch nicht unbedingt eine ganze Zahl ist. Für die Behandlung von Zahlungen, die während einer Zinsperiode fällig werden, verweisen wir auf die weiterführende Literatur (z.B. Tietze [2008]).

Aufgrund der unterjährigen Verzinsung ergibt sich ein höheres Endvermögen als bei jährlicher Verzinsung (vgl. Beispiel 3.7, S. 45).

Analog zur jährlichen Verzinsung lautet die Formel für das Abzinsen bei unterjähriger Verzinsung

$$K_0 = K_N \cdot \left(1 + \frac{i_{\text{nom}}}{m}\right)^{-m \cdot N}. \tag{3.9}$$

Beispiel 3.19:
Ein Anleger möchte in drei Jahren ein neues Auto um 12.000 € kaufen. Welchen Betrag müsste er dafür heute auf ein Sparbuch mit Nominalzinssatz 3% p.a. und vierteljährlicher Verzinsung legen?

Einsetzen in Formel (3.9) ergibt

$$K_0 = 12.000 \cdot \left(1 + \frac{0{,}03}{4}\right)^{-4 \cdot 3} = 10.970{,}86.$$

Bei der unterjährigen Verzinsung ist (im Vergleich zur jährlichen Verzinsung) der Zinseszinseffekt verstärkt. Daher ist der erforderliche Anfangsbetrag in t=0 niedriger als bei jährlicher Verzinsung (vgl. Beispiel 3.9, S. 46).

3.2.3.3 Der konforme Zinssatz

Oft ist von Interesse, welcher nominelle Jahreszinssatz bei unterjähriger Verzinsung (m Zinstermine) zu einer vorgegebenen effektiven Verzinsung führt. Anders ausgedrückt, welcher nominelle Jahreszins ergibt bei m-teljährlicher Verzinsung dasselbe Endvermögen wie eine Veranlagung zu einem gegebenen Zinssatz i bei jährlicher Verzinsung? Diesen nominellen Zinssatz nennt man auch den *konformen Zinssatz* $i_{\text{kon,m}}$. Die Äquivalenzgleichung lautet in diesem Fall

$$\left(1 + \frac{i_{\text{kon,m}}}{m}\right)^m = 1 + i_{\text{eff}}.$$

Wir formen die Gleichung um und erhalten

$$i_{\text{kon,m}} = m \cdot \left(\sqrt[m]{1 + i_{\text{eff}}} - 1\right). \tag{3.10}$$

Beispiel 3.20:
Ein Anleger legt heute 10.000 € für fünf Jahre auf ein Sparbuch. Die Bank garantiert einen konstanten nominellen Zinssatz von 3,5% p.a.

bei jährlicher Verzinsung. Wie hoch ist der konforme Zinssatz bei monatlicher Verzinsung?

$$i_{\text{kon},12} = 12 \cdot \left(\sqrt[12]{1+0{,}035} - 1\right) = 0{,}0344508 \simeq 3{,}45\%\text{p.a.}$$

Zur Kontrolle kann überprüft werden, ob sich nach fünf Jahren jeweils dasselbe Endvermögen ergibt. Der Endwert bei jährlicher Verzinsung mit 3,5% p.a. beträgt

$$K_5 = 10.000 \cdot (1+0{,}035)^5 = 11.876{,}86,$$

bei monatlicher Verzinsung mit 3,44508% p.a.

$$K_5 = 10.000 \cdot \left(1 + \frac{0{,}0344508}{12}\right)^{12\cdot 5} = 11.876{,}86.$$

Beispiel 3.21:
Eine Bank bietet einem Kreditnehmer zwei Verzinsungsarten zur Auswahl an: entweder 8% p.a. bei vierteljährlicher Verzinsung oder 8,2% p.a. bei jährlicher Verzinsung. Welche Variante sollte der Kreditnehmer wählen?

Der nominelle Zinssatz von 8% p.a. bei vierteljährlicher Verzinsung entspricht einem Effektivzinssatz (Formel [3.7], S. 52) von

$$i_{\text{eff}} = \left(1 + \frac{0{,}08}{4}\right)^4 - 1 = 0{,}08243 = 8{,}243\% \text{ p.a.}$$

Dieser Wert ist höher als der Zinssatz von 8,2% p.a. bei jährlicher Verzinsung in der zweiten angebotenen Variante. Der Kreditnehmer sollte sich daher für die 8,2% p.a. bei jährlicher Verzinsung entscheiden.

Genauso könnte man auch den zu 8,2% p.a. bei jährlicher Verzinsung konformen Zinssatz für vierteljährliche Verzinsung aus Formel (3.10) berechnen und das Ergebnis mit dem ersten Angebot der Bank vergleichen:

$$i_{\text{kon},4} = 4 \cdot \left(\sqrt[4]{1+0{,}082} - 1\right) = 0{,}0796 = 7{,}96\% \text{ p.a.}$$

Da dieser Wert niedriger ist als die von der Bank vorgeschlagenen nominellen 8% p.a. bei vierteljährlicher Verzinsung, ergibt sich dieselbe Empfehlung für den Kreditnehmer wie oben: Er sollte die zweite Variante – 8,2% p.a. bei jährlicher Verzinsung – wählen.

3.2.3.4 Stetige Verzinsung

Lässt man die Anzahl der Zinstermine pro Jahr gegen unendlich gehen bzw. die Dauer einer Zinsperiode gegen null, so spricht man auch von *stetiger Verzinsung.* Obwohl der Endwert einer Veranlagung mit steigender Anzahl der Zinstermine pro Jahr immer größer wird, kann er eine bestimmte Schranke nicht übersteigen.

Mit Hilfe der Definition der Eulerschen Zahl[5] e,

$$\mathrm{e} := \lim_{x\to\infty}\left(1+\frac{1}{x}\right)^x = 2{,}718281828459\ldots,$$

folgt für den Grenzwert $m\to\infty$ des Aufzinsungsfaktors bei unterjähriger Verzinsung (unter Verwendung der Substitution $m/i_{\text{nom}}=x$)

$$\begin{aligned}\lim_{m\to\infty}\left(1+\frac{i_{\text{nom}}}{m}\right)^m &= \lim_{x\to\infty}\left(1+\frac{1}{x}\right)^{i_{\text{nom}}\cdot x}\\ &= \left(\lim_{x\to\infty}\left(1+\frac{1}{x}\right)^x\right)^{i_{\text{nom}}}\\ &= \mathrm{e}^{i_{\text{nom}}}.\end{aligned}$$

Damit ergibt sich für den Endwert bei stetiger Verzinsung

$$K_N = K_0\cdot \mathrm{e}^{i_{\text{nom}}\cdot N}, \tag{3.11}$$

und analog für den Barwert

$$K_0 = K_N\cdot \mathrm{e}^{-i_{\text{nom}}\cdot N}. \tag{3.12}$$

Beispiel 3.22:
Ein Investor legt heute 5.000 € zum Zinssatz von 6% p.a. bei stetiger Verzinsung an. Wie hoch ist sein Endvermögen nach drei Jahren (vgl. auch Beispiel 3.7, S. 45 und Beispiel 3.18, S. 52)?

$$K_N = K_0\cdot \mathrm{e}^{i_{\text{nom}}\cdot N} = 5.000\cdot \mathrm{e}^{0{,}06\cdot 3} = 5.986{,}09.$$

Beispiel 3.23:
Ein Anleger möchte in drei Jahren ein neues Auto um 12.000 € kaufen. Welchen Betrag müsste er dafür heute bei einem Zinssatz von 3% p.a. bei stetiger Verzinsung anlegen (vgl. auch Beispiel 3.9, S. 46 und Beispiel 3.19, S. 53)?

$$K_0 = K_N\cdot \mathrm{e}^{-i_{\text{nom}}\cdot N} = 12.000\cdot \mathrm{e}^{-0{,}03\cdot 3} = 10.967{,}17.$$

[5] e ist eine irrationale Zahl, d.h. eine unendliche, aperiodische Dezimalzahl.

Da bei stetiger Verzinsung in jedem Moment, sei er noch so kurz, Zinsen anfallen, wirkt der Zinseszinseffekt noch stärker als bei unterjähriger Verzinsung mit endlich vielen Zinsterminen pro Jahr. Dementsprechend höher ist der Endwert der Veranlagung, bzw. entsprechend niedriger ist der Barwert eines gewünschten Zielbetrags.

Den konformen Zinssatz bei unendlich vielen Zinsterminen pro Jahr erhalten wir aus der Äquivalenzgleichung

$$\lim_{m\to\infty}\left(1+\frac{i_{\text{kon,m}}}{m}\right)^m = 1 + i_{\text{eff}}$$

durch geeignete Umformungen[6]:

$$i_{\text{kon},\infty} = \ln(1+i_{\text{eff}})\,. \tag{3.13}$$

Beispiel 3.24:
Ein Anleger legt heute 10.000 € für fünf Jahre auf ein Sparbuch mit 3,5% p.a. bei jährlicher Verzinsung. Wie hoch ist der konforme Zinssatz bei stetiger Verzinsung?

$$i_{\text{kon},\infty} = \ln(1+0{,}035) = 0{,}0344014 \simeq 3{,}44\% \text{ p.a.}$$

Wegen des verstärkten Zinseszinseffekts ist der konforme stetige Zinssatz geringer als der konforme Zinssatz bei monatlicher Verzinsung in Beispiel 3.20, S. 53. Die Kontrollrechnung ergibt bei jährlicher Verzinsung mit 3,5% p.a.

$$K_5 = 10.000 \cdot (1+0{,}035)^5 = 11.876{,}86.$$

Bei stetiger Verzinsung mit 3,44014% p.a. erhalten wir ebenfalls

$$K_5 = 10.000 \cdot \mathrm{e}^{0{,}0344014\cdot 5} = 11.876{,}86.$$

Die stetige Verzinsung findet in der Praxis kaum Anwendung. Hingegen wird diese Verzinsungsart in der Theorie (z.B. in der Optionsbewertung, wo vorwiegend in stetiger Zeit formulierte Modelle verwendet werden) aus rechentechnischen Gründen unterstellt.

3.3 Rentenrechnung

In Abschnitt 3.2.2 haben wir bereits erklärt, wie Zahlungen, die zu unterschiedlichen Zeitpunkten fällig werden, addiert werden können: Mit

[6] $\ln x$ bezeichnet den natürlichen Logarithmus von x zur Basis e; die Umkehrfunktion der Exponentialfunktion e^x.

Hilfe der Zinsenrechnung werden sie *einzeln* auf einen gemeinsamen Bezugszeitpunkt auf- oder abgezinst und erst anschließend addiert. Fallen diese Zahlungen in gleichmäßigen Abständen und jeweils in gleicher Höhe (bzw. in mit konstanter Rate wachsender oder fallender Höhe) an, so lässt sich dieser Rechenweg stark vereinfachen.

Unter einer *Rente* versteht man eine periodisch eintretende Zahlung. Der Abstand zwischen zwei Zahlungen heißt auch *Rentenperiode.* Die Laufzeit einer Rente bezeichnet die Anzahl der Rentenzahlungen bzw. der Rentenperioden. Bei endlicher Laufzeit spricht man auch von einer *Zeitrente*, bei unendlicher Laufzeit von einer *ewigen Rente.* Eine Rente mit konstanten Zahlungen, die im Jahresabstand fällig werden, nennt man *Annuität*[7].

Bei der finanzmathematischen Behandlung von Renten bzw. Annuitäten wird einerseits nach der Höhe der Rentenzahlungen in

1. gleich bleibende Renten und

2. veränderliche, d.h. steigende oder fallende Renten

unterschieden. Andererseits wird eine Einteilung nach dem Verhältnis der Renten- und Zinsperiode zueinander getroffen:

1. Rentenperiode = Zinsperiode: z.B. jährliche Rentenzahlungen bei jährlicher Verzinsung

2. Rentenperiode > Zinsperiode: z.B. jährliche Rentenzahlungen bei vierteljährlicher Verzinsung

3. Rentenperiode < Zinsperiode: z.B. monatliche Rentenzahlungen bei jährlicher Verzinsung

Wir werden uns im Rahmen der konstanten Renten nur mit dem ersten und (eingeschränkt) dem zweiten dieser drei Fälle auseinander setzen. Bei den veränderlichen Renten behandeln wir überhaupt nur den ersten Fall.

3.3.1 Konstante Renten

3.3.1.1 Übereinstimmende Renten- und Zinsperioden

Zunächst betrachten wir den einfachsten Fall, eine jährliche Rente (Annuität) mit N Zahlungen bei jährlicher Verzinsung. Wie bisher gehen wir

[7] Die Ausdrücke „Rente“ bzw. „Annuität“ bezeichnen sowohl die Gesamtheit aller Zahlungen als auch eine einzelne Zahlung der (jährlichen) Rente. Welcher Begriff gerade gemeint ist, ergibt sich aus dem Zusammenhang.

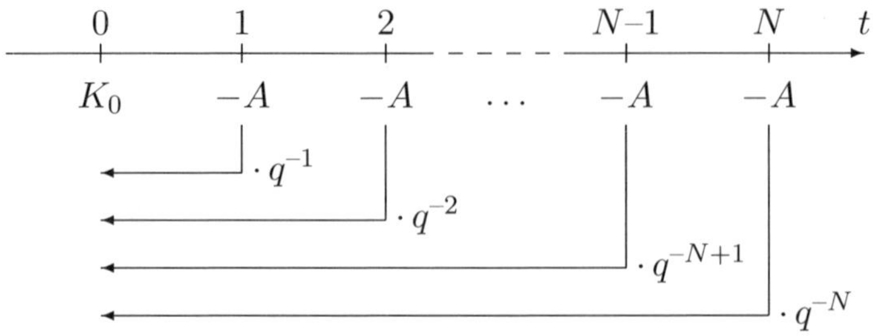

Abbildung 3.4: Barwert einer Annuität

davon aus, dass alle Zahlungen am Ende einer Periode anfallen, die erste Annuitätenzahlung ist daher zum Zeitpunkt $t{=}1$ fällig. Der Barwert der Annuität ist die Summe aller auf $t{=}0$ abgezinsten Zahlungen: Mit der Bezeichnung A für die einzelne Annuitätenzahlung und der Abkürzung $q{=}1{+}i$ ergibt sich also (vgl. auch Abbildung 3.4)

$$
\begin{aligned}
K_0 &= \frac{A}{(1+i)^1} + \frac{A}{(1+i)^2} + \frac{A}{(1+i)^3} + \ldots + \frac{A}{(1+i)^N} \\
&= A \cdot \frac{1}{q} \cdot \left(1 + \frac{1}{q} + \frac{1}{q^2} + \ldots + \frac{1}{q^{N-1}}\right).
\end{aligned}
$$

Der Klammerausdruck entspricht einer geometrischen Reihe, durch die Substitution $1/q{=}x$ wird dies noch deutlicher:

$$K_0 = A \cdot x \cdot \left(1 + x + x^2 + \ldots + x^{N-1}\right).$$

Mit Hilfe der Summenformel für endliche geometrische Reihen folgt für den Rentenbarwert

$$
\begin{aligned}
K_0 &= A \cdot x \cdot \frac{1 - x^N}{1 - x} \\
&= A \cdot \frac{1}{q} \cdot \frac{1 - \frac{1}{q^N}}{1 - \frac{1}{q}} \\
&= A \cdot \frac{1 - \frac{1}{q^N}}{q - 1} \\
&= A \cdot \frac{q^N - 1}{q^N \cdot (q-1)} \qquad \text{mit} \quad q = 1 + i. \qquad (3.14)
\end{aligned}
$$

Der Term $\frac{q^N-1}{q^N\cdot(q-1)}$ heißt auch *Rentenbarwertfaktor*[8].

Beispiel 3.25:
Wie hoch ist der Betrag, den ein Anleger heute auf ein Sparbuch (3% p.a., jährliche Verzinsung) legen muss, um 20 Jahre lang jeweils am Jahresende einen konstanten Betrag in Höhe von 1.000 € entnehmen zu können? (Dabei soll die erste Entnahme in einem Jahr erfolgen.)

Wir verwenden Formel (3.14), um den Rentenbarwert zu berechnen:

$$K_0 = A \cdot \frac{q^N - 1}{q^N \cdot (q-1)} = 1.000 \cdot \frac{(1+0{,}03)^{20} - 1}{(1+0{,}03)^{20} \cdot 0{,}03} = 14.877{,}47.$$

Möchten wir statt des Rentenbarwerts die Höhe der Rentenzahlung berechnen, wird Formel (3.14) einfach umgeformt, und wir erhalten die so genannte *Annuitätenformel*

$$A = K_0 \cdot \frac{q^N \cdot (q-1)}{q^N - 1} \qquad \text{mit} \quad q = 1 + i. \tag{3.15}$$

Der *Annuitätenfaktor* $\frac{q^N\cdot(q-1)}{q^N-1}$ ist der Kehrwert des Rentenbarwertfaktors. Die Annuität A können wir auf verschiedene Arten interpretieren:

1. Sie gibt an, welchen konstanten Betrag A wir N Jahre lang entnehmen können, um ein gegebenes Anfangskapital K_0 zur Gänze aufzubrauchen.

2. Das Anfangskapital K_0 wird unter Berücksichtigung von Zinsen und Zinseszinsen gleichmäßig auf N Jahre verteilt; wir können auch sagen, die Annuität ist der unter Berücksichtigung von Zinseffekten berechnete Durchschnitt des Anfangskapitals[9].

3. Die Annuität gibt auch an, welchen konstanten Betrag wir jährlich anlegen müssen, um nach N Jahren einen Betrag in Höhe von $K_N = K_0 \cdot (1+i)^N$ zu erhalten.

[8]Eine andere, ebenfalls gebräuchliche und vollkommen äquivalente Formel für den Rentenbarwertfaktor ist $\frac{1-v^N}{i}$ mit $v = \frac{1}{1+i}$. Durch geeignete Umformungen lassen sich die beiden Ausdrücke ineinander überführen.

[9]Für i=0 ergibt sich für die Annuität A=K_0/N, hier ist die Interpretation der Annuität als Durchschnitt des Anfangskapitals noch einsichtiger.

Beispiel 3.26:
Ein Investor legt heute 30.000 € auf ein Sparbuch. Die Bank garantiert einen Zinssatz von 4% p.a. bei jährlicher Verzinsung. Welchen konstanten Betrag kann der Investor in den nächsten sieben Jahren jeweils am Jahresende entnehmen, sodass das Anfangskapital zur Gänze aufgebraucht wird?

Einsetzen in die Annuitätenformel (3.15) ergibt die Lösung:

$$A = K_0 \cdot \frac{q^N \cdot (q-1)}{q^N - 1} = 30.000 \cdot \frac{1{,}04^{\,7} \cdot 0{,}04}{1{,}04^{\,7} - 1} = 4.998{,}29.$$

Der Ausdruck K_0 in der Rentenbarwert- und in der Annuitätenformel bezieht sich auf den Zeitpunkt, der ein Jahr vor dem Eintritt der ersten Zahlung liegt. Dieser Zeitpunkt muss nicht unbedingt mit dem Zeitpunkt t=0 übereinstimmen, wie das folgende Beispiel zeigt.

Beispiel 3.27:
Ein Investor legt heute 30.000 € an. Die Bank garantiert einen Zinssatz von 4% p.a. bei jährlicher Verzinsung. Welchen konstanten Betrag kann der Investor, beginnend im Zeitpunkt t=10, letztmalig in t=16, jeweils am Jahresende entnehmen, sodass das Kapital nach der letzten Entnahme zur Gänze aufgebraucht ist?

Die Laufzeit der Annuität beträgt wieder sieben Jahre, der Barwert der Annuität (K_0 in der Annuitätenformel) bezieht sich aber auf den tatsächlichen Zeitpunkt t=9. Das heißt, der angelegte Betrag in Höhe von 30.000 € muss zuerst auf den Zeitpunkt t=9 aufgezinst werden, das Ergebnis dient dann als K_0 in der Annuitätenformel.

$$K_9 = 30.000 \cdot (1 + 0{,}04)^9 = 42.699{,}35,$$

$$A = 42.699{,}35 \cdot \frac{1{,}04^{\,7} \cdot 0{,}04}{1{,}04^{\,7} - 1} = 7.114{,}12.$$

Eine *ewige Rente* ist eine Rente mit unendlich langer Laufzeit. So können z.B. die Auszahlungen, die für die Lagerung von radioaktivem Material anfallen, als ewige Rente beschrieben werden. Die Höhe der ewigen Rente lässt sich aus der Annuitätenformel und dem Grenzübergang $N \to \infty$ herleiten:

$$\begin{aligned} A^{\infty} &= \lim_{N\to\infty} K_0 \cdot \frac{q^N \cdot (q-1)}{q^N - 1} \\ &= \lim_{N\to\infty} K_0 \cdot \frac{q-1}{1-q^{-N}} \\ &= K_0 \cdot (q-1) = K_0 \cdot i. \end{aligned} \tag{3.16}$$

Die Höhe der ewigen Rente entspricht also genau den Zinsen, die in einer Zins- bzw. Rentenperiode anfallen. Wir können dieses Ergebnis auch durch ökonomische Überlegungen herleiten: Angenommen, wir legen heute einen bestimmten Geldbetrag auf ein Sparbuch und möchten damit eine ewige (jährliche) Rente finanzieren. Wenn wir jedes Jahr mehr als die gutgeschriebenen Jahreszinsen entnehmen, wird das Kapital früher oder später aufgebraucht sein; wenn wir weniger als die Zinsen entnehmen, wird das Kapital am Sparbuch zwar immer größer werden, aber wir nutzen es durch den konstanten niedrigen Entnahmebetrag nicht völlig aus. Also lautet die Lösung, dass wir jedes Jahr, unendlich lang, genau die anfallenden Jahreszinsen entnehmen.

Aus Formel (3.16) folgt für den Barwert einer ewigen Rente

$$K_0 = \frac{A^\infty}{i}. \tag{3.17}$$

Beispiel 3.28:
Welchen Betrag muss ein Anleger heute auf ein Sparbuch mit einer Verzinsung von 2% p.a. legen, wenn er davon eine in t=3 beginnende ewige Rente in Höhe von 400 € finanzieren will?

Der Barwert der ewigen Rente bezieht sich auf den Zeitpunkt t=2 und muss daher noch um zwei Jahre abgezinst werden:

$$K_0 = \frac{400}{0{,}02} \cdot 1{,}02^{-2} = 19.223{,}38.$$

Die Annuitätenformel (3.15) und die Formel für die ewige Rente (3.16) sowie die Formeln für die entsprechenden Rentenbarwerte (3.14) und (3.17) können nicht nur bei jährlichen Renten und jährlicher Verzinsung verwendet werden. Sie gelten immer dann, wenn die Zinsperiode gleich lang ist wie die Rentenperiode – also z.B. bei einer halbjährlichen Rente und halbjährlicher Verzinsung. Anstelle des Jahreszinssatzes i verwendet man dann den entsprechenden Periodenzinssatz, z.B. bei halbjährlicher Verzinsung den Halbjahreszinssatz $i_{\text{nom}}/2$.

Beispiel 3.29:
Die Lebensversicherung eines Anlegers wird fällig. Er hat die Wahl zwischen einer sofortigen Einmalzahlung in Höhe von 65.000 € oder einer monatlichen, nachschüssigen Rente, beginnend in einem Monat, 20 Jahre lang. Der entsprechende Zinssatz beträgt 3% p.a. bei monatlicher Verzinsung. Wie hoch ist die monatliche Rentenzahlung?

Wir rechnen jetzt in Monaten: Der Monatszinssatz beträgt 0,25%, die Laufzeit der Rente 240 Monate. Da die erste Rentenzahlung in einem

Monat (t=1) fällig ist, bezieht sich K_0 in der Annuitätenformel auf den Zeitpunkt t=0. Damit erhalten wir für die Höhe der monatlichen Rente

$$A = 65.000 \cdot \frac{1{,}0025^{240} \cdot 0{,}0025}{1{,}0025^{240} - 1} = 360{,}49.$$

3.3.1.2 Verschiedene Renten- und Zinsperioden

Wie wir schon in der Einführung zur Rentenrechnung (S. 56) erwähnt haben, müssen Renten- und Zinsperiode nicht unbedingt übereinstimmen. Im Rahmen dieses Lehrbuchs betrachten wir allerdings nur den Fall einer jährlichen Rente bei unterjähriger Verzinsung. Für alle anderen Möglichkeiten, wie z.B. halbjährliche Rente bei vierteljährlicher Verzinsung oder längere Zins- als Rentenperioden, sei auf die weiterführende Literatur (v.a. Tietze [2008] oder Kruschwitz [2006]) verwiesen.

Für eine Annuität mit Laufzeit N bei unterjähriger Verzinsung mit m Zinsterminen pro Jahr lautet die Äquivalenzgleichung für den Barwert der Annuität

$$K_0 = A \cdot \left(1 + \frac{i_{\text{nom}}}{m}\right)^{-m} + \ldots + A \cdot \left(1 + \frac{i_{\text{nom}}}{m}\right)^{-m \cdot N}.$$

Mit der Substitution $q := \left(1 + \frac{i_{\text{nom}}}{m}\right)^m$ ergibt sich

$$K_0 = A \cdot q^{-1} \cdot \left(1 + q^{-1} + q^{-2} + \ldots + q^{-N+1}\right),$$

und mit den schon vom Fall der jährlichen Verzinsung bekannten Umformungen erhalten wir

$$K_0 = A \cdot \frac{q^N - 1}{q^N \cdot (q-1)} \qquad \text{mit} \quad q = \left(1 + \frac{i_{\text{nom}}}{m}\right)^m. \tag{3.18}$$

Für die Höhe der Annuität bei unterjähriger Verzinsung folgt

$$A = K_0 \cdot \frac{q^N \cdot (q-1)}{q^N - 1} \qquad \text{mit} \quad q = \left(1 + \frac{i_{\text{nom}}}{m}\right)^m. \tag{3.19}$$

Bei m=1 reduzieren sich die beiden Ausdrücke (3.18) und (3.19) auf die entsprechenden Formeln für den Barwert einer Annuität (3.14), S. 58 bzw. die Höhe der Annuität (3.15), S. 59.

Beispiel 3.30:
Ein Investor legt heute 30.000 € an. Die Bank garantiert einen nominellen Zinssatz von 4% p.a. bei vierteljährlicher Verzinsung. Welchen

konstanten Betrag kann der Investor in den nächsten sieben Jahren jeweils am Jahresende entnehmen, sodass das Anfangskapital zur Gänze aufgebraucht wird?

Zunächst berechnen wir q und setzen dann in die Annuitätenformel (3.19) ein:

$$q = \left(1 + \frac{i_{\text{nom}}}{m}\right)^m = \left(1 + \frac{0{,}04}{4}\right)^4 = 1{,}0406,$$

$$A = K_0 \cdot \frac{q^N \cdot (q-1)}{q^N - 1} = 30.000 \cdot \frac{1{,}0406^{\,7} \cdot 0{,}0406}{1{,}0406^{\,7} - 1} = 5.009{,}45.$$

3.3.2 Steigende und fallende Renten

In der Praxis ist es durchaus üblich, die Höhe der Rentenzahlungen wertzusichern. Steigt ein bestimmter Index (z.B. der Verbraucherpreisindex) über einen vorher festgelegten Wert, wird die Rentenzahlung ebenfalls angehoben. Typische Wertsicherungsklauseln lauten z.B.: „Um die Kaufkraft der Versorgungsleistungen zu erhalten, werden die Rentenzahlungen mit dem Verbraucherpreisindex wertgesichert, wobei Veränderungen bis zu jeweils 5% unberücksichtigt bleiben.“

Wir unterstellen im Folgenden, dass die Rentenzahlungen jedes Jahr um die Rate g („growth rate“) ansteigen (bzw. bei negativem g fallen). Die Rentenzahlungen zu den einzelnen Zeitpunkten entwickeln sich dann folgendermaßen:

$$\begin{aligned}
&t{=}1: && R_1 \\
&t{=}2: && R_2 = R_1 \cdot (1+g) \\
&t{=}3: && R_3 = R_2 \cdot (1+g) \quad = R_1 \cdot (1+g)^2 \\
&\vdots \\
&t{=}N: && R_N = R_{N-1} \cdot (1+g) = R_1 \cdot (1+g)^{N-1}
\end{aligned}$$

Für den Barwert einer solchen Rente gilt dann (bei jährlichen Rentenzahlungen und jährlicher Verzinsung)

$$\begin{aligned}
K_0 &= \frac{R_1}{1+i} + \frac{R_2}{(1+i)^2} + \ldots + \frac{R_N}{(1+i)^N} \\
&= \frac{R_1}{1+i} + R_1 \cdot \frac{1+g}{(1+i)^2} + \ldots + R_1 \cdot \frac{(1+g)^{N-1}}{(1+i)^N} \\
&= \frac{R_1}{1+i} \cdot \left(1 + \frac{1+g}{1+i} + \left(\frac{1+g}{1+i}\right)^2 + \ldots + \left(\frac{1+g}{1+i}\right)^{N-1}\right).
\end{aligned}$$

Dies ist wieder eine endliche geometrische Reihe; mit Hilfe der Summenformel ergibt sich

$$
\begin{aligned}
K_0 &= \frac{R_1}{1+i} \cdot \frac{1-\left(\frac{1+g}{1+i}\right)^N}{1-\frac{1+g}{1+i}} \\
&= R_1 \cdot \frac{1-\left(\frac{1+g}{1+i}\right)^N}{(1+i)-(1+g)} \\
&= R_1 \cdot \frac{(1+i)^N-(1+g)^N}{(i-g)\cdot(1+i)^N}. \qquad (3.20)
\end{aligned}
$$

Beispiel 3.31:
Ein Versicherungsnehmer hat Anspruch auf eine zehnjährige, wertgesicherte jährliche Rente. Die erste Rentenzahlung ist in einem Jahr fällig und beträgt 12.000 €. Dieser Wert steigt jedes Jahr um 2%. Der Versicherungsnehmer überlegt, anstatt der Rente eine Einmalzahlung zu wählen. Wie hoch wäre dieser sofort fällige Betrag bei einem Zinssatz von 3,5% p.a. (jährliche Verzinsung)?

Aus Formel (3.20) ergibt sich

$$K_0 = 12.000 \cdot \frac{1{,}035^{10}-1{,}02^{10}}{(0{,}035-0{,}02)\cdot 1{,}035^{10}} = 108.665{,}54.$$

Durch einfaches Umformen der Gleichung (3.20) erhalten wir die Formel für die Höhe der ersten Rentenzahlung bei gegebenem Rentenbarwert:

$$R_1 = K_0 \cdot \frac{(i-g)\cdot(1+i)^N}{(1+i)^N-(1+g)^N} \qquad (3.21)$$

Beispiel 3.32:
Ein Anleger hat gerade 100.000 € im Lotto gewonnen, die er in Form einer 25-jährigen wertgesicherten Rente erhält. Die erste Zahlung erfolgt in einem Jahr. Die Wertsicherung ist abhängig vom Verbraucherpreisindex, im Durchschnitt wird die Rente jedes Jahr um 1% erhöht. Wie hoch ist die erste und die letzte Rentenzahlung, wenn der Zinssatz 3% p.a. beträgt?

Aus Gleichung (3.21) und unter Berücksichtigung der Steigerungsrate für die Rentenzahlungen erhalten wir

$$
\begin{aligned}
R_1 &= 100.000 \cdot \frac{(0{,}03-0{,}01)\cdot 1{,}03^{25}}{1{,}03^{25}-1{,}01^{25}} = 5.161{,}25, \\
R_{25} &= R_1 \cdot (1+g)^{24} = 6.553{,}34.
\end{aligned}
$$

Auch bei steigenden (und fallenden) Renten können (theoretisch) unendlich lange Laufzeiten vorkommen. Der Barwert einer ewigen steigenden Rente ist allerdings nur dann endlich, wenn $g<i$ gilt[10]:

$$\begin{aligned} K_0 &= \lim_{N\to\infty} R_1 \cdot \frac{(1+i)^N - (1+g)^N}{(i-g)\cdot(1+i)^N} \\ &= \lim_{N\to\infty} R_1 \cdot \frac{1-\left(\frac{1+g}{1+i}\right)^N}{i-g} \\ &= \frac{R_1}{i-g}. \end{aligned} \tag{3.22}$$

Beispiel 3.33:
Der Barwert einer ewigen Rente mit einer Anfangszahlung von 2.500 € und einer Steigerungsrate von 1,5% beträgt bei einem Zinssatz von 5% p.a. bei jährlicher Verzinsung

$$K_0 = \frac{2.500}{0{,}05-0{,}015} = 71.428{,}57.$$

Umgekehrt gilt bei einer ewigen steigenden Rente für die erste Rentenzahlung

$$R_1^{\infty} = K_0 \cdot (i-g)\,. \tag{3.23}$$

Alle bisher hergeleiteten Formeln für steigende (oder fallende) Renten können immer dann verwendet werden, wenn die Zinsperiode und die Rentenperiode übereinstimmen. Bei unterjähriger Verzinsung (und damit unterjähriger Rentenzahlung) wird (wie schon in Beispiel 3.29, S. 61) statt des Jahreszinssatzes i einfach der entsprechende Periodenzinssatz i/m verwendet (siehe Übungsaufgabe 3.18).

3.4 Vorschüssige Verzinsung

Bei vorschüssiger Verzinsung werden die Zinsen schon am Beginn der Zinsperiode fällig.

Wenn wir also beispielsweise einen (einjährigen) Kredit in Höhe von 100 € zu einem Zinssatz von 10% p.a. bei vorschüssiger Verzinsung aufnehmen, müssen wir die Zinsen ($100 \cdot 0{,}1 = 10$) sofort bezahlen, bekommen also heute nur 90 €. Nach einem Jahr zahlen wir die Kreditsumme von 100 € zurück. Zum Vergleich: bei nachschüssiger Verzinsung würden

[10] Für $g \geq i$ existiert der Grenzwert für $N \to \infty$ nicht.

wir heute 100 € bekommen und nach einem Jahr 110 € (Kreditsumme plus Zinsen) zurückzahlen.

Die vorschüssige Verzinsung wird in der Praxis nur in Ausnahmefällen (z.B. beim Wechseldiskont, den wir in Abschnitt 5.2.4.2 behandeln) verwendet. Wir werden uns daher auf den bei der Wechseldiskontierung üblichen Fall der einfachen vorschüssigen Verzinsung beschränken.

Der vorschüssige Zinssatz wird im Folgenden mit i_v bezeichnet. Wie schon aus dem obigen kurzen Beispiel ersichtlich ist, berechnet sich der Barwert einer Zahlung in t=1 bei einfacher vorschüssiger Verzinsung wie folgt:

$$K_0 = K_1 - i_v \cdot K_1 = K_1 \cdot (1 - i_v).$$

Allgemein gilt (vgl. im Gegensatz dazu Formel (3.2), S. 44 für den Barwert bei einfacher nachschüssiger Verzinsung)

$$K_0 = K_N \cdot (1 - N \cdot i_v). \tag{3.24}$$

Für das Endvermögen bei einfacher vorschüssiger Verzinsung ergibt sich daraus (vgl. im Gegensatz dazu den Endwert bei einfacher nachschüssiger Verzinsung, Formel (3.1), S. 42)

$$K_N = \frac{K_0}{1 - N \cdot i_v}. \tag{3.25}$$

Beispiel 3.34:
Wie hoch ist der mit Hilfe der einfachen vorschüssigen Verzinsung berechnete Barwert einer Zahlung in Höhe von 12.000 €, die in drei Monaten fällig wird, bei einem Zinssatz von 11% p.a.?

N in Formel (3.24) bezeichnet die Laufzeit in Jahren. Die Laufzeit von drei Monaten ist daher entsprechend umzurechnen:

$$K_0 = K_N \cdot (1 - N \cdot i_v) = 12.000 \cdot \left(1 - \frac{3}{12} \cdot 0{,}11\right) = 11.670.$$

3.5 Zinsstruktur, Spot Rates und Forward Rates

Bis jetzt haben wir immer einen konstanten Zinssatz i unterstellt, unabhängig von der Dauer der Kapitalüberlassung. In der Realität hängt der Zinssatz jedoch von dieser Dauer ab. So erhält man z.B. bei einem Sparbuch üblicherweise einen höheren Jahreszinssatz, wenn man eine längere Bindungsfrist vereinbart. Wir werden nun auch diesen Aspekt berück-

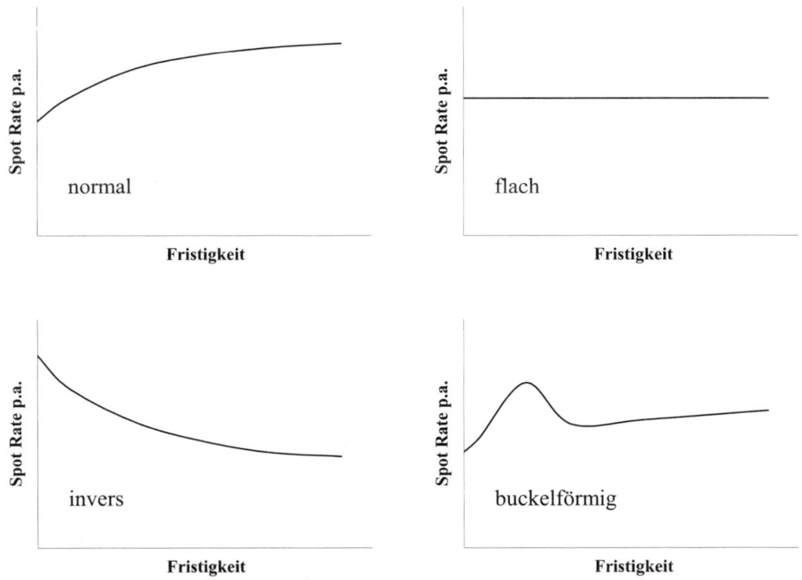

Abbildung 3.5: Beispiele für verschiedene Formen der Zinsstruktur: normal, flach, invers und buckelförmig

sichtigen und bezeichnen im Folgenden einen Jahreszinssatz mit i_t, wenn er auf eine Zahlung angewendet wird, die im Zeitpunkt t anfällt. Wenn z.B. der Jahreszinssatz für ein Sparbuch mit zweijähriger Bindungsfrist 3% beträgt, dann schreiben wir i_2=3% p.a.

Der Zeitpunkt t (bzw. der Zeitraum bis zu diesem Zeitpunkt), auf den sich ein Jahreszinssatz bezieht, wird mit dem Begriff *Fristigkeit* bezeichnet. Ist der Zinssatz für alle Fristigkeiten konstant, bezeichnen wir ihn wie bisher mit i (ohne Subskript). Die Beziehung zwischen Zinssätzen und Fristigkeiten nennt man die *Fristigkeitsstruktur der Zinssätze* (engl. *term structure of interest rates*) oder kurz die *Zinsstruktur*. Die Zinsstruktur kann verschiedene Formen annehmen (siehe Abbildung 3.5). Üblicherweise verläuft die Kurve monoton steigend, d.h. je länger die Fristigkeit, umso höher der Zinssatz. In diesem Fall spricht man auch von einer *normalen* Zinsstruktur. Ist der Zinssatz (unabhängig von der Fristigkeit) konstant, bezeichnet man die Zinsstruktur als *flach*. Bei einer *inversen* Zinsstruktur sind die Zinssätze für längere Fristigkeiten niedriger als für kürzere Fristigkeiten, und bei einer *buckelförmigen* Zinsstruktur sind die Zinssätze für mittelfristige Veranlagungen höher als für kurz- und langfristige Veranlagungen.

Zinssätze für Veranlagungen, die heute (also in t=0) beginnen, bezeichnet man auch als *Spot Interest Rates* oder kurz *Spot Rates*. Die Zinsstrukturkurve gibt demnach die geltenden Spot Rates für verschiedene Fristigkeiten an.[11]

Im Unterschied dazu geben so genannte *Forward Interest Rates* oder *Forward Rates* den heute geltenden Zinssatz für Veranlagungen an, die erst in der Zukunft beginnen. Wir bezeichnen mit $f_{k|l}$ die Forward Rate einer Veranlagung, die in $t=k$ beginnt und in $t=l$ endet.

Beispiel 3.35:
Ein Investor möchte in fünf Jahren eine Wohnung kaufen. Er legt heute einen Betrag von 50.000 € auf ein Kapitalsparbuch mit vierjähriger Bindungsfrist. Die Bank garantiert einen Zinssatz von 3,28% p.a. Nach Ablauf dieser vier Jahre soll das Kapital noch ein weiteres Jahr veranlagt werden, bis der Wohnungskauf durchgeführt wird. Die Bank bietet einen Zinssatz von 4,08% p.a. für die Veranlagung in diesem Jahr.

Die Spot Rate ist hier der Zinssatz für die sofort beginnende vierjährige Veranlagung am Sparbuch, i_4=3,28% p.a. Die Forward Rate $f_{4|5}$=4,08% p.a. ist der zukünftige, für die Veranlagung von t=4 bis t=5 geltende Zinssatz, der dem Investor heute schon garantiert wird.

Forward Rates lassen sich einfach aus der Zinsstruktur ableiten. Dazu benutzt man folgende Überlegung: Der Investor aus Beispiel 3.35 muss dasselbe Endvermögen erhalten wie ein anderer Anleger, der denselben Betrag für fünf Jahre zum Zinssatz i_5 investiert. Es muss also gelten

$$K_0 \cdot (1+i_5)^5 = K_0 \cdot (1+i_4)^4 \cdot (1+f_{4|5})$$

Daraus folgt

$$f_{4|5} = \frac{(1+i_5)^5}{(1+i_4)^4} - 1.$$

Mit den Werten aus Tabelle 3.1 ergibt sich damit die Forward Rate aus Beispiel 3.35

$$f_{4|5} = \frac{1{,}0344^5}{1{,}0328^4} - 1 = 0{,}0408248 \simeq 4{,}08\% \text{ p.a.}$$

[11] Es ist zu beachten, dass die Zinsstrukturkurve keine Information über die zeitliche Entwicklung der Spot Rates enthält, sondern nur eine Momentaufnahme der aktuellen Zinssätze darstellt.

Fristigkeit (Jahre)	Spot Rate p.a.
1	2,68%
2	2,90%
3	3,12%
4	3,28%
5	3,44%
6	3,57%
7	3,69%
8	3,81%
9	3,89%
10	3,92%
30	4,07%

Tabelle 3.1: Beispiel einer Zinsstruktur

Dabei ist zu beachten, dass diese Forward Rate nicht notwendigerweise identisch mit der einjährigen Spot Rate sein muss, die in vier Jahren tatsächlich gelten wird.

So wie der effektive Jahreszinssatz sich aus dem geometrischen Mittelwert der für die einzelnen Jahre geltenden Zinssätze ergibt (vgl. Beispiel 3.12), so kann man den für eine bestimmte Zeitspanne geltenden Ausdruck $1+i_k$ als geometrisches Mittel der einzelnen Aufzinsungsfaktoren bei Verwendung der Forward Rates (oder wie im obigen Beispiel der Spot und Forward Rates) interpretieren. Damit ist auch einleuchtend, dass die errechnete Forward Rate $f_{4|5}$ höher ist als i_5: Da i_4 kleiner ist als i_5, muss $f_{4|5}$ größer sein, damit man aus dem geometrischen Mittel i_5 erhält.

Forward Rates werden üblicherweise als Jahreszinssätze angegeben, auch wenn der zugrunde liegende Veranlagungszeitraum länger als ein Jahr ist.

Allgemein gilt die Beziehung

$$K_0 \cdot (1 + i_l)^l = K_0 \cdot (1 + i_k)^k \cdot (1 + f_{k|l})^{l-k},$$

und die Formel für die Forward Rate $f_{k|l}$ lautet dann

$$f_{k|l} = \left(\frac{(1 + i_l)^l}{(1 + i_k)^k} \right)^{1/(l-k)} - 1. \tag{3.26}$$

Beispiel 3.36:
Gesucht sind die zur Tabelle 3.1 gehörenden Forward Rates $f_{2|3}$ und $f_{3|5}$.
Einsetzen in Formel (3.26) liefert

$$f_{2|3} = \frac{(1+0{,}0312)^3}{(1+0{,}0290)^2} - 1 = 0{,}035614 \simeq 3{,}56\% \text{ p.a.}$$

und

$$f_{3|5} = \left(\frac{(1+0{,}0344)^5}{(1+0{,}0312)^3}\right)^{1/2} - 1 = 0{,}039219 \simeq 3{,}92\% \text{ p.a.}$$

Eine wesentliche Vereinfachung bei der Berechnung der Forward Rates ergibt sich, wenn wir mit stetiger Verzinsung arbeiten. Die Beziehung zwischen Spot und Forward Rates ändert sich dann zu

$$K_0 \cdot \mathrm{e}^{l \cdot i_l} = K_0 \cdot \mathrm{e}^{k \cdot i_k} \cdot \mathrm{e}^{(l-k) \cdot f_{k|l}},$$

und für die Forward Rate ergibt sich die einfache Gleichung

$$f_{k|l} = \frac{l \cdot i_l - k \cdot i_k}{l-k}. \tag{3.27}$$

Beispiel 3.37:
Wie hoch sind die zu Tabelle 3.1 gehörenden Forward Rates $f_{2|3}$ und $f_{3|5}$, wenn man von stetiger Verzinsung ausgeht?
Wir erhalten

$$f_{2|3} = 3 \cdot 0{,}0312 - 2 \cdot 0{,}0290 = 0{,}0356 = 3{,}56\% \text{ p.a.}$$

und

$$f_{3|5} = \frac{5 \cdot 0{,}0344 - 3 \cdot 0{,}0312}{2} = 0{,}0392 = 3{,}92\% \text{ p.a.}$$

3.6 Weiterführende Literatur

Kruschwitz, Lutz. *Finanzmathematik*. 4. Aufl., Vahlen, 2006.

Lutz, Friedrich A. *Zinstheorie*. 2.Aufl., Polygraph, 1967.

Tietze, Jürgen. *Einführung in die Finanzmathematik*. 9. Aufl., Vieweg, 2008.

Welch, Ivo. *Corporate Finance - An Introduction*. Prentice Hall, 2009.

3.7 Übungsaufgaben

Diese Aufgaben dienen zum Üben der verschiedenen finanzmathematischen Verfahren. Allfällige Steuern, wie z.B. die Kapitalertragsteuer bei Sparbüchern oder sonstigen Anlageformen, sind zu vernachlässigen.

Übungsaufgabe 3.1:
Sie legen heute 15.000 € an. Die Bank garantiert einen Zinssatz von 2,5% p.a. bei zusammengesetzter Verzinsung. Über welchen Betrag verfügen Sie in zehn Jahren bei

1. jährlicher,
2. vierteljährlicher,
3. stetiger Verzinsung?

Übungsaufgabe 3.2:
Welchen Betrag müssen Sie heute anlegen (i=3% p.a., halbjährliche Zinsverrechnung), damit Sie in zwei, vier bzw. sieben Jahren jeweils am Jahresende einen Betrag von 2.000 €, 3.000 € bzw. 5.000 € beheben können?

Übungsaufgabe 3.3:
Sie haben am 31.12.2002 5.000 € zu einem nominellen Zinssatz von 2% p.a. bei halbjährlicher Verzinsung veranlagt. Am 30.06.2006 entnehmen Sie 3.000 €. Am 31.12.2008 wird der Zinssatz auf 3% p.a. bei jährlicher Verzinsung erhöht. Wie hoch ist Ihr Endvermögen am 31.12.2010?

Übungsaufgabe 3.4:
Sie legen heute 10.000 € auf ein Sparbuch bei einem Zinssatz von 2,5% p.a. (jährliche Verzinsung). Welchen konstanten Betrag können Sie jeweils nach drei und nach fünf Jahren entnehmen, wenn nach acht Jahren genau 4.000 € auf dem Sparbuch liegen sollen?

Übungsaufgabe 3.5:
Sie haben Ende 2001 ein Euro-Startpaket gekauft, in dem Sie eine einfärbig silberne 2-Euro-Münze gefunden haben. Der Wert solcher Fehlprägungen wird in den nächsten Jahren voraussichtlich stark ansteigen. Wie hoch ist die entsprechende jährliche Rendite dieser Vermögensanlage, wenn die Münze Ende 2008 8.000 € wert sein wird?

Übungsaufgabe 3.6:
Wie hoch muss der effektive Jahreszinssatz einer Veranlagung sein, damit sich das eingesetzte Kapital in genau zehn Jahren verdoppelt?

Übungsaufgabe 3.7:
Sie haben gestern eine Aktie um 8,10 € gekauft, die heute 8,12 € wert ist. Wie hoch ist die effektive Tages- bzw. Jahresrendite? (Rechnen Sie mit 365 Tagen im Jahr.)

Übungsaufgabe 3.8:
Sie haben mit Ihrer Bank für einen aufgenommenen Kredit einen Zinssatz von 9% p.a. bei jährlicher Verzinsung vereinbart. Sie möchten jedoch eine Vertragsänderung auf halbjährliche Verzinsung erwirken. Welchen neuen nominellen Zinssatz (p.a.) müssen Sie vereinbaren, damit weder Sie noch die Bank durch die Änderung schlechter gestellt werden?

Übungsaufgabe 3.9:
Ihre Bank bietet Ihnen an, die Verzinsung Ihrer Geldanlage von derzeit 2,5% p.a. bei monatlicher Verzinsung auf 2,7% p.a. bei jährlicher Verzinsung umzustellen. Werden Sie dieses Angebot annehmen?

Übungsaufgabe 3.10:
Ein Bekannter schuldet Ihnen Geld. Ursprünglich war vereinbart, dass er Ihnen noch drei Jahresraten zu je 750 € zahlen muss, wobei die erste Rate sofort fällig wäre. Ihr Bekannter hat im Lotto gewonnen und möchte seine Schulden sofort und auf einmal zurückzahlen. Welcher Betrag ist dazu notwendig, wenn Sie mit einem Zinssatz von 5% p.a. (jährliche Verzinsung) rechnen?

Übungsaufgabe 3.11:
Ein Anleger möchte in neun Jahren 10.000 € angespart haben. Die Bank garantiert für ein Sparbuch einen konstanten Zinssatz von 3% p.a. bei jährlicher Verzinsung. Welchen Betrag muss der Anleger heute auf das Sparbuch legen, um sein Ziel zu erreichen, wenn er jedes Jahr zusätzlich 700 € ansparen kann, beginnend in einem Jahr, letztmalig nach neun Jahren?

Übungsaufgabe 3.12:
Sie legen heute 6.000 € an (2% p.a., halbjährliche Verzinsung). Beginnend in t=1 möchten Sie 15 Jahre lang jedes Jahr 400 € entnehmen. Wie hoch ist Ihr Endvermögen in t=15, wenn Sie in t=8, t=9, t=10 und t=11 anstatt der geplanten 400 € nur 100 € entnehmen?

Übungsaufgabe 3.13:
Wie viel Geld müssen Sie heute auf ein Sparbuch mit einem Zinssatz von 2% p.a. bei jährlicher Verzinsung legen, wenn Sie, beginnend in einem Jahr, letztmalig

nach 15 Jahren, jedes Jahr 600 € entnehmen möchten, und nach diesen 15 Jahren noch 8.000 € auf dem Sparbuch liegen sollen?

Übungsaufgabe 3.14:
Sie legen heute 18.000 € an. Die Bank garantiert für die nächsten fünf Jahre einen Zinssatz von 3% p.a. bei halbjährlicher Verzinsung. In diesen fünf Jahren heben Sie jedes Jahr am Jahresende 800 € ab. Danach ändert die Bank den Zinssatz auf 3,5% p.a. bei jährlicher Verzinsung. Welchen Betrag können Sie, beginnend ab dem sechsten Jahr, jedes Jahr als ewige Rente entnehmen?

Übungsaufgabe 3.15:
Ein Anleger möchte privat für seine Pension vorsorgen. Um die zu erwartende Versorgungslücke zwischen der staatlichen Pension und seinem gewohnten Lebensstandard zu schließen, rechnet er mit einem zusätzlichen Geldbedarf von 18.000 € pro Jahr. Da er seine Lebenserwartung nicht kennt und auch seinen Kindern noch etwas vererben will, geht er bei seinen Berechnungen von einer ewigen Rente aus. Er will in 20 Jahren in Pension gehen, die erste Zahlung der ewigen Rente soll dann zum Zeitpunkt t=21 fällig werden. Der Anleger besitzt heute 100.000 €, die auf einem Sparbuch mit 4% p.a. garantierter jährlicher Verzinsung veranlagt sind. Welchen konstanten Betrag muss er zusätzlich jedes Jahr ansparen, beginnend ab dem nächsten Jahr, letztmalig in 20 Jahren, damit sich seine Pläne für die Pension verwirklichen lassen?

Übungsaufgabe 3.16:
Wie hoch ist die erste bzw. die letzte Rentenzahlung einer fallenden Rente mit zwölf Jahren Laufzeit, einer Wachstumsrate von –1% und einem Barwert in Höhe von 24.000 €, wenn Sie mit einem Zinssatz von 3% p.a. rechnen?

Übungsaufgabe 3.17:
Sie haben Anspruch auf eine jährliche steigende Rente mit einer Laufzeit von 16 Jahren. Die erste Zahlung in der Höhe von 2.800 € ist im Zeitpunkt t=5 fällig. Die Rentenhöhe wird in den ersten zehn Jahren (also bis inkl. Zeitpunkt t=14) jedes Jahr um 2% angehoben, danach jedes Jahr um 3%. Welchen Wert hat dieser Rentenanspruch heute, wenn Sie mit einem Zinssatz von 4% p.a. rechnen?

Übungsaufgabe 3.18:
Sie haben die Wahl zwischen einer sofortigen Einmalzahlung von 14.000 € und einer monatlichen, steigenden Rente, deren erste Zahlung in Höhe von 400 € in einem Monat fällig ist. Jedes Monat wird die Rentenzahlung um 0,1% erhöht.

Insgesamt wird die Rente 36-mal gezahlt. Wofür entscheiden Sie sich, wenn Sie mit einem nominellen Zinssatz von 3% p.a. bei monatlicher Verzinsung rechnen?

Übungsaufgabe 3.19:
Sie wollen 1.000 € für zwei Jahre anlegen. Dabei haben Sie die Wahl zwischen einem nachschüssigen Zinssatz von 8% p.a. und einem vorschüssigen Zinssatz von 7,5% p.a., jeweils bei einfacher Verzinsung. Welche Variante ist für Sie günstiger?

Übungsaufgabe 3.20:
Ihr Unternehmen wird in fünf Monaten eine Einzahlung in Höhe von 44.000 € erhalten. Wie hoch ist der mit Hilfe der einfachen vorschüssigen Verzinsung berechnete Barwert bei einem Zinssatz von 16% p.a.?

Übungsaufgabe 3.21:
Sie kennen die Spot Rates i_1=5,2% p.a., i_3=6,5% p.a. und die Forward Rate $f_{1|2}$=5,9% p.a. Berechnen Sie daraus die Werte für i_2, $f_{1|3}$ und $f_{2|3}$

1. bei jährlicher und
2. bei stetiger Verzinsung.

Kapitel 4

Investitionsrechnung

4.1 Grundlagen

Die Verfahren der Investitionsrechnung dienen zur Beurteilung der Vorteilhaftigkeit von Investitionen. Für den Begriff *Investition* findet man typischerweise folgende Definitionen:

- Verwendung finanzieller Mittel
- Maßnahmen zur zielgerichteten Nutzung von Kapital
- Umwandlung von flüssigen Mitteln in andere Formen von Vermögen (Kapitalbindung)

Wir betonen die zahlungsorientierte Betrachtungsweise und definieren daher:

Eine Investition ist durch eine Zahlungsreihe charakterisiert, die mit einer Auszahlung beginnt.

Die Zahlungsreihe einer Investition setzt sich aus *allen* Ein- und Auszahlungen zusammen, die durch die Realisierung des Projekts ausgelöst werden. Auch Zahlungen, die *vor* oder *nach* dem Ablauf der betrieblichen Nutzungsdauer anfallen, werden dem Projekt zugeordnet.

Ein typisches Beispiel für eine Investition ist die Anschaffung und Nutzung einer Maschine zur Herstellung der Produkte eines Unternehmens. Bei der Anschaffung der Maschine fällt die so genannte Anschaffungsauszahlung an. Während der betrieblichen Verwendung der Maschine fallen sowohl Ein- als auch Auszahlungen an. Der Betrieb der Maschine erfordert den Einsatz von Produktionsfaktoren (Personal, Betriebsmittel, Rohstoffe etc.), deren Bereitstellung Auszahlungen auslöst.

Die Einzahlungen resultieren aus dem Verkauf der Produkte, die mit der Maschine hergestellt werden.[1]

Die Verfahren der Investitionsrechnung können

1. zur Beurteilung der Vorteilhaftigkeit eines einzelnen Investitionsprojekts (*absolute Vorteilhaftigkeit*),
2. zur Auswahl eines aus mehreren möglichen Projekten (*relative Vorteilhaftigkeit*) oder
3. zur Zusammenstellung eines Investitionsprogramms (Kombination mehrerer Investitionsprojekte)

verwendet werden.

Ein Investitionsprojekt ist absolut vorteilhaft, wenn es *für sich allein* betrachtet wird und das verwendete Kriterium einen positiven Beitrag zur Zielsetzung des Investors anzeigt. Relative Vorteilhaftigkeit liegt dann vor, wenn *mehrere Alternativen* verglichen werden und eine der Alternativen den größten Beitrag zur Zielsetzung des Investors leistet.

Verfahren der Investitionsrechnung können zur Beurteilung von *Realinvestitionen* und *Finanzinvestitionen* verwendet werden. Bei einer Realinvestition werden z.B. Fahrzeuge, Maschinen, Fertigungsanlagen, Gebäude, Kraftwerke etc. angeschafft. Bei einer Finanzinvestition werden z.B. Wertpapiere oder Anteile an Unternehmen erworben oder Versicherungen abgeschlossen.

Beispiel 4.1:
Ein Unternehmen beabsichtigt die Anschaffung einer Maschine vom Typ KWM, die zur Fertigung eines neuen, bisher nicht hergestellten Produkts verwendet werden soll. Der Anschaffungswert der Maschine (inklusive Errichtungskosten) beträgt 100.000 €. Es ist geplant, die Maschine vier Jahre lang betrieblich zu nutzen. Nach vier Jahren soll die Maschine wieder verkauft werden. Dafür wird eine Einzahlung von 20.000 € erwartet, die üblicherweise als *Liquidationserlös* bezeichnet wird.

Für die nächsten beiden Jahre wird ein Absatz von 7.500 Stück prognostiziert. Im dritten und vierten Jahr wird ein Absatz von 8.000 Stück erwartet. Für den Betrieb der Maschine sind Auszahlungen für Löhne

[1] Dabei tritt typischerweise das Problem auf, wie die (in der Zukunft) anfallenden Ein- und Auszahlungen einer einzelnen Maschine – dem Investitionsprojekt – zugeordnet werden können, vor allem wenn diese Maschine im Verbund mit anderen Maschinen eingesetzt wird. Wir werden diesen Aspekt sowie den Fall von Abhängigkeiten zwischen Projekten in diesem Buch jedoch nicht weiter verfolgen.

(6 € pro Stück) und Material (3 € pro Stück) erforderlich. Der erzielbare Verkaufserlös beträgt 13 € pro Stück. Außerdem fällt in jedem Jahr der Nutzungsdauer eine Auszahlung von 3.500 € für Versicherungen an. Das Unternehmen möchte beurteilen, ob diese Investition vorteilhaft ist.

Zur Lösung dieser Fragestellung beginnen wir zunächst damit, die Zahlungsreihe für dieses Projekt zu ermitteln. Diese Zahlungsreihe bildet die Basis für weitere Erläuterungen und die Darstellung der einzelnen Investitionsrechnungsverfahren.

Im Rahmen der (dynamischen) Verfahren wird üblicherweise die vereinfachende Annahme getroffen, dass Zahlungen nur zu bestimmten Zeitpunkten anfallen, die zeitlich gleich große Abstände aufweisen. Dabei wird typischerweise ein Intervall von einem Jahr verwendet. Die erste Zahlung – meist die Anschaffungsauszahlung – fällt in der Gegenwart an, der der Zeitindex null zugeordnet wird. Alle Zahlungen, die zum selben Zeitpunkt anfallen, werden summiert.

Im Zeitpunkt t=1 (der das erste Jahr der Nutzung repräsentiert) werden 7.500 Stück hergestellt und verkauft. Für Löhne, Material und Versicherungen fallen im Zeitpunkt t=1 folgende Auszahlungen an:

$$7.500 \cdot (6 + 3) + 3.500 = 71.000.$$

Aus dem Verkauf der Produkte resultiert eine Einzahlung von

$$7.500 \cdot 13 = 97.500.$$

Die Summe der Zahlungen im Zeitpunkt t=1 beträgt daher

$$97.500 - 71.000 = 26.500.$$

Auf analoge Weise können die Zahlungen für die weiteren drei Jahre der Nutzungsdauer ermittelt werden. Im letzten Jahr ist zusätzlich der Liquidationserlös von 20.000 zu berücksichtigen. Diese Berechnungen sind in Tabelle 4.1 zusammengefasst. Die am Zeitstrahl angeordnete Zahlungsreihe dieses Projekts hat daher folgendes Aussehen:

0	1	2	3	4	t
–100.000	26.500	26.500	28.500	48.500	

Jede Zahlung einer Investition ist daher die einem Zeitpunkt zugeordnete Summe von Ein- und Auszahlungen. Hat die Zahlung ein positives

Zeitpunkt	Absatz (Stück)	Ein-zahlungen	Aus-zahlungen	Summe der Zahlungen
0			100.000	–100.000
1	7.500	97.500	71.000	26.500
2	7.500	97.500	71.000	26.500
3	8.000	104.000	75.500	28.500
4	8.000	124.000	75.500	48.500

Tabelle 4.1: Berechnung der Zahlungsreihe für Beispiel 4.1

Vorzeichen, liegt ein Einzahlungsüberschuss (oder kurz: eine Einzahlung) vor. Eine Auszahlung ist durch ein negatives Vorzeichen erkennbar.

Wenn die Zahlungsreihe einer Investition nur *einen* Vorzeichenwechsel – wie in diesem Beispiel – aufweist, spricht man von einer *Normalinvestition* oder *regulären* Investition. Diese Eigenschaft hat Konsequenzen, die im Rahmen der Beurteilung einer Investition relevant sein können (siehe Abschnitt 4.5.4.2).

Üblicherweise werden die Investitionsrechnungsverfahren in *statische* und *dynamische* Verfahren unterteilt. Das wichtigste Unterscheidungsmerkmal ist die finanzmathematisch fundierte (und damit zahlungsorientierte und mehrperiodige) Betrachtungsweise der dynamischen Verfahren. Details der dynamischen Verfahren werden in Abschnitt 4.1.2 sowie in den Abschnitten 4.2 bis 4.5 genau erläutert. Vorweg möchten wir jedoch deren wichtigste Merkmale erwähnen:

1. Die finanzmathematische Orientierung setzt voraus, dass *alle*[2] mit dem Investitionsprojekt verbundenen Zahlungen so genau wie möglich erfasst werden. Die Genauigkeit bezieht sich sowohl auf die Zuordnung einer Zahlung zu einem *Zeitpunkt* als auch auf die *Höhe* der Zahlung.

2. Auch Zahlungen, die nach dem Ende der betrieblichen Nutzungsdauer anfallen, aber dennoch durch das Projekt ausgelöst werden (z.B. Zahlungen für Abbruch oder Entsorgung einer Anlage), werden erfasst und dem Projekt zugeordnet. Die Länge des gesamten Zahlungsstroms, der durch die Investition ausgelöst wird, bezeichnen wir als *Laufzeit*.

[2]Eine Ausnahme bildet die dynamische Amortisationsrechnung (siehe Abschnitt 4.4).

3. Die finanzmathematische Betrachtung bedeutet typischerweise, dass die Zahlungen in Barwerte[3] umgerechnet werden, wobei ein Kalkulationszinssatz verwendet wird, der dem Projektrisiko entspricht (siehe Abschnitt 4.7).

4.1.1 Statische Investitionsrechnungsverfahren

Im Unterschied zu dynamischen Verfahren sind statische Verfahren nicht zahlungsorientiert, sondern arbeiten mit Durchschnittsgrößen aus Buchhaltung und Kostenrechnung. Es erfolgt keine Zuordnung dieser Größen zu bestimmten Zeitpunkten.[4] Daher ist auch keine finanzmathematische Betrachtungsweise möglich.

Zu den statischen Verfahren zählen die Kostenvergleichsrechnung, die Gewinnvergleichsrechnung, die Rentabilitätsrechnung und die (statische) Amortisationsrechnung. Diese Ansätze werden in zahlreichen Lehrbüchern ausführlich behandelt (siehe z.B. Götze [2008]). Die Bedeutung dieser Verfahren wird meist mit ihrer einfachen Anwendbarkeit begründet. Wir wollen uns hier nicht ausführlich mit diesen Verfahren auseinander setzen. Um dennoch ein grundlegendes Verständnis für die statischen Verfahren (vor allem deren Nachteile) zu vermitteln, werden wir kurz die wesentlichen Aspekte der Rentabilitätsrechnung darstellen. Im Zuge dieser Darstellung werden auch Kosten- und Gewinnvergleichsrechnung kurz beschrieben. Die dynamische Variante der Amortisationsrechnung werden wir in Abschnitt 4.4 erläutern.

Das Kriterium der *Rentabilitätsrechnung* beruht auf dem bereits in Abschnitt 1.4 (S. 13) definierten Begriff der Rentabilität. Diese Kennzahl setzt den Projektgewinn in Relation zum Kapitaleinsatz des Projekts. Nach der Sichtweise der statischen Verfahren ist der Projektgewinn der durchschnittliche, jährliche Gewinn, der während der Nutzungsdauer des Projekts erzielt wird. Der Kapitaleinsatz ist das durchschnittlich im Projekt gebundene Kapital. Es steht daher nicht zur Verwendung für andere Projekte zur Verfügung. Das Verhältnis aus durchschnittlichem Gewinn und Kapitalbindung ist die Rentabilität. Sie kann als durchschnittliche Verzinsung des in einem Projekt gebundenen Kapitals aufgefasst werden.

---

[3] Eine Ausnahme bildet die Interne-Zinssatz-Methode, die wir in Abschnitt 4.5 beschreiben.

[4] Eine Ausnahme bildet die statische Amortisationsrechnung, die Zahlungen zu bestimmten Zeitpunkten berücksichtigt, aber andere Mängel aufweist, die wir in Abschnitt 4.4 darstellen werden.

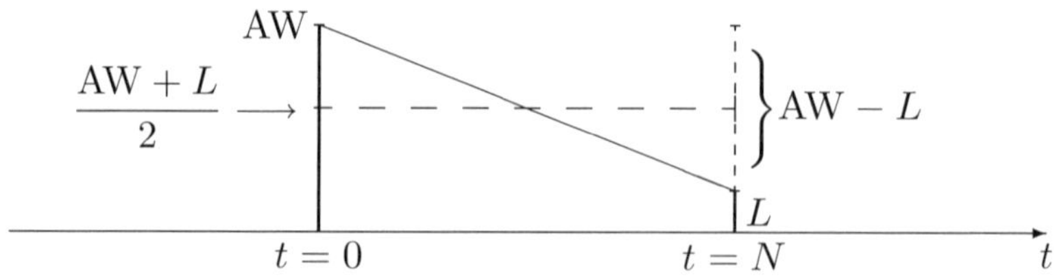

Abbildung 4.1: Kapitalfreisetzung bei statischen Verfahren

Zur Ermittlung der Rentabilität des Projekts aus Beispiel 4.1 (S. 76) beginnen wir mit der Ermittlung des durchschnittlich gebundenen Kapitals. Im Zeitpunkt der Anschaffung ist das gesamte zur Beschaffung erforderliche Kapital im Projekt gebunden. Im Lauf der Nutzung werden – durch den Betrieb der Maschine und den Verkauf der Produkte – Erlöse erzielt. Auf diese Weise wird das ursprünglich vollständig gebundene Kapital sukzessive wieder freigesetzt – man spricht in diesem Zusammenhang von der bereits erwähnten Kapitalfreisetzung (siehe Abschnitt 1.2). Am Ende der Nutzungsdauer hat die Maschine einen Restwert in Höhe des Liquidationserlöses.

Statische Verfahren gehen von der vereinfachenden Annahme aus, dass die Kapitalfreisetzung während der Nutzungsdauer kontinuierlich und gleichmäßig erfolgt, wie in Abbildung 4.1 dargestellt. Unter dieser Annahme kann man das durchschnittlich gebundene Kapital einfach aus Anschaffungswert (AW) und Liquidationserlös (L) auf Basis von

$$L + \frac{\text{AW} - L}{2} = \frac{\text{AW} + L}{2}$$

berechnen. Im vorliegenden Beispiel 4.1 beträgt das durchschnittlich gebundene Kapital

$$\frac{100.000 + 20.000}{2} = 60.000.$$

Zur Berechnung des (jährlichen) Gewinns werden die durchschnittlichen (jährlichen) Kosten von den durchschnittlichen (jährlichen) Erlösen abgezogen. Zu den Kosten zählen üblicherweise

1. Wertminderung (die so genannte Abschreibung)

2. Zinsen

3. Personalkosten (Löhne, Gehälter etc.)

4. Materialkosten

5. sonstige Kosten (Steuern, Versicherungen etc.)

Abschreibung und Zinsen zählen zu den so genannten Kapitalkosten. Die Abschreibung kann z.B. berechnet werden, indem der gesamte Wertverlust des Projekts gleichmäßig auf die Nutzungsdauer verteilt wird:

$$\text{Abschreibung} = \frac{\text{AW} - L}{N}.$$

Im vorliegenden Beispiel beträgt der Wertverlust 80.000 € (AW–L), sodass sich eine jährliche Abschreibung von

$$\frac{100.000 - 20.000}{4} = 20.000$$

ergibt.

Zinsen werden als Kosten berücksichtigt, weil durch die Kapitalbindung im betrachteten Projekt verhindert wird, dass Zinserträge durch eine Investition in andere Projekte oder eine Veranlagung in anderer Form erzielt werden. Entsprechend der statischen Sichtweise werden die durchschnittlichen (jährlichen) Zinskosten berechnet, die durch die Kapitalbindung entstehen. Basis für die Berechnung der Zinskosten ist ein Kalkulationszinssatz[5] i (p.a.) und das durchschnittlich gebundene Kapital. Im vorliegenden Beispiel 4.1 nehmen wir einen Zinssatz von 4% an. Die (jährlichen) Zinskosten betragen daher

$$i \cdot \frac{\text{AW} + L}{2} = 0{,}04 \cdot \frac{120.000}{2} = 2.400.$$

Zusätzlich berücksichtigen wir noch die jährlichen Lohn- und Materialkosten. Die durchschnittliche Absatzmenge beträgt

$$\frac{7.500 + 7.500 + 8.000 + 8.000}{4} = 7.750.$$

Unter Beachtung der Stückkosten für Lohn (6 € je Stück) und Material (3 € je Stück) erhalten wir jährliche Lohn- und Materialkosten in Höhe von

$$(3 + 6) \cdot 7.750 = 69.750.$$

[5] Details zur Festlegung eines geeigneten Kalkulationszinssatzes werden wir ausführlich in Abschnitt 4.1.2 erläutern.

Schließlich fallen noch Versicherungskosten in Höhe von 3.500 € pro Jahr an. Die jährlichen Gesamtkosten betragen daher

$$20.000 + 2.400 + 69.750 + 3.500 = 95.650.$$

Die *Kostenvergleichsrechnung* beruht auf den so ermittelten Kosten. Ausgewählt wird die Investition mit den geringsten Kosten. Ein offensichtlicher Nachteil dieses Kriteriums besteht in der Vernachlässigung der Erlöse. Wenn das kostengünstigste Projekt realisiert wird, ist damit nicht gewährleistet, dass überhaupt ein Gewinn erzielt wird.

Im Rahmen der *Gewinnvergleichsrechnung* werden daher die Kosten von den durchschnittlichen, jährlichen Erlösen[6] in Höhe von

$$13 \cdot 7.750 = 100.750$$

abgezogen. Der durchschnittliche, jährliche Gewinn beträgt daher

$$100.750 - 95.650 = 5.100.$$

Nach der Gewinnvergleichsrechnung wird ein Projekt nur ausgewählt, wenn es einen Gewinn erzielt. Von mehreren Alternativen wird das Projekt mit dem höchsten Gewinn realisiert. Ein Nachteil der Gewinnvergleichsrechnung ist die fehlende Berücksichtigung des eingesetzten, im Projekt gebundenen Kapitals.

Die Rentabilität eines Investitionsprojekts ermitteln wir aus dem Verhältnis von durchschnittlichem Gewinn und durchschnittlich gebundenem Kapital:

$$\text{Rentabilität} = \frac{5.100}{60.000} = 0{,}085.$$

Die Rentabilität des Projekts im Beispiel 4.1 beträgt daher 8,5%. Wenn die Rentabilität positiv ist (d.h. ein Gewinn erzielt wird), kann ein Projekt als vorteilhaft bezeichnet werden. Wenn mehrere Projekte verglichen werden, wird das Projekt mit der größten Rentabilität ausgewählt.

Welche Nachteile weisen Rentabilitätsrechnung und andere statische Verfahren auf?

1. Statische Verfahren verwenden Daten aus Buchhaltung und Kostenrechnung, aus denen üblicherweise Durchschnitte gebildet werden.

---

[6] Der Erlös je Stück beträgt 13 €, vgl. die Angabe zu Beispiel 4.1, S. 76.

Dies sind daher keine Zahlungen, die einzelnen Zeitpunkten zugeordnet werden können. Wir sind im vorliegenden Beispiel 4.1 (S. 76) davon ausgegangen, dass Kosten und Erlöse aus den sehr detaillierten, zeitpunktbezogenen Angaben aus Tabelle 4.1 (S. 78) abgeleitet werden. Dies entspricht jedoch nicht der typischen Anwendungssituation von statischen Verfahren, die üblicherweise direkt von Durchschnittswerten (wie z.B. Abschreibung und Zinskosten) ausgehen.

2. Statische Verfahren vernachlässigen Zinseszinseffekte. Die Betrachtung von zeitlich nicht zugeordneten Durchschnitten macht den Einsatz der Finanzmathematik unmöglich. Die Durchschnitte können weder als Zahlungen noch als Barwerte aufgefasst werden. Wenn z.B. eine positive Zahlung, die (weit) in der Zukunft liegt, in die Berechnung eingeht, werden Gewinn oder Rentabilität dadurch tendenziell größer eingeschätzt als bei einer korrekten finanzmathematischen Betrachtung. In diesem Fall würde das Investitionsprojekt aus statischer Sicht eher zu positiv beurteilt werden.

3. Die Kriterien der statischen Verfahren entsprechen nicht zwingend den monetären Zielen des Investors (z.B. der Vermögensmaximierung; siehe Abschnitt 1.4). Bei der Kostenvergleichsrechnung wird das Projekt mit den geringsten Kosten ausgewählt. Es könnte allerdings sein, dass dieses Projekt überhaupt keinen Gewinn erwirtschaftet. Bei der Gewinnvergleichsrechnung wird das Projekt mit dem größten Gewinn ausgewählt. Dies kann jedoch zu Fehlentscheidungen führen, weil das Verhältnis zum eingesetzten Kapital nicht beachtet wird. Die Rentabilitätsrechnung versucht zwar diesen Nachteil zu beheben, weist aber die bereits erwähnten Nachteile auf, die für alle statischen Verfahren gelten (Verwendung von Durchschnitten, keine finanzmathematische Betrachtung). Andere monetäre Ziele, wie z.B. die Maximierung des Endvermögens, können mit statischen Verfahren nicht abgebildet werden.

Im Zuge der Erläuterung der dynamischen Investitionsrechnungsverfahren werden diese Nachteile noch klarer zum Ausdruck kommen.

4.1.2 Dynamische Investitionsrechnungsverfahren

Ausgangspunkt von dynamischen Investitionsrechnungsverfahren ist die durch das Projekt ausgelöste Zahlungsreihe. Anhand von Beispiel 4.1 haben wir gezeigt, wie eine Zahlungsreihe ermittelt werden kann. Alle in den Abschnitten 4.2 bis 4.5 dargestellten dynamischen Verfahren verwenden *dieselbe* Zahlungsreihe, bewerten das Projekt jedoch auf Basis unterschiedlicher Kriterien.

Dynamische Verfahren beruhen auf finanzmathematischen Grundlagen und benötigen einen geeigneten Kalkulationszinssatz. In Kapitel 3 haben wir gezeigt, wie dieser Zinssatz zum Auf- und Abzinsen verwendet wird, um die Vergleichbarkeit der Zahlungen zu erreichen. Im Rahmen von dynamischen Verfahren wird der Kalkulationszinssatz zur Berechnung der Barwerte aus den Zahlungen des Projekts verwendet. Wie später noch gezeigt wird, hat der Kalkulationszinssatz große Bedeutung für die Beurteilung der Vorteilhaftigkeit einer Investition. Daher sind die folgenden Annahmen und Kriterien zur Festlegung des Zinssatzes wesentlich für die Anwendung und die Aussagekraft der dynamischen Verfahren.

1. Wir nehmen an, dass ein vollkommener und vollständiger Kapitalmarkt (VVK) vorliegt. Es gibt daher nur *einen* risikolosen Zinssatz, der für alle Marktteilnehmer gleich ist. Die Annahme der Vollständigkeit bedeutet, dass Kapital jederzeit in beliebiger Höhe angelegt werden kann und jederzeit eine beliebig hohe Zahlung am Kapitalmarkt beschafft werden kann. Im Kontext der Investitionsrechnung wird dies als *Wiederanlageprämisse*[7] bezeichnet. Wir werden im Lauf der weiteren Darstellung zeigen, dass die Wiederanlage – je nach Investitionsrechnungsverfahren – zu unterschiedlichen Bedingungen erfolgt.

2. Der Kalkulationszinssatz i entspricht dem Zinssatz, zu dem die Zahlungen des Investitionsprojekts am Kapitalmarkt veranlagt bzw. beschafft werden können. Betrachtet man nur die Anschaffungsauszahlung, kann man die Fragestellung der dynamischen Verfahren wie folgt beschreiben: Der Investor steht vor der Entscheidung, die Anschaffungsauszahlung am Kapitalmarkt anzulegen oder zur Realisierung des Projekts zu verwenden. Wenn das Projekt vorteilhafter[8] ist als die Veranlagung am Kapitalmarkt, wird das Investitionsprojekt realisiert. Die Anlage am Kapitalmarkt kann insofern als Konkurrenzinvestition zum betrachteten Investitionsprojekt betrachtet werden.

---

[7] Wir behalten den üblicherweise verwendeten Ausdruck Wieder*anlage*prämisse bei, obwohl sich die Prämisse sowohl auf die Anlage, als auch auf die Beschaffung von Kapital bezieht.

[8] Die Vorteilhaftigkeit wird in Abhängigkeit von verschiedenen Kriterien bestimmt.

3. Wir nehmen an, dass sich der Kalkulationszinssatz während der Laufzeit des Projekts nicht ändert. Außerdem unterstellen wir in den Abschnitten 4.2 bis 4.7, dass eine flache Zinsstruktur vorliegt, d.h. der Kalkulationszinssatz ist unabhängig davon, *wann* eine Zahlung anfällt. In Abschnitt 4.8 heben wir diese Annahme auf und betrachten den Fall einer nicht-flachen Zinsstruktur.

4. Wenn Sicherheit unterstellt wird und mehrere Projekte verglichen werden, nehmen wir an, dass der Zinssatz für alle betrachteten Projekte gleich ist. In den Abschnitten 4.2 bis 4.5 gehen wir von sicheren Zahlungen aus. Wenn keine Sicherheit vorliegt, hängt die Höhe des Kalkulationszinssatzes vom Projektrisiko ab. Je riskanter ein Projekt, umso höher der *risikoadjustierte* Kalkulationszinssatz. Der Zinssatz enthält dann einen *Risikozuschlag.* Werden mehrere Projekte mit unterschiedlichem Risiko verglichen, sind die Kalkulationszinssätze für die einzelnen Projekte daher nicht gleich hoch. Die Vorgehensweise zur Berücksichtigung des Risikos werden wir in Abschnitt 4.7 genauer erläutern.

4.2 Kapitalwertmethode

Der *Kapitalwert* ist die Summe der Barwerte der mit einem Investitionsprojekt verbundenen Zahlungen:

$$\begin{aligned} \text{KW} &= K_0 + K_1 \cdot (1+i)^{-1} + \cdots + K_N \cdot (1+i)^{-N} \\ &= \sum_{t=0}^{N} \frac{K_t}{(1+i)^t}. \end{aligned} \tag{4.1}$$

Der Kapitalwert kann zur Beurteilung der Vorteilhaftigkeit einer einzelnen Investition (*absolute* Vorteilhaftigkeit) oder zur Auswahl einer von mehreren Investitionen (*relative* Vorteilhaftigkeit) dienen. Dabei werden folgende Kriterien verwendet:

1. Eine Investition mit positivem Kapitalwert ist absolut vorteilhaft.

2. Wenn mehrere Investitionsprojekte einen positiven Kapitalwert aufweisen, wird das Projekt mit dem maximalen Kapitalwert ausgewählt.

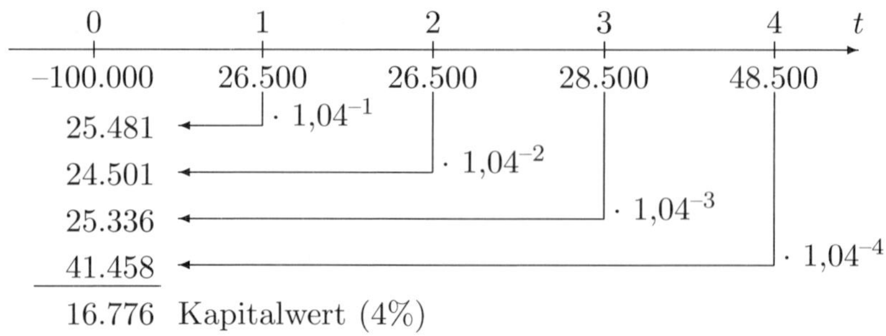

Abbildung 4.2: Berechnung des Kapitalwerts

4.2.1 Berechnung und Interpretation des Kapitalwerts

Wir erläutern die Berechnung des Kapitalwerts anhand der Zahlungsreihe von Projekt KWM aus Beispiel 4.1. Zunächst werden alle Zahlungen unter Verwendung des Kalkulationszinssatzes von 4% in Barwerte umgerechnet. Die Summe aus der Anschaffungsauszahlung und diesen Barwerten ist der Kapitalwert. Abbildung 4.2 fasst die Berechnung der Barwerte und die Ermittlung des Kapitalwerts zusammen.

Der Kapitalwert für das Investitionsprojekt aus Beispiel 4.1 beträgt 16.776 €. Der Kapitalwert ist positiv – das Projekt soll daher realisiert werden. Wir wollen an dieser Stelle erläutern, wie der Kapitalwert interpretiert werden kann. Welchen *Wert* des Projekts repräsentiert der Kapital*wert*?

Wir werden nun zeigen, dass der Kapitalwert dem abgezinsten Überschuss im Endvermögen entspricht, den das Investitionsprojekt im Vergleich zu einer Anlage am Kapitalmarkt erwirtschaftet. Dazu verwenden wir Abbildung 4.3. Wir berechnen zunächst das Endvermögen, das bei einer Veranlagung der Anschaffungsauszahlung von 100.000 € am Kapitalmarkt mit einem Zinssatz von 4% und einer Laufzeit von vier Jahren erzielt werden kann. Wir erhalten

$$100.000 \cdot 1{,}04^4 = 116.986.$$

Nun stellen wir die Frage, ob durch die Investition in das Projekt KWM ein höheres Endvermögen erzielt werden kann. Dazu nehmen wir an, dass alle Einzahlungsüberschüsse aus dem Projekt am Kapitalmarkt veranlagt werden. Diese Vorgehensweise entspricht der oben erwähnten Wiederanlageprämisse und damit der Annahme des VVK. Analog würden wir negative Zahlungen am Kapitalmarkt – ebenfalls zum Kalkulati-

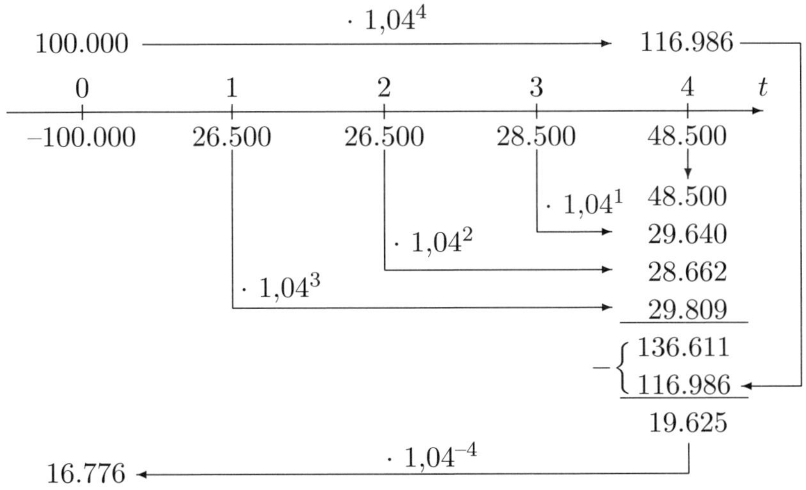

Abbildung 4.3: Berechnungen zur Interpretation des Kapitalwerts

onszinssatz – beschaffen. Dies ist aber im vorliegenden Beispiel nicht notwendig.

Die Veranlagung der positiven Zahlungen erfolgt jeweils für den verbleibenden Zeitraum bis zum Ende der Laufzeit. Für die Zahlung aus Zeitpunkt t=1 erhalten wir einen Endwert von

$$26.500 \cdot 1{,}04^3 = 29.809.$$

Die Zahlung aus Zeitpunkt t=4 wird nicht mehr veranlagt, weil sie am Ende der Laufzeit anfällt. Auf diese Weise erhalten wir vier Endwerte, die aus einer Wiederveranlagung der Projektzahlungen resultieren. Die Summe dieser Endwerte beträgt 136.611 €. Das ist das Endvermögen, über das der Investor am Ende der Laufzeit verfügt, wenn er das Projekt realisiert und die Einzahlungsüberschüsse zum Kalkulationszinssatz laufend veranlagt.

Das Endvermögen von 136.611 € kann mit dem Endvermögen von 116.986 € verglichen werden, das aus einer Veranlagung der Anschaffungsauszahlung für vier Jahre am Kapitalmarkt resultiert. Die (positive) Differenz von 19.625 € zeigt das durch die Investition erwirtschaftete *zusätzliche* Endvermögen am Ende der Laufzeit und damit die Vorteilhaftigkeit des Projekts. Eine negative Differenz würde anzeigen, dass das Projekt ein geringeres Endvermögen als die Anlage am Kapitalmarkt erbringt.

Wir fassen zusammen:

> Der Kapitalwert ist der Barwert des zusätzlichen Endvermögens, das durch Realisierung des Projekts erwirtschaftet werden kann. Ein positiver Kapitalwert zeigt die Vorteilhaftigkeit einer Investition im Vergleich zur Anlage der Anschaffungsauszahlung am Kapitalmarkt.

Aus dieser Betrachtungsweise folgt eine weitere Interpretation: Der Investor könnte den Kapitalwert oder Teile davon während der Laufzeit des Projekts entnehmen (und z.B. für Konsumauszahlungen verwenden) und noch immer ein höheres Endvermögen erzielen als bei der Veranlagung der Anschaffungsauszahlung am Kapitalmarkt. Dies gilt allerdings nur, solange die Summe der abgezinsten Entnahmen kleiner als der Kapitalwert ist. Zur Illustration nehmen wir an, dass der Investor in jedem Jahr einen Betrag von 3.500 € entnimmt. Der Barwert dieser Entnahmen beträgt 12.705 €:

$$3.500 \cdot 1{,}04^{-1} + 3.500 \cdot 1{,}04^{-2} + 3.500 \cdot 1{,}04^{-3} + 3.500 \cdot 1{,}04^{-4} =$$
$$3.500 \cdot \frac{1{,}04^4 - 1}{1{,}04^4 \cdot 0{,}04} = 12.705.$$

Das Endvermögen in $t{=}4$ reduziert sich aufgrund der Entnahmen um

$$12.705 \cdot 1{,}04^4 = 14.863.$$

auf 121.749 € (136.611–14.863).

Grundsätzlich können Entnahmen auch in unterschiedlicher Höhe und mit beliebiger zeitlicher Verteilung vorgenommen werden. Solange die Summe der Barwerte der Entnahmen kleiner als der Kapitalwert ist, erzielt der Investor mit dem Projekt (nach Berücksichtigung der Entnahmen) immer noch ein größeres Endvermögen als durch Veranlagung am Kapitalmarkt. In Abschnitt 4.3 werden wir berechnen, wie hoch eine konstante Entnahme maximal sein darf, sodass diese Bedingung erfüllt ist (d.h. der Kapitalwert nicht negativ wird).

Schließlich könnten wir noch unterstellen, dass es zu einer – unerwarteten – Reduktion der Einzahlungen oder zu einem Zuwachs der Auszahlungen kommen kann und diese Änderung als Entnahme auffassen. Dies widerspricht zwar der Annahme der Sicherheit, kann jedoch für die praktische Anwendung – unter Risiko – eine nützliche Betrachtungsweise sein. Entnahmen in dieser Sichtweise würden die Vorteilhaftigkeit des Projekts reduzieren. Der Kapitalwert liefert auf Basis dieser Überlegung

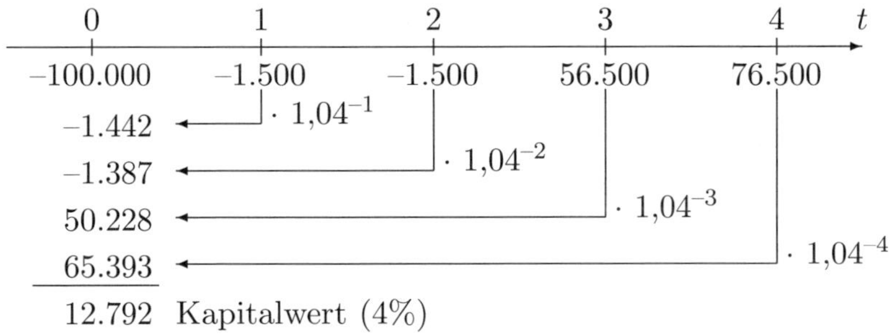

Abbildung 4.4: Berechnung des Kapitalwerts bei negativen Zahlungen

einen Anhaltspunkt für die maximal mögliche Änderung der Zahlungen, bei der das Projekt noch immer absolut vorteilhaft bleibt.

Wir fassen zusammen:

1. Der Kapitalwert ist die Summe der Barwerte der mit einem Investitionsprojekt verbundenen Zahlungen.
2. Der Kapitalwert ist der Barwert des zusätzlichen Endvermögens, das durch Realisierung des Projekts erwirtschaftet werden kann.
3. Der Kapitalwert ist der Barwert der maximal möglichen Entnahmen während der Laufzeit, durch die das Endvermögen nicht kleiner als bei Veranlagung der Anschaffungsauszahlung am Kapitalmarkt wird.
4. Der Kapitalwert ist der Barwert der maximal möglichen Änderungen der Zahlungen, sodass die absolute Vorteilhaftigkeit des Projekts nicht beeinträchtigt wird.

Wir haben oben erwähnt, dass die Annahme des VVK auch die Kapitalbeschaffung impliziert, wenn während der Laufzeit negative Zahlungen auftreten. Um diese Implikation zu illustrieren, verwenden wir die Angaben aus Beispiel 4.1. Wir nehmen jedoch an, dass die Absatzmengen in den ersten beiden Jahren nur 500 Stück und im dritten und vierten Jahr jeweils 15.000 Stück betragen. Unter diesen Annahmen erhält man die Zahlungsreihe in Abbildung 4.4.

Der Kapitalwert sinkt[9] von 16.776 € auf 12.792 €. Die beiden negativen Zahlungen in t=1 und t=2 erfordern eine Beschaffung von Kapital,

[9] Gegenüber der Ausgangssituation hat sich der Kapitalwert deshalb verringert,

t	Ein-zahlungen	Aus-zahlungen	Zahlungen Kredit	Summe der Zahlungen	Barwerte
0		100.000		–100.000	–100.000
1	6.500	8.000	1.500	0	0
2	6.500	8.000	1.500	0	0
3	195.000	138.500		56.500	50.228
4	215.000	138.500	–3.310	73.190	62.563
				Kapitalwert (4%)	12.792

Tabelle 4.2: Berechnung des Kapitalwerts bei Kreditaufnahme

um die Liquidität aufrechtzuerhalten. Wir werden nun zeigen, dass die Notwendigkeit zur Kapitalbeschaffung unter der Annahme des VVK keine weitere Korrektur bei der Berechnung des Kapitalwerts erfordert. Wir nehmen dazu an, dass in $t{=}1$ und $t{=}2$ jeweils 1.500 € am Kapitalmarkt zum Kalkulationszinssatz von 4% als Kredit aufgenommen werden und im Zeitpunkt $t{=}4$ (inklusive Zinsen)[10] zurückgezahlt werden. Der Betrag, der für das aufgenommene Kapital in $t{=}4$ bezahlt wird, berechnet sich zu

$$1.500 \cdot 1{,}04^3 + 1.500 \cdot 1{,}04^2 = 3.310.$$

Wie Tabelle 4.2 zeigt, fallen durch die Kapitalbeschaffung in den Zeitpunkten $t{=}1$ bis $t{=}4$ keine negativen Zahlungen mehr an. Der Kapitalwert aller Zahlungen – aus dem Projekt und der Kapitalbeschaffung – bleibt jedoch gleich!

Wir fassen zusammen:

> Unter der Annahme des vollkommenen und vollständigen Kapitalmarkts hat die Kapitalbeschaffung keine Konsequenzen für die Berechnung des Kapitalwerts und für Vergleiche der Vorteilhaftigkeit.

---

weil durch die geänderten Annahmen über die Absatzmengen Einzahlungen aus den ersten beiden Jahren in die letzten beiden Jahre verschoben wurden. Sie liegen damit weiter in der Zukunft und werden daher stärker abgezinst als ursprünglich.

[10] Details zu Modalitäten und zur Berechnung der Rückzahlung und Verzinsung von beschafftem Kapital werden wir in Abschnitt 5.2.2.3 erläutern.

Zeitpunkt	Ein-zahlungen	Aus-zahlungen	Zahlungen	Barwerte
0		160.000	–160.000	–160.000
1	100.000	63.500	36.500	35.096
2	110.000	67.500	42.500	39.294
3	120.000	67.500	52.500	46.672
4	125.000	71.500	53.500	45.732
5	90.000	75.500	14.500	11.918
			Kapitalwert (4%)	18.712

Tabelle 4.3: Berechnung des Kapitalwerts für Projekt MDI aus Beispiel 4.2

4.2.2 Vergleich von Investitionsprojekten

Wir betrachten nun den Vergleich von Investitionsprojekten und die Beurteilung der relativen Vorteilhaftigkeit auf Basis des Kapitalwerts.

Beispiel 4.2:
Als Alternative zu der in Beispiel 4.1 betrachteten Maschine KWM wird auch eine zweite Maschine vom Typ MDI mit einer Anschaffungsauszahlung von 160.000 € in Erwägung gezogen. Das Projekt MDI hat eine (betriebliche) Nutzungsdauer von fünf Jahren, die auch der Laufzeit entspricht. Ein- und Auszahlungen für Projekt MDI sowie die Berechnung des Kapitalwerts sind in Tabelle 4.3 enthalten.

Aus den Ergebnissen in Tabelle 4.3 können wir zwei Schlussfolgerungen ziehen:

1. Der Kapitalwert des Projekts MDI ist positiv – die Investition ist daher absolut vorteilhaft.

2. Der Kapitalwert von 18.712 € ist größer als der Kapitalwert von Projekt KWM aus Beispiel 4.1. Das Projekt MDI ist daher auch relativ vorteilhaft und sollte realisiert werden.

Es stellt sich jedoch die Frage, ob die Kapitalwerte der beiden Projekte direkt miteinander verglichen werden können. Projekt MDI hat einen höheren Anschaffungswert und eine längere Laufzeit. Wir werden beide Aspekte getrennt voneinander behandeln.

4.2.2.1 Unterschiedlicher Anschaffungswert

Zunächst nehmen wir eine Fallunterscheidung vor:

Fall 1: Der Investor verfügt über den höheren Betrag (160.000 €) und könnte bei Auswahl von Projekt KWM die Differenz von 60.000 € für andere Zwecke verwenden.

Fall 2: Der Investor verfügt nur über 100.000 € und muss für die Realisierung von Projekt MDI die Differenz von 60.000 € beschaffen.

Unter der Annahme des VVK müssen in keinem der beiden Fälle Korrekturen bei der Berechnung des Kapitalwerts oder bei einem Vergleich der beiden Alternativen vorgenommen werden. Im ersten Fall werden 100.000 € in Projekt KWM investiert. Die Wiederanlageprämisse impliziert, dass der Differenzbetrag von 60.000 € am Kapitalmarkt angelegt werden kann. Durch diese Investition wird ein zusätzliches Endvermögen in Höhe von

$$60.000 \cdot 1{,}04^4 = 70.192$$

erzielt. Das gesamte Endvermögen setzt sich aus diesem Betrag und dem oben berechneten Endvermögen von 136.611 € für Projekt KWM zusammen:

$$136.611 + 70.192 = 206.803.$$

Dieses Endvermögen ist größer als das Endvermögen bei Veranlagung von 160.000 € für vier Jahre. Die Differenz beträgt

$$206.803 - 160.000 \cdot 1{,}04^4 = 19.625.$$

Der Barwert dieses zusätzlichen Endvermögens beträgt

$$19.625 \cdot 1{,}04^{-4} = 16.776$$

und ist daher identisch mit dem Kapitalwert von Projekt KWM. Der Kapitalwert der Projekts KWM ändert sich deshalb nicht, weil die Investition des Differenzbetrags am Kapitalmarkt einen Kapitalwert von null hat.

Analog kann man zeigen, dass die Beschaffung des fehlenden Kapitals in Fall 2 auch keine Konsequenz für den Kapitalwert und den Vorteilhaftigkeitsvergleich hat. Es werden 160.000 € in Projekt MDI investiert. Daraus resultiert zunächst ein Endvermögen in Höhe von

$$160.000 \cdot 1{,}04^5 + 18.712 \cdot 1{,}04^5 = 217.431$$

(der zweite Term ist der aufgezinste Kapitalwert von Projekt MDI). Im Zeitpunkt t=5 muss jedoch das beschaffte Kapital inklusive Zinsen zurückgezahlt werden. Das Endvermögen beträgt daher insgesamt

$$217.431 - 60.000 \cdot 1{,}04^5 = 144.431.$$

Vergleicht man dieses Endvermögen mit dem Endvermögen bei Veranlagung von 100.000 € für fünf Jahre, erhält man eine Differenz in Höhe von

$$144.431 - 100.000 \cdot 1{,}04^5 = 22.766.$$

Der Barwert dieser Differenz beträgt

$$22.766 \cdot 1{,}04^{-5} = 18.712,$$

und man erhält wieder den Kapitalwert von Projekt MDI.

Wir fassen zusammen:

> Unter der Annahme des vollkommenen und vollständigen Kapitalmarkts haben Unterschiede im Anschaffungswert keine Konsequenz für die absolute und relative Vorteilhaftigkeit.

4.2.2.2 Unterschiedliche Laufzeit

Die Laufzeit der beiden Projekte KWM und MDI ist verschieden. Auch das könnte Grund zur Vermutung sein, dass die beiden Projekte nicht miteinander verglichen werden können. Wir werden nun zeigen, dass ein Vergleich unter der Annahme des VVK dennoch möglich ist. Projekt KWM hat eine kürzere Laufzeit von vier Jahren. Aufgrund der Wiederanlageprämisse veranlagt der Investor das erwirtschaftete Endvermögen am Ende des vierten Jahres für ein Jahr und erzielt so nach fünf Jahren – der Laufzeit von Projekt MDI – insgesamt ein höheres Endvermögen in Höhe von

$$136.611 \cdot 1{,}04 = 142.076.$$

Der Kapitalwert von Projekt KWM ist nun die abgezinste Differenz zwischen dem Endvermögen bei Durchführung des Investitionsprojekts und Veranlagung für ein weiteres Jahr (142.076) und dem erzielten Endvermögen bei *gleich langer* Veranlagung der Anschaffungsauszahlung am Kapitalmarkt ($100.000 \cdot 1{,}04^5$=121.665):

$$(142.076 - 121.665) \cdot 1{,}04^{-5} = 16.776.$$

Wir erkennen, dass sich der Kapitalwert von Projekt KWM nicht ändert. Als Begründung gilt auch hier: Wenn das Endvermögen eines Projekts für ein Jahr (oder länger) am Kapitalmarkt zum Kalkulationszinssatz veranlagt wird, wird damit ein (zusätzlicher) Kapitalwert von null erzielt.

Wir fassen zusammen:

Bei Projekten mit unterschiedlicher Laufzeit ist unter der Annahme des VVK keine Korrektur bei der Berechnung des Kapitalwerts oder bei einem Vergleich der Alternativen notwendig.

4.3 Annuitätenmethode

Die Annuitätenmethode ist ein Spezialfall bzw. eine Ergänzung der Kapitalwertmethode. Ihre Bedeutung liegt vor allem bei der Beurteilung von mehrmals wiederholten Projekten mit unterschiedlicher *Nutzungsdauer*. Wie wir zeigen werden, ist es im Rahmen der Annuitätenmethode wesentlich, zwischen der *Laufzeit* des Projekts (der Länge des Zahlungsstroms) und der *betrieblichen Nutzungsdauer* zu unterscheiden. Außerdem können wir mit Hilfe der Annuität die auf S. 88 gestellte Frage beantworten, welche konstante Zahlung in jedem Zeitpunkt (maximal) entnommen werden kann, sodass der Kapitalwert (nach Berücksichtigung der Entnahme) nicht negativ wird.

Die Annuität einer Investition wird auf Basis des Kapitalwerts mit Hilfe des Annuitätenfaktors (siehe Abschnitt 3.3.1) berechnet[11]:

$$A = \text{KW} \cdot \frac{(q-1) \cdot q^N}{q^N - 1} \qquad q = \left(1 + \frac{i}{m}\right)^m .$$

Die Annuität einer Investition kann in folgender Hinsicht interpretiert werden.

1. Die Annuität ist eine Zahlungsreihe von gleich hohen Beträgen, deren Barwerte in Summe den Kapitalwert ergeben. Sie entspricht der Umwandlung einer ungleichmäßig strukturierten Zahlungsreihe in eine Zahlungsreihe mit gleich großen Zahlungen (Annuitäten). Für das

[11] Wir werden im Laufe der Darstellung jeweils klarstellen, ob es sich bei N um die betriebliche Nutzungsdauer oder um die Laufzeit handelt, sofern sich diese beiden Zeiträume unterscheiden.

Zeitpunkt	Zahlungen	Entnahmen =Annuität	Zahlungen nach Entnahmen	Barwerte
0	–100.000		–100.000	–100.000
1	26.500	4.622	21.878	21.037
2	26.500	4.622	21.878	20.228
3	28.500	4.622	23.878	21.228
4	48.500	4.622	43.878	37.507
			Kapitalwert (4%)	0

Tabelle 4.4: Interpretation der Annuität als konstante Entnahme

Projekt KWM aus Beispiel 4.1 beträgt die Annuität:

$$16.776 \cdot \frac{1{,}04^4 \cdot 0{,}04}{1{,}04^4 - 1} = 16.776 \cdot 0{,}2755 = 4.622.$$

Wir können daher den Betrag von 4.622 € als finanzmathematisch korrekten „Durchschnitt“ des Kapitalwerts auffassen, der in jedem Jahr erzielt wird. Die Annuität entspricht bei einem Kalkulationszinssatz von null dem durchschnittlichen (jährlichen) Gewinn[12] bei statischer Betrachtungsweise.

2. Die Annuität kann als die maximal mögliche konstante Entnahme betrachtet werden, sodass der Kapitalwert der verbleibenden Zahlungen null beträgt. Wir zeigen das in Tabelle 4.4 anhand der Zahlungen aus Beispiel 4.1.

Die Annuität beruht auf dem Kapitalwert. Eine Investition mit *positiver* Annuität ist daher jedenfalls *absolut* vorteilhaft. Wenn mehrere Investitionsprojekte verglichen werden, die nur einmal realisiert werden, können die Kapitalwerte der Projekte direkt zur Beurteilung der relativen Vorteilhaftigkeit verwendet werden. Das haben wir bereits in Abschnitt 4.2.2.2 unter der Annahme des VVK gezeigt. Wenn die betrachteten Investitionsprojekte – sofern sie ausgewählt werden – mehrmals hintereinander in identischer Form realisiert werden sollen, liegt eine *Investitionskette* (identische Reinvestition) vor.

[12] Für Leser mit Vorkenntnissen im Rechnungswesen: Dies trifft nur dann zu, wenn Erträge und Aufwände den Ein- und Auszahlungen entsprechen.

Zeitpunkt	Zahlungen der ersten Realisierung	Zahlungen der zweiten Realisierung	Summe der Zahlungen	Barwerte
0	–100.000		–100.000	–100.000
1	26.500		26.500	25.481
2	26.500		26.500	24.501
3	28.500		28.500	25.336
4	48.500	–100.000	–51.500	–44.022
5		26.500	26.500	21.781
6		26.500	26.500	20.943
7		28.500	28.500	21.658
8		48.500	48.500	35.438
Kapitalwert	16.776	14.430		31.116
Annuität	4.622			4.622

Tabelle 4.5: Kapitalwert und Annuität einer Investitionskette

Zur Erläuterung des Begriffs Investitionskette verwenden wir Projekt KWM aus Beispiel 4.1 und nehmen an, dass nach Ablauf der betrieblichen Nutzungsdauer *dasselbe* Projekt nochmals realisiert wird. Das bedeutet, dass auch dieselben Zahlungen anfallen – allerdings entsprechend weiter in der Zukunft. Die resultierenden Zahlungen und Barwerte sind in Tabelle 4.5 zusammengefasst.

Der Kapitalwert dieser Investitionskette beträgt 31.116 €. Er kann alternativ auch aus dem Kapitalwert der ersten Realisierung und dem *abgezinsten* Kapitalwert der zweiten Realisierung berechnet werden:

$$16.776 + 16.776 \cdot 1{,}04^{-4} = 31.116.$$

Der Kapitalwert bei zweimaliger Realisierung ist daher – entsprechend der finanzmathematischen Fundierung – nicht doppelt so groß wie der Kapitalwert bei einmaliger Realisierung, sondern entsprechend kleiner. Die Annuität der Investitionskette ist jedoch *genau so groß* wie die Annuität bei einmaliger Realisierung:

$$31.116 \cdot \frac{1{,}04^8 \cdot 0{,}04}{1{,}04^8 - 1} = 31.116 \cdot 0{,}1485 = 4.622.$$

Analog kann man zeigen, dass sich die Annuität der Investitionskette nicht ändert, wenn das Projekt *beliebig oft* wiederholt wird. Wird das

Projekt KWM z.B. fünfmal wiederholt, dann beträgt die Annuität unverändert 4.622 €. Der Kapitalwert der Investitionskette mit zwanzig Jahren Laufzeit ist die Summe der fünf abgezinsten Kapitalwerte des fünfmal wiederholten Projekts:

Investitionskette KWM (N=20):

$$\begin{aligned} \text{KW} &= 16.776 \cdot \left(1 + 1{,}04^{-4} + 1{,}04^{-8} + 1{,}04^{-12} + 1{,}04^{-16}\right) \\ &= 16.776 + 14.340 + 12.258 + 10.478 + 8.957 \\ &= 62.809. \end{aligned}$$

Dasselbe Ergebnis erhält man einfacher unter Verwendung der Annuität und des Rentenbarwertfaktors:

$$\text{KW} = 4.622 \cdot \frac{1{,}04^{20} - 1}{1{,}04^{20} \cdot 0{,}04} = 62.809.$$

Diese Eigenschaft der Annuität können wir für den Vergleich von Projekten mit unterschiedlicher Nutzungsdauer (bei identischer Reinvestition) verwenden. Als Beispiel vergleichen wir die Projekte KWM (N=4) und MDI (N=5) und nehmen für beide Projekte identische Reinvestition an. Projekt MDI hat bei einmaliger Realisierung einen größeren Kapitalwert von 18.712 €. Die Annuität von Projekt MDI beträgt

$$18.712 \cdot \frac{1{,}04^{5} \cdot 0{,}04}{1{,}04^{5} - 1} = 18.712 \cdot 0{,}2246 = 4.203,$$

während Projekt KWM eine Annuität von 4.622 € aufweist. Das Projekt KWM erlaubt daher bei wiederholter Realisierung einen *größeren* jährlichen Betrag zur Entnahme. Projekt KWM sollte daher unter dieser Bedingung dem Projekt MDI vorgezogen werden.

Würde man z.B. Projekt KWM fünfmal und Projekt MDI viermal wiederholen, hätten beide Investitionsketten dieselbe Nutzungsdauer von 20 Jahren. Unter dieser speziellen Annahme kann auch der Kapitalwert als Kriterium herangezogen werden. Der Kapitalwert der Investitionskette des Projekts MDI beträgt

Investitionskette MDI (N=20):

$$\text{KW} = 4.203 \cdot \frac{1{,}04^{20} - 1}{1{,}04^{20} \cdot 0{,}04} = 57.123.$$

Nun können wir auch anhand der Kapitalwerte der Investitionsketten bestätigen, was wir bereits aus dem Vergleich der Annuitäten – jedoch mit wesentlich weniger Aufwand – geschlossen haben: Projekt KWM ist bei identischer Reinvestition relativ vorteilhaft und wird Projekt MDI vorgezogen.

Aus diesen Überlegungen leiten wir folgende Schlussfolgerung ab: Wenn identische Reinvestition unterstellt werden kann, dann ist die Annuität das geeignete Kriterium zur Beurteilung der relativen Vorteilhaftigkeit bei unterschiedlicher Nutzungsdauer. Der Annuitätenfaktor wird dabei auf Basis der betrieblichen Nutzungsdauer des jeweiligen Projekts berechnet.

Abschließend weisen wir darauf hin, dass bei der Betrachtung von Investitionsketten die Annuität *immer* auf Basis der (betrieblichen) Nutzungsdauer des Projekts berechnet werden muss, auch wenn noch Projektzahlungen nach dem Ende der Nutzungsdauer anfallen. Wir verwenden dazu folgendes Beispiel.

Beispiel 4.3:
Wir betrachten Maschine KWM aus Beispiel 4.1. Diese Maschine weist eine betriebliche Nutzungsdauer von vier Jahren auf und soll jeweils nach Ablauf von vier Jahren ersetzt werden (identische Reinvestition). Wir nehmen jedoch an, dass der Liquidationserlös in Höhe von 20.000 € erst nach Ende der betrieblichen Nutzung – im fünften Jahr – anfällt.

Zur Beurteilung der (relativen) Vorteilhaftigkeit unter den geänderten Annahmen betrachten wir die folgende Tabelle:

Zeitpunkt	Zahlungen	Barwerte
0	–100.000	–100.000
1	26.500	25.481
2	26.500	24.501
3	28.500	25.336
4	28.500	24.362
5	20.000	16.439
	Kapitalwert (4%)	16.118
Annuität (N=4; i=4%)		4.440

Der Annuitätenfaktor muss für N=4 berechnet werden. Dies entspricht einer Zahlungsreihe von je vier Annuitäten, die beliebig oft hintereinander gereiht werden können. Wenn man das Projekt z.B. fünfmal wiederholt, erhält man 20 hintereinander gereihte Annuitäten. Das entspricht der gesamten (betrieblichen) Nutzungsdauer nach fünf Wiederholungen. Eine Berechnung des Annuitätenfaktors mit N=5 wäre daher nicht korrekt. Man würde dabei annehmen, dass die Reinvestition erst jeweils nach fünf Jahren erfolgt. Damit würde unterstellt, dass nach Ablauf der betrieblichen Nutzungsdauer jeder Einzelinvestition für jeweils ein Jahr keine Maschine zur Verfügung steht.

Der Kapitalwert sinkt (erwartungsgemäß) von 16.776 € auf 16.118 €. Die Annuität sinkt entsprechend von 4.622 € auf 4.440 €. Das Projekt bleibt absolut vorteilhaft. Im Vergleich zu Projekt MDI ergeben sich in *diesem* Beispiel keine Änderungen der relativen Vorteilhaftigkeit.

Wir fassen zusammen:

> Bei Investitionsketten (identische Reinvestition) wird die Annuität zur Beurteilung der relativen Vorteilhaftigkeit bei unterschiedlicher Nutzungsdauer verwendet. Zur Berechnung des dafür benötigten Annuitätenfaktors wird die jeweilige betriebliche Nutzungsdauer des einzelnen Projekts verwendet, auch wenn Zahlungen nach Ablauf der Nutzungsdauer anfallen.

4.4 Dynamische Amortisationsrechnung

Die Amortisationsrechnung ermittelt den *Zeitpunkt*, zu dem die Summe der Projekteinzahlungen erstmals größer ist als die Summe der Projektauszahlungen. Je *früher* dieser Zeitpunkt eintritt, desto vorteilhafter wird das Projekt beurteilt. Die dynamische Amortisationsrechnung ist finanzmathematisch fundiert[13] und berechnet den Zeitpunkt der Amortisation auf Basis von *abgezinsten* Ein- und Auszahlungen (d.h. den Barwerten der Zahlungen). Wenn die Summe der abgezinsten Auszahlungen am Ende der Laufzeit größer ist als die Summe der abgezinsten Einzahlungen, amortisiert sich das Projekt während der Laufzeit nicht. Das Projekt wird dann nicht realisiert. Wir demonstrieren die dynamische Amortisationsrechnung auf Basis der Zahlungsreihe von Projekt KWM aus Beispiel 4.1. Die Werte in der Spalte der kumulierten Barwerte in Tabelle 4.6 werden berechnet, indem zum kumulierten Wert des vorangegangenen Zeitpunkts der Barwert der Zahlung des aktuellen Zeitpunkts hinzu gezählt wird. Für den Zeitpunkt t=3 berechnen wir z.B. den kumulierten Barwert aus

$$-50.018 + 25.336 = -24.682.$$

[13]Die statische Variante der Amortisationsrechnung ist *nicht* finanzmathematisch fundiert und verwendet keine Zeitwerte. Sie weist damit diesen Nachteil zusätzlich zu den noch zu besprechenden Nachteilen der dynamischen Amortisationsrechnung auf. Wir werden daher die statische Amortisationsrechnung nicht weiter beachten.

Zeitpunkt	Zahlungen	Barwerte	kumulierte Barwerte	gebundenes Kapital
0	–100.000	–100.000	–100.000	100.000
1	26.500	25.481	–74.519	77.500
2	26.500	24.501	–50.018	54.100
3	28.500	25.336	–24.682	27.764
4	48.500	41.458	16.776	–19.625
	Summe	16.776		

Tabelle 4.6: Berechnung der dynamischen Amortisationszeit

Wir schließen aus dem positiven Wert in der letzten Zeile der kumulierten Barwerte, dass sich das Projekt amortisiert. Die Amortisation erfolgt im vierten Jahr.

Aus der Spalte der kumulierten Barwerte können wir ablesen, ob und wann es gelingt, die Anschaffungsauszahlung durch die während der Laufzeit erzielten Einzahlungsüberschüsse (Einzahlungen minus Auszahlungen) abzudecken. Je früher der kumulierte Barwert positiv ist, desto früher decken die Nettoeinzahlungen die Anschaffungsauszahlung ab. Der kumulierte Barwert für den letzten Zahlungszeitpunkt ist immer der Kapitalwert.

In diesem Zusammenhang wollen wir nochmals auf den Begriff des gebundenen Kapitals eingehen, den wir bereits im Zusammenhang mit den statischen Verfahren in Abschnitt 4.1.1 erwähnt haben. Die dort angestellte Überlegung geht davon aus, dass im Zeitpunkt der Anschaffung das gesamte zur Beschaffung erforderliche Kapital im Projekt gebunden ist. Im Rahmen der dynamischen Betrachtungsweise verzinst sich das gebundene Kapital mit dem Kalkulationszinssatz. Wenn ein Einzahlungsüberschuss erzielt wird, erfolgt eine Kapitalfreisetzung, sodass sich das gebundene Kapital entsprechend reduziert. Am Ende des ersten Jahres beträgt das gebundene Kapital für Projekt KWM daher

$$100.000 \cdot 1{,}04 - 26.500 = 77.500.$$

Am Ende des zweiten Jahres beträgt das gebundene Kapital

$$77.500 \cdot 1{,}04 - 26.500 = 54.100.$$

Analog kann man das gebundene Kapital für alle weiteren Jahre berechnen (siehe Tabelle 4.6). In t=4 ist *kein* Kapital mehr im Projekt gebunden. Der negative Wert –19.625 zeigt, dass (sogar) ein Überschuss erzielt wurde. Das Projekt hat sich mehr als vollständig amortisiert. Die freigesetzten Mittel – in Form der abgezinsten Einzahlungsüberschüsse – übersteigen das gebundene Kapital.

Diese Betrachtungsweise ist äquivalent mit jener im Rahmen der Berechnung der dynamischen Amortisationszeit. Wenn man in Tabelle 4.6 die Werte für das gebundene Kapital abzinst, erhält man die kumulierten Barwerte (mit umgekehrtem Vorzeichen). Für den Zeitpunkt t=2 gilt z.B. $54.100 \cdot 1{,}04^{-2}$=50.018. Wir erhalten somit eine weitere Möglichkeit zur Interpretation des Kapitalwerts. Ein positiver Kapitalwert zeigt, dass sich das Projekt mehr als amortisiert und gibt den abgezinsten Überschuss der freigesetzten Mittel am Ende des Zahlungszeitraums an.

Man kann das Kriterium der Amortisationszeit motivieren, wenn man unterstellt, dass Zahlungen umso riskanter sind, je weiter sie in der Zukunft liegen. Aus dieser Sichtweise ist eine möglichst frühe Amortisation anzustreben: Je kürzer die Amortisationszeit, desto geringer ist das Risiko des Projekts. Das bedeutet jedoch nicht, dass wir die dynamische Amortisationsrechnung als Methode zur Berücksichtigung des Risikos empfehlen. Sie kann allenfalls als stark vereinfachter Ansatz in Betracht gezogen werden, wenn eine geeignete Vorgehensweise – wie wir sie in Abschnitt 4.7 zeigen – nicht angewendet werden kann. Geht man jedoch davon aus, dass alle Zahlungen sicher sind, kann man das Kriterium der dynamischen Amortisationsrechnung nicht sinnvoll motivieren.

Ein wesentlicher Nachteil der dynamischen Amortisationsrechnung besteht darin, dass Zahlungen *nach* der erfolgten Amortisation *nicht beachtet* werden. Es ist daher möglich, dass ein Projekt wegen seiner relativ kurzen Amortisationszeit ausgewählt wird, aber dennoch einen negativen Kapitalwert aufweist. Dazu betrachten wir das Beispiel in Tabelle 4.7. Das Projekt amortisiert sich im vierten Jahr, weist aber einen negativen Kapitalwert auf. Es gibt kein sinnvolles finanzwirtschaftliches Ziel, das einen Vermögensverlust – der durch einen negativen Kapitalwert angezeigt wird – rechtfertigt. Der „Vorteil“ einer kurzen Amortisationszeit kann diesen Nachteil nicht ausgleichen.

Zeitpunkt	Zahlungen	Barwerte	kumulierte Barwerte
0	–200.000	–200.000	–200.000
1	90.000	81.818	–118.182
2	90.000	74.380	–43.802
3	45.000	33.809	–9.993
4	15.000	10.245	252
5	5.000	3.105	3.357
6	–10.000	–5.645	–2.288

Tabelle 4.7: Ein Projekt mit negativem Kapitalwert

Wir fassen zusammen:

> Die dynamische Amortisationsrechnung berücksichtigt nur Zahlungen *bis* zum Zeitpunkt der Amortisation. Dadurch wird möglicherweise vernachlässigt, dass für die gesamte Laufzeit ein Vermögensverlust eintritt. Im Gegensatz zur dynamischen Amortisationsrechnung betrachtet der Kapitalwert *alle* zukünftigen Zahlungen, d.h. auch jene, die *nach* dem Zeitpunkt der Amortisation anfallen! Wir lehnen daher die dynamische Amortisationsrechnung zur Beurteilung der Vorteilhaftigkeit von Investitionsprojekten ab und ziehen den Kapitalwert als Kriterium vor.

4.5 Die Interne-Zinssatz-Methode

4.5.1 Der interne Zinssatz

Der Kapitalwert ist der Barwert des zusätzlichen Endvermögens, das durch Realisierung des Projekts im Vergleich zur Veranlagung der Anschaffungsauszahlung am Kapitalmarkt erwirtschaftet werden kann. Die Möglichkeit der Veranlagung am Kapitalmarkt wird durch den Kalkulationszinssatz repräsentiert. Je größer der Kalkulationszinssatz ist, umso geringer ist der Kapitalwert des Investitionsprojekts. Der Kapitalwert und damit die Vorteilhaftigkeit eines Investitionsprojekts hängt daher wesentlich vom gewählten Kalkulationszinssatz ab.

Beispiel 4.4:
Wir betrachten ein Investitionsprojekt ZIM, das durch folgende Zahlungen charakterisiert ist:

Abbildung 4.5: Typische Kapitalwertfunktion einer Normalinvestition

0	1	2	3	t
–1.000	521	445	191	

Bei einem Kalkulationszinssatz von 5% beträgt der Kapitalwert von Projekt ZIM 64,81. Das Projekt ist also vorteilhaft. Verwenden wir hingegen einen Kalkulationszinssatz von 10%, erhalten wir einen Kapitalwert von –15,09. In diesem Fall sollten wir Projekt ZIM nicht realisieren.

Um die Abhängigkeit des Kapitalwerts vom Kalkulationszinssatz zu betonen, schreiben wir den Kapitalwert als Funktion des Zinssatzes an:

$$\mathrm{KW}(i) = \sum_{t=0}^{N} \frac{K_t}{(1+i)^t}.$$

Die Form der *Kapitalwertfunktion* KW(i) in Abbildung 4.5 ist typisch für den Verlauf einer Normalinvestition (wie z.B. Projekt ZIM aus Beispiel 4.4, das nur einen Vorzeichenwechsel aufweist).

Der *interne Zinssatz* i_{eff} (auch *effektiver Zinssatz* oder *Rendite*) einer Zahlungsreihe[14] ist jener Zinssatz, bei dessen Verwendung als Kal-

[14] Es ist für die Berechnung egal, ob es sich bei der Zahlungsreihe um eine Investition oder eine Finanzierung handelt.

kulationszinssatz der Kapitalwert der Zahlungsreihe gleich null ist. Mathematisch ausgedrückt ist der interne Zinssatz i_{eff} die Nullstelle der Kapitalwertfunktion. Für i_{eff} gilt

$$\mathrm{KW}(i_{\text{eff}}) = \sum_{t=0}^{N} K_t \cdot (1 + i_{\text{eff}})^{-t} = 0. \tag{4.2}$$

Der interne Zinssatz von Projekt ZIM aus Beispiel 4.4 beträgt ungefähr 9%. Wenn wir diesen Zinssatz als Kalkulationszinssatz verwenden, ergibt sich ein Kapitalwert von annähernd null[15]:

$$\mathrm{KW}(9\%) = -1.000 + 521 \cdot 1{,}09^{-1} + 445 \cdot 1{,}09^{-2} + 191 \cdot 1{,}09^{-3} \simeq 0.$$

Wir zeigen nun, wie der interne Zinssatz berechnet wird.

4.5.2 Berechnung des internen Zinssatzes

Die Definitionsgleichung (4.2) des internen Zinssatzes entspricht einem Polynom N-ten Grades. Sie lässt sich nur in Sonderfällen mathematisch exakt lösen, da für Polynome vom Grad $N>4$ keine allgemeine Lösungsformel existiert. Man behilft sich in solchen Fällen mit numerischen Näherungsverfahren.

Wir wollen nun ein solches Näherungsverfahren, die so genannte lineare Interpolation, anhand von Abbildung 4.6 näher erläutern. Die Abbildung zeigt die Kapitalwertfunktion $\mathrm{KW}(i)$ einer Normalinvestition. Zunächst werden zwei Zinssätze i^+ und i^- so gewählt, dass sich für i^+ ein positiver Kapitalwert $\mathrm{KW}^+(i^+)$ und für i^- ein negativer Kapitalwert $\mathrm{KW}^-(i^-)$ ergibt. Der Schnittpunkt der Kapitalwertfunktion mit der Abszisse ist der interne Zinssatz i_{eff}. Er muss zwischen i^+ und i^- liegen. Als Näherungswert $\hat{i}$ für den tatsächlichen Wert i_{eff} kann der Schnittpunkt der Verbindungsgeraden zwischen den Funktionswerten KW^+ und KW^- und der Abszisse verwendet werden. Mit Hilfe der Strahlensätze erhalten wir die Beziehung

$$\begin{aligned}
\frac{\hat{i} - i^+}{i^- - i^+} &= \frac{\mathrm{KW}^+}{\mathrm{KW}^+ - \mathrm{KW}^-} \\
\hat{i} - i^+ &= \frac{\mathrm{KW}^+ \cdot (i^- - i^+)}{\mathrm{KW}^+ - \mathrm{KW}^-} \\
\hat{i} &= i^+ + \frac{\mathrm{KW}^+ \cdot (i^- - i^+)}{\mathrm{KW}^+ - \mathrm{KW}^-},
\end{aligned}$$

[15] Genau genommen beträgt der Kapitalwert von Projekt ZIM bei einem Kalkulationszinssatz von 9% 0,016, da 9% nur einen Näherungswert für den tatsächlichen internen Zinssatz darstellt.

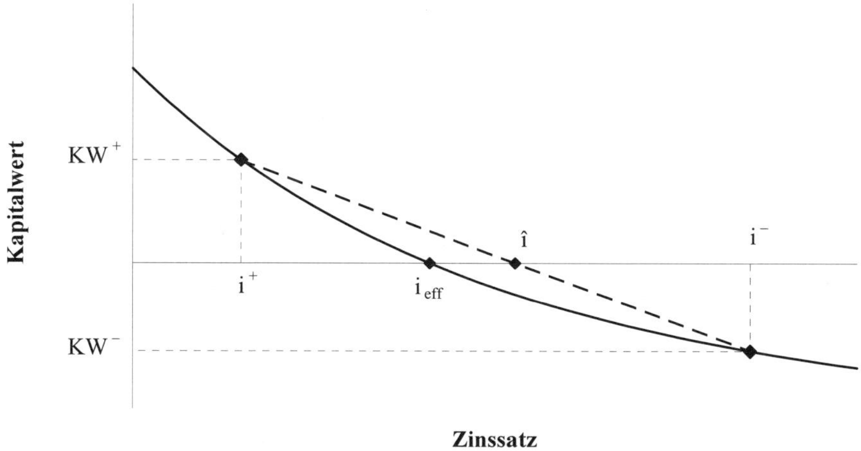

Abbildung 4.6: Lineare Interpolation zur näherungsweisen Berechnung des internen Zinssatzes

und damit die Näherungsformel

$$i_{\text{eff}} \simeq \hat{i} = i^+ + \frac{\text{KW}^+ \cdot (i^- - i^+)}{\text{KW}^+ - \text{KW}^-}. \tag{4.3}$$

Die Güte der Approximation hängt wesentlich vom Abstand zwischen i^+ und i^- ab. Je näher die beiden Zinssätze beieinander liegen, umso geringer ist die Abweichung des interpolierten Werts vom tatsächlichen internen Zinssatz.

Um eine gegebene Näherungslösung zu verbessern, kann der berechnete Wert $\hat{i}$ als einer der beiden Zinssätze i^- bzw. i^+ für eine weitere Interpolation herangezogen werden. Mit diesem iterativen Vorgehen können wir eine beliebig genaue Approximation des internen Zinssatzes erreichen. Das Verfahren wird abgebrochen, wenn ein vorher festgelegtes Abbruchkriterium erfüllt ist. Typische Abbruchkriterien sind z.B.: Der Näherungswert $\hat{i}$ ändert sich bis zu einer bestimmten Nachkommastelle nicht, eine festgelegte Anzahl von Iterationen ist erreicht oder der Kapitalwert beim aktuellen Näherungswert liegt nahe genug bei null (z.B. innerhalb eines bestimmten vorgegebenen Intervalls $\pm$ 0,001).

Beispiel 4.5:
Betrachten wir wieder das Investitionsprojekt ZIM aus Beispiel 4.4. Wir haben bereits die Kapitalwerte für die Zinssätze 5% und 10% berechnet,

die 64,81 bzw. –15,09 betragen. Damit stehen uns schon alle Variablen für den ersten Schritt des Iterationsverfahrens zur Verfügung: i^+=0,05, KW^+=64,81, i^-=0,1 und KW^-=–15,09. Wir erhalten als ersten Näherungswert

$$i_{\text{eff}} \simeq \hat{i}_1 = 0{,}05 + \frac{64{,}81 \cdot (0{,}1 - 0{,}05)}{64{,}81 - (-15{,}09)} = 0{,}09056.$$

Der Kapitalwert bei einem Kalkulationszinssatz von 9,056% beträgt –0,84. Um einen besseren Näherungswert zu erhalten, verwenden wir das eben berechnete Ergebnis in einem zweiten Iterationsschritt. Wir setzen i^-=$\hat{i}_1$ und $\mathrm{KW}^-=-0,84$. i^+ und KW^+ ändern wir in diesem Beispiel nicht. Als verbesserte Näherungslösung erhalten wir

$$i_{\text{eff}} \simeq \hat{i}_2 = 0{,}05 + \frac{64{,}81 \cdot (0{,}09056 - 0{,}05)}{64{,}81 - (-0{,}84)} = 0{,}09004.$$

Da sich die dritte Nachkommastelle nicht mehr verändert hat, brechen wir das Verfahren ab und geben den internen Zinssatz näherungsweise mit 9% an.[16]

Die Berechnung des internen Zinssatzes erfolgt in der Praxis üblicherweise mit Hilfe eines Computers. Entsprechende Funktionen, die das oben beschriebene (oder ähnliche) Iterationsverfahren durchführen, sind in gängigen Tabellenkalkulationsprogrammen implementiert.

In einigen Sonderfällen kann der interne Zinssatz mathematisch *exakt* ermittelt werden, z.B. wenn die Zahlungsreihe aus nur zwei Zahlungen besteht. Hier lässt sich der interne Zinssatz durch einfaches Umformen der Definitionsgleichung (4.2) ermitteln (vgl. auch die Formel (3.5) für den effektiven Zinssatz auf S. 47)[17]:

$$K_0 + K_N \cdot (1 + i_{\text{eff}})^{-N} = 0 \quad \Longrightarrow \quad i_{\text{eff}} = \sqrt[N]{\frac{K_N}{-K_0}} - 1$$

Beispiel 4.6:
Für ein Investitionsprojekt mit einer Anschaffungsauszahlung in Höhe

[16]Bei Verwendung eines noch strengeren Abbruchkriteriums ergibt sich ein interner Zinssatz von 9,00106%.

[17]Der Unterschied im Vorzeichen von K_0 in den Formeln für i_{eff} auf S. 47 und hier beruht darauf, dass nun Ein- und Auszahlungen betrachtet werden, während in Kapitel 3 Geldbeträge betrachtet wurden. Die Formel $i_{\text{eff}}=\sqrt[N]{|K_N/K_0|}-1$ kann in beiden Fällen verwendet werden.

von 10.000 €, das im Zeitpunkt t=3 eine Einzahlung von 14.500 € aufweist, beträgt der interne Zinssatz

$$i_{\text{eff}} = \sqrt[3]{\frac{14.500}{-(-10.000)}} - 1 = 0{,}13185.$$

Bei einem Polynom vom Grad N existieren genau N reelle oder komplexe Nullstellen (gezählt mit ihrer jeweiligen Vielfachheit)[18], wobei die reellen Nullstellen die internen Zinssätze der Zahlungsreihe darstellen. Man kann zeigen, dass eine Zahlungsreihe *maximal* so viele interne Zinssätze besitzt, wie sie Vorzeichenwechsel aufweist. Zusätzlich kann bewiesen werden, dass Normalinvestitionen *genau* einen internen Zinssatz besitzen.[19] Wenn keine Normalinvestition vorliegt, können allerdings Probleme bei der Berechnung und Interpretation der internen Zinssätze auftreten, die wir in Abschnitt 4.5.4.2 behandeln werden.

4.5.3 Interpretation und Anwendung des internen Zinssatzes

Wie kann der interne Zinssatz interpretiert werden? Wie schon bei der Interpretation des Kapitalwerts in Abschnitt 4.2 betrachten wir dazu die Möglichkeit, während der Laufzeit des Investitionsprojekts Entnahmen zu tätigen. In Abschnitt 4.2 haben wir Entnahmen in konstanter Höhe betrachtet. Jetzt betrachten wir Entnahmen, die einen konstanten *Prozentsatz* des im Projekt gebundenen (also noch nicht amortisierten) Kapitals ausmachen. Wir verwenden Projekt ZIM aus Beispiel 4.4 zur Veranschaulichung und fassen die Berechnungen in der folgenden Tabelle zusammen.

Zeitpunkt	Zahlungen	Entnahmen	freigesetztes Kapital	gebundenes Kapital
0	–1.000,00	0,00	0,00	1.000,00
1	521,00	90,01	430,99	569,01
2	445,00	51,22	393,78	175,23
3	191,00	15,77	175,23	0,00

In jedem Zeitpunkt t entnehmen wir einen Prozentsatz von 9,001% des im Zeitpunkt t–1 noch gebundenen Kapitals (z.B. 90,01 in Zeitpunkt t=1). Dieser Prozentsatz entspricht dem (exakten) internen Zinssatz.

[18] Das besagt der Fundamentalsatz der Algebra.

[19] Dieser interne Zinssatz ist genau dann positiv, wenn die einfache Summe der Zahlungen des Investitionsprojekts – ohne vorheriges Abzinsen – positiv ist.

Aufgrund der Entnahme trägt nicht die Zahlung von 521, sondern nur der Betrag 521–90,01=430,99 zur Änderung im gebundenen Kapital bei. Das gebundene Kapital in t=1 berechnen wir aus

$$1.000 - 430{,}99 = 569{,}01.$$

Am Ende der letzten Periode ist das gebundene Kapital zur Gänze freigesetzt.

Wir können die Entwicklung des gebundenen Kapitals jedoch auch so berechnen, wie wir das in Abschnitt 4.4 gezeigt haben. Allerdings verwenden wir nun den internen Zinssatz von 9,001% (und nicht den Kalkulationszinssatz) zur Berechnung des gebundenen Kapitals. Für den Zeitpunkt t=1 erhalten wir

$$1.000 \cdot 1{,}09001 - 521 = 569{,}01.$$

Ein positiver Kapitalwert zeigt, dass sich das Projekt mehr als amortisiert (siehe Abschnitt 4.4 auf S. 101). Am Ende der Laufzeit ist mehr als das gesamte gebundene Kapital freigesetzt. Wenn statt des Kalkulationszinssatzes der interne Zinssatz verwendet wird, ist der Kapitalwert null und am Ende der Laufzeit ist daher kein Kapital mehr gebunden.

Wir fassen zusammen:

> Der interne Zinssatz i_{eff} kann als *Effektivverzinsung* des jeweils gebundenen Kapitals aufgefasst werden. Der interne Zinssatz (die Rendite) gibt an, wie viel Prozent des im Projekt gebundenen Kapitals am Ende der jeweiligen Periode entnommen werden können, ohne dass dadurch die Amortisation des Projekts gefährdet wird.

Diese Interpretation des internen Zinssatzes erlaubt die Definition von Entscheidungsregeln für die Beurteilung der Vorteilhaftigkeit von Investitionsprojekten.

4.5.3.1 Absolute Vorteilhaftigkeit

Wenn die absolute Vorteilhaftigkeit einer *Normalinvestition* beurteilt werden soll, gilt für die Interne-Zinssatz-Methode die folgende Entscheidungsregel: Ein Investitionsprojekt ist *absolut vorteilhaft*, wenn der interne Zinssatz (die Rendite) i_{eff} größer als der Kalkulationszinssatz i ist, der die alternative Veranlagung am Kapitalmarkt repräsentiert.

Der interne Zinssatz kann daher auch als *kritischer Zinssatz* interpretiert werden, der die Grenze zwischen absoluter Vorteilhaftigkeit und

Unvorteilhaftigkeit markiert. Man erkennt allerdings, dass der Investor auch bei Verwendung der Internen-Zinssatz-Methode einen Kalkulationszinssatz festlegen muss[20]. Ohne den Kalkulationszinssatz als Vergleichszinssatz kann man nicht beurteilen, ob der interne Zinssatz „hoch" oder „niedrig" ist, und das Projekt daher absolut vorteilhaft oder unvorteilhaft ist.

Beispiel 4.7:
Wir betrachten nochmals Projekt ZIM mit dem internen Zinssatz von i_{eff}=9,001%. Bei einem Kalkulationszinssatz i von 5% ist das Projekt gemäß der Internen-Zinssatz-Methode vorteilhaft, da die Verzinsung des jeweils noch im Projekt gebundenen Kapitals (die Rendite i_{eff}) größer ist als der Zinssatz i, der am Kapitalmarkt erzielt wird. Hingegen sollte Projekt ZIM bei einem Kalkulationszinssatz von 10% nicht realisiert werden, da der interne Zinssatz geringer als der Kalkulationszinssatz ist. Zu denselben Entscheidungen gelangen wir bei Verwendung der Kapitalwertmethode.

Im Fall einer Entscheidung über die absolute Vorteilhaftigkeit einer *Normalinvestition* (wie z.B. Projekt ZIM) führt die Interne-Zinssatz-Methode immer zu denselben Empfehlungen wie die Kapitalwertmethode. Bei Normalinvestitionen ist der interne Zinssatz eindeutig. Er markiert die Grenze zwischen positivem und negativem Kapitalwert (siehe Abbildung 4.5): Für alle Zinssätze $i<i_{\text{eff}}$ ist der Kapitalwert positiv, für alle $i>i_{\text{eff}}$ negativ. Das Entscheidungskriterium der Internen-Zinssatz-Methode (vorteilhaft für $i<i_{\text{eff}}$, nachteilig für $i>i_{\text{eff}}$) entspricht also jenem der Kapitalwertmethode (vorteilhaft bei positivem Kapitalwert, nachteilig bei negativem Kapitalwert). Wenn keine Normalinvestition betrachtet wird, ist nicht gesichert, dass der interne Zinssatz überhaupt existiert bzw. eindeutig ist. Für die daraus entstehenden Komplikationen verweisen wir auf Abschnitt 4.5.4.

4.5.3.2 Relative Vorteilhaftigkeit

Bei einer Entscheidung über die relative Vorteilhaftigkeit mehrerer Investitionsprojekte werden zunächst jene Projekte ausgeschieden, deren Rendite geringer ist als der Kalkulationszinssatz. Es scheint nahe zu liegen, von den verbleibenden Projekten jenes mit der *höchsten Rendite* zu wählen. Diese Auswahl kann jedoch unter Umständen dem Ziel

[20] Fälschlicherweise wird manchmal als Vorteil der Internen-Zinssatz-Methode angeführt, dass dies nicht notwendig sei.

der Vermögensmaximierung widersprechen. Außerdem sind weitere Probleme der Internen-Zinssatz-Methode zu beachten. Wir werden diese Mängel in Abschnitt 4.5.4 genauer beschreiben. Zunächst zeigen wir, dass Kapitalwert- und Interne-Zinssatz-Methode unter bestimmten Bedingungen zu unterschiedlichen Empfehlungen über die relative Vorteilhaftigkeit gelangen können. Wir betrachten dazu ein Beispiel.

Beispiel 4.8:
Die beiden aus Abschnitt 4.2 bekannten Investitionsprojekte KWM und MDI sollen mit Hilfe der Internen-Zinssatz-Methode auf ihre relative Vorteilhaftigkeit untersucht werden – eines der beiden Projekte soll ausgewählt werden. Der Kalkulationszinssatz beträgt 4%. In der folgenden Tabelle sind zunächst die Zahlungsreihen der beiden Projekte, ihre (schon bekannten) Kapitalwerte sowie die mit Hilfe der Interpolation berechneten internen Zinssätze angeführt:

Zeitpunkt t	Projekt KWM Zahlungen	Projekt MDI Zahlungen
0	–100.000	–160.000
1	26.500	36.500
2	26.500	42.500
3	28.500	52.500
4	48.500	53.500
5		14.500
Kapitalwert (4%)	16.776	18.712
interner Zinssatz i_{eff}	10,22%	8,27%

Für sich allein betrachtet ist jedes der beiden Projekte (absolut) vorteilhaft, da die jeweilige Rendite größer als die geforderte Mindestverzinsung von 4% ist. Wenn wir eines der beiden Projekte auswählen wollen, empfiehlt die Interne-Zinssatz-Methode Projekt KWM, da es eine höhere Rendite aufweist als Projekt MDI. Hingegen sollten wir uns gemäß der Kapitalwertmethode für Projekt MDI entscheiden, da es den höheren Kapitalwert aufweist.

Auf den ersten Blick erscheint es durchaus logisch, dass von zwei Investitionsprojekten jenes mit der höheren Rendite vorzuziehen ist. Weshalb kann es jedoch einen Widerspruch zur Empfehlung der Kapitalwertmethode geben? Dazu muss man bedenken, dass der interne Zinssatz (die Rendite) sich auf das jeweils noch im Projekt gebundene Kapital bezieht (und nicht auf das Vermögen des Investors). Als Effektivzinssatz beschreibt er das Verhältnis zwischen den Zahlungen des Projekts und dessen Kapitalbindung. Der interne Zinssatz als Entscheidungskriterium zielt daher auf eine *möglichst hohe Verzinsung* des gebundenen (noch nicht amortisierten) Kapitals ab. Im Gegensatz dazu weist der Kapitalwert einen unmittelbaren Bezug zum Vermögen des Investors auf. Die Kapitalwertmethode führt immer zur Auswahl des Projekts mit dem *größten Vermögenszuwachs*. Aufgrund dieser unterschiedlichen Zielsetzung kann zwischen den Empfehlungen der beiden Verfahren ein Konflikt entstehen. Wir wollen im folgenden Abschnitt die Gründe für diesen (möglichen) Widerspruch genauer untersuchen.

4.5.3.3 Schneidende Kapitalwertfunktionen

Abbildung 4.7 zeigt die Kapitalwertfunktionen der beiden Investitionsprojekte KWM und MDI aus Beispiel 4.8. Projekt KWM weist einen deutlich flacheren Verlauf der Kapitalwertfunktion auf. Bei einem niedrigen Kalkulationszinssatz liegt die Kapitalwertfunktion von Projekt MDI über jener von Projekt KWM. Wir wissen aus den Berechnungen in Abschnitt 4.2, dass bei einem Kalkulationszinssatz von 4% der Kapitalwert von Projekt MDI höher ist als jener von Projekt KWM. Bei einem Zinssatz von ungefähr $i^{\times}$=5,15% schneiden die beiden Funktionen einander. Ab diesem Wert liegt die Kapitalwertfunktion von Projekt KWM über jener von Projekt MDI und schneidet daher die Abszisse weiter rechts. Der interne Zinssatz von Projekt KWM ist damit größer als jener von Projekt MDI.

Unterschiede im Verlauf der Kapitalwertfunktionen können auf Unterschiede im gebundenen Kapital zurückgeführt werden. Eine geringere Kapitalbindung kann sich durch eine geringere Anschaffungsauszahlung, schnellere Kapitalfreisetzung oder kürzere Laufzeit ergeben. Projekt KWM mit der geringeren Anschaffungsauszahlung hat eine geringere Kapitalbindung und weist daher einen flacheren Verlauf der Kapitalwertfunktion auf. Der interne Zinssatz wird tendenziell umso größer sein, je flacher die Kapitalwertfunktion verläuft. Bei Entscheidungen über die relative Vorteilhaftigkeit werden daher (absolut vorteilhafte) Projekte mit geringerer Kapitalbindung eher bevorzugt.

Die unterschiedliche Kapitalbindung von Investitionsprojekten kann daher zu *schneidenden Kapitalwertfunktionen* führen. Dadurch können sich Widersprüche zwischen den Empfehlungen der Kapitalwert- und der Internen-Zinssatz-Methode ergeben. Wir betrachten dazu folgende Fälle:

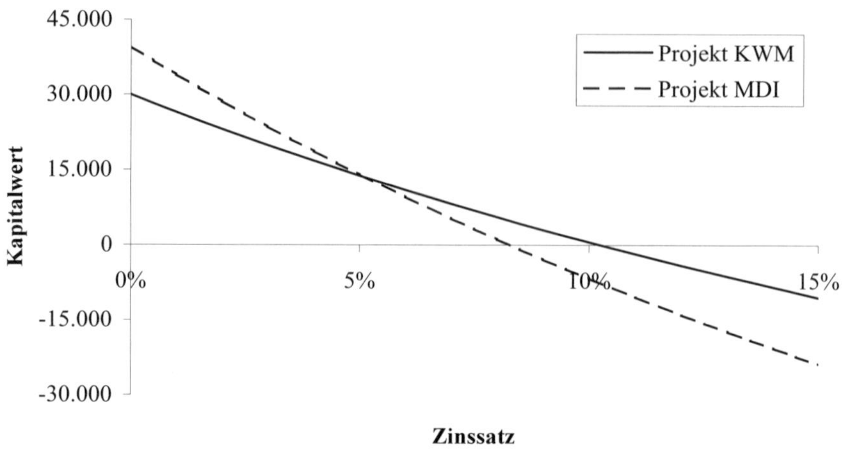

Abbildung 4.7: Kapitalwertfunktionen der Projekte KWM und MDI

1. $i > i^{\times}$: Wenn in Beispiel 4.8 der Kalkulationszinssatz nicht 4%, sondern 7% betragen hätte, wären die beiden Verfahren zu derselben Empfehlung gelangt. Ein Blick auf die Kapitalwertfunktionen in Abbildung 4.7 zeigt, dass Projekt KWM bei einem Kalkulationszinssatz von 7% den höheren Kapitalwert aufweist (nämlich 8.177 € im Vergleich zu 5.242 € von Projekt MDI). Beide Verfahren entscheiden in diesem Fall zugunsten von Projekt KWM.

2. $i^{\times} > i_{\text{eff}}$: Wenn der Schnittpunkt der Kapitalwertfunktionen bei einem Zinssatz $i^{\times}$ liegt, der größer als die internen Zinssätze der Projekte ist, führen beide Methoden – unabhängig vom Kalkulationszinssatz i – zu derselben Empfehlung. Wenn i größer als $i^{\times}$ ist, resultieren negative Kapitalwerte und beide Verfahren würden Unvorteilhaftigkeit anzeigen. Wenn i kleiner als $i^{\times}$ ist, hat das Projekt mit dem größeren Kapitalwert auch den größeren internen Zinssatz.

3. $i < i^{\times} < i_{\text{eff}}$: Widersprüche treten nur dann auf, wenn der Schnittpunkt der Kapitalwertfunktionen bei einem Zinssatz $i^{\times}$ liegt, der zwischen dem Kalkulationszinssatz und dem niedrigeren der internen Zinssätze liegt (wie in Beispiel 4.8).

Wir fassen zusammen:

Unterschiede im gebundenen Kapital führen zu Unterschieden im Verlauf der Kapitalwertfunktionen. Dies kann zu schneidenden Kapitalwertfunktionen führen. Unter bestimmten Bedingungen können sich dadurch Widersprüche zwischen den Empfehlungen der Kapitalwert- und der Internen-Zinssatz-Methode ergeben.

Üblicherweise werden bei Verwendung der Internen-Zinssatz-Methode nur die jeweiligen Renditen der Projekte berechnet. Der Verlauf der Kapitalwertfunktionen wird meist nicht analysiert. Man weiß dann jedoch *nicht*, ob die Kapitalwertfunktionen einander schneiden, und wenn ja, welcher dieser drei Fälle vorliegt und ob die Schlussfolgerungen aus der Kapitalwert- und Internen-Zinssatz-Methode einander widersprechen.

Wir haben nun Ursache und Bedingungen für Widersprüche gezeigt. Es bleibt jedoch zu klären, welches Verfahren – Kapitalwert- oder Interne-Zinssatz-Methode – für die Beurteilung der relativen Vorteilhaftigkeit von Investitionsprojekten verwendet werden soll. Wir werden im nächsten Abschnitt einige Mängel der Internen-Zinssatz-Methode darstellen und daraus den Schluss ableiten, dass die Anwendung dieser Methode nicht empfohlen wird.

4.5.4 Mängel der Internen-Zinssatz-Methode

4.5.4.1 Implizite Annahmen

Die Interne-Zinssatz-Methode beruht wie alle in diesem Buch dargestellten Verfahren der (dynamischen) Investitionsrechnung – unter anderem – auf der Annahme des VVK. Wir betrachten zunächst die Implikationen dieser Annahme für die Beurteilung der absoluten Vorteilhaftigkeit. Für die Kapitalwertmethode bedeutet die Wiederanlageprämisse, dass die aus einem Investitionsprojekt resultierenden Ein- bzw. Auszahlungen zum (einheitlichen) Kalkulationszinssatz veranlagt oder beschafft werden. Daher verwenden wir bei der Berechnung des Kapitalwerts den Kalkulationszinssatz, um alle Zahlungen auf den Zeitpunkt $t{=}0$ abzuzinsen. Anders bei der Internen-Zinssatz-Methode: Aus der Definition des internen Zinssatzes in Gleichung (4.2) folgt, dass hier alle Zahlungen mit dem internen Zinssatz abgezinst werden. Implizit unterstellen wir daher, dass alle Ein- und Auszahlungen des Projekts zum *internen Zinssatz* i_{eff} veranlagt bzw. beschafft werden.

Definitionsgemäß beschreibt der Kalkulationszinssatz die alternative Veranlagung am Kapitalmarkt. Der interne Zinssatz hängt aber nur vom jeweiligen Projekt ab, ohne diese Alternative zu berücksichtigen. Hier ergeben sich folgende Probleme:

1. Wenn der interne Zinssatz größer als der Kalkulationszinssatz ist ($i_{\text{eff}} > i$), wird unterstellt, dass die Zahlungen aus dem Projekt zu besseren Bedingungen (wieder-)veranlagt werden können, als der Kapitalmarkt bietet.

2. Wenn der interne Zinssatz kleiner als der Kalkulationszinssatz ist ($i_{\text{eff}} < i$), stellt sich die Frage, warum man die Zahlungen des betrachteten Investitionsprojekts zu i_{eff} veranlagen sollte, wenn eine Anlagemöglichkeit mit der (höheren) Verzinsung i zur Verfügung steht.

3. Wenn zwei Investitionsprojekte mit unterschiedlichen internen Zinssätzen verglichen werden, unterstellt man *unterschiedliche* Alternativen der Wiederveranlagung. In Beispiel 4.8 werden die Zahlungen von Projekt KWM zu 10,22% veranlagt, jene von Projekt MDI jedoch (freiwillig) nur zu 8,27%. Es ist jedoch keiner dieser – projektabhängigen – Zinssätze für die Wiederanlage relevant, sondern es sind die Bedingungen am Kapitalmarkt, die den Kalkulationszinssatz bestimmen.

Wir untersuchen als Nächstes die Annahmen, die der Beurteilung der relativen Vorteilhaftigkeit zugrunde liegen. Im Rahmen der Kapitalwertmethode haben wir gezeigt, dass Unterschiede im Anschaffungswert durch Veranlagung zum Kalkulationszinssatz ausgeglichen werden (siehe Abschnitt 4.2.2.1). Diese Ausgleichsinvestition erwirtschaftet einen zusätzlichen Kapitalwert von genau null. Der (ursprüngliche) Kapitalwert des Projekts bleibt dadurch unverändert. Unterschiede in der Kapitalbindung während der Laufzeit können durch dieselbe Annahme und analoge Überlegungen ausgeglichen werden.

Im Gegensatz dazu erfolgt bei der Internen-Zinssatz-Methode der Ausgleich von Unterschieden in der Kapitalbindung, indem der jeweilige Differenzbetrag zum *internen Zinssatz* des Projekts mit der *geringeren Kapitalbindung* veranlagt wird. In Beispiel 4.8 hieße das, dass die Differenzen in der Kapitalbindung zum internen Zinssatz von Projekt KWM, also zu 10,22% veranlagt würden.

Auch in diesem Fall ergeben sich Probleme:

1. Zunächst stellt sich die Frage, ob eine Alternative mit einem Zinssatz von i_{eff} überhaupt zur Verfügung steht. Ist es sinnvoll anzunehmen, dass Unterschiede in der Kapitalbindung durch eine Anlage zu diesem Zinssatz ausgeglichen werden können?

2. Im Zeitablauf kann die Kapitalbindung einmal bei dem einen, dann wieder bei dem anderen Investitionsprojekt geringer sein. Annahmegemäß wechselt dann der Zinssatz der Veranlagung, die zum Ausgleich der Differenzen in der Kapitalbindung dient.

Wir fassen zusammen:

> Die Wiederanlageprämisse der Internen-Zinssatz-Methode ist fragwürdig, weil unterstellt wird, dass Zahlungen bzw. Unterschiede in der Kapitalbindung zum internen Zinssatz veranlagt oder beschafft werden können. Diese Veranlagung ist jedoch völlig unabhängig von den Bedingungen am Kapitalmarkt, die den Kalkulationszinssatz bestimmen.

In der Literatur werden Ansätze beschrieben, die versuchen, die Mängel[21] der Internen-Zinssatz-Methode zu beheben (siehe z.B. Götze [2008]). Da jedoch mit der Kapitalwert- bzw. der Annuitätenmethode zwei sehr gute Verfahren zur Beurteilung von Investitionen zu Verfügung stehen, verzichten wir auf weitere Ausführungen zu diesen Varianten.

4.5.4.2 Keine, mehrere oder negative interne Zinssätze

Wie bereits erwähnt, besitzt eine Zahlungsreihe *maximal* so viele interne Zinssätze, wie sie Vorzeichenwechsel aufweist. Wie viele interne Zinssätze aber *tatsächlich* existieren, kann man im Voraus nicht feststellen. Das Näherungsverfahren zur Berechnung der internen Zinssätze liefert jeweils nur *eine* Lösung. Hat man den Verdacht, dass mehrere interne Zinssätze existieren, muss man mit anderen Startwerten das Verfahren erneut durchführen. Selbst wenn man wieder denselben Wert

[21] Die Mängel der Internen-Zinssatz-Methode treten zwar auch bei der Beurteilung der absoluten Vorteilhaftigkeit einer Normalinvestition auf. Allerdings wirken sie sich dabei nicht nachteilig auf die Entscheidung aus. Anhand von Beispiel 4.7 haben wir gezeigt, dass sich in solchen Fällen immer dieselbe Empfehlung wie bei der Kapitalwertmethode ergibt.

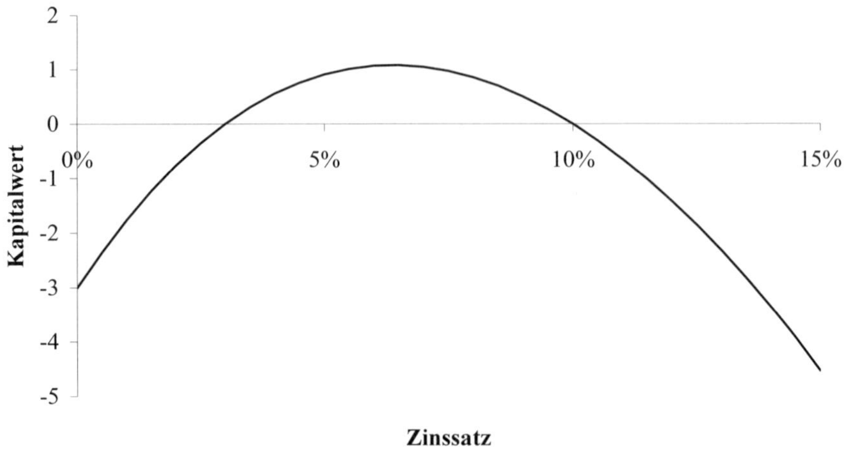

Abbildung 4.8: Zwei interne Zinssätze (Beispiel 4.9)

für die Rendite erhält, kann man nicht sicher sein, dass dies die einzige Rendite ist.[22]

Neben diesem rechentechnischen Problem gibt es weitere Probleme, die wir anhand der folgenden Beispiele illustrieren.

Beispiel 4.9:
Die Zahlungsreihe

t	0	1	2
	-1.000	2.130	-1.133

besitzt zwei interne Zinssätze, nämlich 3% und 10% (siehe Abbildung 4.8). Dies führt zunächst zu entsprechenden Schwierigkeiten bei der ökonomischen Interpretation. Das gebundene Kapital verzinst sich offensichtlich gleichzeitig zu 3% und zu 10%. Weiters ist auch die Entscheidung über die Durchführung des Projekts nicht so einfach: Angenommen, der Kalkulationszinssatz beträgt 6% — ist das Investitionsprojekt gemäß der Internen-Zinssatz-Methode vorteilhaft (10%>6%) oder unvorteilhaft (3%<6%)? Hingegen liefert die Kapitalwertmethode eine eindeutige Empfehlung. Der Kapitalwert bei 6% beträgt 1,07 und das Projekt ist vorteilhaft.

[22]Eine Alternative stellt die Verwendung einer entsprechenden Mathematik-Software dar, die *alle* Nullstellen des betreffenden Polynoms angibt.

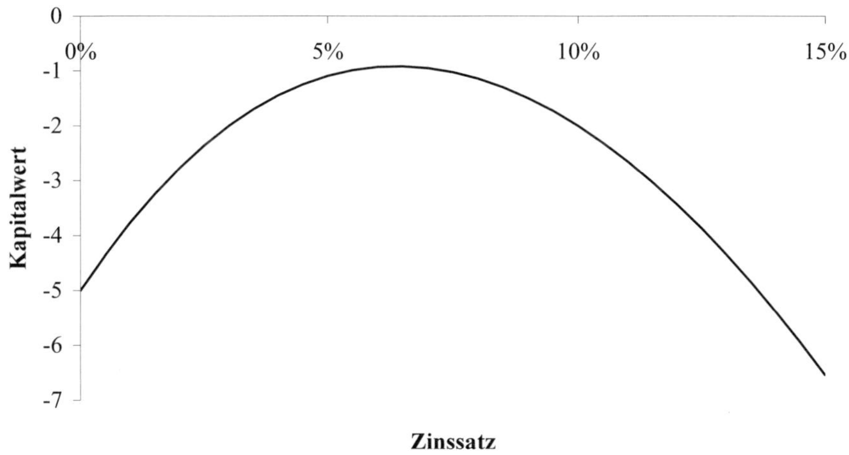

Abbildung 4.9: Kein interner Zinssatz (Beispiel 4.10)

Beispiel 4.10:
Wir ändern die Zahlungsreihe aus Beispiel 4.9 geringfügig ab:

t	0	1	2
	–1.002	2.130	–1.133

Aus Abbildung 4.9 kann man erkennen, dass jetzt kein interner Zinssatz mehr existiert. Hier steht man vor dem Problem: Wie ist ein Investitionsprojekt zu beurteilen, das *gar keine* Rendite aufweist? Die Interne-Zinssatz-Methode bietet keine vernünftige Interpretationsmöglichkeit. Auch hier ist die Kapitalwertmethode überlegen. Wenn der Kalkulationszinssatz 6% beträgt, erhalten wir einen Kapitalwert von –0,97 und das Projekt sollte nicht durchgeführt werden.

Beispiel 4.11:
Wie die folgende Zahlungsreihe zeigt, kann der interne Zinssatz auch negative Werte annehmen:

t	0	1	2	3
	–1.000	3.050	–3.050	1.000

Die internen Zinssätze betragen –20%, 0% und 25% (siehe Abbildung 4.10). Auch hier versagt eine Interpretation auf Basis der Internen-

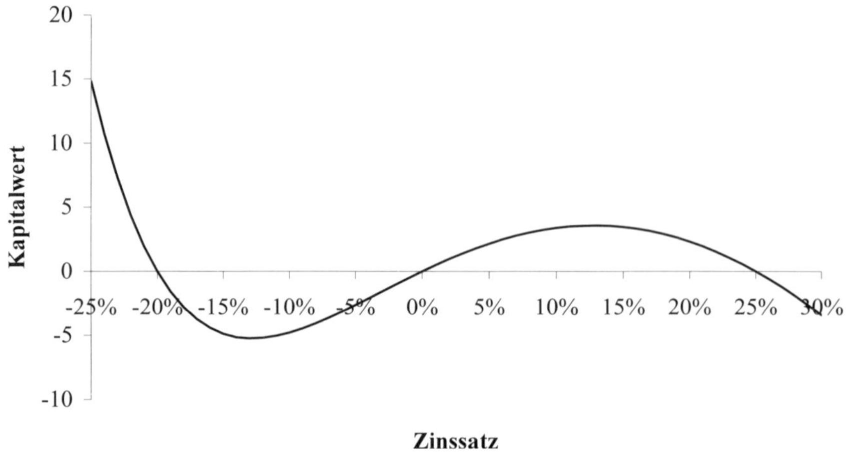

Abbildung 4.10: Negativer interner Zinssatz (Beispiel 4.11)

Zinssatz-Methode völlig, und es kann keine Empfehlung über die Vorteilhaftigkeit abgeleitet werden. Bei der Kapitalwertmethode tritt dieses Problem nicht auf. Bei einem Kalkulationszinssatz von 6% beträgt der Kapitalwert 2,49 und das Projekt ist daher vorteilhaft.

Wir fassen zusammen:

Wenn keine Normalinvestition vorliegt, kann ein Projekt keine, mehrere oder negative interne Zinssätze aufweisen. In diesen Fällen kann die Vorteilhaftigkeit eines Projekts nicht beurteilt werden und die ökonomische Interpretation als Verzinsung des gebundenen Kapitals kann nicht aufrechterhalten werden. Verglichen mit den Schwierigkeiten, die sich im Zusammenhang mit den impliziten Annahmen ergeben, sind diese Probleme weniger gravierend, können sich aber trotzdem störend bemerkbar machen.

4.6 Anwendung der dynamischen Investitionsrechnungsverfahren

Abschließend fassen wir nochmals zusammen, unter welchen Bedingungen welches Investitionsrechnungsverfahren anzuwenden ist:

- Die *Kapitalwertmethode* kann grundsätzlich immer – zur Beurteilung der absoluten und relativen Vorteilhaftigkeit, bei einmaliger Durchführung und bei identischer Reinvestition – verwendet werden. Wenn die relative Vorteilhaftigkeit bei unterschiedlicher Nutzungsdauer und identischer Reinvestition beurteilt wird, müssen jedoch die entsprechenden Investitionsketten aufgestellt und der Kapitalwert für die jeweilige Investitionskette berechnet werden. In diesem Fall ist die Annuitätenmethode einfacher anzuwenden.

- Die *Annuitätenmethode* ist ein Spezialfall der Kapitalwertmethode. Ihr *Hauptanwendungsgebiet* ist die Beurteilung der relativen Vorteilhaftigkeit bei identischer Reinvestition (Investitionsketten) und unterschiedlicher Nutzungsdauer. Hier erspart man sich bei Anwendung der Annuitätenmethode – im Vergleich zur Kapitalwertmethode – das umständliche Aufstellen der Investitionsketten.

- Die Anwendung der *dynamischen Amortisationsrechnung* wird nicht empfohlen, weil Zahlungen nach erfolgter Amortisation nicht im Entscheidungskriterium berücksichtigt werden. Sie kann allenfalls als Ergänzung zur Kapitalwertmethode verwendet werden, um für vorteilhafte Projekte den Verlauf der Kapitalbindung zu ermitteln.

- Die *Interne-Zinssatz-Methode* führt bei Entscheidungen über die absolute Vorteilhaftigkeit von Normalinvestitionen zur gleichen Empfehlung wie die Kapitalwert- oder Annuitätenmethode. In allen anderen Fällen kann die Interne-Zinssatz-Methode Probleme bereiten. Bei schneidenden Kapitalwertfunktionen können Widersprüche zur Kapitalwertmethode auftreten. Die Interne-Zinssatz-Methode kann zu Empfehlungen führen, die nicht dem Ziel der Vermögensmaximierung entsprechen. Die Annahmen des VVK (die Wiederanlageprämisse) können bei dieser Methode zu erheblichen Schwierigkeiten bei der Interpretation führen. Wenn keine Normalinvestition vorliegt, können keine, mehrere oder negative interne Zinssätze auftreten. Aus diesen Gründen wird die Verwendung der Internen-Zinssatz-Methode (vor allem für die Beurteilung der relativen Vorteilhaftigkeit) nicht empfohlen.

4.7 Berücksichtigung von Risiko

Bis jetzt haben wir die Verfahren der Investitionsrechnung unter der vereinfachenden Annahme dargestellt und angewendet, dass die mit dem

Projekt verbundenen Zahlungen *sicher* sind. Der bisher verwendete Kalkulationszinssatz entspricht daher der Annahme einer risikolosen Investition. Grundsätzlich sollte der Kalkulationszinssatz jedoch das Projektrisiko berücksichtigen.

Zur Beurteilung der Vorteilhaftigkeit unter Risiko verwenden wir ausschließlich die *Kapitalwertmethode*, weil es bei anderen Verfahren (insbesondere beim Vergleich mehrerer Projekte mit unterschiedlichem Risiko) zu widersprüchlichen Schlussfolgerungen kommen kann. Wir werden nun zeigen, wie das mit einem Investitionsprojekt verbundene Risiko berücksichtigt werden kann. Dazu werden wir einen *Risikozuschlag* auf den risikolosen Zinssatz ermitteln, der dem Projektrisiko entspricht. Je höher das Risiko, desto höher der Kalkulationszinssatz. Für unterschiedlich riskante Projekte werden unterschiedlich hohe Risikozuschläge verwendet.

Die Berechnung des Risikozuschlags beruht auf dem Sicherheitsäquivalent. In Abschnitt 2.4 haben wir das Sicherheitsäquivalent als jene sichere Zahlung definiert, die einem Entscheidungsträger gleich viel wert ist wie eine riskante Zahlung. Wir betrachten dazu noch ein Beispiel.

Beispiel 4.12:

Eine Lotterie, die eine Auszahlung von 150 € erfordert, führt mit einer Wahrscheinlichkeit von 60% entweder zu einer Einzahlung von 200 € oder mit einer Wahrscheinlichkeit von 40% zu einer Einzahlung von 120 €. Welche Risikoeinstellung hat ein Investor, der dieser Lotterie indifferent gegenübersteht?

Wenn der Investor zwischen einem Betrag in Höhe von 150 € und der Teilnahme an der Lotterie indifferent ist, dann beträgt sein Sicherheitsäquivalent 150 €. Der Erwartungswert der Lotterie beträgt

$$0{,}6 \cdot 200 + 0{,}4 \cdot 120 = 168.$$

Das Sicherheitsäquivalent ist kleiner als der Erwartungswert, weshalb der Investor als risikoscheu bezeichnet wird (vgl. S. 35).

Nun wollen wir zeigen, wie diese Information über die Risikoeinstellung des Investors verwendet werden kann, um das Risiko eines Investitionsprojekts bei der Beurteilung der Vorteilhaftigkeit zu berücksichtigen. Dazu deuten wir die Einzahlungen der Lotterie in Beispiel 4.12 als zwei mögliche Zahlungen eines (riskanten) Investitionsprojekts.

Beispiel 4.13:

Ein Investitionsprojekt, das zum Zeitpunkt $t{=}0$ eine Auszahlung von 135 € erfordert, bringt in $t{=}1$ entweder eine Einzahlung von 200 €

(p=0,6) oder 120 € (p=0,4), abhängig von der wirtschaftlichen Entwicklung. Der risikolose Zinssatz beträgt 6%. Sollte der Investor aus Beispiel 4.12 in dieses Projekt investieren?

Eine Möglichkeit zur Berücksichtigung des Risikos besteht darin, eine riskante Zahlung durch ihr Sicherheitsäquivalent zu ersetzen und anschließend den risikolosen Zinssatz zur Abzinsung zu verwenden. Aus Beispiel 4.12 wissen wir, dass der Investor indifferent zwischen den beiden riskanten Zahlungen (200 € und 120 €) und dem Sicherheitsäquivalent von 150 € ist. Wir ersetzen daher die beiden riskanten Zahlungen durch das Sicherheitsäquivalent[23] und berechnen den Kapitalwert unter Verwendung des *risikolosen* Zinssatzes von 6%:

$$\text{KW} = -135 + 150 \cdot (1 + 0{,}06)^{-1} = 6{,}51.$$

Der Kapitalwert ist positiv, daher sollte der Investor das Projekt realisieren.

Eine zweite Möglichkeit zur Berücksichtigung des Risikos besteht darin, riskante Zahlungen durch ihren Erwartungswert zu ersetzen und einen *risikoabhängigen Zuschlag* auf den risikolosen Zinssatz zu verwenden. Um diesen Zuschlag zu ermitteln, berechnen wir jenen Zinssatz, der bei Verwendung des Erwartungswerts der Zahlungen (168 €) *denselben* Kapitalwert von 6,51 € ergibt, wie bei Verwendung des Sicherheitsäquivalents und des risikolosen Zinssatzes:

$$-135 + 150 \cdot (1 + 0{,}06)^{-1} = -135 + 168 \cdot (1 + r)^{-1} \Longrightarrow r = 0{,}187.$$

Wenn der Zinssatz r=18,7% diese Gleichung erfüllt, dann muss er einen angemessenen Zuschlag für das Risiko der Zahlungen in t=1 enthalten. Daraus kann man den Risikozuschlag berechnen, den der Investor *implizit* verwendet:

$$\text{Risikozuschlag:} \quad r - i = 0{,}187 - 0{,}06 = 0{,}127.$$

Wir schließen daraus, dass der Investor mit einem Risikozuschlag von 12,7 Prozentpunkten auf den risikolosen Zinssatz rechnet.

Nun betrachten wir den Fall, dass riskante Zahlungen in zwei (oder mehr) zukünftigen Zeitpunkten anfallen.

Beispiel 4.14:
Ein Investitionsprojekt mit zwei Jahren Laufzeit, das zum Zeitpunkt t=0 eine Auszahlung von 300 € erfordert, weist je nach wirtschaftlicher Entwicklung folgende Einzahlungen auf:

[23] Wir nehmen hier zur Vereinfachung an, dass die Risikoeinstellung sich nicht dadurch ändert, dass die unsicheren Zahlungen nun in der Zukunft liegen.

	t=1	t=2
Szenario 1 (p=0,6)	200	255
Szenario 2 (p=0,4)	120	142
Erwartungswerte	168	209,8

Szenario 1 entspricht einer guten Wirtschaftsentwicklung, die mit 60% etwas wahrscheinlicher eingeschätzt wird als Szenario 2 (schlechte Entwicklung). Sollte der Investor aus Beispiel 4.13 in dieses Projekt investieren?

Wir verwenden den Risikozuschlag des Investors aus Beispiel 4.13 in Höhe von 12,7 Prozentpunkten. Der Kapitalwert beruht auf den Erwartungswerten der riskanten Zahlungen und dem risikoadjustierten Zinssatz von 18,7%:

$$\text{KW} = -300 + 168 \cdot (1 + 0{,}187)^{-1} + 209{,}8 \cdot (1 + 0{,}187)^{-2} = -9{,}56.$$

Der Kapitalwert ist negativ, daher sollte der Investor das Projekt nicht realisieren.

Alternativ kann das Projekt unter Verwendung von Sicherheitsäquivalenten und dem risikolosen Zinssatz beurteilt werden. Der Kapitalwert der risikolos (mit i=6%) abgezinsten Sicherheitsäquivalente muss gleich dem Kapitalwert sein, der aus den mit r=18,7% abgezinsten Erwartungswerten resultiert. Aus dieser Überlegung kann das unbekannte Sicherheitsäquivalent in t=2 durch Lösung der folgenden Gleichung bestimmt werden:

$$-9{,}56 = -300 + 150 \cdot (1 + 0{,}06)^{-1} + x \cdot (1 + 0{,}06)^{-2} \Longrightarrow x = 167{,}34.$$

Das Sicherheitsäquivalent der Zahlungen in t=2, mit dem der Investor implizit rechnet, beträgt daher 167,34.

Wir fassen zusammen:

Es gibt zwei Möglichkeiten zur Berücksichtigung des Risikos:

1. Die Verwendung von Sicherheitsäquivalenten (die der Risikoeinstellung des Investors entsprechen) und Abzinsung mit dem risikolosen Zinssatz.
2. Die Verwendung von Erwartungswerten und Abzinsung mit dem risikoadjustierten Zinssatz (der der Risikoeinstellung des Investors entspricht).

Beispiel 4.15:
Wir betrachten ein Investitionsprojekt KRI mit einer Anschaffungsauszahlung von 320.000 € und einer Laufzeit von drei Jahren. Je nach wirtschaftlicher Entwicklung werden folgende Einzahlungen erwartet:

	t=1	t=2	t=3
Szenario 1 (p=0,8)	160.000	181.000	170.000
Szenario 2 (p=0,2)	120.000	124.000	100.000

Zusätzlich fallen in jedem Jahr Auszahlungen in Höhe von 15.000 € an. Der risikolose Zinssatz beträgt 5%, und der Investor berücksichtigt das Risiko der Investition mit einem Risikozuschlag von vier Prozentpunkten. Soll dieses Investitionsprojekt durchgeführt werden, wenn das Risiko der unsicheren Wirtschaftsentwicklung berücksichtigt wird?

Die riskanten Einzahlungen werden durch ihre Erwartungswerte ersetzt. Der Investor verwendet einen risikoadjustierten Zinssatz von 9% (risikoloser Zinssatz 5% plus Risikozuschlag 4%). Die Summe der Zahlungen jeder Periode (Erwartungswert der Einzahlungen minus Auszahlungen) wird mit dem risikoadjustierten Zinssatz abgezinst. Diese Berechnungen sind in der folgenden Tabelle zusammengefasst.

		Einzahlungen		E.-werte	E.-werte	
t	Auszahlungen	Szenario 1 p=0,8	Szenario 2 p=0,2	der Einzahlungen	der Zahlungen	Barwerte
0	320.000				–320.000	–320.000
1	15.000	160.000	120.000	152.000	137.000	125.688
2	15.000	181.000	124.000	169.600	154.600	130.124
3	15.000	170.000	100.000	156.000	141.000	108.878
					Kapitalwert (9%)	44.690

Der Kapitalwert des Investitionsprojekts nach Berücksichtigung des Risikos ist positiv. Das Projekt ist daher vorteilhaft.

Wenn zwei unterschiedlich riskante Projekte verglichen werden, wird das unterschiedliche Risiko so berücksichtigt, dass zwei verschiedene risikoadjustierte Zinssätze verwendet werden. Der Zuschlag für das riskantere Projekt ist entsprechend größer.[24]

Beispiel 4.16:
In Erweiterung von Beispiel 4.15 betrachten wir nun ein zweites Investitionsprojekt SIK mit einer Anschaffungsauszahlung von 350.000 €

[24] Wenn mit Sicherheitsäquivalenten gearbeitet wird, sind diese für das riskantere Projekt entsprechend kleiner.

und einer Laufzeit von drei Jahren. Dieses Projekt weist je nach wirtschaftlicher Entwicklung folgende stark schwankenden Zahlungen (Einzahlungen minus Auszahlungen) auf.

	t=1	t=2	t=3
Szenario 1 (p=0,6)	190.000	240.000	256.000
Szenario 2 (p=0,4)	100.000	113.000	100.000

Der risikolose Zinssatz beträgt 5%. Der Investor berücksichtigt das gegenüber dem Projekt KRI aus Beispiel 4.15 deutlich höhere Risiko mit einem Risikozuschlag von zehn Prozentpunkten. Soll das Investitionsprojekt SIK durchgeführt werden, wenn das Risiko der unsicheren Wirtschaftsentwicklung berücksichtigt wird?

Das höhere Risiko von Projekt SIK erkennt man an der stärkeren Schwankungsbreite der Zahlungen. Außerdem sind die Wahrscheinlichkeiten für die beiden Szenarien in etwa gleich hoch, was einer größeren Unsicherheit entspricht als im Fall von Wahrscheinlichkeiten, die sich stärker voneinander unterscheiden (siehe Abbildung 2.1 auf Seite 28).

Zur Beurteilung der Vorteilhaftigkeit des Projekts SIK werden die Erwartungswerte der Zahlungen gebildet und anschließend mit dem risikoadjustierten Zinssatz von 15% abgezinst.

	Zahlungen		Erwartungs-	
	Szenario 1	Szenario 2	werte der	
t	p=0,6	p=0,4	Zahlungen	Barwerte
0	–350.000	–350.000	–350.000	–350.000
1	190.000	100.000	154.000	133.913
2	240.000	113.000	189.200	143.062
3	256.000	100.000	193.600	127.295
			Kapitalwert (15%)	54.271

Der Kapitalwert des Projekts SIK ist positiv und größer als der Kapitalwert des Projekts KRI. Daher sollte Projekt SIK realisiert werden.

4.8 Investitionsrechnung bei nicht-flacher Zinsstruktur

Bisher haben wir bei allen Investitionsrechenverfahren einen konstanten Kalkulationszinssatz unterstellt, der unabhängig davon ist, *wann* eine Zahlung anfällt. Im Folgenden betrachten wir die Änderungen, die sich beim Aufheben dieser Annahme ergeben. Dabei werden wir uns auf die Kapitalwertmethode beschränken.

Wenn die Zinsstruktur nicht flach ist, muss für die Berechnung des Barwerts jeder einzelnen Zahlung die Spot Rate verwendet werden, die der jeweiligen Fristigkeit entspricht. Die allgemeine Formel für den Kapitalwert ändert sich demnach zu (vgl. Formel [4.1], S. 85)

$$\begin{aligned} \text{KW} &= K_0 + K_1 \cdot (1+i_1)^{-1} + \cdots + K_N \cdot (1+i_N)^{-N} \\ &= \sum_{t=0}^{N} \frac{K_t}{(1+i_t)^t}. \end{aligned}$$

Wir veranschaulichen die Berechnung und Interpretation des Kapitalwerts bei nicht-flacher Zinsstruktur anhand des schon bekannten Beispiels der Maschine vom Typ KWM (siehe Beispiel 4.1, S. 76). Die Spot Rates für die einzelnen Fristigkeiten mögen folgende Werte annehmen:

Fristigkeit t	Spot Rate i_t (p.a.)
1	2,68%
2	2,90%
3	3,12%
4	3,28%

Abbildung 4.11 fasst die Berechnungen zusammen. Der Kapitalwert beträgt 19.453 €, das Projekt ist daher vorteilhaft.

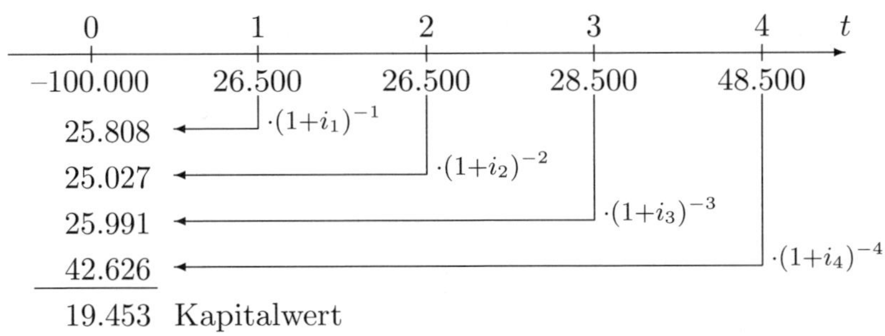

Abbildung 4.11: Berechnung des Kapitalwerts bei nicht-flacher Zinsstruktur

Die Interpretation des Kapitalwerts erfolgt analog zum Fall des konstanten Kalkulationszinssatzes: Der Kapitalwert ist der Barwert des zusätzlichen Endvermögens, das im Vergleich zur Veranlagung am Kapitalmarkt erwirtschaftet werden kann. Bei der Berechnung des Endvermögens werden die einzelnen Zahlungen nicht mehr zum konstanten

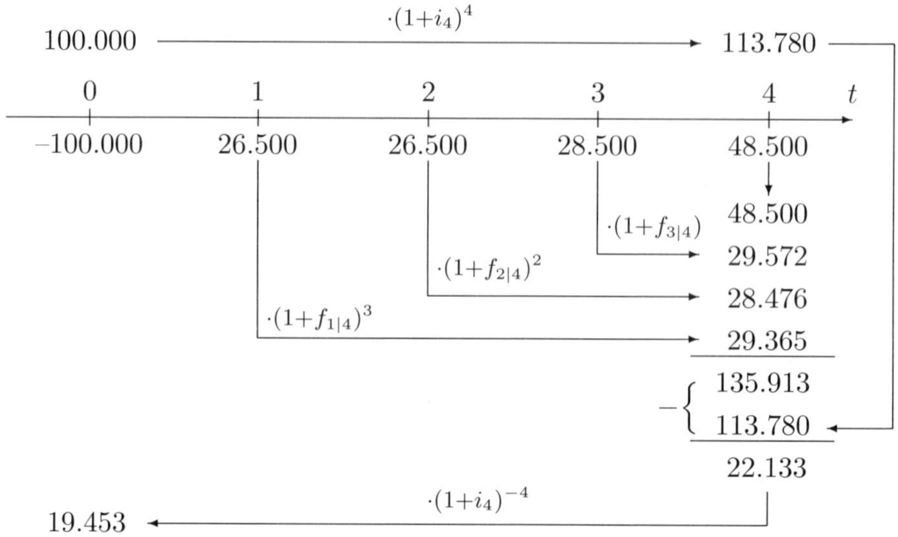

Abbildung 4.12: Berechnungen zur Interpretation des Kapitalwerts bei nicht-flacher Zinsstruktur

Kalkulationszinssatz, sondern zu den, den jeweiligen Fristigkeiten entsprechenden, Spot bzw. Forward Rates am Kapitalmarkt angelegt (bzw. aufgenommen). Abbildung 4.12 zeigt die genaue Vorgangsweise.

Die benötigten Forward Rates $f_{1|4}$, $f_{2|4}$ und $f_{3|4}$ werden wie in Abschnitt 3.5 erläutert aus den Spot Rates abgeleitet und betragen

$$
\begin{aligned}
f_{1|4} &= \left(\frac{1{,}0328^4}{1{,}0268}\right)^{1/3} - 1 = 0{,}03480778 \simeq 3{,}48\%\text{ p.a.},\\
f_{2|4} &= \left(\frac{1{,}0328^4}{1{,}0290^2}\right)^{1/2} - 1 = 0{,}03661403 \simeq 3{,}66\%\text{ p.a.},\\
f_{3|4} &= \frac{1{,}0328^4}{1{,}0312^3} - 1 = 0{,}03761491 \simeq 3{,}76\%\text{ p.a.}
\end{aligned}
$$

Ein wichtiger Unterschied im Vergleich zum Fall der flachen Zinskurve kommt vor allem bei identischer Reinvestition zur Geltung: Bei einem konstanten Kalkulationszinssatz ist der Kapitalwert eines Investitionsprojekts im Zeitpunkt der Anschaffung immer derselbe, egal, wann das Projekt durchgeführt wird. Ist die Zinskurve hingegen nicht flach, ist das nicht mehr der Fall, da je nach Anschaffungszeitpunkt verschiedene Zinssätze zur Anwendung gelangen.

Daher genügt es nicht, bei identischer Reinvestition zur Berechnung des Kettenkapitalwertes für jeden Startzeitpunkt einer Wiederholung der Investition den einfachen Kapitalwert anzusetzen (wie z.B. auf S. 97). Stattdessen müssen die Zahlungen der einzelnen Projekte exakt erfasst und mit dem jeweils passenden Zinssatz auf t=0 abgezinst werden (vgl. Übungsaufgabe 4.17).

4.9 Weiterführende Literatur

Götze, Uwe. *Investitionsrechnung.* 6. Aufl., Springer, 2008.

Kruschwitz, Lutz. *Investitionsrechnung.* 12. Aufl., Oldenbourg, 2008.

4.10 Übungsaufgaben

Übungsaufgabe 4.1:
Der Anschaffungswert für das Investitionsprojekt UE1 mit einer geplanten Nutzungsdauer von vier Jahren beträgt 250.000 €. Es wird mit einem Liquidationserlös von 20.000 € gerechnet, der im vierten Jahr zufließt.

In den vier Jahren der Nutzung sind folgende produzierte und abgesetzte Mengen, Erlöse pro Stück und fixe Auszahlungen geplant:

t	Menge	Erlös pro Stück	fixe Auszahlungen
1	21.500	8,0	10.000
2	20.000	9,0	10.000
3	23.000	7,0	12.000
4	25.000	6,0	14.000

Bei der Produktion fallen Auszahlungen von 3,4 € pro Stück an.

1. Ermitteln Sie für einen Kalkulationszinssatz von i=11% den Kapitalwert und die dynamische Amortisationszeit für dieses Projekt!

2. Über welches Endvermögen verfügt der Investor in t=4, wenn er die Investition nicht durchführt, sondern den Anschaffungsbetrag zum Kalkulationszinssatz veranlagt?

3. Über welches Endvermögen verfügt der Investor in t=4, wenn er die Investition durchführt und die Einzahlungsüberschüsse aus dem Investitionsprojekt zum Kalkulationszinssatz veranlagt?

Übungsaufgabe 4.2:
Ein Investitionsprojekt weist folgende Zahlungsreihe auf:

t	0	1	2	3
	–70	50	–20	60

1. Berechnen Sie den Kapitalwert für dieses Projekt für einen Kalkulationszinssatz von 7%!
2. Zeigen Sie die Berechnung des Kapitalwerts anhand der Endwerte der Zahlungen! Erläutern Sie in diesem Zusammenhang die Annahme des VVK!

Übungsaufgabe 4.3:
Betrachten Sie die beiden folgenden Investitionsprojekte:

t	Zahlungen Projekt M5	Zahlungen Projekt M4
0	–50.000	–40.000
1	30.000	22.000
2	30.000	22.000
3	30.000	22.000
4	30.000	22.000

Eines der beiden Projekte soll realisiert werden. Zur Finanzierung der Anschaffungsauszahlung stehen 30.000 € zur Verfügung.

1. Ermitteln Sie die Kapitalwerte der beiden Projekte unter Verwendung eines Kalkulationszinssatzes von 6%.
2. Zeigen Sie, dass der Unterschied im Anschaffungswert und der (unterschiedliche) Kapitalbedarf zu dessen Beschaffung unter der Annahme des VVK keinen Einfluss auf die absolute und relative Vorteilhaftigkeit hat.

Übungsaufgabe 4.4:
Betrachten Sie das Projekt UE1 aus Aufgabe 4.1. Der Investor möchte jedes Jahr eine Entnahme in konstanter Höhe von 3.800 € tätigen. Welche Konsequenzen für das Endvermögen des Investors sind mit Entnahmen in dieser Höhe verbunden?

Übungsaufgabe 4.5:
Vergleichen Sie das Projekt UE1 aus Aufgabe 4.1 mit einem anderen Projekt ND3, dessen Kapitalwert 10.500 € beträgt und das eine betriebliche Nutzungsdauer von drei Jahren hat. Beurteilen Sie die relative Vorteilhaftigkeit der beiden Projekte, wenn die Projekte mehrmals wiederholt werden.

Übungsaufgabe 4.6:
Betrachten Sie Projekt UE1 aus Aufgabe 4.1 und Projekt ND3 aus Aufgabe 4.5. Es soll eines der beiden Projekte ausgewählt werden, jedoch nur *einmal* realisiert werden. Zusätzlich besteht die Möglichkeit, das Projekt T4 mit einjähriger Laufzeit zu realisieren. Die Anschaffungsauszahlung von Projekt T4 erfolgt in t=3. In t=4 weist dieses Projekt einen Endwert von 3.000 € auf.

Welches der beiden Projekte (UE1 oder ND3) soll gewählt werden? Soll Projekt T4 realisiert werden?

Übungsaufgabe 4.7:
Zwei einander ausschließende Investitionsprojekte HKW und HAN sind durch folgende Zahlungsströme charakterisiert:

	Einzahlungen		Auszahlungen	
t	HKW	HAN	HKW	HAN
0			900	900
1	800	850	500	400
2	900	1.000	500	410
3	1.000	1.100	550	500
4	1.200		600	

Die betriebliche Nutzungsdauer von Projekt HKW beträgt vier Jahre, jene von Projekt HAN drei Jahre. Sie rechnen mit einem Kalkulationszinssatz von 5%.

1. Entscheiden Sie über die relative Vorteilhaftigkeit der beiden Projekte, wenn Sie unterstellen, dass die Investition nur einmal realisiert werden soll.
2. Gehen Sie nun davon aus, dass die Projekte wiederholt realisiert werden. Ermitteln Sie die Kapitalwerte der entsprechenden Investitionsketten sowie die jeweiligen Annuitäten und treffen Sie eine Entscheidung über die relative Vorteilhaftigkeit.
3. Welchen Kapitalwert müsste Projekt HKW aufweisen, damit beide Projekte bei identischer Reinvestition gleichwertig wären?

Übungsaufgabe 4.8:
Das Projekt aus Beispiel 4.6 (S. 106) weist nur zwei Zahlungen auf (in t=0 –10.000 und in t=3 14.500). Der interne Zinssatz beträgt 13,185%. Wie entwickelt sich in diesem Fall das gebundene Kapital?

Übungsaufgabe 4.9:
Mit einem Investitionsprojekt sind folgende Zahlungen verbunden:

t	0	1	2	3
	–500.000	280.000	100.000	150.000

1. Wie hoch ist der interne Zinssatz des Investitionsprojekts?
2. Der Kalkulationszinssatz liegt bei 5%. Treffen Sie unter Verwendung des oben erzielten Ergebnisses eine Entscheidung über die Realisation des Investitionsprojekts!
3. Kann es bei der Beurteilung der absoluten Vorteilhaftigkeit Unterschiede zwischen den Empfehlungen der Internen-Zinssatz-Methode und der Kapitalwertmethode geben?

Übungsaufgabe 4.10:

1. Welche Probleme können bei der Berechnung des internen Zinssatzes für die Zahlungsreihe in Aufgabe 4.2 auftreten?
2. Was folgt daraus für die Beurteilung der absoluten Vorteilhaftigkeit dieses Projekts?

Übungsaufgabe 4.11:
Mit dem Investitionsprojekt A sind folgende Zahlungen verbunden:

t	0	1	2	3
	–450.000	180.000	200.000	150.000

Zusätzlich steht noch die Normalinvestition B zur Wahl, die einen internen Zinssatz in Höhe von 6% aufweist. Eines der beiden Projekte soll realisiert werden.

1. Vergleichen Sie die beiden Projekte nach dem Kriterium des internen Zinssatzes und treffen Sie eine Entscheidung!
2. Angenommen der Kalkulationszinssatz beträgt 7%. Führt in diesem Fall die Kapitalwertmethode bei der Beurteilung der relativen Vorteilhaftigkeit zur selben Empfehlung wie die Interne-Zinssatz-Methode?

Übungsaufgabe 4.12:
In einem Prognosemodell für die Zahlungen des Projekts RIZIF werden drei mögliche Entwicklungen unterschieden: „bergab“, „ok“ und „turbulent“. Die Zahlungen für diese drei Möglichkeiten und die entsprechenden Wahrscheinlichkeiten sind in der folgenden Tabelle enthalten (Zahlen in tausend €):

t	bergab (z_1) p_1=0,20	ok (z_2) p_2=0,45	turbulent(z_3) p_3=0,35
1	116	200	130
2	100	72	190
3	80	200	62
4	18	210	100

Die Anschaffungsauszahlung für das Projekt in t=0 beträgt 300.000 €. Das Projekt soll mit einem risikoadjustierten Zinssatz von 16% beurteilt werden.

1. Berechnen Sie die dynamische Amortisationszeit und den Kapitalwert für Projekt RIZIF. Beurteilen Sie die (absolute) Vorteilhaftigkeit des Projekts auf Basis dieser beiden Kriterien.

2. Berechnen Sie näherungsweise den internen Zinssatz für Projekt RIZIF.

3. Beurteilen Sie die absolute Vorteilhaftigkeit des Projekts auf Basis des internen Zinssatzes. Welche Probleme können bei dieser Beurteilung auftreten?

Übungsaufgabe 4.13:
Ein Investitionsprojekt mit einer Anschaffungsauszahlung von 50.000 € führt in t=1 mit 30% Wahrscheinlichkeit zu einer Einzahlung von 70.000 € oder mit 70% Wahrscheinlichkeit zu einer Einzahlung von 48.000 €. Der Kapitalwert dieses Projekts nach Berücksichtigung des Risikos beträgt genau null. Der risikolose Zinssatz beträgt 4%. Wie hoch ist der verwendete Risikozuschlag?

Übungsaufgabe 4.14:
Der Investor, der die Vorteilhaftigkeit des Projekts RIZIF aus Aufgabe 4.12 beurteilt, hat die unsicheren Zahlungen durch folgende Sicherheitsäquivalente ersetzt:

0	1	2	3	4	t
–300	144,5	90,4	84,6	76,4	

Der Investor behauptet, dass der in Aufgabe 4.12 verwendete Kalkulationszinssatz von 16% auf einem Risikozuschlag von 14,2 Prozentpunkten beruht. Überprüfen Sie seine Behauptung!

Übungsaufgabe 4.15:
Betrachten Sie nochmals die beiden Projekte HKW und HAN aus Aufgabe 4.7. Wir *ändern* nun die Annahme über die Sicherheit der Zahlungen von Projekt HKW. Während die Zahlungen von Projekt HAN sicher sind, handelt es sich bei den oben für Projekt HKW angegebenen Werten um die Erwartungswerte der unsicheren Zahlungen. Der Investor berücksichtigt das mit dem Projekt HKW verbundene Risiko mit einem Risikozuschlag von drei Prozentpunkten auf den risikolosen Zinssatz von 5%. Beide Projekte sollen *nur einmal* realisiert werden. Ermitteln Sie die relative Vorteilhaftigkeit der beiden Investitionsprojekte!

Übungsaufgabe 4.16:
Ein Unternehmen überlegt, in eine neue Produktionsanlage zu investieren. Die Anschaffungsauszahlung beträgt 6.000 €, die betriebliche Nutzungsdauer vier Jahre. Die durch das Projekt generierten Zahlungen und die derzeit geltenden Spot Rates sind in der folgenden Tabelle angegeben.

t	i_t (p.a.)	Zahlungen
1	5,8%	2.100
2	6,4%	2.300
3	6,9%	2.200
4	7,5%	1.200

1. Beurteilen Sie die Vorteilhaftigkeit des Investitionsprojekts mit Hilfe der Kapitalwertmethode!
2. Mit welchem Endvermögen kann das Unternehmen aus heutiger Sicht rechnen, wenn es das Projekt durchführt und alle Einzahlungsüberschüsse zu den entsprechenden Zinssätzen anlegt?

Übungsaufgabe 4.17:
Ein Unternehmen hat sich vertraglich verpflichtet, in den nächsten sechs Jahren ein bestimmtes Produkt zu liefern. Zur Herstellung stehen zwei Maschinentypen zur Auswahl: Maschine A erfordert eine Anschaffungsauszahlung von 3.000 € und liefert in den beiden Jahren der Nutzungsdauer eine Einzahlung von 1.900 € bzw. 1.700 €. Bei Maschine B beträgt die Anschaffungsauszahlung 3.500 € und die Nutzungsdauer 3 Jahre. In jedem Jahr der Nutzungsdauer ergeben sich Einzahlungsüberschüsse in Höhe von 1.500 €. Ist die Entscheidung für eine der beiden Typen einmal gefallen, ist ein späterer Wechsel nicht möglich. Das Unternehmen rechnet mit folgenden Spot Rates:

t	i_t (p.a.)
1	8,5%
2	7,9%
3	7,5%
4	7,2%
5	6,9%
6	6,5%

Für welchen Maschinentyp sollte sich das Unternehmen entscheiden?

Kapitel 5

Finanzierung

5.1 Grundlagen

In Kapitel 4 haben wir uns mit der Entscheidungssituation eines Kapital*anbieters* (Investors) beschäftigt. In diesem Kapitel werden wir nun die Handlungsmöglichkeiten bei der *Nachfrage* nach Kapital betrachten. Dabei werden wir uns bezüglich der *Zwecke* der Finanzierung auf die Kapitalnachfrage von Unternehmen (*betriebliche Finanzierung*) beschränken.[1] Die hier beschriebenen *Finanzierungsinstrumente* dagegen sind mit wenigen Ausnahmen (z.B. Anleihe) auch für private Haushalte relevant.

Wir betrachten zunächst nochmals den güter- und finanzwirtschaftlichen Kreislauf, den wir bereits in Kapitel 1 kurz beschrieben haben (siehe Abbildungen 1.1 und 1.2, S. 4 bzw. 5). Unternehmen stellen Güter her oder erbringen Dienstleistungen, die am Markt nachgefragt werden. Für den Verkauf dieser Güter oder Dienstleistungen erhalten sie als Gegenleistung Einzahlungen. Wären die Einzahlungen aus dem operativen Geschäft jeweils mindestens so hoch wie die betrieblichen Auszahlungen der gleichen Periode, wäre kein Finanzierungsbedarf gegeben. Dies ist jedoch im Allgemeinen nicht der Fall. Stattdessen beobachten wir häufig eine *Asynchronität* von Einzahlungen und Auszahlungen.

Betrachten wir z.B. die Gründung eines Unternehmens: Vor Produktionsbeginn müssen die notwendigen Produktionsanlagen errichtet, Personal eingestellt, Roh-, Hilfs- und Betriebsstoffe eingekauft und die notwendige Infrastruktur bereitgestellt werden (z.B. Energieversorgung, Telekommunikation, Transport). Diese Erstinvestitionen verursachen Auszahlungen, die bereits zu einem Zeitpunkt anfallen, bevor die ersten

[1] Vgl. in diesem Zusammenhang die eher *Personal Finance*-orientierten Ausführungen in Abschnitt 1.3.

Produkte am Markt abgesetzt und dafür Einzahlungen erzielt werden können. Die Auszahlungen sind den Einzahlungen aus dem operativen Geschäft also *zeitlich vorgelagert.*

Unternehmen tätigen aber nicht nur bei der Gründung, sondern auch laufend während ihrer Geschäftstätigkeit Auszahlungen. Einzahlungsüberschüsse aus den Vorperioden reichen für die Durchführung aller vorteilhaften Investitionen häufig nicht aus. Daraus ergibt sich die Notwendigkeit, die fehlenden finanziellen Mittel zu beschaffen. Betriebliche Finanzierung kann als Mittelbeschaffung zur Deckung des betrieblichen Finanzbedarfs bezeichnet werden. In der zahlungsorientierten Sichtweise ist ein Finanzierungsvorgang ein Zahlungsstrom, der mit einer Einzahlung beginnt und danach Auszahlungen erwarten lässt.

Beispiel 5.1:
Ein Unternehmen benötigt 500.000 € zum Kauf einer Maschine. Es nimmt bei seiner Bank einen Kredit auf, der nach drei Jahren zurückgezahlt wird. Für diesen Kredit fallen jährlich 5% Zinsen an. Die Zahlungsreihe dieser Finanzierung kann wie folgt dargestellt werden:

0	1	2	3	t
+500.000	–25.000	–25.000	–525.000	

Die Aufgaben der betrieblichen Finanzierung beschränken sich jedoch nicht nur auf die Deckung des Finanzbedarfs für Investitionen. Vielmehr sollen Finanzierungsmaßnahmen auch sicherstellen, dass die Liquidität des Unternehmens aufrecht erhalten wird. Das Unternehmen muss in der Lage sein, sämtliche Zahlungsverpflichtungen an Lieferanten, Gläubiger, Arbeitnehmer usw. bei Fälligkeit betragsgenau zu erfüllen. Gelingt dies über einen längeren Zeitraum hinweg nicht, droht als Folge dieser dauerhaften Zahlungsunfähigkeit letztendlich die Auflösung des Unternehmens. Diese Aufgabe bezeichnen wir als *Aufrechterhaltung des finanziellen Gleichgewichts.* Wir haben diesen Begriff bereits im Zusammenhang mit der Liquidität in Abschnitt 1.4.2 kennengelernt. Liquidität bzw. finanzielles Gleichgewicht ist gegeben, wenn zu allen Zeitpunkten t die Summe an liquiden Mitteln LM_t größer oder gleich null ist. LM_t ergibt sich aus den liquiden Mitteln der Vorperiode (LM_{t-1}) und den Einzahlungsüberschüssen der aktuellen Periode ($E_t - A_t$):

$$\mathrm{LM}_t = \mathrm{LM}_{t-1} + E_t - A_t.$$

Es gilt folglich:

Betriebliche Finanzierungsentscheidungen betreffen Maßnahmen zur Beschaffung finanzieller Mittel zur Deckung des unternehmerischen Kapitalbedarfs für Investitionen sowie zur Wahrung des finanziellen Gleichgewichts.

Als finanzielle Mittel kommen zunächst einmal Zahlungsmittelüberschüsse aus der Unternehmenstätigkeit in Frage. Wir bezeichnen die Schaffung liquider Mittel innerhalb des Unternehmens als *Innenfinanzierung* oder *interne Finanzierung*. Beispiele dafür sind Einzahlungen aus dem Absatz von Produkten oder Dienstleistungen (Umsatzerlöse) bzw. Einzahlungen aus dem Verkauf nicht (mehr) betriebsnotwendiger Vermögensgegenstände (z.B. Liegenschaften). In der weiterführenden Literatur[2] finden sich umfangreiche Darstellungen über die Möglichkeiten zur internen Finanzierung.

Wenn die intern freigesetzten Mittel nicht zur Aufrechterhaltung der Liquidität bzw. zur Durchführung notwendiger Investitionen ausreichen, entsteht eine *Finanzierungslücke*. Diese muss durch Zuführung von Finanzmitteln von außen geschlossen werden. Wir sprechen von *Außenfinanzierung* oder *externer Finanzierung*. Einem Kapital suchenden Unternehmen stehen verschiedene Formen externer Finanzierung zur Verfügung:

1. *Beteiligungsfinanzierung* oder *externe Eigenfinanzierung*: Das Kapital wird von (Mit-)Eigentümern aufgebracht. Dabei können entweder bereits am Unternehmen beteiligte Gesellschafter ihre Kapitalanteile (Einlagen) erhöhen oder neue Eigentümer erstmals Einlagen tätigen. Das so beschaffte Kapital wird als *Eigenkapital* bezeichnet.

2. *Kreditfinanzierung* oder *(externe) Fremdfinanzierung*: Das Kapital wird von Kapitalgebern aufgebracht, die keinen Eigentümerstatus haben oder durch die Kapitalbeschaffung erwerben.[3] Das so beschaffte Kapital wird als *Fremdkapital* bezeichnet.

In beiden Fällen wendet sich das Kapital suchende Unternehmen an Finanzmärkte, auf denen der vom Unternehmen angebotene (zukünftige) Zahlungsstrom nachgefragt und gleichzeitig der von ihm heute

[2] Siehe beispielsweise Gräfer et al. [2001] oder Schäfer [2002].

[3] Ein Sonderfall tritt ein, wenn ein Gesellschafter an das Unternehmen einen Kredit vergibt (so genanntes *Gesellschafterdarlehen*). Es handelt sich dabei formal um Kreditfinanzierung, unter besonderen Bedingungen (z.B. im Insolvenzfall) kann das Darlehen aber wie Beteiligungskapital behandelt werden.

benötigte Geldbetrag angeboten wird (vgl. zu diesen Begriffen Tabelle 2.1, S. 23). Als Beispiele für Märkte für Beteiligungskapital nennen wir den organisierten Kapitalmarkt einer Aktienbörse oder den privaten Beteiligungsmarkt (z.B. Venture Capital). Der typische Vertreter für den externen Fremdfinanzierungsmarkt ist der von Banken repräsentierte Kreditmarkt. Auf *Finanzmärkten* werden Verträge zwischen Kapitalnehmern und Kapitalgebern abgeschlossen. Sie regeln

1. die Leistungen des Kapitalgebers: Welche Zahlungen stellt der Kapitalgeber dem Kapitalnehmer für welche Frist zur Verfügung?

2. die Leistungen des Kapitalnehmers: In welcher Form hat der Kapitalnehmer den Kapitalgeber für das überlassene Kapital zu entlohnen?

Wie wir noch im Detail sehen werden, sind mit *Beteiligungskapital* (*Eigenkapital*) und *Kreditkapital* (*Fremdkapital*) völlig unterschiedliche Rechte und Pflichten verbunden. Das Kapital nachfragende Unternehmen aus Beispiel 5.1 muss dem Kreditgeber den gesamten geliehenen Betrag nach drei Jahren zurückzahlen. Während der Laufzeit fallen jährlich 5% Zinsen auf den Kreditbetrag an. Hätte es dagegen einen neuen Gesellschafter aufgenommen und Eigenkapital in Form von *Beteiligungsfinanzierung* erhalten, wäre keine fixe Rückzahlung zu leisten. Der Gesellschafter würde stattdessen eine Beteiligung am Gewinn und Mitspracherechte erhalten. Wir erkennen daraus, dass Beteiligungskapital- und Kreditkapitalgeber unterschiedliche Ansprüche an das Kapital suchende Unternehmen haben. Es ist für das Kapital suchende Unternehmen daher *nicht* irrelevant, aus welchen Quellen es sich finanziert, weil mit der Wahl eines Finanzierungsinstruments bestimmte Konsequenzen verbunden sind.

Diese Tatsache hat große Bedeutung für die bislang geltenden Modellannahmen. In der Welt der Investitionsrechnungsmodelle haben wir die Annahme eines vollkommenen und vollständigen Kapitalmarkts getroffen. Vollkommener und vollständiger Kapitalmarkt bedeutet aus der Sicht der Finanzierung, dass es für jeden Zahlungsstrom am Kapitalmarkt einen einheitlichen Preis geben muss. Auf einem perfekt funktionierenden Kapitalmarkt ist mit der Finanzierung eines bestimmten Kapitalbedarfs keinerlei Problem verbunden. Das bedeutet, jede Form der Finanzierung für einen konkreten Finanzierungsanlass wäre gleich teuer. Unterschiedliche Finanzinstrumente und jene Institutionen, die diese Finanzinstrumente am Markt anbieten, wären nicht notwendig. Tatsächlich beobachten wir in der Realität eine Vielzahl von differenzierten Finanzinstrumenten und Institutionen und erkennen daraus, dass das Modell des VVK offensichtlich für die Beschreibung von Finanzierungsmärkten nur sehr eingeschränkt geeignet ist. Finanzierungsmärkte sind in der Regel *unvollkommen und unvollständig.*

Als Hauptursache für die Unvollkommenheiten und Unvollständigkeiten gelten *Informationsprobleme* zwischen den handelnden Akteuren. Konkret haben etwa Kapitalnachfrager (z.B. Unternehmen) und Kapitalanbieter (z.B. Bank) einen unterschiedlichen Informationsstand über die Sicherheit der Kapitalrückzahlung. Das Kapital suchende Unternehmen kennt seine Fähigkeit zur Kapitalrückzahlung (*Bonität*) meist sehr genau. Für die Bank ist es hingegen viel schwieriger zu beurteilen, ob der Kreditnehmer seinen Zahlungsverpflichtungen nachkommen kann und wird. Man bezeichnet diesen Zustand der ungleichen Information zwischen Vertragspartnern auch als *asymmetrische Informationsverteilung.*

Dazu kommt ein weiteres Problem: Selbst wenn sich die Bank über die Qualität des Kapitalnehmers genau informiert, kann sie nicht sicher sein, wie er sich verhält, nachdem er die Zahlung erhalten hat. Aufgrund der asymmetrischen Informationsverteilung wäre es denkbar, dass ein verstärkter Anreiz besteht, die Kreditmittel für einen anderen als den vereinbarten Kreditzweck zu verwenden oder durch sein Verhalten die Rückzahlung des Kredits zu gefährden. Wir bezeichnen die Gefahr, dass durch das Verhalten des Kapitalnehmers der Kreditgeber geschädigt wird, als *Moral Hazard.* Je nachdem, wie stark die asymmetrische Information über die Qualität des Unternehmens und die daraus resultierende Gefahr des Moral Hazard vom Kapitalgeber eingeschätzt werden, wird der Kapitalgeber eine entsprechende Kompensation fordern. Er kann beispielsweise höhere Zinsen für das überlassene Kapital verlangen oder nur einen Teilbetrag bereitstellen. Üblich sind auch die Einräumung von Mitsprache- und Kontrollrechten.

Bei Finanzierungsentscheidungen geht es daher nicht nur um die Frage, wie viele Finanzmittel das Unternehmen zu einem bestimmten Zeitpunkt benötigt, sondern auch um die optimale Gestaltung der Beziehungen zwischen dem Kapital suchenden Unternehmen und dem Kapitalgeber, um Informations- und Anreizprobleme zu minimieren. Hier stellen sich beispielsweise auch folgende Fragen, die – neben den schon genannten Vertragsbestandteilen – im Rahmen einer Finanzierungsbeziehung vertraglich geregelt werden sollten:

1. Welche Sanktionen kann der Kapitalgeber setzen, wenn der Kapitalnehmer seine Zahlungsverpflichtungen nicht einhält?

2. Wie kann der Kapitalgeber sicherstellen, dass der Kapitalnehmer die ihm gewährten Finanzmittel vereinbarungsgemäß verwendet?

3. Wie reagiert der Kapitalgeber auf Bonitätsveränderungen?

Auf die ersten beiden Fragen wird in Abschnitt 5.2.2.1 näher eingegangen. Die dritte Frage wird in Abschnitt 6.3.2.3 wieder aufgegriffen.

5.2 Kreditfinanzierung

5.2.1 Charakteristika

Ein (Geld-)*Kredit* ist ein Vertrag zwischen zwei Vertragspartnern, dem *Kreditnehmer* und dem *Kreditgeber*. Der Kreditgeber stellt dem Kreditnehmer einen Geldbetrag zur Verfügung, den der Kreditnehmer auf Basis bestimmter Vertragsbedingungen zurückzahlen muss. Bei dem zugeführten Kapital handelt es sich um Fremdkapital; der Kreditgeber erhält aufgrund dieser Finanzierungsbeziehung keine Eigentümerrechte. Kreditaufnahme in dieser Form wird auch als *Geldleihe* bezeichnet.

Folgende Merkmale sind charakteristisch für Kreditfinanzierung bzw. Fremdkapital:

1. *Gläubigerstellung*: Der Kreditgeber wird zum Gläubiger des Unternehmens. Wenn der Kredit nicht vertragsgemäß zurückgezahlt wird, kann sich der Kreditgeber je nach Unternehmensform am Privat- oder Gesellschaftsvermögen des Kreditnehmers schadlos halten. Wir bezeichnen das als *Haftung* für die Ansprüche des Kreditgebers.

2. *Anspruch auf Tilgung und Zinszahlung*: Der Kreditgeber hat einen Anspruch auf Rückzahlung des zur Verfügung gestellten Geldbetrags (*Tilgung*) und die Bezahlung einer „Leihgebühr" (Zinsen). Dieser Anspruch besteht unabhängig vom Geschäftserfolg des kreditnehmenden Unternehmens. Im Englischen bezeichnet man Instrumente der Kreditfinanzierung konsequenterweise als *fixed-income instruments*. Unüblich ist hingegen eine gewinnabhängige Entlohnung des Kreditgebers.

3. *Keine Mitspracherechte*: Der Kreditgeber hat (nur aufgrund der Kapitalüberlassung selbst) de jure keine Mitspracherechte bei der laufenden Geschäftsführung. In der Praxis kann es aber dazu kommen, dass die Hausbank eines Unternehmens (die meist sein wichtigster Kreditgeber ist) doch bei wichtigen Entscheidungen de facto

eingebunden werden muss. Zudem können z.B. bestimmte Zustimmungsrechte des Kreditgebers betreffend weit reichende unternehmerische Entscheidungen in Form von zusätzlichen Vertragsklauseln (engl. *covenants*) im Kreditvertrag vorgesehen werden. Es kann also zur *Abhängigkeit* des Unternehmens von bestimmten Kapitalgebern kommen.

4. *Zeitliche Befristung*: Kreditkapital wird grundsätzlich zeitlich befristet zur Verfügung gestellt.

5. *Besicherung*: Kredite sind häufig besichert. Wir werden die unterschiedlichen Besicherungsformen in Abschnitt 6.3.2.3 näher betrachten.

6. *Steuerwirksamkeit*: Kreditzinsen mindern als Betriebsausgaben den steuerpflichtigen Gewinn des kreditnehmenden Unternehmens.

5.2.2 Das Darlehen als Prototyp der langfristigen Kreditfinanzierung

Wir werden im Folgenden wesentliche Aspekte der Kreditfinanzierung am Beispiel des Darlehens[4] erläutern. Das Darlehen stellt die bedeutendste Form der langfristigen Fremdfinanzierung für Klein- und Mittelbetriebe, aber auch für private Haushalte dar.

5.2.2.1 Kreditbeziehung und Kreditvertrag

Die Kreditbeziehung im finanziellen Sinne beschreibt das Verhältnis zwischen dem Kreditnehmer (auch als Schuldner bezeichnet, im Fall der betrieblichen Finanzierung das Unternehmen) und dem Kreditgeber (Gläubiger). Die Kreditbeziehung wird üblicherweise durch einen Kreditvertrag geregelt. Ein Kreditvertrag legt nicht nur die Bedingungen der Kreditvergabe fest, sondern dient auch zur Kontrolle und Steuerung des Verhaltens des Kreditnehmers während der Kreditbeziehung (vgl. die Ausführungen zur asymmetrischen Informationsverteilung auf S. 137). Vor dem Abschluss eines Kreditvertrages sind die Voraussetzungen für eine Kreditgewährung zu prüfen. Diese sind die *Kreditfähigkeit* und die *Kreditwürdigkeit* des Kreditnehmers. Die *Kreditfähigkeit* ist

[4] Juristisch wird zwischen Kredit und Darlehen unterschieden. Aus Finanzierungssicht ist diese Unterscheidung ohne Bedeutung. Wir werden diese Begriffe daher synonym verwenden.

die Fähigkeit des Kreditnehmers, einen Kreditvertrag rechtswirksam abschließen zu können. Sie ist durch die Rechts- und Geschäftsfähigkeit des Kreditnehmers gegeben (bei natürlichen Personen in der Regel mit der Volljährigkeit, bei Gesellschaften infolge ihrer Eintragung als juristische Personen). Die *Kreditwürdigkeit* betrifft die Wahrscheinlichkeit der ordnungsgemäßen Leistung der vereinbarten Zahlungen durch den Kreditnehmer. Sie wird vom Kreditgeber geprüft und wird in Abschnitt 6.3.2.2 genauer dargestellt.

Betrachten wir nochmals Beispiel 5.1: Das Unternehmen erhält von seiner Bank ein Darlehen über 500.000 €, das in drei Jahren zurückzuzahlen ist. Der Zinssatz beträgt 5%. Der Kreditvertrag zwischen dem Unternehmen und der Bank wird folgende Bestandteile haben:

1. *Kreditgeber* und *Kreditnehmer*: Der Kreditvertrag für das Darlehen bezeichnet den Schuldner (Kreditnehmer) und den Gläubiger (hier eine Bank). Als Darlehensgeber von Unternehmen kommen nicht nur Kreditinstitute in Betracht. Auch Unternehmen oder Private können Darlehen vergeben (z.B. eine Mutter- an eine Tochtergesellschaft oder ein Eigentümer in Form eines so genannten *Gesellschafterdarlehens*).

2. *Kreditzweck*: Im Kreditvertrag wird geregelt, für welchen Zweck das Darlehen vergeben wird. In Beispiel 5.1 handelt es sich um den Kauf einer neuen Maschine, wir bezeichnen einen solchen Kredit als *Investitionskredit*. Ein zur Deckung von Konsumwünschen (z.B. Auto) aufgenommener Kredit wird als *Konsumkredit* bezeichnet.

3. *Kreditvolumen* und *Währung*: Dem Unternehmen aus Beispiel 5.1 fließt ein Darlehensbetrag von 500.000 € zu. In unserem Beispiel entspricht dies auch dem an die Bank zurückzuzahlenden Betrag (Tilgungsbetrag).[5] Das *Darlehensnominale* gibt das Volumen des Darlehens an; es ist maßgeblich für die Berechnung der Tilgungs- und Zinszahlungen. Beim Darlehen entspricht der Tilgungsbetrag in aller Regel dem Darlehensnominale.[6] Fordert die Bank einmalige Gebühren bei Vertragsabschluss, so verringert dies den an das Unternehmen ausgezahlten Betrag (die so genannte *Darlehensvaluta*), nicht aber den Tilgungsbetrag.

---

[5] Selbstverständlich sind als „Leihgebühr“ für den überlassenen Betrag auch Zinsen zu bezahlen, siehe gleich unten bei den Kreditkosten.

[6] Bei der in Abschnitt 5.2.3 besprochenen Anleihe hingegen sind Tilgungsbetrag und Nominale nicht immer gleich hoch.

4. *Tilgungsform*: Die Tilgungsform gibt an, auf welche Weise ein Darlehen zurückzuzahlen ist. In Beispiel 5.1 wird es in Form einer einzigen Zahlung, und zwar am Ende der Laufzeit, zurückgezahlt. Diese Tilgungsform heißt *endfällige Tilgung*. Bei der *Annuitätentilgung* erfolgt die Rückzahlung des Darlehens in periodisch gleich hohen Raten (Annuitäten, Pauschalraten), die auch die jeweils anfallenden Zinsen beinhalten. Bei der *konstanten Tilgung* wird das Nominale in gleich hohe Teilbeträge (*Kapitalraten*) zerlegt, die pro Periode zurückzuzahlen sind (z.B. ein Nominale in Höhe von 100.000 € in fünf Teilbeträge zu jährlich 20.000 €). Die jährlich zu tilgenden Teilbeträge beinhalten im Gegensatz zu den Pauschalraten bei der Annuitätentilgung noch keine Zinszahlungen. Über den laufenden Stand einer Darlehensrückzahlung gibt ein so genannter *Tilgungsplan* Auskunft. *Freijahre* (oder *tilgungsfreie Jahre*) sind jene Perioden, in denen zwar Zinszahlungen, aber keine Tilgungszahlungen zu leisten sind. Sollen über eine oder mehrere Perioden weder Tilgungs- noch Zinszahlungen anfallen, so nennt man diese *rückzahlungsfreie Perioden*. In Abschnitt 5.2.2.3 werden wir unterschiedliche Tilgungsmodalitäten anhand von Beispielen ausführlicher erläutern.

5. *Laufzeit*: Die Laufzeit von Darlehen hängt meist vom Darlehenszweck ab. Wohnbaudarlehen haben typischerweise lange Laufzeiten (ca. 15–25 Jahre), während Konsumkredite deutlich kürzere Laufzeiten aufweisen (ca. 2–7 Jahre). Relativ selten sind kurzfristige Darlehen mit Laufzeiten unter einem Jahr.

6. *Kreditkosten*: Haupteinflussfaktor für die Darlehenskosten ist der vereinbarte Zinssatz. Daneben gibt es jedoch auch noch andere Kosten wie z.B. Bearbeitungsgebühr, Kontoführungsgebühr, oder in Österreich die Vertragserrichtungsgebühr („Kreditsteuer"). Wir werden die Kosten eines Kredits in Abschnitt 5.2.2.2 genauer betrachten.

7. *Kündigung*: Der Kreditnehmer hat nur dann ein Kündigungsrecht, wenn es im Kreditvertrag ausdrücklich vereinbart ist. Durch den Kreditgeber ist ein Darlehen in der Regel dann kündbar, wenn der Kreditnehmer seinen vertraglichen Verpflichtungen nicht nachkommt. Die Allgemeinen Geschäftsbedingungen der meisten Kreditinstitute sehen jedoch häufig eine Kündigung der Geschäftsbeziehung (und damit eine sofortige Fälligstellung der offenen Kredite) bereits bei „wichtigem Grund" vor. Ein wichtiger Grund liegt üblicherweise bereits dann vor, wenn

- aufgrund einer Verschlechterung der finanziellen Situation des Schuldners die Aufrechterhaltung der Zahlungen an den Gläubiger gefährdet ist,
- der Schuldner unrichtige Angaben über seine Vermögenssituation gemacht hat oder
- der Schuldner die vereinbarten oder weitere verlangte Sicherheiten (vgl. den folgenden Absatz) nicht erbringen kann.

8. *Sicherheiten*: Kreditverträge beinhalten üblicherweise Regelungen bezüglich der Besicherung des Kredits.[7] Wenn der Kreditnehmer die vereinbarten Zahlungen nicht leistet, kann der Kreditgeber entweder bestimmte Vermögensgegenstände oder Rechte daran direkt verwerten (Sachsicherheiten) oder das Privatvermögen von Personen in Anspruch nehmen (Personensicherheiten). Wenn sich das Risiko für den Kreditgeber erhöht, ist er meistens berechtigt (z.B. durch die Allgemeinen Geschäftsbedingungen der Kreditinstitute) neue oder verstärkte Sicherheiten vom Kreditnehmer zu verlangen, selbst wenn ursprünglich keine Sicherheiten vereinbart waren. Die Wirkungsweise der einzelnen Sicherheiten werden wir in Abschnitt 6.3.2.3 genauer beschreiben.

5.2.2.2 Darlehenskosten

Die *(expliziten) Kosten* für ein Darlehen werden in erster Linie durch den vereinbarten Zinssatz bestimmt. Der Zinssatz versteht sich als Preis für die Kapitalüberlassung und hängt von mehreren Faktoren ab:

1. Die Bank steht vor der Entscheidung, das Kapital dem Unternehmen zu überlassen oder stattdessen am Kapitalmarkt anzulegen. Insofern ist für die Höhe des geforderten Zinssatzes relevant, welcher (Markt-) Zinssatz derzeit am Kapitalmarkt für Anlagen mit gleicher Kapitalbindungsdauer gilt. Dieser Marktzinssatz wird auch als *risikoloser Zinssatz* bezeichnet und gilt nur für Schuldner mit erstklassiger *Bonität*. Unter Bonität versteht man die Fähigkeit des Schuldners, seine zukünftigen Zahlungsverpflichtungen zu erfüllen.

2. In den meisten Fällen werden Kredite an Unternehmen vergeben, bei denen ein gewisses Risiko besteht, dass sie ihren Zahlungsverpflichtungen nicht nachkommen können (so genanntes *Kreditrisiko*,

[7] Eine Ausnahme stellt der so genannte *Blankokredit* dar, der nicht besichert ist.

Bonitätsrisiko). In diesem Fall wird die Bank auf den risikolosen Zinssatz einen Aufschlag vornehmen, um ihr Risiko aus der Kapitalüberlassung angemessen zu berücksichtigen. Wir bezeichnen den Aufschlag als *Risikoprämie* (*Spanne*, engl. *spread*). Im Rahmen der Investitionsrechnung haben wir gezeigt, dass der Zinssatz mit dem Risiko des Investitionsprojekts steigt. Ähnliches gilt auch hier: Je höher das Bonitätsrisiko des Kreditnehmers eingeschätzt wird, desto höher wird der Spread und damit der geforderte Zinssatz sein. Ein derartiger Aufschlag auf den Zinssatz wird – und darin könnte man bei oberflächlicher Betrachtung einen Widerspruch zu den Ausführungen in Abschnitt 4.7 vermuten – auch von einem *risikoneutralen* Investor vorgenommen werden: Sein Ziel besteht dann darin, die erwartete Verzinsung mit dem risikolosen Zinssatz für den gleichen Zeitraum in Übereinstimmung zu bringen. Der Aufschlag, den ein risiko*averser* Investor in der gleichen Situation vornähme, wäre je nach Ausmaß seiner Risikoaversion noch höher.

Beispiel 5.2:
Eine Bank steht vor der Entscheidung, dem Unternehmen net.OIS ein Darlehen in Höhe von 500.000 € zu gewähren. Das Darlehen soll nach einem Jahr inklusive Zinsen zurückgezahlt werden. Wenn die Bank sicher sein könnte, dass net.OIS das Darlehen nach einem Jahr planmäßig zurückzahlen wird, würde sie 10% p.a. (=risikoloser Zinssatz) für die Kapitalüberlassung verlangen. Nach einem Jahr erhielte sie eine Zahlung von $500.000 \cdot 1{,}1 = 550.000$ €.

Aufgrund der aktuellen wirtschaftlichen Lage von net.OIS geht die Bank jedoch davon aus, dass ein bestimmtes Ausfallsrisiko besteht, und schätzt die Wahrscheinlichkeit für einen (totalen) Zahlungsausfall auf 2%. Damit ergeben sich folgende Szenarien für die Zahlung in $t=1$:

Szenario 1 (kein Zahlungsausfall) $p=0{,}98$	Szenario 2 (Zahlungsausfall) $p=0{,}02$	Erwartungswert
550.000	0	539.000

Die Tabelle zeigt, dass bei einer Wahrscheinlichkeit von 2% für den Zahlungsausfall der Erwartungswert der Zahlung nur mehr 539.000 € beträgt (siehe Aufgabe 2.2, S. 36). Dies bedeutet, dass die *erwartete* Verzinsung auf

$$\frac{539.000}{500.000} - 1 = 0{,}078 = 7{,}8\% \text{ p.a.}$$

sinkt. Unter der Annahme, dass sich die Bank risikoneutral verhält, strebt sie eine erwartete Verzinsung von 10% an (das entspricht der

Höhe des risikolosen Zinssatzes). Um trotz des gegebenen Risikos eines Zahlungsausfalls eine erwartete Verzinsung von 10% aufrechtzuerhalten, muss die Bank einen entsprechend höheren Zinssatz i verlangen:

$$500.000 \cdot (1 + i) \cdot 0{,}98 + 0 \cdot 0{,}02 = 550.000$$

$$\Longrightarrow \quad i = 0{,}122449 \simeq 12{,}24\% \text{ p.a.}$$

Wir sehen, dass nunmehr eine Risikoprämie von 2,24 Prozentpunkten auf den risikolosen Zinssatz aufgeschlagen wird.[8] Diese Risikoprämie wird je nach Prognose des Zahlungsausfallsrisikos variieren und spiegelt die Einschätzung der Bonität des Unternehmens aus der Sicht der Bank wider.

Neben der Höhe des Zinssatzes beeinflusst auch die Art der Verzinsung die Kosten des Darlehens. Der so genannte *Fixzins* wird für die gesamte Laufzeit eines Darlehens vereinbart und kann zwischenzeitlich nicht verändert werden. Dies ist für den Kreditnehmer vor allem dann ungünstig, wenn die Marktzinsen sinken und daraus Opportunitätskosten entstehen. Wenn ein Zinssatz periodisch an die entsprechende Entwicklung des Marktzinssatzes angepasst wird, bezeichnen wir das als *variable Verzinsung*. In diesem Fall kann sich der vom Kreditnehmer verlangte Zinssatz laufend verändern. Es sind Verträge ohne und mit Bindung an einen vereinbarten *Referenzzinssatz* möglich. Die vertraglich festgelegte Anpassung an einen oder mehrere Referenzzinssätze nennt man auch *Zinsgleitklausel*. Typische Referenzzinssätze sind etwa der EURIBOR (Euro Interbank Offered Rate) oder der kurzfristige US-amerikanische Zinssatz (T-bill rate[9]). Der EURIBOR ist jener Zinssatz, zu dem europäische Banken untereinander Einlagen mit festgelegter Laufzeit innerhalb Europas anbieten. Er hat mit Einführung der Währungsunion 1999 die nationalen Referenzzinssätze abgelöst. Ein variabel verzinstes Darlehen kann zusätzlich mit einer *Zinsobergrenze* (Cap) ausgestattet werden. Eine Zinsvereinbarung *ohne Referenzzinssatzbindung* könnte lauten: „Der Schuldner bezahlt 3,75% p.a. b.a.w. (bis auf weiteres)“. Derartige unbestimmte Zinsanpassungsklauseln sind bei Verbraucherkrediten äußerst strittig.

---

[8] Verhielte sich die Bank risiko*avers*, wäre die aufzuschlagende Prämie höher als 2,24 Prozentpunkte.

[9] T-Bill rate (Treasury bill rate) bezeichnet den Zinssatz für US-amerikanische Bundesschatzscheine, das sind kurzlaufende festverzinsliche Finanzierungsinstrumente der US-Regierung.

Beispiel 5.3:
Der Darlehensvertrag sieht eine Verzinsung von EURIBOR + 50 Basispunkten[10] vor. Wie hoch ist der Kreditzinssatz in den einzelnen Perioden, wenn der EURIBOR heute 3,5% p.a. beträgt, drei Perioden lang um je 10 Basispunkte pro Periode steigt, und in der vierten Periode auf 3,25% p.a fällt?

Zeitpunkt t	EURIBOR in % p.a.	Zinssatz Unternehmen in % p.a.
0	3,50	4,00
1	3,60	4,10
2	3,70	4,20
3	3,80	4,30
4	3,25	3,75

Die Verzinsung kann entweder vorschüssig (selten) oder nachschüssig berechnet werden. Neben jährlicher sind auch halbjährliche und vierteljährliche Verzinsung üblich.

Außer dem Zinssatz fallen beim Darlehen normalerweise zusätzliche Kosten in Form einer Bearbeitungsgebühr (meist einmalig zu Darlehensbeginn fällig) und einer periodischen Kontoführungsgebühr an.[11] Die Art der zu bezahlenden Gebühren und Spesen und deren Zahlungsform (einmalig, periodisch, zu Beginn, monatlich, jährlich etc.) wird im Kreditvertrag festgelegt oder ist Bestandteil der Allgemeinen Geschäftsbedingungen des Kreditgebers. Zusammenfassend bezeichnet man Darlehensnominale, vereinbarte Verzinsung, Laufzeit, Tilgungsform sowie Gebühren und Spesen als *Darlehenskonditionen*.

Neben den genannten, eindeutig im Voraus bestimmbaren (expliziten) Kosten können dem Kreditnehmer auch *implizite Kosten* entstehen. Diese Kosten sind im Zeitpunkt der Kreditvergabe häufig nicht quantifizierbar, sie haben den Charakter von Opportunitätskosten. Typische implizite Kosten werden durch die Gewährung zusätzlicher Sicherheiten, die Forderung nach Mitsprachemöglichkeiten oder Zusatzgeschäften verursacht.

[10] Ein Basispunkt ist die Bezeichnung für ein Hundertstel eines Prozentpunktes (1 BP = 0,01 Prozentpunkte). Diese Größeneinheit wird bei Zinssätzen, Kursen etc. verwendet.

[11] In Österreich ist zusätzlich anlässlich des Vertragsabschlusses eine Vertragserrichtungsgebühr („Kreditsteuer“) in Höhe von 0,8% des Darlehensnominales zu entrichten, falls ein schriftlicher Vertrag errichtet wird.

Beispiel 5.4:
Die Hausbank des Unternehmens ist sein wichtigster Kreditgeber. Im Zuge der Kreditverhandlungen wird beschlossen, dass das Unternehmen in Zukunft auch eine bisher nicht genutzte Dienstleistung der Bank, nämlich eine Versicherung in Anspruch nehmen wird. Damit sichert sich die Bank ein Zusatzgeschäft mit dem Kreditnehmer und dieser wird bei der Prüfung der Versicherungskonditionen wahrscheinlich nicht allzu rigoros sein, um die Kreditvergabeentscheidung nicht zu gefährden. Er wird also möglicherweise bereit sein, eine vergleichsweise ungünstige Versicherung abzuschließen.

Auch bei den expliziten Kosten unterscheiden sich Darlehen typischerweise im Hinblick auf mehrere Darlehenskonditionen. So kann z.B. Darlehen A eine geringere Bearbeitungsgebühr als Darlehen B aufweisen, jenes aber wiederum einen niedrigeren Nominalzinssatz. Dies führt zu der Frage, wie Darlehen mit unterschiedlichen Ausstattungsmerkmalen verglichen werden können.

Ein Ansatz, der in der Praxis einige Bedeutung erlangt hat, verwendet dazu den *effektiven Zinssatz*. Dieser ist nichts anderes als der in Abschnitt 4.5 behandelte interne Zinssatz und gibt die Verzinsung des jeweils gebundenen Kapitals an. Die Berechnung erfolgt mit Hilfe des in Abschnitt 4.5.2 beschriebenen Näherungsverfahrens.

Wir sprechen von einer *Normalfinanzierung*, wenn die Zahlungsreihe der Finanzierung nur einen Vorzeichenwechsel aufweist. Üblicherweise ist ein Darlehen eine Normalfinanzierung. Der typische Verlauf der Kapitalwertfunktion einer Normalfinanzierung, wie sie auch in Beispiel 5.1, S. 134 vorliegt, ist aus Abbildung 5.1 ersichtlich. Bei der Berechnung des effektiven Zinssatzes werden alle mit dem Darlehen verbundenen Zahlungen berücksichtigt, also auch allfällige Bearbeitungs- und Kontoführungsgebühren. Dies hat zur Folge, dass der effektive Zinssatz typischerweise höher ist als der vereinbarte Darlehenszinssatz.

Beispiel 5.5:
Wir betrachten nochmals Beispiel 5.1, S. 134 mit dem Zahlungsstrom

t	0	1	2	3
	500.000	–25.000	–25.000	–525.000

Für das Näherungsverfahren zur Ermittlung des internen Zinssatzes benötigen wir einen Zinssatz i^+, bei dem der Kapitalwert der Zahlungsreihe positiv ist, und einen Zinssatz i^- mit einem negativen Kapitalwert. Dabei ist zu beachten, dass bei Normalfinanzierungen (im Gegensatz zu Normalinvestitionen) stets $i^+ > i^-$ gilt (vgl. auch Abbildungen

5.1 und 4.5, S. 103). Wir wählen versuchsweise i^-=0,04 bzw. i^+=0,07 und erhalten KW(i^-)=–13.875,46<0 bzw. KW(i^+)=26.243,16>0. Diese Werte setzen wir in die Näherungsformel (4.3), S. 105 ein und erhalten als erste Näherung

$$i_{\text{eff}} \simeq 0{,}07 + \frac{26.243{,}16 \cdot (0{,}04 - 0{,}07)}{26.243{,}16 - (-13.875{,}46)} = 0{,}050376.$$

Der exakte Wert in diesem Beispiel beträgt i_{eff}=0,05. Da keine Spesen oder Gebühren verrechnet werden und die Tilgung erst am Ende der Laufzeit erfolgt, sind effektiver und nomineller Darlehenszins gleich hoch.

Wir nehmen nun an, dass anlässlich der Aufnahme des Darlehens eine Bearbeitungsgebühr in Höhe von 3% des Darlehensbetrags anfällt. Zusätzlich werden in jedem Jahr Kontoführungsgebühren von 20 € verrechnet. Für den Darlehensnehmer ergibt sich dann folgende Zahlungsreihe:

t	0	1	2	3
	485.000	–25.020	–25.020	–525.020

Aufgrund der Bearbeitungsgebühr und der Kontoführungsgebühren ist der effektive Zinssatz jetzt höher als der nominelle Darlehenszins von 5%. Er beträgt rund 6,13% (siehe Übungsaufgabe 5.1).

Die effektive Verzinsung eines Darlehens muss von Kreditgebern jedenfalls angegeben werden, da sie mehr über die Kosten des Darlehens aussagt als der nominelle Darlehenszinssatz.[12] Trotzdem stellt der effektive Zinssatz kein geeignetes Entscheidungsinstrument dar, um aus verschiedenen Darlehensangeboten das beste auszuwählen (vor allem, wenn es sich dabei um Darlehen mit verschiedenen Tilgungsmodalitäten handelt). Als interner Zinssatz unterliegt er den konzeptionellen Mängeln, die wir in Abschnitt 4.5.4 ausführlich dargestellt haben.

Wie kann nun ein potentieller Kreditnehmer das günstigste Darlehensangebot am Markt ermitteln? Ein einfacher, aber sehr effektiver Weg ist folgender: Sofern man bereit ist, ein Darlehen mit Annuitätentilgung und Fixzinsvereinbarung in Euro abzuschließen,[13] muss in einem ersten Schritt die gewünschte Laufzeit fixiert werden. Diese wird in erster Linie von der Höhe des frei verfügbaren Einkommens in der Zukunft

[12] Dies ist in Österreich im Bankwesengesetz, in Deutschland in der Preisangabenverordnung geregelt.

[13] Auf Kredite in Fremdwährung wird hier nicht eingegangen.

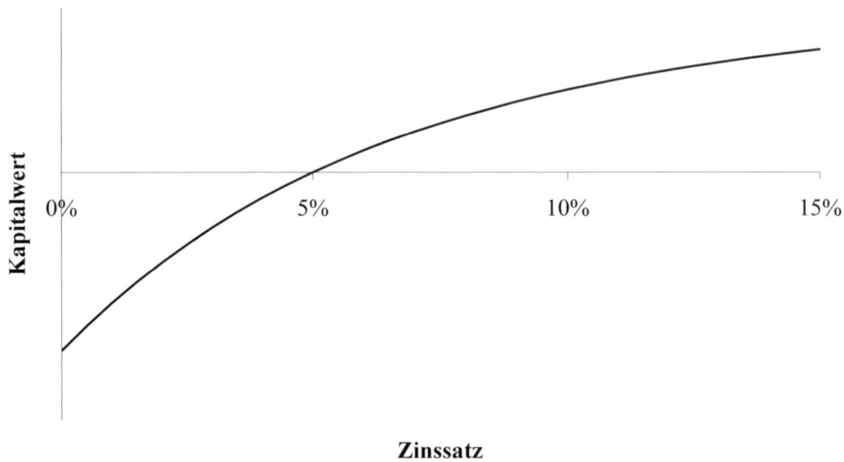

Abbildung 5.1: Typischer Verlauf der Kapitalwertfunktion einer Normalfinanzierung

abhängen. Im nächsten Schritt werden nun von verschiedenen potentiellen Kreditgebern Angebote eingeholt. Dabei ist zu beachten, dass

1. der in t=0 tatsächlich ausbezahlte Betrag in allen Fällen identisch ist und dem benötigten Kapital entspricht (werden einmalige Gebühren bei Vertragsabschluss erhoben, ist die Darlehenssumme entsprechend zu erhöhen) sowie

2. Laufzeit und Frequenz der Ratenzahlungen (monatlich, vierteljährlich, ...) bei allen Anbietern übereinstimmen.

Aus den so erhaltenen Angeboten ist dann einfach jenes auszuwählen, das die kleinste periodische Ratenzahlung vorsieht. Ein angenehmer Nebeneffekt dieser Vorgangsweise ist, dass man selbst keine Berechnungen durchführen muss: Durch geschickte Anwendung Ihrer Kenntnisse in Finanzierung und Finanzmathematik stellen Sie Ihre Fragen an Kapitalanbieter so, dass diese für Sie die Berechnungen vornehmen.

5.2.2.3 Tilgungsmodalitäten

Wir haben in Abschnitt 5.2.2.1 die einzelnen Tilgungsformen eines Darlehens bereits kurz erwähnt. Im Folgenden behandeln wir diese genauer und veranschaulichen die verschiedenen Tilgungsmodalitäten (und die Erstellung des zugehörigen Tilgungsplans) anhand von einigen Beispielen. Sofern nicht ausdrücklich anders angegeben, gehen wir dabei von nachschüssiger jährlicher Verzinsung und jährlicher Zahlungsweise bei Tilgung und Zinsen aus.

Wird das Darlehen zur Gänze am Ende der Laufzeit getilgt (wie in Beispiel 5.1, S. 134), spricht man von *endfälliger Tilgung*. Bei dieser Tilgungsform fallen keine laufenden Tilgungszahlungen an, der Darlehensnehmer bezahlt jedoch periodisch Zinsen auf die Restschuld. Der Schuldenstand, und damit die Bezugsgröße für die Zinsberechnung, verändert sich während der Laufzeit nicht. Bei fixem Zinssatz sind damit auch die Zinszahlungen konstant.

Ein Vorteil der endfälligen Tilgung ist, dass die bereitgestellten Mittel in voller Höhe über die gesamte Laufzeit dem Unternehmen für Investitionszwecke zur Verfügung stehen. Diese Form der Tilgung ist vor allem dann interessant, wenn zugleich ein (relativ) niedriger Zinssatz fix über die gesamte Laufzeit vereinbart werden kann. Es muss jedoch sichergestellt werden, dass am Ende der Laufzeit die notwendigen finanziellen Mittel zur Tilgung bereitstehen.

Freijahre (oder *tilgungsfreie Jahre*) sind jene Perioden, in denen zwar Zinszahlungen, aber keine Tilgungszahlungen zu leisten sind. Sollen über eine oder mehrere Perioden weder Tilgungs- noch Zinszahlungen anfallen, so nennt man diese *rückzahlungsfreie* Perioden. Sowohl Freijahre als auch rückzahlungsfreie Perioden liegen üblicherweise am Anfang der Laufzeit eines Kredits. Wie bei der endfälligen Tilgung vergrößern Freijahre den Finanzierungsspielraum des Unternehmens, weil das überlassene Kapital in diesem Zeitraum unbeschränkt von Rückzahlungsverpflichtungen betrieblich genutzt werden kann. Freijahre sind beliebig verhandelbar. Bei einem Kredit von N Jahren Laufzeit können maximal N–1 Freijahre vereinbart werden; der Kredit wird damit endfällig.

Bei der *konstanten Tilgung* wird das Nominale in gleich hohe Teilbeträge (*Kapitalraten*) zerlegt, die pro Periode zurückzuzahlen sind (z.B. ein Nominale in Höhe von 100.000 € in fünf Teilbeträge zu jährlich 20.000 €). Die Tilgungszahlungen reduzieren die Restschuld und damit die Basis der Zinsberechnung: Die periodisch zu zahlenden Zinsen verringern sich im Zeitablauf. Dementsprechend nimmt auch die periodische Gesamtzahlung (bestehend aus Tilgung, Zinsen und sonstigen Gebühren) laufend ab.

Beispiel 5.6:
Von einem Darlehen sind die folgenden Konditionen bekannt:

- Darlehensbetrag: 80.000 €
- Laufzeit: 6 Jahre
- Tilgung: konstante Tilgung, ein tilgungsfreies Jahr
- Nominalzinssatz: 8% p.a., jährliche Verzinsung
- Bearbeitungsgebühr: 1,2% vom Darlehensbetrag
- Kontoführungsgebühr: 30 € pro Jahr

Mit welchen Ein- und Auszahlungen haben Darlehensnehmer und Darlehensgeber zu rechnen?

Tilgungsplan für den Darlehensnehmer						
	Einzah-	Auszahlungen				Schulden-
t	lung	Tilgung	Zinsen	sonst.	Summe	stand
0	80.000			960	79.040	80.000
1		0	6.400	30	–6.430	80.000
2		16.000	6.400	30	–22.430	64.000
3		16.000	5.120	30	–21.150	48.000
4		16.000	3.840	30	–19.870	32.000
5		16.000	2.560	30	–18.590	16.000
6		16.000	1.280	30	–17.310	0

Die Bearbeitungsgebühr in Höhe von $80.000 \cdot 0{,}012 = 960$ wird sofort in $t=0$ an die Bank gezahlt, der Darlehensnehmer erhält also in $t=0$ insgesamt weniger als die Darlehenssumme.[14] Im ersten (tilgungsfreien) Jahr fallen nur Zinsen und Kontoführungsgebühr an. Die Zinsen werden jeweils vom Schuldenstand am Ende der Vorperiode berechnet, also z.B. in $t=1$: $80.000 \cdot 0{,}08 = 6.400$. Die gesamte Darlehenssumme muss auf fünf Jahre (Laufzeit des Darlehens abzüglich Anzahl der tilgungsfreien Jahre) verteilt werden, damit ergibt sich die konstante jährliche Tilgung (Kapitalrate) von $80.000/5 = 16.000$. Der Schuldenstand verringert sich jeweils um die gezahlte Tilgung.

Die Bearbeitungsgebühr, die der Schuldner zahlen muss, bewirkt, dass die effektive Verzinsung des Darlehens vom Nominalzinssatz abweicht. In diesem Beispiel beträgt der effektive Zinssatz 8,43%.

[14] In Österreich fällt zusätzlich noch bei schriftlichen Darlehensverträgen die Vertragserrichtungsgebühr in Höhe von 0,8% der Darlehenssumme an, die analog zur Bearbeitungsgebühr in $t=0$ verrechnet wird. Die sonstigen Auszahlungen in $t=0$ würden damit 1.600, die Summe der Zahlungen 78.400 betragen. Als internen Zinssatz des Darlehens erhielten wir 8,68% (aus der Sicht des Darlehensnehmers).

Was für den Darlehensnehmer eine Einzahlung darstellt, ist für den Darlehensgeber eine Auszahlung und umgekehrt[15]. Der Tilgungsplan aus der Sicht des Darlehensgebers ist daher zahlenmäßig derselbe, nur die Vorzeichen der Zahlungen drehen sich um.

Tilgungsplan für den Darlehensgeber						
	Auszah-	Einzahlungen				Ford.-
t	lung	Tilgung	Zinsen	sonstige	Summe	stand
0	80.000			960	–79.040	80.000
1		0	6.400	30	6.430	80.000
2		16.000	6.400	30	22.430	64.000
3		16.000	5.120	30	21.150	48.000
4		16.000	3.840	30	19.870	32.000
5		16.000	2.560	30	18.590	16.000
6		16.000	1.280	30	17.310	0

Für den Darlehensgeber beträgt der interne Zinssatz ebenfalls 8,43%.

Beispiel 5.7:
(Fortsetzung von Beispiel 5.6) Wie hoch müsste die Bearbeitungsgebühr (in Prozent vom Darlehensbetrag) sein, damit sich für den Darlehensgeber eine effektive Verzinsung von 9% ergibt?
Der Kapitalwert der Zahlungsreihe muss unter Verwendung der vorgegebenen Rendite von 9% gleich null sein. Wir bezeichnen die unbekannte Zahlung für die Bearbeitungsgebühr mit BG und formulieren die Gleichung

$$-80.000 + \mathrm{BG} + \frac{6.430}{1{,}09} + \frac{22.430}{1{,}09^2} + \ldots + \frac{17.310}{1{,}09^6} = 0.$$

Auflösen der Gleichung nach BG ergibt

$$\mathrm{BG} = 2.401{,}33.$$

Bezogen auf den Darlehensbetrag beträgt damit die Bearbeitungsgebühr

$$\frac{2.401{,}33}{80.000} = 3{,}013\%.$$

Bei der *Annuitätentilgung* erfolgt die Rückzahlung des Darlehens in periodisch gleich hohen Raten (*Annuitäten*, *Pauschalraten*), die auch die jeweils anfallenden Zinsen (nicht aber sonstige Spesen wie z.B. die

[15] Eine Ausnahme stellt die Vertragserrichtungsgebühr in Österreich dar, die zwar vom Darlehensgeber eingehoben, aber an die Finanzbehörde weitergeleitet wird und damit einen so genannten Durchlaufposten bildet.

Kontoführungsgebühr) beinhalten. Finanzmathematisch lassen sich diese Raten durch Multiplikation des Darlehensbetrags mit dem Annuitätenfaktor errechnen.

Bei der Annuitätentilgung bleiben die periodischen Raten konstant, das Verhältnis zwischen Tilgungs- und Zinsanteil ändert sich jedoch: der Tilgungsanteil nimmt im Zeitablauf zu, der Zinsanteil nimmt entsprechend ab. Der Vorteil der Annuitätentilgung besteht in der gleichmäßigen Liquiditätsbelastung über den gesamten Tilgungszeitraum.

Beispiel 5.8:
Von einem Annuitätendarlehen sind die folgenden Konditionen gegeben:

- Darlehensbetrag: 80.000 €
- Laufzeit: 6 Jahre
- Tilgung: Annuitätentilgung, ein tilgungsfreies Jahr
- Nominalzinssatz: 8% p.a., jährliche Verzinsung
- Bearbeitungsgebühr: 1,2% vom Darlehensbetrag
- Kontoführungsgebühr: 30 € pro Jahr

Mit welchen Ein- und Auszahlungen hat der Darlehensnehmer zu rechnen?

Tilgungsplan für den Darlehensnehmer						
	Einzah-	Auszahlungen				Schulden-
t	lung	Tilgung	Zinsen	sonst.	Summe	stand
0	80.000			960	79.040,00	80.000,00
1		0,00	6.400,00	30	–6.430,00	80.000,00
2		13.636,52	6.400,00	30	–20.066,52	66.363,48
3		14.727,44	5.309,08	30	–20.066,52	51.636,05
4		15.905,63	4.130,88	30	–20.066,52	35.730,41
5		17.178,08	2.858,43	30	–20.066,52	18.552,33
6		18.552,33	1.484,19	30	–20.066,52	0,00

Wie im Beispiel 5.6 beginnt die Tilgung erst im zweiten Jahr. Beim Annuitätendarlehen ist die jährliche Summe aus Zins- und Tilgungszahlungen konstant (abgesehen von allfälligen Freijahren). Die Annuität umfasst nur Zins- und Tilgungszahlungen; die sonstigen Zahlungen (z.B. Kontoführungsgebühr) sind darin nicht enthalten. Zur Berechnung der Annuität werden der Schuldenstand von 80.000 am Ende des ersten Jahres sowie die verbleibende Restlaufzeit von fünf Jahren verwendet:

$$A = 80.000{,}00 \cdot \frac{0{,}08 \cdot 1{,}08^5}{1{,}08^5 - 1} = 20.036{,}52.$$

Zusammen mit der jährlichen Kontoführungsgebühr erhalten wir die Summe der Zahlungen in Höhe von 20.036,52+30,00=20.066,52. Um diese Summe in ihre einzelnen Bestandteile zu zerlegen, gehen wir folgendermaßen vor: Zuerst ziehen wir die Kontoführungsgebühr ab und gehen wieder von der Annuität (Summe aus Zinsen und Tilgung) aus. Von der Annuität ziehen wir die Zinsen ab (z.B. im Zeitpunkt t=2: 80.000 · 0,08=6.400); der Restbetrag entspricht dann genau der Tilgung (in t=2: 20.036,52–6.400,00=13.636,52). Der Schuldenstand verringert sich jedes Jahr um die gezahlte Tilgung (in t=2: 80.000,00–13.636,52=66.363,48).

Oft werden beim Darlehen die Zinsen unterjährig (z.B. viertel- oder halbjährlich) verrechnet. In diesem Fall wird zur Ermittlung des Tilgungsplans die Laufzeit des Darlehens in die entsprechende Anzahl der Zinsperioden umgerechnet, und an Stelle des Jahreszinssatzes wird der entsprechende unterjährige Zinssatz zur Berechnung von Zinsen bzw. Pauschalraten verwendet.

Beispiel 5.9:
Eine Bank bietet ein Annuitätendarlehen zu folgenden Konditionen an:

- Darlehensbetrag: 20.000 €
- Laufzeit: 2 Jahre
- Nominalzinssatz: 7% p.a., vierteljährliche Verzinsung
- Bearbeitungsgebühr: 2% vom Darlehensbetrag
- Kontoführungsgebühr: 8 € pro Quartal

Wie lautet der entsprechende Tilgungsplan aus der Sicht des Darlehensnehmers?
Die Laufzeit des Darlehens beträgt acht Quartale, der Quartalszinssatz 1,75%. Damit ergibt sich die vierteljährliche Pauschalrate (Zinsen plus Tilgung) in Höhe von

$$20.000 \cdot \frac{0{,}0175 \cdot 1{,}0175^8}{1{,}0175^8 - 1} = 2.700{,}86,$$

und wir erhalten folgenden Tilgungsplan (die Zeitpunkte t beziehen sich auf die einzelnen Quartale):

Tilgungsplan für den Darlehensnehmer						
	Einzah-	Auszahlungen				Schulden-
t	lung	Tilgung	Zinsen	sonst.	Summe	stand
0	20.000			300	19.700,00	20.000,00
1		2.350,86	350,00	8	–2.708,86	17.649,14
2		2.392,00	308,86	8	–2.708,86	15.257,14
3		2.433,86	267,00	8	–2.708,86	12.823,28
4		2.476,45	224,41	8	–2.708,86	10.346,83
5		2.519,79	181,07	8	–2.708,86	7.827,04
6		2.563,89	136,97	8	–2.708,86	5.263,16
7		2.608,75	92,11	8	–2.708,86	2.654,41
8		2.654,41	46,45	8	–2.708,86	0,00

Die effektive Verzinsung dieses Darlehens beträgt 2,17% pro Quartal, das entspricht einem effektiven Jahreszinssatz von

$$(1 + 0{,}0217)^4 - 1 = 0{,}089667 \simeq 8{,}97\% \text{ p.a.}$$

5.2.2.4 Änderung der Darlehenskonditionen

Manchmal ändern sich während der Laufzeit die Konditionen des Darlehens. So können Darlehensgeber und Darlehensnehmer z.B. eine längere Laufzeit vereinbaren, um auf geänderte wirtschaftliche Bedingungen des Darlehensnehmers Rücksicht zu nehmen. Ebenso kann der Darlehenszins neu verhandelt werden, bzw. wird sich der Zinssatz bei einem Darlehen mit variabler Verzinsung im Normalfall während der Laufzeit mehrmals ändern.

Dementsprechend ändert sich der Tilgungsplan des Darlehens. Generell gilt, dass von der jeweiligen Summe der Zahlungen des Schuldners zuerst die laufenden Auszahlungen (z.B. Kontoführungsgebühr) abgedeckt werden. Als Nächstes werden die fälligen Zinsen beglichen, und der dann verbleibende Restbetrag wird für die Tilgung verwendet.

In der folgenden Liste sind die Konsequenzen für den Tilgungsplan bei Änderungen beim Darlehen mit konstanter Tilgung zusammengefasst:

- *Änderung der Laufzeit*: Die neue Kapitalrate wird mit der Restschuld und der (neuen) Restlaufzeit berechnet.

- *Änderung des Zinssatzes*: Die Zinsen werden mit dem neuen Zinssatz berechnet.

- *Die Tilgungszahlung wird nicht oder nur teilweise geleistet*: Die Restschuld verringert sich nur um die geleistete Tilgungszahlung. Mit der verbleibenden Restschuld muss eine neue Kapitalrate berechnet werden.

- *Die Zinsen werden nicht oder nur teilweise gezahlt*: Der Schuldenstand erhöht sich um die nicht gezahlten Zinsen. Mit der neuen Restschuld wird die neue Kapitalrate ermittelt.
- *Die Kontoführungsgebühr wird nicht oder nur teilweise gezahlt*: Der Schuldenstand erhöht sich um die nicht gezahlte Kontoführungsgebühr. Mit der neuen Restschuld muss eine neue Kapitalrate ermittelt werden.

Beispiel 5.10:
(Fortsetzung von Beispiel 5.6) Im dritten Jahr zahlt der Schuldner nur die Kontoführungsgebühr und die Zinsen, nimmt jedoch keine Tilgung vor. Nach Rücksprache mit der Bank lässt diese die Darlehenskonditionen zunächst unverändert. Im fünften Jahr werden nur 3.000 gezahlt. Daraufhin vereinbaren die Bank und der Schuldner am Anfang des sechsten Jahres eine Verlängerung der Gesamtlaufzeit des Darlehens auf acht Jahre und eine Erhöhung des Zinssatzes auf 9%. Welche Zahlungen ergeben sich aus der Sicht des Darlehensnehmers?

Tilgungsplan für den Darlehensnehmer						
	Einzah-	Auszahlungen				Schulden-
t	lung	Tilgung	Zinsen	sonst.	Summe	stand
0	80.000			960	79.040,00	80.000,00
1		0,00	6.400,00	30	–6.430,00	80.000,00
2		16.000,00	6.400,00	30	–22.430,00	64.000,00
3		0,00	5.120,00	30	–5.150,00	64.000,00
4		21.333,33	5.120,00	30	–26.483,33	42.666,67
5		0,00	2.970,00	30	–3.000,00	43.110,00
6		14.370,00	3.879,90	30	–18.279,90	28.740,00
7		14.370,00	2.586,60	30	–16.986,60	14.370,00
8		14.370,00	1.293,30	30	–15.693,30	0,00

Die Zahlungen in den Zeitpunkten t=0 bis t=2 bleiben im Vergleich zu Beispiel 5.6 gleich. Da im dritten Jahr keine Tilgungszahlung geleistet wird, bleibt der Schuldenstand bei 64.000, und für die drei (planmäßig) verbleibenden Jahre ist eine neue Kapitalrate zu berechnen:

$$\frac{64.000}{3} = 21.333{,}33.$$

Von den im fünften Jahr gezahlten 3.000 wird zuerst die Kontoführungsgebühr in Höhe von 30 gedeckt, für Zinsen und Tilgung bleiben danach 2.970 übrig. Eigentlich sollte der Darlehensnehmer Zinsen in

Höhe von 42.666,67 · 0,08=3.413,33 zahlen, er bleibt daher 3.413,33–2.970,00=443,33 der Bank schuldig. Dieser Betrag erhöht die Restschuld, die damit 43.110 beträgt. Am Anfang des sechsten Jahres wird die Gesamtlaufzeit verlängert und der Zinssatz angehoben. Mit den neuen Werten und der gegebenen Restschuld am Ende des fünften Jahres kann die Tabelle fertig gestellt werden.

Beim Annuitätendarlehen ist eine Änderung der Bedingungen während der Laufzeit mit etwas mehr Rechenaufwand verbunden. Da Zinssatz, Laufzeit und Restschuld in die Annuitätenformel eingehen, müssen wir bei jeder Änderung eine neue Annuität berechnen. Wir fassen die konkrete Vorgangsweise in nachstehender Liste zusammen und demonstrieren diese anschließend anhand eines Beispiels.

- *Änderung der Laufzeit*: Unter Verwendung der neuen Restlaufzeit und der Restschuld muss die neue Annuität ermittelt werden.
- *Änderung des Zinssatzes*: Mit Hilfe des neuen Zinssatzes, der Restlaufzeit und der Restschuld wird die neue Annuität berechnet.
- *Die Tilgungzahlung wird nicht oder nur teilweise geleistet*: Der Schuldenstand verringert sich nur um die geleistete Tilgungszahlung. Mit der verbleibenden Restschuld und der Restlaufzeit wird die neue Annuität ermittelt.
- *Die Zinsen werden nicht oder nur teilweise gezahlt*: Der Schuldenstand erhöht sich um die nicht gezahlten Zinsen. Unter Verwendung der neuen Restschuld und der Restlaufzeit muss die neue Annuität berechnet werden.
- *Die Kontoführungsgebühr wird nicht oder nur teilweise gezahlt*: Der Schuldenstand erhöht sich um die nicht gezahlte Kontoführungsgebühr und die nicht gezahlten Zinsen. Die neue Annuität wird mit Hilfe der neuen Restschuld und der Restlaufzeit ermittelt.

Beispiel 5.11:
(Fortsetzung von Beispiel 5.8) Im dritten Jahr zahlt der Schuldner nur die Kontoführungsgebühr und die Zinsen, es erfolgt jedoch keine Tilgung. Auf Ansuchen des Darlehensnehmers behält die Bank die bisherigen Darlehenskonditionen bei. Im fünften Jahr werden nur 3.000 gezahlt. Daraufhin wird am Anfang des sechsten Jahres eine Verlängerung der Gesamtlaufzeit des Darlehens auf 8 Jahre und eine Erhöhung des Zinssatzes auf 9% vereinbart. Welche Zahlungen ergeben sich aus der Sicht des Schuldners?

Tilgungsplan für den Darlehensnehmer						
	Einzah-	Auszahlungen				Schulden-
t	lung	Tilgung	Zinsen	sonst.	Summe	stand
0	80.000			960	79.040,00	80.000,00
1		0,00	6.400,00	30	–6.430,00	80.000,00
2		13.636,52	6.400,00	30	–20.066,52	66.363,48
3		0,00	5.309,08	30	–5.339,08	66.363,48
4		20.442,18	5.309,08	30	–25.781,26	45.921,31
5		0,00	2.970,00	30	–3.000,00	46.625,01
6		14.223,18	4.196,25	30	–18.449,43	32.401,83
7		15.503,27	2.916,16	30	–18.449,43	16.898,56
8		16.898,56	1.520,87	30	–18.449,43	0,00

Auch hier bleiben die Zahlungen bis zum dritten Jahr im Vergleich zu Beispiel 5.8 unverändert. Im dritten Jahr erfolgt keine Tilgungszahlung, der Schuldenstand bleibt daher konstant bei 66.363,48. Für die verbleibende Restlaufzeit von drei Jahren (die Differenz zu der zu diesem Zeitpunkt noch geltenden Gesamtlaufzeit von sechs Jahren) wird eine neue Annuität ermittelt:

$$A_{t=4} = 66.363{,}48 \cdot \frac{0{,}08 \cdot 1{,}08^3}{1{,}08^3 - 1} = 25.751{,}26.$$

(Diese Annuität besteht nur aus Zinsen und Tilgung, die Kontoführungsgebühr muss gesondert berücksichtigt werden.) Im fünften Jahr bleiben nach Abzug der Kontoführungsgebühr von den gezahlten 3.000 nur 2.970 übrig. Eigentlich wären 45.921,31 · 0,08=3.673,70 an Zinsen fällig. Die nicht gezahlten Zinsen in Höhe von 3.673,70–2.970,00=703,70 erhöhen die Restschuld auf 46.625,01. Nach der Änderung der Gesamtlaufzeit und des Zinssatzes am Beginn des sechsten Jahres wird wieder eine neue Annuität berechnet:

$$A_{t=6,7,8} = 46.625,01 \cdot \frac{0{,}09 \cdot 1{,}09^3}{1{,}09^3 - 1} = 18.419{,}43.$$

Damit ergeben sich die Zahlungen der letzten drei Jahre wie in der Tabelle dargestellt.

5.2.3 Die Anleihe

5.2.3.1 Grundlagen

Die *Anleihe* gehört zu den klassischen Instrumenten der langfristigen Fremdfinanzierung. Oft benötigt ein Großunternehmen (oder z.B. auch ein Staat) Geldbeträge in Größenordnungen, die die finanzielle Kapazität eines einzelnen Kreditgebers (z.B. einer Bank) übersteigen. In diesem Fall ist die Emission einer Anleihe am in- oder ausländischen Kapitalmarkt eine Möglichkeit, trotzdem den gewünschten Betrag in Form von Fremdkapital zu beschaffen. Unter *Emission* oder *Platzierung* einer Anleihe versteht man deren Ausgabe und Verkauf.

Eine *Anleihe* (*Schuldverschreibung*, *Obligation*, *Rente*, engl. *bond*) bezeichnet einen langfristigen Kredit, bei dem die Gesamtsumme in einzelne *Teilschuldverschreibungen* gestückelt wird. Jeder Anleger, der eine solche Teilschuldverschreibung erwirbt (*zeichnet*), wird Gläubiger des Unternehmens, das die Anleihe emittiert (*begeben*) hat. Diese Teilschuldverschreibungen sind als Wertpapiere verbrieft, die auf einen bestimmten Nennbetrag (z.B. 1.000 €) lauten und häufig am Sekundärmarkt gehandelt werden. Unter einem *Sekundärmarkt* versteht man jenen Markt, auf dem Wertpapiere laufend ge- und verkauft werden (z.B. Börse, siehe Abschnitt 6.2). Aufgrund der Verbriefung als Wertpapier und des Handels an der Börse ist die Veräußerbarkeit der Teilschuldverschreibungen gewährleistet: Jeder Anleger kann einmal erworbene Teilschuldverschreibungen jederzeit wieder verkaufen (zu dem zu diesem Zeitpunkt geltenden Kurs, siehe S. 161).

Wir fassen zusammen:

Die wichtigsten Charakteristika einer Anleihe (im Gegensatz zum Darlehen) sind

1. die Zerlegung in Teilschuldverschreibungen,
2. damit verbunden eine Vielzahl von Gläubigern und
3. im Fall von börsegehandelten Anleihen die einfache Liquidierbarkeit.

Je nach Emittent einer Anleihe sind verschiedene Bezeichnungen üblich: *Staats- oder Bundesanleihen* werden von Staaten begeben, *Kommunalanleihen* von anderen Gebietskörperschaften, *Industrieobligationen* von Unternehmen. *Pfandbriefe* sind von Hypothekenbanken emittierte Anleihen mit besonderem Deckungsstock.[16] Bei *Bank- und Sparkassenobligationen* sind, wie der Name schon sagt, Banken bzw. Sparkassen Schuldner.

Im Folgenden werden die wichtigsten Ausstattungsmerkmale einer Anleihe kurz beschrieben und erläutert.

1. *Laufzeit*: Typische Laufzeiten von Industrieanleihen liegen zwischen sechs und zwölf Jahren, Bundesanleihen können auch eine wesentlich längere Laufzeit aufweisen.

[16] Unter einem Deckungsstock versteht man eine Vermögensmasse (z.B. Immobilien), die als Sicherheit für die Anleihe dienen.

2. *Währung*: Die Währung, in der die Anleihe begeben wird, muss nicht die Heimatwährung des Emittenten sein. Anleihen in ausländischer Währung werden als *Fremdwährungsanleihen* bezeichnet.

3. *Volumen* und *Stückelung*: Mit Volumen bezeichnet man das Gesamtnominale der Anleihe. Die Stückelung gibt den Nennwert der einzelnen Teilschuldverschreibungen an. Bei Anleihen, die an der Börse notieren, ist aufgrund der hohen Spesen und sonstigen Transaktionskosten die Emission erst ab einem Volumen von ca. 50 Mio. € sinnvoll. Die Stückelung beträgt in diesem Fall meist 1.000 €.

   Anleihen, die nicht für den Börsenhandel bestimmt sind, sondern direkt ausgewählten institutionellen Investoren und Großanlegern angeboten werden (engl. *private placements*), sind wesentlich kostengünstiger und deshalb auch für kleinere Volumina (ab ca. 5 Mio. €) lohnend. Der Zielgruppe entsprechend liegt die Stückelung zwischen 10.000 € und 100.000 €.

4. *Tilgungsmodalitäten*: Anleihen können am Ende der Laufzeit (z.B. endfällige Kuponanleihe, Nullkuponanleihe) oder in einzelnen Raten (analog zum Darlehen mit konstanter Tilgung, z.B. Serienanleihe) getilgt werden. Die einzelnen Anleihetypen werden in den folgenden Abschnitten 5.2.3.2 bis 5.2.3.7 näher beschrieben.

5. *Nominalzinssatz*: Bei den meisten Anleiheformen wird ein konstanter Nominalzinssatz (*Kupon*) vereinbart (z.B. Serienanleihe, endfällige Kuponanleihe); solche Anleihen bezeichnet man auch als *Straight Bonds*. Bei Anleihen mit variabler Verzinsung (so genannte *Floating Rate Notes*) setzt sich der Zinssatz aus einem Referenzzinssatz (z.B. EURIBOR) und einem Zinsaufschlag (Spanne, Spread) zusammen. Die Höhe des fixen Zinssatzes bzw. des Spreads bei Floating Rate Notes ist abhängig von der Bonität des Emittenten, der Laufzeit der Anleihe und den Bedingungen am Kapitalmarkt zum Zeitpunkt der Emission.

6. *Emissions- und Tilgungskurs*: Der Emissionskurs gibt an, wie viel Prozent des Nennwerts einer Teilschuldverschreibung beim Kauf (anlässlich der Emission) zu zahlen sind. Bei einem Emissionskurs von z.B. 97% kann der Zeichner eine Teilschuldverschreibung mit Nennbetrag 1.000 € um 970 € erwerben. Der Tilgungskurs gibt den Prozentsatz an, zu dem der Nominalbetrag getilgt wird. Üblicherweise beträgt der Tilgungskurs 100%, während der Emissionskurs häufig

unter (Emission *unter pari*), manchmal auch über 100% (Emission *über pari*) liegt. Den prozentuellen Unterschied zwischen Emissionskurs und Tilgungskurs bezeichnet man als *Disagio*, wenn der Emissionskurs niedriger ist als der Tilgungskurs, bzw. im umgekehrten Fall als *Agio*. Für das Disagio bzw. Agio gilt

$$\text{Disagio bzw. Agio} = \left| \frac{\text{TK} - \text{EmK}}{\text{TK}} \right|,$$

wobei TK den Tilgungskurs und EmK den Emissionskurs bezeichnet. Während alle übrigen Ausstattungsmerkmale einer Anleihe bereits lange vor der tatsächlichen Emission bekannt gegeben werden, wird der Emissionskurs im Allgemeinen unmittelbar vor Beginn der Zeichnungsfrist festgelegt. Dies hat den Zweck, die effektive Verzinsung[17] der Anleihe an die Rendite vergleichbarer Anleihen anzupassen.[18]

Beispiel 5.12:
Die BOND-AG plant die Emission einer Anleihe. Zum Zeitpunkt der Bekanntgabe der Ausstattungsmerkmale (insbesondere Kupon und Laufzeit) beträgt die (für eine Anleihe mit der gegebenen Laufzeit und vergleichbarem Bonitätsrisiko) „faire" Verzinsung 6% p.a. Daher wählt die BOND-AG diesen Zinssatz als Nominalzinssatz der Anleihe. Bis zum Beginn der Zeichnungsfrist ändern sich die Gegebenheiten am Kapitalmarkt: Die angemessene Rendite der Anleihe beträgt jetzt 6,25% p.a., niemand würde bei einer Verzinsung von nur 6% p.a. die Anleihe zeichnen. Um die Effektivverzinsung der Anleihe auf 6,25% anzuheben, wählt die BOND-AG einen entsprechend niedrigen Emissionskurs (EmK<100%, Emission mit Disagio).
Beträgt umgekehrt die für diese Anleihe geforderte Rendite zu Beginn der Zeichnungsfrist weniger als 6% (d.h. das Unternehmen würde zu hohe Zinsen bezahlen), wird die BOND-AG den Emissionskurs auf einen Wert größer als 100% anheben (Emission mit Agio), um die effektive Verzinsung auf die derzeit angemessene Höhe zu senken.

7. *Kündigungsrecht*: Eine vorzeitige Kündigung der Anleihe seitens des Gläubigers ist normalerweise nicht vorgesehen, da dieser (im Fall börsenotierter Anleihen) die Anleihe jederzeit an der Börse verkaufen

[17] Die effektive Verzinsung einer Anleihe ergibt sich aus dem Nominalzinssatz, dem Emissions- und dem Tilgungskurs und verschiedenen Spesen. Berechnet wird sie als interner Zinssatz der mit der Anleihe verbundenen Zahlungsreihe.

[18] Dies gilt nur näherungsweise. Wie beim Darlehen ist auch bei der Anleihe die Rendite grundsätzlich nicht zu Vergleichs- bzw. Bewertungszwecken geeignet.

kann. Hingegen ist die Vereinbarung einer vorzeitigen Kündigungsmöglichkeit durch den Emittenten nicht unüblich. In diesem Fall werden zur „Entschädigung" der Anleger so genannte *Kündigungsrisikoprämien* in Form von höheren Tilgungskursen oder höheren Kupons geboten.

8. *Sicherheiten*: Industrieobligationen werden manchmal analog zum Darlehen durch verschiedene Instrumente abgesichert, z.B. durch Sicherheitsklauseln (engl. *covenants*) betreffend die zukünftige Unternehmenspolitik.

Privatanleger zeichnen Anleihen normalerweise über die Vermittlung einer Bank.[19] Die gezeichneten Wertpapiere werden von der Bank im so genannten *Depot* aufbewahrt und verwaltet (bzw. wird im Depot das Eigentum an den Wertpapieren verzeichnet). Ein *Depotauszug* gibt Auskunft über den aktuellen Depotstand. Die Abwicklung der Zins- und Tilgungszahlungen erfolgt elektronisch über ein zum Depot gehörendes Verrechnungskonto. Im Gegenzug verlangt die Bank eine *Depotgebühr*.

Kauft der Anleger die Teilschuldverschreibung innerhalb der Zeichnungsfrist (das ist die Zeitspanne, in der die Anleihe erstmals zur Zeichnung angeboten wird), dann entspricht der zu zahlende Preis dem Emissionskurs. Während der Laufzeit der Anleihe kann diese an der Börse gehandelt werden (ausgenommen *private placements*). Der Kurs, den die Anleihe dann aufweist, richtet sich nach mehreren Faktoren:

1. Die Entwicklung des allgemeinen *Zinsniveaus* besitzt den größten Einfluss auf den Kurs einer (festverzinslichen) Anleihe: Wenn die Anleihe eine höhere Verzinsung erbringt als die derzeit vom Kapitalmarkt gebotene Rendite, wird der Kurs der Anleihe über 100% steigen: Einerseits sind Investoren bereit, für die höhere Verzinsung einen höheren Preis zu zahlen. Andererseits wird jemand die Anleihe auch nur dann verkaufen, wenn der Preis hoch genug ist, um ihn für den Verzicht auf die (verglichen mit dem Marktniveau) höhere Verzinsung zu entschädigen. Umgekehrt wird der Kurs einer Anleihe bei steigendem Kapitalmarktzinssatz sinken. Eine Anleihe notiert also nur dann genau bei 100% ihres Nominales, wenn die nominelle Verzinsung der Anleihe genau den Renditeforderungen des Kapitalmarkts entspricht.

[19] Streng genommen versteht man unter dem „Zeichnen" einer Anleihe deren Kauf innerhalb der Zeichnungsfrist, jener Zeitspanne, in der die Anleihe erstmalig zum Kauf angeboten wird (am *Primärmarkt*). Werden Anleihen zu einem späteren Zeitpunkt am Sekundärmarkt erworben, spricht man allgemein vom „Kauf" der Anleihe.

2. Vor allem bei Industrieobligationen spielt die *Bonität* des Emittenten eine wichtige Rolle: Für Anleihen von Emittenten mit niedriger Bonität verlangt der Investor einen Risikozuschlag in Form eines höheren Zinssatzes. Verschlechtert sich also die Bonität des Emittenten, wird auch der Kurs der Anleihe fallen, da die Verzinsung für die neue Bonitätseinstufung zu niedrig ist. Verbessert sich hingegen die Bonität, wird der Kurs der Anleihe steigen.

3. Schließlich wirkt sich auch die *Restlaufzeit* der Anleihe auf den Kurs aus: Gegen Ende der Laufzeit nähert sich der Preis der Anleihe dem Rückzahlungsbetrag an.

Bevor wir in Kapitel 5.2.3.8 näher auf die Bewertung von Anleihen eingehen, behandeln wir in den folgenden Abschnitten einige Anleiheformen im Detail.

5.2.3.2 Endfällige Kuponanleihe

Eine *endfällige Kuponanleihe* ist eine festverzinsliche Anleihe, die zur Gänze am Ende der Laufzeit getilgt wird. Die Zinszahlungen (*Kupons*) werden regelmäßig während der Laufzeit fällig. Der Name *Kuponanleihe* hat historischen Ursprung: Früher wurde beim Erwerb einer Teilschuldverschreibung die Teilschuldverschreibungsurkunde (auch *Mantel* genannt) gemeinsam mit einem Zinsscheinbogen mit den Zinskupons für die einzelnen Zinstermine ausgehändigt. Die Zinszahlung erfolgte nur gegen Vorlage des entsprechenden Zinskupons. Heute werden Zins- und Tilgungszahlungen elektronisch über ein Verrechnungskonto bei der depotführenden Bank abgewickelt.

Beispiel 5.13:
Ein Unternehmen emittiert eine endfällige Kuponanleihe über ein Nominale von 5.000.000 €. Die Laufzeit beträgt fünf Jahre, der Nominalzinssatz 6% p.a. bei jährlicher Verzinsung. Der Emissionskurs wird mit 97,7% festgelegt, der Tilgungskurs beträgt 100%. Zusätzlich werden anlässlich der Emission einmalige Spesen in Höhe von 2,5% des Nominales fällig. Während der Laufzeit fallen jährlich 3.000 € für die Abwicklung der Kuponzahlungen an.
Für das Unternehmen ergibt sich damit folgender Tilgungsplan (in 1.000 €):

Tilgungsplan für den Emittenten						
	Einz.	Auszahlungen				Schulden-
t	Emission	Tilgung	Zinsen	Spesen	Summe	stand
0	4.885			120	4.765	5.000
1			300	3	–303	5.000
2			300	3	–303	5.000
3			300	3	–303	5.000
4			300	3	–303	5.000
5		5.000	300	3	–5.303	0

Die effektive Verzinsung dieser Anleihe aus der Sicht des Emittenten beträgt 7,23%.[20]

Beispiel 5.14:
Ein Anleger zeichnet von der Anleihe aus Beispiel 5.13 Teilschuldverschreibungen mit Nominale 30.000 €. Die Bank verrechnet Kaufspesen in Höhe von 0,7% des gezeichneten Nennwerts.
Vor Abzug aller Steuern kann der Zeichner folgende Ein- und Auszahlungen erwarten:

Tilgungsplan für den Zeichner						
	Einzahlungen		Auszahlungen			Forderungs-
t	Tilgung	Zinsen	Kauf	Spesen	Summe	stand
0			29.310	210	–29.520	30.000
1		1.800			1.800	30.000
2		1.800			1.800	30.000
3		1.800			1.800	30.000
4		1.800			1.800	30.000
5	30.000	1.800			31.800	0

Für den Zeichner beträgt die Rendite dieser Anleihe 6,38%. Der Unterschied zur effektiven Verzinsung aus der Sicht des Emittenten beruht auf den unterschiedlichen Spesen und Gebühren.

Wird die Anleihe im Privatvermögen des Anlegers gehalten, fällt zusätzlich zu den in der Tabelle gegebenen Zahlungen in Österreich noch Kapitalertragsteuer (KESt), in Deutschland Abgeltungssteuer (ASt) an. Die Steuersätze liegen aktuell in Österreich bei 25%, in Deutschland bei 26,375%[21] des Kapitalertrags.[22] In beiden Ländern werden Kapitalerträge endbesteuert, d.h. außer KESt/ASt fallen keine weitere Steuern an.[23]

[20] Die Berechnung erfolgt mit dem in Abschnitt 4.5.2 beschriebenen Näherungsverfahren.

[21] 25% zuzüglich Solidaritätszuschlag in Höhe von 5,5% der Steuer.

[22] Zum Kapitalertrag zählen sowohl die Zinsen als auch ein allfälliges Disagio. In Österreich gilt hierfür eine Freigrenze: Erst wenn das Disagio größer ist als 2%, wird KESt auf das gesamte Disagio fällig.

[23] Die Endbesteuerung der Kapitalerträge wurde in Deutschland mit Beginn des Jahres 2009 eingeführt.

5.2.3.3 Serienanleihe

Bei einer *Serienanleihe* wird das gesamte Nominale der Anleihe auf einzelne *Serien* aufgeteilt (üblicherweise entspricht die Anzahl der Serien der Laufzeit in Jahren). Meist werden die einzelnen Serien durch die Endziffer der Seriennummer der Teilschuldverschreibungen gekennzeichnet (daher auch die Bezeichnung „Serienanleihe“). Jedes Jahr wird eine Serie zur Tilgung ausgelost, wie beim Darlehen können auch tilgungsfreie Jahre vereinbart werden.[24] Der Zinssatz ist fix, die Zinsen werden regelmäßig während der Laufzeit fällig.

Für den Emittenten der Serienanleihe entspricht das Schema der Zahlungen im Wesentlichen dem des Darlehens mit konstanter Tilgung (siehe Abschnitt 5.2.2.3). Zeichnet ein Anleger nur eine Serie der Anleihe, unterliegt er dem so genannten *Auslosungsrisiko.* Da das Los über die jeweils zu tilgende Serie entscheidet, weiß er im Voraus nicht, wann „seine“ Serie getilgt werden wird. Dieses Auslosungsrisiko kann der Zeichner jedoch vermeiden, indem er sein Kapital gleichmäßig auf die einzelnen Serien verteilt. In diesem Fall ist ihm die Reihenfolge der Tilgung der einzelnen Serien egal. Unter dieser Voraussetzung entspricht die Serienanleihe für den Zeichner ebenfalls einem Darlehen mit konstanter Tilgung.

Beispiel 5.15:
Ein Unternehmen emittiert eine Serienanleihe mit einem Nominalbetrag von 4.000.000 €. Die Laufzeit beträgt vier Jahre, der Nominalzinssatz 7%, der Emissionskurs 101,5%, der Tilgungskurs 100%. Anlässlich der Emission sind Auszahlungen in Höhe von 3% des Nominales zu leisten, während der Laufzeit werden jährlich 4.000 € an Spesen für Auslosung, Transaktionskosten und Ähnliches fällig.
Der Tilgungsplan sieht wie folgt aus (in 1.000 €):

Tilgungsplan für den Emittenten						
	Einz.	Auszahlungen				Schulden-
t	Emission	Tilgung	Zinsen	Spesen	Summe	stand
0	4.060			120	3.940	4.000
1		1.000	280	4	–1.284	3.000
2		1.000	210	4	–1.214	2.000
3		1.000	140	4	–1.144	1.000
4		1.000	70	4	–1.074	0

Die effektiven Kapitalkosten für den Emittenten der Anleihe betragen 7,85%.

[24] Bei tilgungsfreien Jahren verringert sich die Anzahl der Serien dementsprechend.

Beispiel 5.16:
Ein Anleger zeichnet einen Nominalbetrag von 10.000 € der obigen Anleihe, wobei er diesen gleichmäßig auf alle Serien verteilt. Seine Bank verrechnet ihm einmalige Kaufspesen in Höhe von 0,5% des Nominalbetrags und eine jährliche Depotgebühr von 10 €. Welche Ein- und Auszahlungen ergeben sich für den Zeichner (vor Abzug aller Steuern)?

Tilgungsplan für den Zeichner						
	Einzahlungen		Auszahlungen			Forderungs-
t	Tilgung	Zinsen	Kauf	Spesen	Summe	stand
0			10.150	50	–10.200	10.000
1	2.500	700		10	3.190	7.500
2	2.500	525		10	3.015	5.000
3	2.500	350		10	2.840	2.500
4	2.500	175		10	2.665	0

Die Rendite für den Anleger beträgt 5,59%.

5.2.3.4 Nullkuponanleihe

Nullkuponanleihen oder *Zerobonds* sind Anleihen ohne laufende Zinszahlungen. Die Tilgung der Anleihe erfolgt am Ende der Laufzeit, die Verzinsung ergibt sich aus der Differenz zwischen Emissions- und Tilgungskurs.

Man unterscheidet zwischen *echten* und *unechten* Nullkuponanleihen: Echte Zerobonds (Abzinsungsanleihen) werden unter pari emittiert, der Tilgungskurs beträgt 100%. Bei unechten Zerobonds (Aufzinsungsanleihen) beträgt der Emissionskurs 100% und der Tilgungskurs liegt darüber.

Nullkuponanleihen bieten für den Emittenten einige Vorteile:

1. Da während der Laufzeit der Anleihe keine Zahlungen zu leisten sind, ergibt sich (verglichen mit anderen Anleiheformen) eine höhere Liquidität in diesem Zeitraum.

2. Aus demselben Grund sind auch die Verwaltungskosten (z.B. Überweisungsspesen) wesentlich niedriger.

Für den Zeichner der Nullkuponanleihe entfällt das Wiederanlagerisiko der Zinszahlungen, das sich bei Kuponanleihen aus der Unsicherheit über das herrschende Zinsniveau zu den zukünftigen Kuponterminen ergibt. Außerdem kann es je nach steuerlicher Situation des Anlegers für diesen vorteilhaft sein, die Kapitalerträge erst bei Tilgung bzw. Veräußerung des Zerobonds zu versteuern.

Beispiel 5.17:
Ein Unternehmen emittiert eine Nullkuponanleihe mit einem Nominale von 6.000.000€. Die Laufzeit beträgt 10 Jahre, der Emissionskurs 58,8%, der Tilgungskurs 100%. Anlässlich der Emission werden 1% des Nominales, während der Laufzeit jährlich 500€ an Spesen fällig. Wie lautet der Tilgungsplan aus der Sicht des Emittenten?

Tilgungsplan für den Emittenten					
	Einzahlung	Auszahlungen			Schulden-
t	Emission	Tilgung	Spesen	Summe	stand
0	3.528.000		60.000	3.468.000	6.000.000
1			500	–500	6.000.000
2			500	–500	6.000.000
⋮			⋮	⋮	⋮
9			500	–500	6.000.000
10		6.000.000	500	–6.000.500	0

Die effektiven Kapitalkosten für den Emittenten betragen 5,65%.

Beispiel 5.18:
Für den Anleger, der einen Nominalbetrag von 25.000€ dieser Anleihe zeichnet, ergibt sich bei Kaufspesen in Höhe von 0,7% vom Nominale der folgende Tilgungsplan:

Tilgungsplan für den Zeichner					
	Einzahlung	Auszahlungen			Forderungs-
t	Tilgung	Kauf	Spesen	Summe	stand
0		14.700	175	–14.875	25.000
1				0	25.000
2				0	25.000
⋮				⋮	⋮
9				0	25.000
10	25.000			25.000	0

In diesem Fall können wir die Rendite der Anleihe aus der Sicht des Zeichners sogar exakt berechnen (vgl. Formel [3.5], S. 47):

$$i_{\text{eff}} = \sqrt[10]{\frac{25.000}{14.875}} - 1 = 0,0533 \simeq 5,33\%.$$

5.2.3.5 Floating Rate Note

Floating Rate Notes sind Anleihen mit variabler Verzinsung. Der Zinssatz wird periodisch (zu den so genannten *Roll-Over-Dates*, z.B. alle

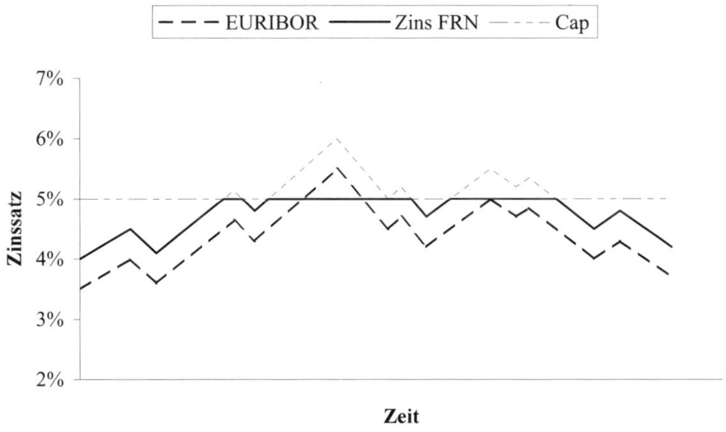

Abbildung 5.2: Zinsentwicklung einer Floating Rate Note mit Cap

sechs Monate) an einen *Referenzzinssatz* angepasst. Der Anleihezins setzt sich aus dem Referenzzinssatz (z.B. EURIBOR) und der *Spanne* zusammen. Das Ausmaß der Spanne richtet sich nach der Kreditwürdigkeit des Emittenten: Je schlechter die Bonität, umso höher ist die Spanne.

Der Vorteil für das emittierende Unternehmen besteht hauptsächlich bei fallendem Zinsniveau, da in diesem Fall auch der Zinssatz der Floating Rate Note sinkt. Für den Anleger ergibt sich aufgrund der variablen Verzinsung ein sehr geringes Kursrisiko (vgl. S. 161).

Floating Rate Notes können mit Zinsobergrenzen (engl. *caps*, siehe Abbildung 5.2) oder Zinsuntergrenzen (engl. *floors*) ausgestattet werden. Im Bereich der Zinsgestaltung existieren zahlreiche Finanzinnovationen, wie z.B. der Drop-Lock-Bond. Hier wird der Anleihezinssatz, wenn er einmal eine bestimmte Untergrenze erreicht hat, auf diesem Niveau „eingefroren“ (siehe Abbildung 5.3).

5.2.3.6 Gewinnschuldverschreibung

Eine *Gewinnschuldverschreibung* (engl. *participating bond*) ist eine Anleiheform, bei der

- eine Zinszahlung nur dann erfolgt, wenn das emittierende Unternehmen einen Gewinn erwirtschaftet, oder
- neben einem fixen (niedrigen) Grundzins ein weiterer von der Dividende abhängiger Gewinnanspruch besteht.

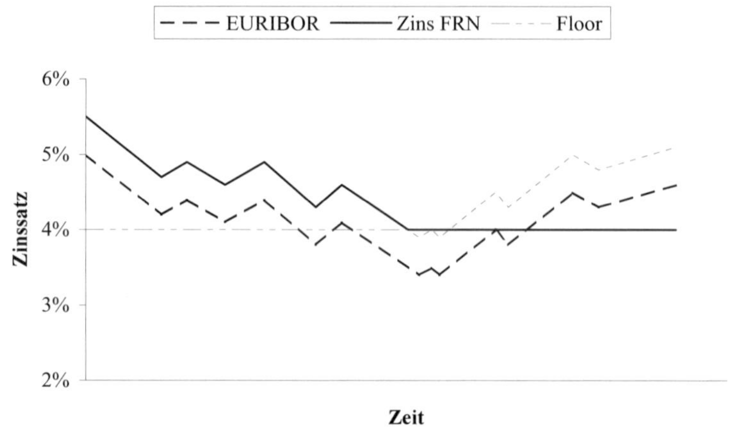

Abbildung 5.3: Zinsentwicklung beim Drop-Lock-Bond

Beispiel 5.19:
Die PART-AG legt bei einer neu zu emittierenden Gewinnschuldverschreibung folgende Verzinsung fest: 4% Mindestzins, zusätzlich 0,5% für jeden Prozentpunkt, um den die Dividende auf die Stammaktie 10% übersteigt.

Da durch die Ausgabe einer Gewinnschuldverschreibung die Rechte der Aktionäre durch den zusätzlichen Gewinnanspruch der Zeichner beeinträchtigt werden, besitzen die Aktionäre ein Bezugsrecht (vgl. Abschnitt 5.3.2.3).

Die Gewinnschuldverschreibung wird zwar juristisch dem Fremdkapital zugeordnet, durch die Abhängigkeit der Verzinsung vom Gewinn bzw. der Dividende des emittierenden Unternehmens bildet sie de facto aber eine Mischform zwischen Anleihe und Aktie.

5.2.3.7 Anleihen mit Optionscharakter bzw. Optionsrechten

Manche Anleihen werden entweder mit optionsähnlichen Rechten, oder überhaupt gleich im Paket mit Optionen emittiert, um sie für Anleger attraktiver erscheinen zu lassen. Für diese Anleihen gilt dasselbe wie für die Gewinnschuldverschreibung: Sie weisen einen starken Bezug zum Eigenkapital des emittierenden Unternehmens auf und bilden somit eine Mischform zwischen Fremd- und Eigenkapital.

Eine *Wandelanleihe* (*convertible bond*) ist eine von einem Unternehmen emittierte Anleihe mit dem zusätzlichen Recht, die Anleihe in

Aktien des emittierenden Unternehmens zu tauschen. Die Frist, innerhalb der der Umtausch erfolgen muss, das Umtauschverhältnis und eine eventuelle Zuzahlung werden bereits im Voraus festgelegt. Nach dem Umtausch in Aktien geht die Anleihe unter: Fremdkapital ist zu Eigenkapital geworden.

Ebenfalls zu den Wandelschuldverschreibungen zählt die *Umtauschanleihe* (*Exchangeable Bond*). Der Zeichner einer Umtauschanleihe hat das Recht, Aktien eines dritten, vom Emittenten verschiedenen, Unternehmens zu beziehen. Umtauschanleihen werden in der Regel von Unternehmen emittiert, die Aktien an anderen Unternehmen halten und sich von diesen Beteiligungen in der Zukunft trennen wollen.

Eine *Optionsanleihe* (engl. *warrant bond*) besteht aus einer Anleihe gemeinsam mit einem trennbaren Optionsrecht zum Bezug von Aktien des emittierenden Unternehmens zu einem bestimmten Kurs innerhalb einer bestimmten Zeitspanne. Die Anleihe bleibt nach dem Bezug der Aktien bestehen, durch die Ausübung des Optionsrechts wird zusätzliches Eigenkapital geschaffen. Das Optionsrecht kann als Optionsschein (Warrant) getrennt an der Börse gehandelt werden.

Einen besonderen Typ einer Optionsanleihe stellt die *Going-Public-Anleihe* dar. Darin erhält der Zeichner das Optionsrecht auf Aktien, die anlässlich eines zukünftigen Börsegangs emittiert werden. Sollte der Börsegang nicht stattfinden, erfolgt eine Tilgung der Anleihe (üblicherweise über pari).

Wandel- und Optionsanleihe werden manchmal unter dem Begriff „Wandelschuldverschreibung" zusammengefasst; in diesem Fall wird die Wandelanleihe auch als „Wandelschuldverschreibung im engeren Sinn" bezeichnet. Voraussetzung für die Emission einer Wandelschuldverschreibung ist eine *bedingte Kapitalerhöhung* (siehe Abschnitt 5.3.2.4) in Höhe des von den Zeichnern der Anleihe im Falle der Wandlung bzw. Ausübung der Option beanspruchten Aktienkapitals. Die Altaktionäre erhalten ein Bezugsrecht. Bei Umtauschanleihen auf *bereits bestehende* Aktien sind hingegen weder eine Kapitalerhöhung noch die Einräumung von Bezugsrechten erforderlich.

Wandel- und Optionsanleihen bieten für den Emittenten eine Reihe von Vorteilen:

1. Durch das Recht auf Wandlung bzw. die Ausübung der Option besteht für Anleger ein zusätzlicher Anreiz, die Anleihe zu zeichnen.

2. Im Gegenzug kann ein niedrigerer Kupon als bei normalen Anleiheformen geboten werden.

3. In der Hoffnung auf steigende Aktienkurse kann ein Umtauschkurs der Wandelanleihe bzw. ein Ausübungspreis bei der Optionsanleihe vereinbart werden, der über dem derzeit bei einer Aktienemission erzielbaren Kurs liegt.

Auch der Zeichner einer Wandel- oder Optionsanleihe kann mit einigen Vorteilen rechnen:

1. Er ist zunächst nur Gläubiger des Unternehmens, übernimmt also keine Haftung und erhält eine feste Verzinsung seines Kapitals.
2. Der Zeichner ist weder zur Wandlung (der Wandelanleihe) verpflichtet noch muss er das Optionsrecht (bei der Optionsanleihe) ausüben, kann aber bei steigenden Aktienkursen durch diese Zusatzrechte (das Wandlungs- bzw. Optionsrecht) zusätzliche Gewinne erzielen.
3. Bei der Optionsanleihe kann der Optionsschein getrennt an der Börse gehandelt werden. Der besondere Anreiz für den Anleger liegt darin, dass er mit wesentlich geringerem Kapitaleinsatz als beim direkten Kauf an der Kursentwicklung der zugrunde liegenden Aktie teilnehmen kann (Hebelwirkung von Optionen, siehe auch Abschnitt 7.4.3).

5.2.3.8 Bewertung von Anleihen

Wir haben in Abschnitt 5.2.3.1 schon auf verschiedene Faktoren hingewiesen, die Einfluss auf den Kurs einer Anleihe ausüben. Im Folgenden werden wir uns genauer mit der Bewertung von Anleihen befassen.

Ein Investor, der zu einem bestimmten Zeitpunkt eine Anleihe am Sekundärmarkt erwerben möchte, muss im Allgemeinen mehr als den Kurs der Anleihe bezahlen. Wenn der Kaufzeitpunkt nicht gleichzeitig auch ein Kupontermin ist, fallen auch so genannte *Stückzinsen* (engl. *accrued interest*) an. Damit werden die anteiligen Zinsen, die seit dem letzten Kupontermin verdient, aber noch nicht ausgezahlt wurden, dem bisherigen Besitzer der Anleihe vergütet. Die Stückzinsen werden linear interpoliert:

$$\text{Stückzinsen} = \text{Kupon} \cdot \frac{\text{Anzahl Tage seit dem letzten Kupontermin}}{\text{Anzahl Tage der gesamten Kuponperiode}}.$$

Der Marktpreis der Anleihe setzt sich also aus dem Börsekurs und den aufgelaufenen Stückzinsen zusammen. Den Kurs der Anleihe nennt man auch den *Clean Price*, den Marktpreis inklusive Stückzinsen den *Dirty*

Price der Anleihe. Im Normalfall erfolgt die Kursnotiz der Anleihe zum Clean Price.

Bei der Bewertung von Anleihen unterscheiden wir zwei Typen von Anleihen: Anleihen, bei denen alle zukünftigen Zahlungen bekannt sind (z.B. Nullkuponanleihen, Kuponanleihen mit konstantem Zinssatz) und Anleihen, bei denen das nicht der Fall ist, wie z.B. Floating Rate Notes oder Wandelanleihen. Innerhalb dieser zweiten Gruppe beschränken wir uns auf die Bewertung von bestimmten Floating Rate Notes.

Beginnen wir mit der Bewertung von Anleihen mit bekanntem Zahlungsstrom. Der Wert solcher Anleihen ergibt sich aus der Summe der Barwerte der zukünftigen Zahlungen, wobei zur Ermittlung der Barwerte die für die jeweilige Fristigkeit geltende Spot Rate zu verwenden ist. Wir veranschaulichen die Vorgangsweise anhand eines einfachen Beispiels:

Beispiel 5.20:
Eine endfällige Kuponanleihe mit einem Tilgungskurs von 100% und jährlichen Kupons in Höhe von 5% hat eine Restlaufzeit von genau drei Jahren. Die derzeitigen Spot Rates betragen i_1=4,50%, i_2=4,52% und i_3=4,55%. Wie hoch ist der rechnerische Wert dieser Anleihe?

Der mit dieser Anleihe (für ein Nominale von 100 €) verknüpfte Zahlungsstrom lautet

Damit ergibt sich für den Wert der Anleihe

$$B = 5 \cdot 1{,}0450^{-1} + 5 \cdot 1{,}0452^{-2} + 105 \cdot 1{,}0455^{-3} = 101{,}24,$$

bzw. der faire Börsekurs beträgt 101,24%.

Serienanleihen und Nullkuponanleihen werden analog behandelt.

Wenden wir uns nun der Bewertung von Floating Rate Notes zu. Bei diesen Anleihen wird der Zinssatz periodisch an einen Referenzzinssatz angepasst. Zur Vereinfachung der Darstellung gehen wir davon aus, dass die Anpassungszeitpunkte gleichzeitig auch Kupontermine sind. Zu jedem Kupontermin wird also die Höhe des nächsten Kupons festgelegt, anders ausgedrückt, während einer Zinsperiode ist die Höhe der nächsten Kuponzahlung bekannt, alle weiteren Kuponzahlungen aber nicht.

Beispiel 5.21:
Bei einer Floating Rate Note mit Tilgungskurs 100%, jährlichen Kuponzahlungen und einer Restlaufzeit von exakt dreieinhalb Jahren wurde beim letzten Zinsanpassungstermin (vor genau einem halben Jahr)

die Höhe des nächsten Kupons mit 4,5% festgelegt. Der Zahlungsstrom dieser Anleihe lautet dann

t	0	0,5	1,5	2,5	3,5
		4,5	$\tilde{L}$	$\tilde{L}$	$100+\tilde{L}$

wobei $\tilde{L}$ die unbekannten und unsicheren Kuponzahlungen bezeichnet, die erst später festgelegt werden.

Wir betrachten ausschließlich den Fall, dass die Höhe des Kupons genau dem Referenzzinssatz (z.B. EURIBOR) entspricht (d.h. ohne Auf- oder Abschlag einer zusätzlichen Spanne). Solche Floating Rate Notes nennt man auch *perfekt indiziert*. Hier bedient man sich bei der Bewertung des teilweise unsicheren Zahlungsstroms der Tatsache, dass der Wert der Floating Rate Note zu jedem Zinsanpassungszeitpunkt, d.h. bei uns zu jedem Kupontermin, genau 100% beträgt.

Dahinter steht folgende Überlegung: Angenommen, wir befinden uns im letzten Anpassungszeitpunkt (für das obige Beispiel ist das der Zeitpunkt t=2,5), ein Jahr vor Fälligkeit der Anleihe. Der Referenzzinssatz für die Fristigkeit von einem Jahr beträgt z.B. 4% p.a., daher wird der Kupon für den Fälligkeitszeitpunkt ebenfalls mit 4% festgelegt. Die in einem Jahr (in t=3,5) fällige, sichere Zahlung beträgt damit insgesamt 104% des gehaltenen Nominales. Um den auf den Zeitpunkt t=2,5 bezogenen Wert dieser sicheren Zahlung zu berechnen, wird mit dem in t=2,5 geltenden Referenzzinssatz, also mit 4% abgezinst: 104%/1,04=100%. Damit haben wir gezeigt, dass im letzten Zinsanpassungszeitpunkt der Wert des Floaters genau 100% beträgt.

Gehen wir jetzt ein weiteres Jahr zurück. Im Zeitpunkt t=1,5 nimmt der Referenzzinssatz z.B. den Wert von 3% an, d.h. der in t=2,5 zu zahlende Kupon beträgt ebenfalls 3%. Ein Investor, der die Anleihe besitzt, kann für t=2,5 also einerseits mit einem (sicheren) Kupon in Höhe von 3% rechnen, andererseits weiß er (aus der obigen Überlegung), dass zu diesem Zeitpunkt der Floater genau 100% wert sein wird. Er kann also insgesamt mit einem Vermögen von 103% des gehaltenen Nominales rechnen. Wird dieser Wert auf den Zeitpunkt t=1,5 abgezinst, muss wieder der aktuell geltende Zinssatz von 3% verwendet werden, und der Wert des Floaters in t=1,5 beträgt wiederum 100%.

Ganz analog können wir für jeden vorhergehenden Zinsanpassungszeitpunkt bis hin zum ersten Kupontermin der Floating Rate Note argumentieren. Zu jedem Zinsanpassungszeitpunkt beträgt der Kurs des Floaters also genau 100%.

Um den Wert einer perfekt indizierten Floating Rate Note zu einem bestimmten Zeitpunkt zu ermitteln, braucht man daher nur mehr ihren Wert zum nächsten Kupontermin (=100%) inklusive der dann fälligen, ebenfalls bekannten Kuponzahlung auf den Bewertungszeitpunkt (unter Verwendung der entsprechenden Spot Rate) abzinsen.

Beispiel 5.22:
(Fortsetzung von Beispiel 5.21.) Angenommen, es handelt sich in Beispiel 5.21 um eine perfekt indizierte Floating Rate Note, bei der der Zinssatz dem jeweiligen 12-Monats-EURIBOR entspricht. Dann können wir für Bewertungszwecke den Zahlungsstrom von

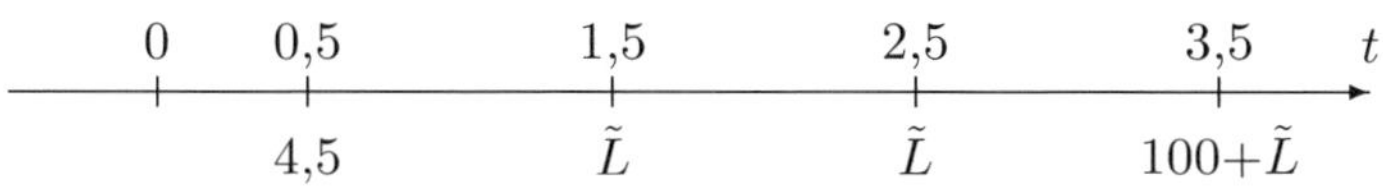

durch

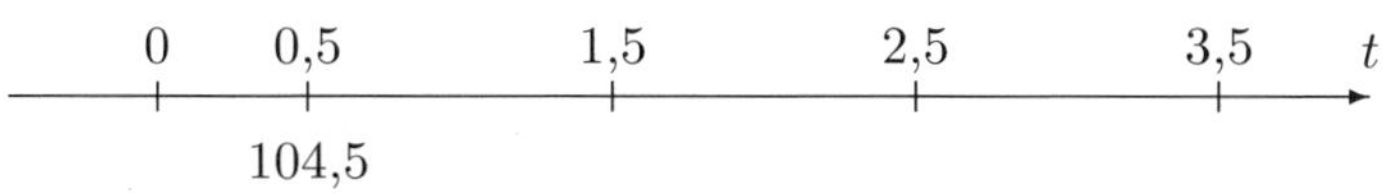

ersetzen. Nehmen wir weiters an, dass am Bewertungsstichtag (in t=0) die Spot Rate für sechs Monate $i_{0,5}$=4,30% p.a. beträgt, dann lautet der rechnerische Wert der Anleihe

$$B = 104{,}5 \cdot 1{,}043^{-0{,}5} = 102{,}32.$$

5.2.4 Weitere Instrumente der Kreditfinanzierung

Kredite lassen sich nach dem Kreditzweck (z.B. Betriebsmittelkredit, Investitionskredit, Wohnbaudarlehen) oder nach der Kreditart einteilen. Üblich ist es auch, zwischen kurz-, mittel und langfristigen Fremdfinanzierungsarten zu unterscheiden. Tabelle 5.1 bringt eine entsprechende Übersicht, bei der auch die in Abschnitt 5.2.3 beschriebenen Formen der *Anleihen* als Kredite (mit einer Vielzahl von Gläubigern) klassifiziert wurden. In diese Gliederung wurden Kreditinstrumente nicht aufgenommen, bei denen der Kreditnehmer zwar eine Verbesserung seiner finanziellen Position erzielt, aber keine Einzahlung erhält. Dies ist etwa bei Instrumenten der *Kreditleihe* (Avalkredit, Akzeptkredit) der Fall. Hier leistet der Kreditgeber an den Kreditnehmer keine Zahlung, sondern übernimmt die Haftung für eine Zahlung des Kreditnehmers an einen Dritten (siehe Abschnitt 5.2.4.6).

kurz-/mittelfristig	langfristig
Kontokorrentkredit	Darlehen (auch Gesellschafterdarlehen)
Diskontkredit	(klassische) Anleihe
Lombardkredit	Nullkuponanleihe
Kundenanzahlung	Wandel- und Optionsanleihe
Lieferantenkredit	Gewinnschuldverschreibung

Tabelle 5.1: Klassifikation von Krediten nach der Fristigkeit

Daneben gibt es „kreditähnliche" Instrumente, die als Ersatz für Kredite dienen. Diese Instrumente werden als *Kreditsubstitute* bezeichnet. Typische Beispiele sind Factoring oder Leasing. Wir werden sie bei den entsprechenden Institutionen in Abschnitt 6.4 behandeln.

5.2.4.1 Kontokorrentkredit

Kontokorrentkredite gehören zu den am häufigsten genutzten kurzfristigen Krediten. Im Gegensatz zum Darlehen wird beim Kontokorrentkredit *kein fixer Auszahlungsbetrag* festgelegt. Stattdessen wird ein Limit vereinbart, bis zu dem der Kreditnehmer einen Kredit in Anspruch nehmen kann. Dieses Limit wird auch als *Kreditrahmen* oder *Kreditlinie* bezeichnet. Innerhalb dieses Kreditrahmens kann der Kreditnehmer je nach Bedarf beliebige Beträge des Kredits (auch wiederholt) in Anspruch nehmen.

Kontokorrentkredite erlauben dem Kreditnehmer selbstständig darüber zu entscheiden, wann und wie viel er an Kredit aufnehmen will. Üblicherweise kann er auch selbst festlegen, wie lange er den Kredit in Anspruch nehmen will und wann er den Kredit – eventuell nur zum Teil – wieder zurückzahlt. Solange der Kreditrahmen zumindest teilweise ausgeschöpft wird, fallen *Sollzinsen* an.[25] Der Kontokorrentkredit ist formell kurzfristig: Die Bank kann jederzeit die Rückzahlung verlangen. Faktisch handelt es sich dennoch um einen *unbefristeten* Kredit, der üblicherweise immer weiter verlängert wird, so lange die Kreditwürdigkeit des Kreditnehmers für das vereinbarte Limit ausreicht. Der Kredit kann entweder besichert (z.B. durch Waren oder Forderungen) oder unbesichert (Blankokredit) sein.

[25] Unter Sollzinsen versteht man Zinsen, die ein Kontoinhaber bezahlen muss, dessen Konto über eine gewisse Zeit einen negativen Kontostand aufgewiesen hat.

Banken vergeben üblicherweise so genannte *Betriebsmittelkredite* in Form von Kontokorrentkrediten. Auch die Girokonten von Privatpersonen und Unternehmen beinhalten einen vereinbarten Kreditrahmen. Für den in Anspruch genommenen Kreditbetrag werden dem Kreditnehmer Sollzinsen verrechnet. Der geforderte Zinssatz ist üblicherweise variabel (z.B. 4,5% p.a. b.a.w.). Konventionsgemäß wird als Zinsverrechnungsmethode die einfache Verzinsung verwendet, wobei das Jahr in 12 Monate zu je 30 Tagen unterteilt wird. Für die Kosten eines Kontokorrentkredits spielen neben den Zinsen auch zusätzliche Gebühren und Provisionen eine große Rolle. In der Praxis sind dies vor allem:

- Bereitstellungsprovision
- Kontoführungsgebühr
- Überziehungsprovision

Die *Bereitstellungsprovision* ist ein Entgelt für die durch die Bank bereitgestellte Möglichkeit, jederzeit ohne vorherige Ankündigung einen Kredit bis zur Höhe des Kreditlimits in Anspruch nehmen zu können. Sie wird üblicherweise unabhängig vom tatsächlichen Ausmaß deren Ausnutzung verrechnet. Die *Kontoführungsgebühr* wird – je nach Vereinbarung – z.B. monatlich, viertel- oder halbjährlich verrechnet. Wenn es dem Kreditnehmer gestattet ist, das vereinbarte Kreditlimit bei Bedarf zu überschreiten (so genannter *Überziehungskredit*), wird für die über das Limit hinaus beanspruchten Beträge zusätzlich zu den Sollzinsen eine *Überziehungsprovision* verrechnet.

Beispiel 5.23:
Die KKK GmbH hat mit der Bank folgende Konditionen für einen Kontokorrentkredit vereinbart:

- Kreditlimit 20.000 €, Überziehung um maximal weitere 10.000 € gestattet.
- Bereitstellungsprovision: 1% p.a., zahlbar am Beginn jedes Halbjahres.
- Überziehungsprovision: 3% p.a., zahlbar monatlich im Nachhinein.
- Sollzinsen: 9% p.a., zahlbar monatlich im Nachhinein.

Welche Zahlungen für den Kontokorrentkredit fallen im Juli an, wenn der Kontostand im Juni –25.000 € war?[26]

[26] Wir nehmen hier vereinfachend an, dass der Kontostand den ganzen Juni hinweg bei –25.000 € war. In der Praxis werden Zinsen taggenau nur für jene Tage berechnet, an denen der Kredit tatsächlich in Anspruch genommen wurde.

Sollzinsen	25.000 · 0,09/12=	187,50
Bereitstellungsprovision	20.000 · 0,01/ 2=	100,00
Überziehungsprovision	5.000 · 0,03/12=	12,50
Gesamtauszahlung		300,00

Kontokorrentkredite sind geeignet, um kurzfristige Liquiditätsengpässe auszugleichen. In Abstimmung mit dem betrieblichen *Finanzplan* (siehe Abschnitt 5.4) erleichtern Kontokorrentkredite die Aufrechterhaltung des finanziellen Gleichgewichts. Problematisch ist der Vorteilhaftigkeitsvergleich unterschiedlicher Kontokorrentkredite vor allem aufgrund der jeweils anfallenden Gebühren und Provisionen und der unterschiedlichen Verrechnungsmodalitäten (einmalig, laufend, monatlich, vierteljährlich, im Voraus oder im Nachhinein zahlbar etc.).

5.2.4.2 Diskontkredit

Ein *Wechsel* ist ein Zahlungsinstrument, das strengen Formvorschriften unterliegt. Es besteht in einer Anweisung des *Ausstellers* (z.B. ein Gläubiger) an den *Bezogenen* (z.B. ein Schuldner), an einen *Begünstigten* zu einem bestimmten Termin Zahlung zu leisten.[27] Der Wechsel ist ein *abstraktes Zahlungsinstrument*, die Verpflichtung zur Zahlung besteht unabhängig vom Grundgeschäft (z.B. einer Warenlieferung). Ein Kunde könnte etwa anstelle einer Barzahlung die Unterschrift auf einem Wechsel anbieten. Mitunter wird der Wechsel auch als Sicherungsinstrument verwendet. Zum Beispiel kann ein Lieferant seinem Kunden ein Zahlungsziel einräumen,[28] sich jedoch vom Kunden per Unterschrift auf einem Wechsel die Zahlung versprechen lassen. In diesem Fall wird der Kunde (Schuldner) zum Wechselbezogenen, der Lieferant (Gläubiger) ist Wechselbegünstigter. Wenn die Bonität des Wechselbezogenen ausreicht, kann dieser Wechsel als Finanzierungsinstrument verwendet werden (siehe Abbildung 5.4).

Der Wechselbegünstigte kann den Wechsel nun einer Bank übergeben (wir bezeichnen diesen Vorgang als *Einreichung zum Diskont*). Die Bank überprüft die Qualität des Wechsels, d.h. seine *Diskontfähigkeit*. Wenn diese gegeben ist (d.h. die Bonität von Bezogenem oder allenfalls Begünstigtem für die Bank ausreichend ist), zahlt sie den noch nicht fälligen Wechselbetrag an den Begünstigten nach Abzug der Zinsen,

[27] Auf die juristischen Aspekte des Wechsels sowie Sonderformen werden wir hier nicht näher eingehen.

[28] Wir werden diese Zahlungsmodalität etwas später als *Lieferantenkredit* bezeichnen und in Abschnitt 5.2.4.5 näher erläutern.

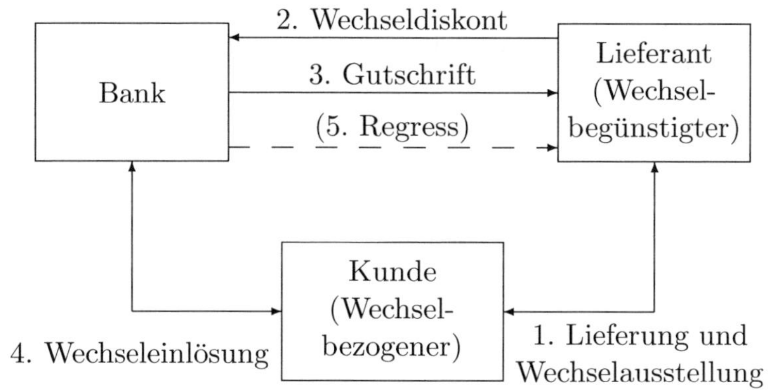

Abbildung 5.4: Ablauf eines Diskontkredits

die *vorschüssig* berechnet werden. Die Höhe des verrechneten Zinssatzes orientiert sich dabei am *Basiszinssatz* der Europäischen Zentralbank (EZB). Ein interessanter Aspekt ist, dass beim Diskontkredit nicht der Kreditnehmer (z.B. der Lieferant), sondern der Kunde als Wechselbezogener den Kredit an die Bank zurückzahlt. Der Lieferant bleibt nur mehr *Eventualschuldner*: Wenn die Bank bei Fälligkeit des Wechsels keine Zahlung vom Bezogenen erhält, wird sie Rückgriff (*Regress*) auf den Einreicher nehmen, und dieser muss den geschuldeten Betrag bezahlen.

Beispiel 5.24:
Die BEGÜNSTIGUNGS-AG hat eine wechselmäßig verbriefte Forderung an die BEZOGENEN-AG in Höhe von 35.000 €, die in 90 Tagen fällig ist. Die Bank bietet einen Diskontierungszinssatz von 4,5% p.a. Mit welcher Einzahlung kann die BEGÜNSTIGUNGS-AG rechnen, wenn sie den Wechsel heute diskontieren lässt?

Die Bank würde diesen Wechsel mit 4,5% p.a. diskontieren, wobei der an die BEGÜNSTIGUNGS-AG ausbezahlte Betrag K_0 mittels vorschüssiger, einfacher Verzinsung berechnet wird (vgl. Abschnitt 3.4):

$$K_0 = 35.000 \cdot (1 - 0{,}045 \cdot \frac{3}{12}) = 34.606{,}25.$$

5.2.4.3 Lombardkredit

Ein *Lombardkredit* ist ein kurzfristiger Kredit, der durch ein Pfandrecht besichert ist. Pfandrechte können auf bewegliche, marktgängige Vermögenswerte eingeräumt werden. Typischerweise sind dies Sachen mit einfach feststellbarem Marktwert. Es eignen sich Wertpapiere, Edelmetalle, Wechsel (selten!), Waren oder Forderungen. Beim Lombardkredit wird das verpfändete Gut an den Kreditgeber übergeben bzw. es wird ihm eine Bestätigung über seine Einlagerung in einem Lagerhaus ausgehändigt. 1999 wurde der ehemals von den Zentral- und Bundesbanken quotierte Lombardsatz durch einen vergleichbaren Referenzzinssatz (die so genannte *Spitzenrefinanzierungsfazilität*) der Europäischen Zentralbank (EZB) ersetzt.

5.2.4.4 Kundenanzahlung

Die *Kundenanzahlung* ist ein Instrument der kurzfristigen Kreditfinanzierung. Bei diesem Instrument kommt eine Kreditbeziehung zwischen dem Lieferanten und seinem Kunden zustande. Der Kunde wird zum Kreditgeber, indem er an den Lieferanten eine Zahlung leistet, bevor die Lieferung der Ware erfolgt. Der Kundenanzahlung liegt daher immer eine Geschäftsbeziehung zwischen Kreditgeber und Kreditnehmer zugrunde, die sich auf die Lieferung von Waren oder die Bereitstellung von Dienstleistungen bezieht. Dem Lieferanten werden die liquiden Mittel üblicherweise zinsenlos zur Verfügung gestellt. Seine Gegenleistung erfolgt erst nach Erhalt der Anzahlung. Kundenanzahlungen werden nicht in expliziten Kreditverträgen, sondern im Zuge der allgemeinen Vertragsverhandlungen zwischen den Beteiligten geregelt. Meist macht der Lieferant im Gegenzug Preiszugeständnisse, z.B. in Form eines Rabatts.

Beispiel 5.25:
Ein Kaufvertrag enthält die Zahlungsbedingung „40.000 € Kaufpreis, 50% als Anzahlung sofort, restliche 50% bei Lieferung in drei Monaten fällig". Ist diese Regelung für den Lieferanten günstig, wenn er einen Kalkulationszinssatz von 5% p.a. verwendet und im Gegenzug einen Rabatt von 5% auf den Kaufpreis gewährt?

Variante A mit Kundenanzahlung und Rabatt in Höhe von 5%:

$$\text{KW} = 19.000 + 19.000 \cdot (1 + 0{,}05)^{-1/4} = 37.769{,}65.$$

Variante B ohne Kundenanzahlung und ohne Rabatt:

$$\text{KW} = 40.000 \cdot (1 + 0{,}05)^{-1/4} = 39.515{,}06.$$

Die Kundenanzahlung ist für den Lieferanten ungünstiger, da der Kapitalwert der Einzahlungen um 1.745,41 € (39.515,06–37.769,65) niedriger ist.

5.2.4.5 Lieferantenkredit

Ein *Lieferantenkredit* stellt in gewisser Hinsicht das Gegenteil der Kundenanzahlung dar. Es besteht auch hier eine Kreditbeziehung. Im Fall des Lieferantenkredits räumt jedoch der Lieferant dem Kunden freiwillig ein *Zahlungsziel* ein, d.h. er gestattet ihm, die gelieferte Ware erst nach Verstreichen einer bestimmten Frist zu bezahlen. Es werden also keine finanziellen Mittel direkt zur Verfügung gestellt, sondern die Bezahlung der Forderung wird gestundet. Wie bei der Kundenanzahlung wird kein expliziter Kreditvertrag abgeschlossen, sondern der Lieferantenkredit ist Bestandteil der Zahlungsbedingungen des Lieferanten. Wenn der Kunde die Zahlungsfrist nicht in Anspruch nimmt, entsteht keine Kreditbeziehung. In diesem Fall ist der Abzug eines so genannten *Skontos* (eines Prozentsatzes vom Rechnungsbetrag) üblich. Die Kosten des Kredits haben den Charakter von Opportunitätskosten, die sich aus dem Skontoverlust ergeben.

Beispiel 5.26:
Die Rechnung der SKONTO GmbH beinhaltet die folgende Zahlungsmodalität: „Zahlung des Kaufpreises von 10.000 € 60 Tage nach Lieferung oder innerhalb von 14 Tagen unter Abzug von 2% Skonto.“ Der Kunde hat also die Möglichkeit, entweder 9.800 € innerhalb von 14 Tagen oder 10.000 € ab dem 15. bis zum Ende der Zahlungsfrist (60.Tag) zu bezahlen. Die Kreditlaufzeit beträgt somit 46 Tage. Welcher effektive Zinssatz ergibt sich bei diesem Lieferantenkredit?

Die Zahlungskonditionen in diesem Beispiel führen dazu, dass an Stelle einer Zahlung von 9.800 € in 14 Tagen eine Zahlung von 10.000 € in 60 Tagen erfolgen kann. Dies entspricht einem Kredit mit einer *Einzahlung* in Höhe von 9.800 € in 14 Tagen und einer Auszahlung von 10.000 € in 60 Tagen. Der effektive Tageszinssatz beträgt somit:

$$\sqrt[N]{\frac{K_N}{K_0}} - 1 = \sqrt[46]{\frac{10.000}{9.800}} - 1 = 0{,}0004393 \simeq 0{,}044\%.$$

Der entsprechende Effektivzinssatz pro Jahr ist:

$$\left(\sqrt[N]{\frac{K_N}{K_0}}\right)^{365} - 1 = \left(\sqrt[46]{\frac{10.000}{9.800}}\right)^{365} - 1 = 0{,}1739 = 17{,}39\% \text{ p.a.}$$

Wir erkennen, dass Lieferantenkredite sehr teure Formen der Finanzierung sind, deren effektive Kosten zudem für den Kreditnehmer nicht deutlich erkennbar sind. In der Praxis kommen Lieferantenkredite dennoch häufig vor. Sie erlauben dem Kreditnehmer, ohne besondere Voraussetzungen (keine Kreditwürdigkeitsprüfung!) in den Genuss von Zahlungserleichterungen zu kommen und entlasten seine bestehenden Kreditlinien bei Banken. Kreditgeber können als eine relativ einfache Form der Besicherung einen *Eigentumsvorbehalt* (siehe Abschnitt 6.3.2.3) an den gelieferten Waren vereinbaren.

5.2.4.6 Kreditleihe

Im Gegensatz zur *Geldleihe* stellt der Kreditgeber dem Kreditnehmer bei der *Kreditleihe* bloß seine Reputation, d.h. seine Kreditwürdigkeit bzw. Bonität zur Verfügung. Er verspricht damit – selbstverständlich gegen eine entsprechende Entlohnung – einem Dritten, für die Schuld des Kreditnehmers für den Fall einzustehen, wenn der Kreditnehmer seinen Zahlungsverpflichtungen nicht nachkommen sollte. Eine unmittelbare Zahlung an den Kreditnehmer erfolgt nicht. Der Kreditgeber hat nur dann eine Zahlung gegenüber dem begünstigten Dritten zu leisten, wenn der Kreditnehmer nicht zahlt (*Eventualverbindlichkeit*). Beispiele für Kredite, bei denen bloß eine Kredit-, nicht aber eine Geldleihe stattfindet, sind der Akzeptkredit und der Avalkredit. Zum Zweck und zur Abwicklung dieser Kredite verweisen wir auf die weiterführende Literatur (z.B. Gräfer et al. [2001]).

5.3 Beteiligungsfinanzierung

5.3.1 Charakteristika

Unter *Beteiligungsfinanzierung* versteht man die Zuführung von Eigenkapital durch Eigentümer anlässlich der Gründung oder einer Kapitalerhöhung eines Unternehmens. Beteiligungsfinanzierung wird auch als externe Eigenfinanzierung bezeichnet. Eigenkapital kann auch intern im Unternehmen, hauptsächlich durch Einbehaltung von Gewinnen (*Gewinnthesaurierung*) geschaffen werden. Diesen Vorgang bezeichnen wir als interne (Eigen-)Finanzierung.

Folgende Merkmale sind charakteristisch für die Beteiligungsfinanzierung:

1. *Beteiligtenstellung*: Der Kapitalgeber fungiert als Beteiligter am Unternehmen, er ist (Mit-)Eigentümer. Bei Liquidation des Unternehmens hat er Anspruch auf einen Anteil am Liquidationserlös.

2. *Gewinnbeteiligung*: Der Beteiligte hat weiters einen Anspruch auf

einen Teil des ausgeschütteten Gewinns, der seinem Anteil am Unternehmen entspricht. Im Falle von Verlusten erfolgt keine Ausschüttung.

3. *Mitwirkung an der Geschäftsführung*: Der Beteiligte hat ein Recht auf Mitwirkung an der Geschäftsführung des Unternehmens. Je nach Gesellschaftsform ist das Mitwirkungsrecht mehr oder weniger umfangreich. Bei Kapitalgesellschaften sind eigene Leitungsorgane für die Unternehmensführung bestellt (Vorstand bei der AG, Geschäftsführer bei der GmbH) und die Möglichkeiten der Beteiligten sind dementsprechend begrenzt (z.B. auf die Hauptversammlung bei der AG).

4. *Unbefristete Kapitalbereitstellung*: Beteiligungskapital wird dem Unternehmen dauerhaft zur Verfügung gestellt. Es besteht kein Anspruch auf Rückzahlung.

5. *Haftung*: Bei Personengesellschaften gibt es voll haftende Gesellschafter, die auch mit ihrem Privatvermögen für die Schulden der Gesellschaft haften.[29] Bei Kapitalgesellschaften haften die Beteiligten mit dem Wert ihrer Anteile.[30] Im Insolvenzfall werden die Forderungen von Kreditgebern gegenüber den Ansprüchen von Beteiligten vorrangig behandelt. Das bedeutet: Ansprüche der Kreditgeber sind durch das vorhandene Eigenkapital[31] gesichert, und Eigenkapital ist somit gegenüber Fremd- bzw. Kreditkapital *nachrangig*. Im Falle der Liquidation eines Unternehmens gilt: Je höher das Eigenkapital, desto geringer der mögliche Forderungsausfall der Gläubiger. Wenn bei Kapitalgesellschaften das Eigenkapital durch Verluste aufgezehrt ist (*Überschuldung*), kommt es zur Einleitung eines Insolvenzverfahrens.[32] Eigenkapital (und damit Beteiligungsfinanzierung) trägt daher zur Existenzsicherung des Unternehmens bei.

6. *Liquiditätswirkung*: Bei der Kreditfinanzierung besteht typischerweise eine laufende Liquiditätsbelastung durch Zins- und Tilgungszah-

[29] Eine Ausnahme stellt der Kommanditist bei der Kommanditgesellschaft dar. Er haftet nur mit seiner Kapitaleinlage (bzw. nur mit der Hafteinlage, falls diese kleiner ist als seine Kapitaleinlage).

[30] Dies gilt jedenfalls aus zahlungsorientierter Sicht.

[31] Für Leser mit Vorkenntnissen im Rechnungswesen: Wir sprechen hier vom Marktwert des Eigenkapitals, nicht vom Buchwert!

[32] Im Konkursfall verlieren die Anteile typischerweise ihren gesamten Wert, d.h. der Aktienkurs sinkt auf null.

lungen. Im Gegensatz dazu erfolgen Zahlungen an *Beteiligte* nur dann, wenn Gewinne erwirtschaftet und Beschlüsse zu deren Ausschüttung getroffen werden.

7. *Steuerliche Benachteiligung gegenüber Fremdkapital*: Im Gegensatz zu Fremdkapitalzinsen erfolgen Ausschüttungen an Beteiligte aus *versteuerten* Gewinnen.

Aus den genannten Charakteristika ergibt sich, dass Beteiligungskapital neben der reinen Kapitalbereitstellung weitere Funktionen erfüllt: Es stellt dem Unternehmen Haftungskapital zur Verfügung, erleichtert damit die Kapitalaufbringung durch Kreditinstrumente und gestaltet in Form von Mitspracherechten die Geschäftsführung (mit).

5.3.2 Beteiligungsfinanzierung mittels Aktien

Die Art der Beteiligungsfinanzierung ist primär von der Gesellschaftsform des Unternehmens abhängig. Eine detaillierte Darstellung der möglichen Gesellschafts- und der daraus resultierenden Formen der Beteiligungsfinanzierung geht über den Rahmen dieses Lehrbuches hinaus.[33] Aus Finanzierungssicht ist vor allem die Aufbringung von Beteiligungskapital bei Aktiengesellschaften interessant. Dabei wird das Grundkapital in eine Vielzahl von Aktien zerlegt. Wir unterscheiden zwischen *Nennwertaktien*, die auf einen bestimmten Geldbetrag lauten und *nennwertlosen Aktien* (*Quotenaktien*), die einen Anteil am Grundkapital der Gesellschaft (unechte Quotenaktie) oder am Vermögen der Gesellschaft (echte nennwertlose Aktie) verkörpern.[34]

Aktien können öffentlich zur Zeichnung aufgelegt (emittiert) und in der Folge an der Börse gehandelt werden.[35] Man unterscheidet zwischen *Erstemission* (*Going Public*) und *Kapitalerhöhung*. Die erstmalige Einführung an der Börse wird als *Initial Public Offering* (*IPO*) bezeichnet.

---

[33] Ausführlichere Darstellungen findet man in zahlreichen Lehrbüchern zur Finanzierung (z.B. Drukarczyk [2008]).

[34] Vor der Einführung des Euros waren in Österreich und Deutschland Nennwertaktien vorgesehen. Seither können die Anteile in Form von unechten Quotenaktien ausgegeben werden. Dies bildete eine Erleichterung bei der Umrechnung in die neue Währung.

[35] Den Fall eines direkten Verkaufs von Aktien an eine eingeschränkte Anzahl von Personen bzw. Institutionen (Privatplatzierung) werden wir im Weiteren ausklammern.

5.3.2.1 Vor- und Nachteile eines Going Public

Ein Going Public bringt folgende Vorteile mit sich:

1. Die Emission von Aktien erlaubt durch die Aufteilung auf eine Vielzahl von Beteiligten (Stückelung) die Aufbringung größerer Beträge. Auf diese Weise kann das Verlustrisiko jedes einzelnen Eigenkapitalgebers auf einen relativ geringen Betrag begrenzt werden. Es können folglich auch Investitionen finanziert werden, für die andere Kapitalgeber (z.B. Banken) aufgrund der Risikosituation kein oder nicht ausreichend Kapital bereitstellen wollen.

2. Die Anteile am Unternehmen sind aufgrund ihrer Fungibilität leicht handelbar. Trotz dauerhafter Kapitalbereitstellung kann der Einzelne daher seinen Anteil relativ leicht am Sekundärmarkt weiterverkaufen. Transaktionen am Sekundärmarkt können innerhalb des Börsesystems (Börsehandel) oder außerhalb des Börsesystems (z.B. vor- oder nachbörslicher Interbankenhandel) stattfinden (vgl. dazu Abschnitt 6.2). Die Zahlungen, die im Sekundärhandel vorgenommen werden, haben keine (unmittelbare) weitere Wirkung auf die Finanzlage des emittierenden Unternehmens.

3. Die Beschaffung von Beteiligungskapital durch Emission von Aktien hat regelmäßig höhere Eigenkapitalquoten (Eigenkapital in Prozent der Bilanzsumme) dieser Unternehmen zur Folge. Eine höhere Eigenkapitalquote führt zu einer geringeren Gefährdung der Existenz des Unternehmens während längerer Verlustphasen (z.B. in Zeiten einer allgemeinen Rezession). Durch die Präsenz am Kapitalmarkt genießen diese Unternehmen einen höheren Bekanntheitsgrad und können daher auch leichter internationale Finanzquellen erschließen.

Als Argumente gegen ein Going Public werden häufig folgende Punkte genannt:

1. Ein Going Public führt zu einer Machtverschiebung in Richtung der neuen Eigenkapitalgeber. Dies könnte für die bisherigen Beteiligten eine Beschränkung ihrer Einflussmöglichkeiten, möglicherweise zum Schaden des Unternehmens, bedeuten.

2. Ein erfolgreiches Going Public erfordert die umfassende Information der Öffentlichkeit über das Unternehmen. Die Offenlegung von unternehmensinternen Angelegenheiten kann jedoch unter Umständen gegen das Unternehmensinteresse gerichtet sein.

3. Ein Going Public ist mit hohen einmaligen Kosten verbunden. Die Börsenotierung (engl. *listing*) verursacht außerdem laufende Kosten (siehe S. 240).

5.3.2.2 Bedeutung der Beteiligungsfinanzierung im deutschsprachigen Raum

Wenn wir die finanzielle Ausstattung österreichischer und deutscher Unternehmen betrachten, so fallen folgende Spezifika auf:

1. Die Unternehmen befinden sich mit ihrer Eigenkapitalquote von weniger als 30% auf den hinteren Plätzen im EU-Vergleich.

2. Die Differenz zwischen den Eigenkapitalquoten in Deutschland bzw. Österreich und dem EU-Durchschnitt ist umso gravierender, je kleiner die Unternehmen sind (z.B. haben Klein- und Mittelbetriebe durchschnittlich nur ca. 13% Eigenkapital, der EU-Durchschnitt liegt hier bei ca. 30%).

3. Die Aktienfinanzierung hat im deutschsprachigen Raum (noch immer) einen geringeren Stellenwert als im restlichen Euro-Raum. Der Gesamtwert aller gehandelten Aktien (*Börsekapitalisierung*) war in den letzten Jahren sowohl in absoluten Zahlen als auch relativ gesehen (z.B. in Prozent des Bruttonationalprodukts) niedriger als in vergleichbaren europäischen Ländern.

5.3.2.3 Rechte von Aktionären

Im Rahmen der Beteiligungsfinanzierung mittels Aktien unterscheiden wir nach dem Umfang der Rechte zwischen *Stammaktien* und *Vorzugsaktien*. Während Stammaktionäre alle üblichen Aktionärsrechte besitzen, werden Vorzugsaktionären Sonderrechte (meistens im Tausch gegen andere Rechte) eingeräumt. Die typischen Rechte von Stammaktionären sind:

1. *Anspruch auf Bilanzgewinn:* Stammaktionäre haben das Recht, am Bilanzgewinn der Aktiengesellschaft zu partizipieren, nachdem die Ansprüche anderer Kapitalgeber (Gläubiger, Vorzugsaktionäre) befriedigt worden sind. Sofern ein residualer Bilanzgewinn verbleibt *und* die Hauptversammlung den Beschluss zur teilweisen oder gesamten Ausschüttung dieses Gewinns fasst, erhält der Stammaktionär eine Gewinnausschüttung (*Dividende*).

2. *Auskunftsrecht:* Die leitenden Organe der Aktiengesellschaft (Vorstand, Aufsichtsrat) haben die Aktionäre im Rahmen der mindestens jährlich stattfindenden *Hauptversammlung* über die Belange der Aktiengesellschaft zu informieren. Über die Termine von Hauptversammlungen informiert üblicherweise ein elektronisches Informationssystem jener Börse, an der die Aktie notiert. Da die (Klein-) Aktionäre dem Unternehmen nicht namentlich bekannt sind,[36] müssen Aktionäre zur Teilnahme an einer Hauptversammlung Bestätigungen über die Anzahl ihrer Aktien vorweisen. Diese Bestätigungen erhalten sie von der jeweiligen Bank, die ihr Wertpapierdepot verwaltet. Während der Hauptversammlung haben die Aktionäre das Recht, unternehmensbezogene Fragen an den Vorstand zu richten.

3. *Stimmrecht:* Das Recht zur Mitwirkung an der Geschäftsführung beschränkt sich bei der Aktiengesellschaft im Wesentlichen auf das Stimmrecht. Wichtige Entscheidungen des Unternehmens bedürfen einer Abstimmung in der Hauptversammlung, insbesondere Bestellung der Aufsichtsräte, Verwendung des Bilanzgewinns, Satzungsänderungen und Beschlüsse zur Kapitalerhöhung. Beschlüsse werden in der Regel mit einfacher Mehrheit der bei der Hauptversammlung anwesenden Stimmen getroffen. Durch das Aktiengesetz oder durch die Satzung können jedoch andere Mehrheiten bestimmt werden (z.B. sind bei bestimmten Formen der Kapitalerhöhung mindestens 3/4-Mehrheiten notwendig). Viele Kleinaktionäre machen von ihrem Stimmrecht nicht persönlich Gebrauch, sondern übertragen es jenen Kreditinstituten, die ihre Wertpapierdepots verwalten (*Depotstimmrechte*). Diese Vorgangsweise kann bei der Bank einen Interessenskonflikt zwischen ihren Verpflichtungen gegenüber den Depotkunden und eigenen Zielen (z.B. als Kreditgeber des betreffenden Unternehmens) auslösen.

4. *Bezugsrecht bei Kapitalerhöhungen:* Das *Bezugsrecht* ist das Recht eines Aktionärs, bei Kapitalerhöhungen eine Anzahl der neuen (*jungen*) Aktien zu erwerben, um damit eine Beteiligungsquote wie vor der Kapitalerhöhung aufrechtzuerhalten. Stellen wir uns ein Unternehmen mit fünf Aktionären vor, von denen jeder eine gleich hohe Beteiligungsquote hält. Jeder Einzelne hat damit 1/5 der Stimmrechte in der Hauptversammlung und einen Anspruch auf 20% des ausgeschütteten Gewinns (z.B. 20% eines Gewinns von 100 €=20 €).

[36] Eine Ausnahme stellen hier so genannte *Namensaktien* dar.

Angenommen die Hauptversammlung beschließt eine Kapitalerhöhung um 20%, die zur Gänze durch einen neuen Aktionär aufgebracht werden. Daraus resultieren folgende Nachteile für die Altaktionäre: Der Einzelne hat nun einen Stimmrechtsanteil von nur mehr 1/6. Bei einem gleich bleibenden Gewinn von 100 € beträgt die Dividende nur mehr 16,67 €. Werden junge Aktien unter dem Wert der Altaktien emittiert, so entsteht nach der Kapitalerhöhung ein Mischkurs, der unter dem Kurs vor der Kapitalerhöhung liegt. Dies bedeutet einen Vermögensverlust. Das Bezugsrecht hat die Aufgabe, diesen Vermögensverlust auszugleichen.[37] Wir werden in Abschnitt 6.3.3.1 zeigen, wie sich der Wert des Bezugsrechts in diesem Fall berechnen lässt.

5. *Anspruch auf Liquidationserlös:* Falls ein Unternehmen liquidiert wird und über die Ansprüche der anderen Kapitalgeber hinaus ein residualer Liquidationserlös verbleibt, haben die Stammaktionäre Anspruch auf einen Anteil am Liquidationserlös entsprechend ihres Anteils am Eigenkapital.

Bei Vorzugsaktien sind aktienrechtlich viele Varianten möglich. Am häufigsten sind so genannte *Dividendenvorzugsaktien.* Bei diesem Typ von Vorzugsaktie verzichtet der Aktionär im Gegenzug für eine höhere Dividende auf sein Stimmrecht. Stimmrechtslose Vorzugsaktien dürfen nur ein Drittel aller Aktien einer Aktiengesellschaft repräsentieren. Bei kumulativen stimmrechtslosen Vorzugsaktien müssen die nicht- bzw. minderbezahlten Dividenden im Folgejahr nachgezahlt werden. Wenn zwei Jahre lang keine Dividendenzahlung erfolgt, lebt das Stimmrecht der Vorzugsaktionäre wieder auf. Diese Aktiengattungen werden dann ausgegeben, wenn für Anleger ein zusätzlicher Anreiz für den Kauf von Aktien gegeben werden soll, aber die derzeitigen Mitspracheverhältnisse nicht verändert werden sollen.

5.3.2.4 Formen der Kapitalerhöhung

Bei einer Aktiengesellschaft können wir folgende Formen der Kapitalerhöhung unterscheiden:

- Ordentliche Kapitalerhöhung (Normalfall)

[37] In Abschnitt 6.3.3.1 wird der Ablauf einer Kapitalerhöhung näher behandelt, insbesondere auch jenes (neuere) Verfahren, bei dem die genannte Schutzfunktion des Bezugsrechts vor Vermögensverlust nicht mehr nötig ist (*Bookbuilding-Verfahren*).

- Bedingte Kapitalerhöhung
- Genehmigtes Kapital
- Kapitalerhöhung aus Gesellschaftsmitteln (*nominelle Kapitalerhöhung*)

Der „Normalfall“ einer Kapitalerhöhung ist die *ordentliche Kapitalerhöhung*. Dabei werden neue (junge) Aktien zu einem Preis ausgegeben (*emittiert*), der als *Emissionskurs* bezeichnet wird. Der Emissionskurs ist der Ausgabekurs für die Aktie und nicht identisch mit dem nominellen Wert des Anteils am Grundkapital bzw. Vermögen des Unternehmens. Bei Nennwertaktien wird die Differenz zwischen Emissionskurs und Nominalwert als *Agio* (*Aufgeld*) bezeichnet. Eine Emission unter Nennwert ist nicht zulässig. Der Ablauf einer Kapitalerhöhung sowie die Funktionen des Bezugsrechts werden genauer in Abschnitt 6.3.3.1 behandelt.

Bei der *bedingten Kapitalerhöhung* handelt es sich um eine Sonderform der Erhöhung des Grundkapitals, die nur in gesetzlich genannten Situationen möglich ist. Diese besonderen Situationen sind anlässlich des Umtauschs von Wandelanleihen bzw. der Ausübung des Bezugsrechts von Optionsanleihen, bei der Vorbereitung von Fusionen oder bei der Ausgabe von Belegschaftsaktien[38] gegeben.

Beim *genehmigten Kapital* ermächtigt die Hauptversammlung den Vorstand, innerhalb von fünf Jahren das Grundkapital um maximal 50% durch Ausgabe junger Aktien zu erhöhen, ohne davor einen neuerlichen Beschluss der Hauptversammlung einzuholen. Diese Form der Kapitalerhöhung wird häufig gewählt, wenn der Vorstand bei der Wahl des Zeitpunkts, des Volumens und der konkreten Bedingungen für eine Kapitalerhöhung viel Freiraum haben soll.

Die *Kapitalerhöhung aus Gesellschaftsmitteln* (*nominelle Kapitalerhöhung*) ist eigentlich keine Kapitalerhöhung im finanzwirtschaftlichen Sinn: Es findet kein Zufluss liquider Mittel statt. Vielmehr erfolgt eine bilanzielle Umschichtung (so genannter *Passivtausch*, siehe z.B. Schäfer [2002]). Als Folge steigt das Grundkapital, und die Altaktionäre erhalten (bei Nennwertaktien) zusätzliche neue Aktien (*Berichtigungsaktien*, so

[38] Belegschaftsaktien sind Aktien, die an die Mitarbeiter meist deutlich unter dem aktuellen Börsekurs ausgegeben werden. Bei Belegschaftsaktien ist in der Regel eine Sperrfrist vorgesehen, während der die Aktien nicht weiterveräußert werden können. Belegschaftsaktien sollen die Mitarbeiter am unternehmerischen Erfolg beteiligen. Sie dienen als Anreizinstrument für Mitarbeiter.

mehr dem Kapitalwert der zukünftigen Dividenden (ohne Berücksichtigung der Einzahlung aus dem Wiederverkauf) an. Man bezeichnet das dadurch erhaltene Modell als *Dividendenbarwertmodell*: Der Wert einer Aktie entspricht der Summe der diskontierten zukünftigen Dividenden:

$$S_0^R = \frac{D_1}{(1+i)} + \frac{D_2}{(1+i)^2} + \ldots + \frac{D_N}{(1+i)^N}. \tag{5.1}$$

In der Realität ist nicht nur die *Höhe* der Zahlungen an den Aktionär unsicher. Es ist außerdem zu klären, für welchen *Zeitraum* N die Zahlungen prognostiziert werden sollen. Aus diesem Grund treffen wir im Dividendenbarwertmodell folgende vereinfachenden Annahmen:

1. Die AG schüttet in jeder Periode gleich hohe Dividenden aus.
2. Die AG hat eine unendliche Lebensdauer.

Die erste Annahme bewirkt, dass keine periodisch unterschiedlichen Zahlungen berücksichtigt werden müssen. Die zweite Annahme führt dazu, dass wir den Wert einer Aktie als Kapitalwert einer ewigen konstanten Dividendenrente errechnen können:

$$S_0^R = \frac{D}{i}. \tag{5.2}$$

Der Unterschied im Kapitalwert zwischen einer 15-jährigen und einer unendlichen Rente ist bei Verwendung „typischer" risikoadjustierter Kalkulationszinssätze weitaus geringer, als man intuitiv vermuten würde.

Beispiel 5.29:
Investor INFTY nimmt an, dass die PREFERENCE AG aus Beispiel 5.27 bzw. 5.28 eine ewige Dividendenrente von 10 pro Jahr zahlen wird. Investor ENDL dagegen nimmt an, dass die PREFERENCE AG diese Dividendenrente nur 15 Jahre lang zahlen wird und dann in Konkurs gehen wird. Wie hoch ist der rechnerische Wert der Aktie für Investor INFTY bzw. Investor ENDL?

Investor INFTY berechnet den Wert als Kapitalwert einer ewigen Rente:

$$S_0^R = \frac{D}{i} = \frac{10}{0{,}15} = 66{,}67.$$

Investor ENDL berechnet den Wert als Kapitalwert einer fünfzehnjährigen Rente:

$$S_0^R = 10 \cdot \frac{1{,}15^{15} - 1}{0{,}15 \cdot 1{,}15^{15}} = 58{,}47.$$

mehr dem Kapitalwert der zukünftigen Dividenden (ohne Berücksichtigung der Einzahlung aus dem Wiederverkauf) an. Man bezeichnet das dadurch erhaltene Modell als *Dividendenbarwertmodell*: Der Wert einer Aktie entspricht der Summe der diskontierten zukünftigen Dividenden:

$$S_0^R = \frac{D_1}{(1+i)} + \frac{D_2}{(1+i)^2} + \ldots + \frac{D_N}{(1+i)^N}. \tag{5.1}$$

In der Realität ist nicht nur die *Höhe* der Zahlungen an den Aktionär unsicher. Es ist außerdem zu klären, für welchen *Zeitraum* N die Zahlungen prognostiziert werden sollen. Aus diesem Grund treffen wir im Dividendenbarwertmodell folgende vereinfachenden Annahmen:

1. Die AG schüttet in jeder Periode gleich hohe Dividenden aus.
2. Die AG hat eine unendliche Lebensdauer.

Die erste Annahme bewirkt, dass keine periodisch unterschiedlichen Zahlungen berücksichtigt werden müssen. Die zweite Annahme führt dazu, dass wir den Wert einer Aktie als Kapitalwert einer ewigen konstanten Dividendenrente errechnen können:

$$S_0^R = \frac{D}{i}. \tag{5.2}$$

Der Unterschied im Kapitalwert zwischen einer 15-jährigen und einer unendlichen Rente ist bei Verwendung „typischer" risikoadjustierter Kalkulationszinssätze weitaus geringer, als man intuitiv vermuten würde.

Beispiel 5.29:
Investor INFTY nimmt an, dass die PREFERENCE AG aus Beispiel 5.27 bzw. 5.28 eine ewige Dividendenrente von 10 pro Jahr zahlen wird. Investor ENDL dagegen nimmt an, dass die PREFERENCE AG diese Dividendenrente nur 15 Jahre lang zahlen wird und dann in Konkurs gehen wird. Wie hoch ist der rechnerische Wert der Aktie für Investor INFTY bzw. Investor ENDL?

Investor INFTY berechnet den Wert als Kapitalwert einer ewigen Rente:

$$S_0^R = \frac{D}{i} = \frac{10}{0{,}15} = 66{,}67.$$

Investor ENDL berechnet den Wert als Kapitalwert einer fünfzehnjährigen Rente:

$$S_0^R = 10 \cdot \frac{1{,}15^{15} - 1}{0{,}15 \cdot 1{,}15^{15}} = 58{,}47.$$

wenn das Unternehmen für die nächsten drei Jahre eine fixe Dividende von 10 € je Aktie in Aussicht stellt und der Investor damit rechnet, die Aktie nach drei Jahren (unmittelbar nach Ausschüttung der Dividende) um 60 € verkaufen zu können? Der risikoangepasste Zinssatz ist 15%.

Der heutige Wert der Aktie nach der Kapitalwertmethode lässt sich als Summe der Barwerte der zukünftigen Dividenden und des abgezinsten Aktienkurses in t=3 ermitteln (wir bezeichnen den rechnerischen Wert einer Aktie im Zeitpunkt $t=0$ fortan mit S_0^R):

$$S_0^R = \frac{10}{1{,}15} + \frac{10}{1{,}15^2} + \frac{70}{1{,}15^3} = 62{,}28.$$

Die Schätzung des zukünftigen Verkaufskurses stellt dabei ein größeres Problem dar als die Schätzung der zukünftigen Dividenden. Viele Unternehmen versuchen, starke Schwankungen der Dividenden im Zeitablauf zu vermeiden. Demgegenüber schwanken Aktienkurse auch über kurze Zeiträume oft stark. Für einen langfristig orientierten Investor ist der zukünftige Wiederverkaufskurs aus heutiger Sicht weniger wichtig: Bei einem Verkauf nach z.B. 20 Jahren wirkt der Effekt der Diskontierung so stark, dass sich Unterschiede im prognostizierten Wiederverkaufskurs nur geringfügig auf den heutigen Wert auswirken.

Beispiel 5.28:
Der Investor aus Beispiel 5.27 möchte die Aktie erst in 20 Jahren verkaufen. Er nimmt an, dass die Dividende in Höhe von 10 € über 20 Jahre hinweg konstant bleiben wird. Hinsichtlich des Wiederverkaufskurses in 20 Jahren ist der Investor unsicher: Kurse zwischen 50 € und 75 € scheinen ihm möglich. Bei einem angenommenen Wiederverkaufskurs in $t=20$ von 50 € hätte die Aktie heute einen rechnerischen Wert von

$$S_0^R = 10 \cdot \frac{1{,}15^{20} - 1}{0{,}15 \cdot 1{,}15^{20}} + \frac{50}{1{,}15^{20}} = 62,59 + 3{,}06 = 65{,}65.$$

Bei einem Wiederverkaufskurs von 75 € ist dieser Wert dagegen nur unwesentlich höher:

$$S_0^R = 10 \cdot \frac{1{,}15^{20} - 1}{0{,}15 \cdot 1{,}15^{20}} + \frac{75}{1{,}15^{20}} = 62,59 + 4{,}58 = 67{,}17.$$

Wir können uns des Problems der Schätzung des Wiederverkaufskurses entledigen, indem wir einfach annehmen, dass die Aktie sehr lange gehalten werden soll. Der diskontierte Wert des Verkaufserlöses wird dann immer geringer, und der rechnerische Wert der Aktie nähert sich immer genannte *Gratisaktien*). Ziel dieser Vorgangsweise ist es, durch Erhöhung der Zahl der Aktien deren Kurs zu senken, d.h. die Aktie „leichter zu machen“. Es findet jedoch keine Kapitalzufuhr von außen statt.

5.3.3 Aktienbewertung

Für den Käufer einer Aktie stellt sich sowohl bei der Erstemission als auch beim Erwerb am Sekundärmarkt die Frage nach dem „fairen“ Kaufpreis. Der aus Sicht des Anlegers angemessene Kurs sollte

- die zukünftigen Einzahlungen der Investition „Aktie“ widerspiegeln (Dividendenzahlungen und erzielbarer Aktienkurs zum Verkaufszeitpunkt) und
- das Risiko dieser Investition adäquat berücksichtigen.

Auf Basis unserer bisherigen Kenntnisse im Bereich der Investitionsrechnung könnten wir versucht sein, Investitionen in Aktien mit Hilfe der Kapitalwertmethode zu bewerten. Voraussetzung dafür sind eine Anschaffungsauszahlung (der gegenwärtige Aktienkurs, der hier gesucht ist), zukünftige Einzahlungsüberschüsse (Dividenden und Verkaufskurs) sowie ein risikoangepasster Kalkulationszinssatz. Wir werden im Folgenden zeigen, dass die Umsetzung dieser Idee einige Vereinfachungen erfordert. Diese führen schließlich zu einer bekannten Kennzahl, die im Zusammenhang mit Aktien häufig verwendet wird: dem *Kurs/Gewinn-Verhältnis* (*KGV*).

Neben der generellen Unsicherheit der Einzahlungen stellt sich aufgrund des unbefristeten Charakters von Aktien die Frage, für welche Laufzeit N (die im Aktienkontext häufig als *Anlagehorizont* bezeichnet wird) die Einzahlungen zu prognostizieren sind. Gleichzeitig ist das Risiko bei dieser Investitionsform aufgrund der Haftung des Aktionärs relativ hoch. Wir weisen bereits jetzt darauf hin, dass die isolierte Beurteilung von Einzelaktien im Widerspruch zu modernen Bewertungstheorien steht. Diese betonen, dass Aktien nur sinnvoll bewertet werden können, wenn ihre Kursentwicklung in Beziehung zu anderen Aktien gesetzt wird. Diese modernen Bewertungsmodelle setzen Kenntnisse in multivariater Statistik voraus und übersteigen damit den Rahmen dieses Lehrbuchs, sodass wir diesbezüglich auf die weiterführende Literatur verweisen (z.B. Brealey/Myers/Allen [2008]).

Beispiel 5.27:
Ein Investor will eine Vorzugsaktie der PREFERENCE AG erwerben. Welcher Aktienkurs wäre gemäß der Kapitalwertmethode adäquat,

- Bedingte Kapitalerhöhung
- Genehmigtes Kapital
- Kapitalerhöhung aus Gesellschaftsmitteln (*nominelle Kapitalerhöhung*)

Der „Normalfall" einer Kapitalerhöhung ist die *ordentliche Kapitalerhöhung*. Dabei werden neue (junge) Aktien zu einem Preis ausgegeben (*emittiert*), der als *Emissionskurs* bezeichnet wird. Der Emissionskurs ist der Ausgabekurs für die Aktie und nicht identisch mit dem nominellen Wert des Anteils am Grundkapital bzw. Vermögen des Unternehmens. Bei Nennwertaktien wird die Differenz zwischen Emissionskurs und Nominalwert als *Agio* (*Aufgeld*) bezeichnet. Eine Emission unter Nennwert ist nicht zulässig. Der Ablauf einer Kapitalerhöhung sowie die Funktionen des Bezugsrechts werden genauer in Abschnitt 6.3.3.1 behandelt.

Bei der *bedingten Kapitalerhöhung* handelt es sich um eine Sonderform der Erhöhung des Grundkapitals, die nur in gesetzlich genannten Situationen möglich ist. Diese besonderen Situationen sind anlässlich des Umtauschs von Wandelanleihen bzw. der Ausübung des Bezugsrechts von Optionsanleihen, bei der Vorbereitung von Fusionen oder bei der Ausgabe von Belegschaftsaktien[38] gegeben.

Beim *genehmigten Kapital* ermächtigt die Hauptversammlung den Vorstand, innerhalb von fünf Jahren das Grundkapital um maximal 50% durch Ausgabe junger Aktien zu erhöhen, ohne davor einen neuerlichen Beschluss der Hauptversammlung einzuholen. Diese Form der Kapitalerhöhung wird häufig gewählt, wenn der Vorstand bei der Wahl des Zeitpunkts, des Volumens und der konkreten Bedingungen für eine Kapitalerhöhung viel Freiraum haben soll.

Die *Kapitalerhöhung aus Gesellschaftsmitteln* (*nominelle Kapitalerhöhung*) ist eigentlich keine Kapitalerhöhung im finanzwirtschaftlichen Sinn: Es findet kein Zufluss liquider Mittel statt. Vielmehr erfolgt eine bilanzielle Umschichtung (so genannter *Passivtausch*, siehe z.B. Schäfer [2002]). Als Folge steigt das Grundkapital, und die Altaktionäre erhalten (bei Nennwertaktien) zusätzliche neue Aktien (*Berichtigungsaktien*, so

[38] Belegschaftsaktien sind Aktien, die an die Mitarbeiter meist deutlich unter dem aktuellen Börsekurs ausgegeben werden. Bei Belegschaftsaktien ist in der Regel eine Sperrfrist vorgesehen, während der die Aktien nicht weiterveräußert werden können. Belegschaftsaktien sollen die Mitarbeiter am unternehmerischen Erfolg beteiligen. Sie dienen als Anreizinstrument für Mitarbeiter.

Wenn wir annehmen, dass Dividenden nicht konstant sind, sondern mit einer konstanten Rate g wachsen, verwenden wir zur Aktienbewertung das *Dividendenwachstumsmodell* (*constant growth model*, *Gordon-Modell*), das ebenfalls eine unendliche Lebensdauer der AG unterstellt (für die folgende Gleichung vgl. Formel [3.22] aus Abschnitt 3.3.2):

$$S_0^R = \frac{D}{i-g}. \tag{5.3}$$

Beispiel 5.30:
Wie hoch ist der rechnerische Wert einer Aktie der PREFERENCE AG, wenn pro Aktie nächstes Jahr eine Dividende von 10 € gezahlt wird, ein langfristiges Dividendenwachstum von 4% prognostiziert wird, und der risikoadjustierte Kalkulationszinssatz 15% beträgt?

$$S_0^R = \frac{10}{0{,}15 - 0{,}04} = 90{,}91.$$

Unter der Annahme, dass die Aktie gemäß des Dividendenwachstumsmodells korrekt bewertet ist, können wir den *rechnerischen Wert* der Aktie (S_0^R) durch ihren *aktuellen Kurs* (S_0) ersetzen. Aus Formel (5.3) lässt sich dann durch Umformung der für die Abzinsung relevante Kalkulationszinssatz ermitteln:

$$i = \frac{D}{S_0} + g. \tag{5.4}$$

Der Kalkulationszinssatz besteht aus der Dividendenrendite (D/S_0) und der Dividendenwachstumsrate (g). Eine Einschränkung des Dividendenwachstumsmodells besteht darin, dass der Aktienkurs mit diesem Modell nur dann ermittelt werden kann, wenn $g < i$, d.h. wenn der Nenner in (5.3) positiv ist. Es ist jedoch nicht auszuschließen, dass Unternehmen zumindest kurzfristig Dividendenwachstumsraten verzeichnen, die höher als der Kalkulationszinssatz sind.

Die Ausschüttung von Dividenden stellt nur eine mögliche Verwendungsform von Gewinnen eines Unternehmens dar. Alternativ könnten Gewinne auch einbehalten (thesauriert) werden, um damit zukünftige Investitionen finanzieren zu können. Wenn wir weiter vereinfachen und davon ausgehen, dass Unternehmen die erzielten Gewinne zur Gänze an ihre Aktionäre ausschütten, können wir den Aktienkurs unabhängig von der Dividendenpolitik des Unternehmens mit Hilfe des *Gewinnbarwertmodells* ermitteln. Auch hier nehmen wir Konstanz der Gewinne und eine unendliche Lebensdauer der Aktiengesellschaft an.

Es gilt in Analogie zu Gleichung (5.2):

$$S_0^R = \frac{G}{i}. \tag{5.5}$$

Eine weitere – vor allem in der Praxis verbreitete – Methode zur Bewertung von Aktien ist die Verwendung des Kurs/Gewinn-Verhältnisses (KGV). Dieses nimmt an, dass die Aktie nach dem Gewinnbarwertmodell korrekt bewertet ist und setzt in (5.5) an Stelle des rechnerischen Werts der Aktie (S_0^R) den aktuellen Aktienkurs (S_0) ein. Nach einer Umformung erhält man das KGV:

$$\text{KGV} = \frac{S_0}{G} = \frac{1}{i}.$$

Aus Sicht der Investitionsrechnung lässt sich ein hohes Kurs/Gewinn-Verhältnis auch als niedrige interne Verzinsung interpretieren, weil das KGV im Gewinnbarwertmodell der Kehrwert des Kalkulationszinssatzes ist. Wenn eine Aktie ein hohes Kurs/Gewinn-Verhältnis aufweist, bedeutet dies, dass die Gewinne dieses Unternehmens mit niedrigen Zinssätzen diskontiert werden. Diese Aktien gelten als „teuer". Die Gründe dafür können sein:

- Geringes Risiko (und damit ein geringer Risikozuschlag im verwendeten Kalkulationszinssatz).
- Hohe Wachstumsraten (d.h., tatsächlich ist nicht i niedrig, sondern $[i-g]$). In diesem Fall ist das KGV kein geeignetes Modell, weil es konstante Dividendenzahlungen (d.h. g=0) unterstellt.

Das KGV eignet sich bedingt als Vergleichsmaßstab. Damit können etwa Aktien derselben Branche, einzelne Aktien im Zeitablauf miteinander oder mit der Entwicklung des Gesamtmarktes verglichen werden. Außerdem wird es zur Planung des optimalen Zeitpunkts für eine (Neu-) Emission verwendet. Es gilt: Je höher das KGV, desto höher der Emissionserlös. Von einer isolierten Betrachtung des Kurs/Gewinn-Verhältnisses als Methode der Aktienbewertung raten wir allerdings entschieden ab.

Abschließend weisen wir nochmals darauf hin, dass moderne Aktienbewertungsmodelle sowohl in finanzierungstheoretischer als auch mathematischer Hinsicht weitaus anspruchsvoller sind. Sie sind daher Gegenstand weiterführender Literatur.[39]

[39] Siehe beispielsweise Ross et al. [2005].

5.4 Kurzfristige Finanzplanung

Wir haben in den Abschnitten 1.4.2 und 5.1 schon den Begriff des finanziellen Gleichgewichts bzw. der Liquidität kennengelernt. Ein Unternehmen ist liquide, wenn es jederzeit alle fälligen Verbindlichkeiten erfüllen kann, wenn also in jeder Periode die Summe aus Zahlungsmittelanfangsbestand und Einzahlungen größer oder gleich der Summe der Auszahlungen ist. Die Folgen temporärer und permanenter Illiquidität wurden ebenfalls schon in Abschnitt 1.4.2, S. 11 besprochen.

Für ein Unternehmen ist es daher von großem Interesse, rechtzeitig zukünftige Liquiditätsengpässe zu erkennen, um geeignete Maßnahmen zu deren Überwindung ergreifen zu können. Ein für diesen Zweck geeignetes Planungsinstrument stellt der *Finanzplan* dar.

Im Finanzplan werden alle zukünftigen Ein- und Auszahlungen des Unternehmens periodengenau erfasst. So können einerseits drohende Liquiditätsengpässe rechtzeitig erkannt und vermieden werden, andererseits kann ein unnötig hoher Bestand an liquiden (und damit niedrig verzinsten) Mitteln vermieden werden. Der Finanzplan dient also zur zeitlichen und betragsmäßigen Synchronisation der Mittelverwendungs- und Mittelbeschaffungsseite.

Bei der Aufstellung von Finanzplänen sind einige Grundsätze zu beachten:

1. *Zahlungsbezug*: Im Finanzplan werden nur Zahlungen erfasst. Betriebliche Vorgänge, die nicht zu Zahlungen führen, werden nicht berücksichtigt (z.B. Abschreibungen).

2. *Zukunftsbezug*: Im Finanzplan werden die geplanten Ein- und Auszahlungen für zukünftige Perioden gegenübergestellt.

3. *Budgetvollständigkeit*: Grundsätzlich sollten alle im Unternehmen anfallenden Zahlungen berücksichtigt werden. Dabei stellt die Erfassung von Kleinbeträgen (z.B. Büromaterial) natürlich ein Problem dar, trotzdem sollten auch diese (eventuell geeignet zusammengefasst, vgl. das folgende Wirtschaftlichkeitsprinzip) berücksichtigt werden.

4. *Wirtschaftlichkeit*: Die Kosten der Erstellung des Finanzplans und der daraus zu ziehende Nutzen sollten in einem vernünftigen Verhältnis zueinander stehen.

5. *Bruttoprinzip*: Ein- und Auszahlungen werden getrennt erfasst, eine Saldierung erfolgt erst im Finanzplan selbst. So bleibt ersichtlich, welche Ein- bzw. Auszahlungen für einen Zahlungsmittelüberschuss bzw. -fehlbetrag verantwortlich sind.

6. *Budgeteinheit*: Der (unternehmensweite) Finanzplan sollte zentral erstellt werden und alle Bereiche des Unternehmens abbilden. Budgets von einzelnen Abteilungen werden dabei zusammengefasst.

7. *Budgetgenauigkeit*: Alle Zahlungen sollten so genau wie möglich erfasst werden. Dies ist für Zahlungen, die weiter in der Zukunft liegen, naturgemäß schwieriger als für unmittelbar bevorstehende Zahlungen und erfordert geeignete Prognosemodelle.

8. *Budgetperiodizität*: Ein- und Auszahlungen sind für jene Zeitperioden zu erfassen, in denen sie anfallen. Die Länge einer Planungsperiode sollte dabei so gewählt werden, dass die Zeitpunkte des Eintretens der Zahlungen hinreichend genau prognostiziert werden können. Dies impliziert, dass kurzfristige Finanzpläne tagesgenau erstellt werden können, während bei mittel- bis langfristigen Finanzplänen die Planungsperiode meist eine Woche bis ein Monat beträgt. (Auch hier ist das Prinzip der Wirtschaftlichkeit zu beachten!)

Als Ergebnis des Finanzplans erhalten wir für jede Planungsperiode den entsprechenden Zahlungsmittelüberschuss oder Zahlungsmittelfehlbetrag (Finanzierungsbedarf, Unterdeckung). Danach können wir überlegen, wie der Zahlungsmittelüberschuss investiert werden soll oder durch welche Maßnahmen der Finanzierungsbedarf gedeckt werden kann. Dafür stehen verschiedene Möglichkeiten zu Verfügung:

- Einzahlungen vorziehen, z.B. durch Anreize wie die Gewährung von Skonti
- Auszahlungen aufschieben, z.B. durch die Ausnutzung von Zahlungszielen
- Vermögensumschichtungen vornehmen, z.B. durch den Verkauf von Wertpapieren
- Kontokorrentkredite ausnutzen usw.

Die Erstellung eines Finanzplans beruht auf der Prognose zukünftiger Ein- und Auszahlungen. Auszahlungen können dabei vom Unternehmen verhältnismäßig einfach geplant werden: Viele Auszahlungen sind relativ konstant (z.B. Löhne und Gehälter, Miete, Strom usw.) und fallen regelmäßig an. Außerdem kann das Unternehmen weitgehend selbst bestimmen, wann es welche Investitionen tätigt. Hingegen können zukünftige Einzahlungen, z.B. aus dem Verkauf produzierter Güter, nur begrenzt gesteuert werden.

Hier steht das Unternehmen vor zwei verschiedenen Problemen: Zum einen muss der *Umsatz* (also die Menge der verkauften Güter, multipliziert mit ihrem Preis) in den zukünftigen Planungsperioden prognostiziert werden. Zum anderen tritt oft der Fall ein, dass Kunden die gekaufte Ware nicht sofort bezahlen (z.B. weil sie ein gewährtes Zahlungsziel ausnutzen). Das Unternehmen muss also auch den *Zeitpunkt* des Zahlungseingangs prognostizieren.

Das so genannte *Liquidationsspektrum* beruht auf Erfahrungswerten aus der Vergangenheit und gibt an, welcher *Prozentsatz* des Umsatzes einer bestimmten Periode mit welcher *Verzögerung* als Einzahlung in das Unternehmen fließt.

Beispiel 5.31:
In der Vergangenheit wurde festgestellt, dass vom Umsatz eines Monats 65% im selben Monat und 30% im Folgemonat eingezahlt werden. Die restlichen 5% des Umsatzes sind uneinbringlich. Formal wird das entsprechende Liquidationsspektrum durch den Vektor (0,65; 0,3) dargestellt.

Beispiel 5.32:
Aus der Vergangenheit ist bekannt, dass 70% der Umsätze noch im selben Monat, 20% im nächsten und 8% im zweitfolgenden Monat zu einer Einzahlung werden. 2% der Umsätze sind uneinbringlich.
Der Umsatz in den Monaten Juli bzw. August beträgt 100.000 bzw. 150.000. Wie hoch sind die Einzahlungen aus diesen Umsätzen im Juli, August, September und Oktober?

	Juli	August	September	Oktober
EZ Umsatz Juli	70.000	20.000	8.000	
EZ Umsatz August		105.000	30.000	12.000
Summe Einzahlungen	70.000	125.000	38.000	12.000

Eine graphische Veranschaulichung findet sich in Abbildung 5.5.

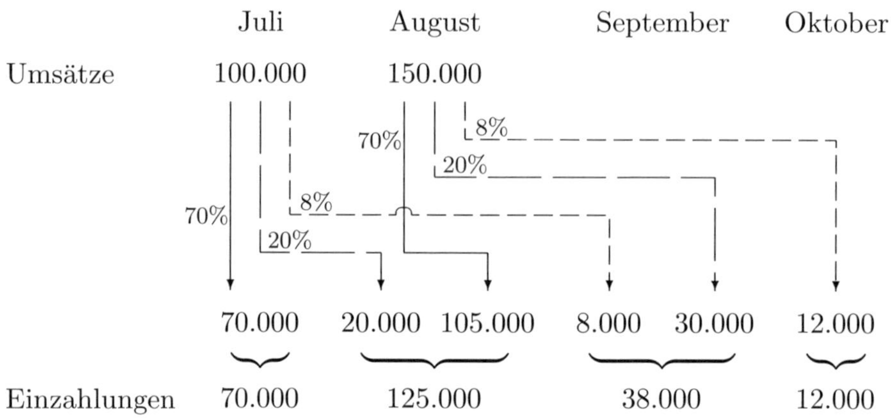

Abbildung 5.5: Liquidationsspektrum zu Beispiel 5.32

Beispiel 5.33:
Ein Unternehmen weist folgende Umsatzentwicklung bzw. -prognose auf:

Daten		Prognosen		
März	April	Mai	Juni	Juli
45.000	51.000	58.000	65.000	65.000

Aus der Vergangenheit ist das Liquidationsspektrum (0,75; 0,15; 0,06) bekannt. Im Mai ist die letzte Rückzahlungsrate eines Darlehens in Höhe von 18.500 € fällig. Die monatlichen Löhne und Gehälter betragen 11.200 €, im Juni werden zusätzlich 50% der Lohn- und Gehaltssumme als Sonderzahlung fällig. Das Unternehmen rechnet mit Auszahlungen für Fertigungsmaterial und Rohstoffe in Höhe von 35.000 €, 28.000 € bzw. 27.000 € im Mai, Juni bzw. Juli. Für die Miete der Geschäftsräumlichkeiten fallen monatlich 9.000 € an.
Für einen allfälligen kurzfristigen Kapitalbedarf kann ein Kontokorrentkredit mit folgenden Konditionen ausgenutzt werden:

- Bereitstellungsprovision: 1% p.a., zahlbar jeweils im ersten Monat des Quartals
- Sollzinsen: 9% p.a., zahlbar monatlich im Nachhinein
- Überziehungsprovision: 3% p.a., zahlbar monatlich im Nachhinein
- Kreditlimit: 10.000 €

Der Kontostand Ende April beträgt 3.500 €.
Der Finanzplan für die Monate Mai, Juni und Juli unter Berücksichtigung der kurzfristigen Finanzierungsmöglichkeiten sieht dann wie folgt aus:

		Mai	Juni	Juli
Anfangsbestand		3.500,00	–16.350,00	–9.778,50
Ein-zahlungen	Umsatz März	2.700,00		
	Umsatz April	7.650,00	3.060,00	
	Umsatz Mai	43.500,00	8.700,00	3.480,00
	Umsatz Juni		48.750,00	9.750,00
	Umsatz Juli			48.750,00
Summe Einzahlungen		53.850,00	60.510,00	61.980,00
Aus-zahlungen	Darlehen	18.500,00		
	Löhne	11.200,00	16.800,00	11.200,00
	Material	35.000,00	28.000,00	27.000,00
	Miete	9.000,00	9.000,00	9.000,00
KK-Kredit	Bereitst.-Prov.	0,00	0,00	25,00
	Sollzinsen	0,00	122,63	73,34
	Überz.-Prov.	0,00	15,88	0,00
Summe Auszahlungen		73.700,00	53.938,50	47.298,34
Zahlungsmittelendbestand		–16.350,00	–9.778,50	4.903,16
kurzfr. Finanzierungsbedarf		16.350,00	9.778,50	0,00

Die Umsätze (Daten und Prognosen) werden mit Hilfe des Liquidationsspektrums in geplante Einzahlungen umgewandelt. Die Auszahlungen sowie den Anfangsbestand für Mai übernehmen wir aus der Angabe. Der Kontokorrentkredit wird im Mai und Juni in Anspruch genommen. Im Juni sind daher Sollzinsen und, da im Mai das Kreditlimit überschritten wurde, auch Überziehungsprovision fällig: Die Sollzinsen betragen $16.350 \cdot 0{,}09 \cdot 30/360 = 122{,}63$, die Überziehungsprovision beträgt $(16.350 - 10.000) \cdot 0{,}03 \cdot 30/360 = 15{,}88$. Im Juni wird das Kreditlimit eingehalten, deshalb muss im Juli keine Überziehungsprovision mehr gezahlt werden. Die Bereitstellungsprovision ist laut Angabe im Juli zu entrichten. Sie beträgt $10.000 \cdot 0{,}01 \cdot 90/360 = 25$.

5.5 Weiterführende Literatur

Berk, Jonathan und Peter DeMarzo. *Corporate Finance.* Addison Wesley, 2008.

Brealey, Richard A., Stewart C. Myers und Franklin Allen. *Principles of Corporate Finance.* 9th ed., McGraw-Hill, 2008.

Drukarczyk, Jochen. *Finanzierung.* 10. Aufl., Lucius & Lucius, 2008.

Gräfer, Horst, Beike, Rolf und Guido A. Scheld. *Finanzierung. Grundlagen, Institutionen, Instrumente und Kapitalmarkttheorie.* 5. Aufl., Erich Schmidt Verlag, 2001.

Ross, Stephen A., Randolph W. Westerfield und Jeffrey Jaffe. *Corporate Finance.* 7th ed., McGraw-Hill, 2005.

Schäfer, Henry. *Unternehmensfinanzen. Grundzüge in Theorie und Management.* 2. Aufl., Physica, 2002.

Welch, Ivo. *Corporate Finance - An Introduction.* Prentice Hall, 2009.

5.6 Übungsaufgaben

Übungsaufgabe 5.1:
Berechnen Sie den internen Zinssatz für das in Beispiel 5.5, S. 146 beschriebene Darlehen mit der Zahlungsreihe:

t	0	1	2	3
	485.000	–25.020	–25.020	–525.020

Übungsaufgabe 5.2:
Von einem Darlehen sind die folgenden Daten bekannt:

- Darlehensbetrag: 80.000 €
- Laufzeit: 6 Jahre
- Tilgungsform: endfällige Tilgung
- Nominalzinssatz: 8% p.a., jährliche Verzinsung
- Bearbeitungsgebühr: 1,2% vom Darlehensbetrag
- Kontoführungsgebühr: 30 € pro Jahr

Mit welchen Ein- und Auszahlungen hat der Darlehensnehmer zu rechnen?

Übungsaufgabe 5.3:
Eine Bank bietet einem Unternehmen folgendes Darlehen an:

- Darlehensbetrag: 300.000 €
- Nominalzinssatz: 8,75% p.a., jährliche Verzinsung
- Laufzeit: 6 Jahre
- Tilgungsform: konstante Tilgung
- Bearbeitungsgebühr: 1,5% vom Darlehensbetrag
- Vertragserrichtungsgebühr („Kreditsteuer“): 0,8% vom Darlehensbetrag
- Kontoführungsgebühr: 25 € pro Jahr

1. Stellen Sie den Tilgungsplan für dieses Darlehen aus der Sicht des Darlehensnehmers auf! (Beachten Sie dabei die Vertragserrichtungsgebühr, die wie die Bearbeitungsgebühr in $t=0$ fällig wird.)
2. Mit welchen Ein- und Auszahlungen kann die Bank rechnen?
3. Ermitteln Sie die effektive Verzinsung des Darlehens aus der Sicht des Darlehensnehmers und des Darlehensgebers. Warum unterscheiden sich die beiden Werte?
4. Wie hoch müsste die Bearbeitungsgebühr sein, damit sich für den Darlehensgeber eine Rendite von 10% ergibt?

Übungsaufgabe 5.4:
Ein Unternehmen nimmt folgendes Darlehen bei seiner Hausbank auf:

- Darlehensbetrag: 200.000 €
- Nominalzinssatz: 8,5% p.a., jährliche Verzinsung
- Laufzeit: 5 Jahre
- Tilgungsform: Annuitätendarlehen, 1 Freijahr

Anlässlich der Darlehensaufnahme fällt eine einmalige Bearbeitungsgebühr in Höhe von 1% des Darlehensbetrags an. Aufgrund des Verhandlungsgeschicks des Unternehmens muss keine Kontoführungsgebühr gezahlt werden.
Stellen Sie den Tilgungsplan für dieses Darlehen aus der Sicht des Darlehensnehmers auf!

Übungsaufgabe 5.5:
Ein Unternehmen nimmt bei seiner Hausbank ein Darlehen mit variabler Verzinsung auf. Der Nominalzinssatz wird jährlich an das aktuelle Zinsniveau angepasst, der Referenzzinssatz ist der 12-Monats-EURIBOR, zusätzlich wird eine Spanne von 180 Basispunkten verrechnet. Das Unternehmen erreicht außerdem die Vereinbarung einer Zinsobergrenze (*Cap*): Der Darlehenszins darf maximal 6% p.a. betragen. Die weiteren Darlehenskonditionen lauten folgendemaßen:

- Darlehensbetrag: 300.000 €
- Laufzeit: 5 Jahre
- Tilgungsform: konstante Tilgung
- Bearbeitungsgebühr: 1% vom Darlehensbetrag
- Kontoführungsgebühr: 40 € pro Jahr

Stellen Sie den Tilgungsplan für dieses Darlehen aus der Sicht des Darlehensnehmers auf, wenn der 12-Monats-EURIBOR folgende Werte zu den einzelnen Zeitpunkten annimmt:

Zeitpunkt t	EURIBOR p.a.
0	3,8%
1	4,1%
2	4,6%
3	4,3%
4	4,0%

Übungsaufgabe 5.6:
Von einem Darlehen sind die folgenden Daten bekannt:

- Darlehensbetrag: 600.000 €
- Nominalzinssatz: 7,5% p.a., jährliche Verzinsung
- Laufzeit: 6 Jahre
- Tilgungsform: konstante Tilgung
- Bearbeitungsgebühr: 1,5% vom Darlehensbetrag
- Kontoführungsgebühr: 20 € pro Jahr

Im vierten Jahr werden nur Kontoführungsgebühr und Zinsen gezahlt. Nach Rücksprache mit dem Darlehensgeber lässt die Bank die Darlehenskonditionen zunächst unverändert. Am Beginn des sechsten Jahres wird jedoch eine Verlängerung der Laufzeit auf insgesamt acht Jahre vereinbart, wobei der Zinssatz auf 8,5% erhöht wird.
Stellen Sie den Tilgungsplan für dieses Darlehen aus der Sicht des Darlehensnehmers auf!

Übungsaufgabe 5.7:
Von einem Darlehen sind die folgenden Daten bekannt:

- Darlehensbetrag: 500.000 €
- Nominalzinssatz: 9% p.a., jährliche Verzinsung
- Laufzeit: 6 Jahre
- Tilgungsform: Annuitätendarlehen, 1 Freijahr
- Bearbeitungsgebühr: 1% vom Darlehensbetrag
- Kontoführungsgebühr: 15 € pro Jahr

Im vierten Jahr werden nur 50.000 € bezahlt. Auf Ansuchen des Darlehensgebers behält die Bank die Darlehenskonditionen zunächst bei. Am Beginn des sechsten Jahres wird jedoch eine Verlängerung der Laufzeit auf insgesamt acht Jahre vereinbart und der Zinssatz auf 9,5% angehoben.
Stellen Sie den Tilgungsplan für dieses Darlehen aus der Sicht des Darlehensnehmers auf!

Übungsaufgabe 5.8:
Von einem Darlehen sind die folgenden Daten bekannt:

- Darlehensbetrag: 10.000 €
- Nominalzinssatz: 8% p.a., jährliche Verzinsung
- Laufzeit: 4 Jahre
- Tilgungsform: konstante Tilgung
- Bearbeitungsgebühr: 2% vom Darlehensbetrag
- Kontoführungsgebühr: 20 € pro Jahr

Im zweiten Jahr werden nur die Kontoführungsgebühr und die Zinsen gezahlt. Zu Beginn des dritten Jahres wird deshalb der Zinssatz auf 8,25% angehoben. Im dritten Jahr werden nur 2.000 € gezahlt, daraufhin wird der Zinssatz zu Beginn des vierten Jahres wieder um 0,25 Prozentpunkte erhöht. Im vierten Jahr wird das Darlehen zur Gänze getilgt.
Stellen Sie den Tilgungsplan für dieses Darlehen aus der Sicht des Schuldners auf!

Übungsaufgabe 5.9:
Ein Unternehmen nimmt folgendes Darlehen auf:

- Darlehensbetrag: 150.000 €
- Nominalzinssatz: 9% p.a., vierteljährliche Verzinsung
- Laufzeit: 2 Jahre
- Tilgungsform: Tilgung in vierteljährlichen Pauschalraten
- Bearbeitungsgebühr: 1,2% vom Darlehensbetrag
- Kontoführungsgebühr: 7 € pro Quartal

Im fünften Quartal gerät das Unternehmen in Zahlungsschwierigkeiten und leistet weder Tilgungszahlungen, noch Zinszahlungen, noch Zahlungen für die Kontoführungsgebühr. Daraufhin erhöht die Bank nach Rücksprache mit dem Unternehmen zu Beginn des sechsten Quartals den Zinssatz auf 10%.
Welche Ein- und Auszahlungen ergeben sich für den Darlehensgeber?

Übungsaufgabe 5.10:
Ein Anleger nimmt zur Finanzierung einer Vorsorgewohnung bei seiner Hausbank ein Darlehen in der Höhe von 30.000 € auf. Der Nominalzinssatz beträgt 7,5% p.a. (jährliche Verzinsung), die Laufzeit fünf Jahre. Der Anleger vereinbart mit der Bank ein tilgungsfreies Jahr, in den verbleibenden vier Jahren erfolgt die Tilgung in konstanten Beträgen. Anlässlich der Vertragsunterzeichnung werden 1,5% der Darlehenssumme als Bearbeitungsgebühr fällig, die jährliche Kontoführungsgebühr beträgt 20 €.
Der Anleger gerät zu Beginn des zweiten Jahres in Zahlungsschwierigkeiten und vereinbart mit der Hausbank folgende Umschuldungsmaßnahmen:

- Die Gesamtlaufzeit des Darlehens wird auf sechs Jahre verlängert, der Zinssatz wird mit sofortiger Wirkung auf 8% p.a. angehoben.
- Im zweiten Jahr wird nur die Kontoführungsgebühr gezahlt.
- Im dritten Jahr werden nur die Zinsen und die Kontoführungsgebühr gezahlt.
- Ab dem vierten Jahr erfolgt die Tilgung des Darlehens in konstanten Raten.

Erstellen Sie den Tilgungsplan aus der Sicht des Schuldners!

Übungsaufgabe 5.11:
Sie benötigen dringend 10.000 € zum Kauf eines Autos. Welchen Betrag müssen Sie als Darlehen aufnehmen, wenn die Bank 1,3% Bearbeitungsgebühr verrechnet?

Übungsaufgabe 5.12:
Ein Unternehmen emittiert zur Finanzierung eines Großprojekts folgende Serienanleihe:

- Volumen: 15.000.000 €
- Laufzeit: 5 Jahre
- Nominalzinssatz: 6% p.a.
- Emissionskurs: 101%
- Tilgungskurs: 100%

Die Emission wird von einer renommierten Investmentbank durchgeführt, die anlässlich der Emission 2,4% des Nominales erhält. Weiters fallen während der Laufzeit der Anleihe jährlich 5.000 € an Verwaltungskosten an.

1. Erstellen Sie den Tilgungsplan für diese Anleihe.
2. Wie hoch müsste der Emissionskurs sein, damit sich für den Emittenten eine effektive Verzinsung von 6% p.a. ergibt?
3. Wie hoch sollte der Kurs der Anleihe genau drei Jahre vor Fälligkeit sein, wenn die entsprechenden Spot Rates zu diesem Zeitpunkt i_1=3,8% p.a., i_2=3,9% p.a. und i_3=3,9% p.a. betragen?

Übungsaufgabe 5.13:
Von einer Nullkuponanleihe sind die folgenden Ausstattungsmerkmale bekannt:

- Nominale: 100.000.000 €
- Emissionskurs: 73,65%
- Tilgungskurs: 100%
- Laufzeit: 4 Jahre

1. Ein Anleger zeichnet Nominale 50.000 € dieser Anleihe. Seine Hausbank verrechnet ihm Kaufspesen in Höhe von 0,75% des gezeichneten Betrags. Stellen Sie den Tilgungsplan (vor Abzug aller Steuern) aus der Sicht des Anlegers dar.
2. Wie hoch ist die Rendite dieser Anleihe für den Zeichner?
3. Wie hoch müsste der Emissionskurs der Anleihe sein, damit sich für den Zeichner eine effektive Verzinsung von 7% (vor Abzug aller Steuern) ergibt?

Übungsaufgabe 5.14:
Ein Anleger zeichnet Nominale 4.000 € der folgenden endfälligen Kuponanleihe:

- Nominalzinssatz: 5,75%
- Emissionskurs: 99,2%
- Tilgungskurs: 100%
- Laufzeit: 3 Jahre

1. Erstellen Sie den Tilgungsplan (vor Abzug aller Steuern) aus der Sicht des Anlegers, wenn zusätzlich Kaufspesen in Höhe von 0,8% des Nominales fällig werden.
2. Genau zwei Jahre vor Fälligkeit der Anleihe möchte der Anleger seine Anteile wieder verkaufen. Wie hoch ist der Kurs der Anleihe zu diesem Zeitpunkt, und mit welchem Verkaufserlös kann der Anleger rechnen, wenn die Spot Rates i_1=4,9% p.a. und i_2=4,7% p.a. betragen?

Übungsaufgabe 5.15:
Sie wollen 20.000 € für vier Jahre anlegen. Ihre Hausbank empfiehlt Ihnen einen so genannten Stufenbond, eine endfällige Kuponanleihe, bei der der Zinssatz jedes Jahr ansteigt. Bei dem vorgeschlagenen Stufenbond entwickelt sich der Zinssatz wie folgt:

	t=1	t=2	t=3	t=4
Zinssatz	6,25%	6,45%	6,65%	6,85%

Emissions- und Tilgungskurs der Anleihe betragen jeweils 100%. Die Bank verrechnet Kaufspesen in Höhe von 0,7% des gezeichneten Betrags sowie eine jährliche Depotgebühr von 20 €.

1. Mit welchen Ein- und Auszahlungen (vor Abzug aller Steuern) können Sie rechnen?
2. Genau ein Jahr vor Fälligkeit beträgt der Kurs der Anleihe 102,5%. Wie hoch ist die Spot Rate i_1 zu diesem Zeitpunkt?

Übungsaufgabe 5.16:
Bei einer perfekt indizierten (endfälligen) Floating Rate Note (Tilgungskurs 100%) mit jährlichen Kupon- und Zinsanpassungsterminen wird der 12-Monats-EURIBOR als Referenzzinssatz herangezogen. Beim letzten Kupontermin vor genau zwei Monaten wurde der nächste Kupon mit 4,8% p.a. festgelegt. Wie hoch ist der Kurs der Anleihe heute, wenn die Spot Rate für 10 Monate 4,5% p.a. beträgt?

Übungsaufgabe 5.17:
1997 emittierte der südafrikanische Energiekonzern ESKOM folgende Nullkuponanleihe:

- Nominale: 7.500.000.000
- Währung: südafrikanischer Rand
- Laufzeit: 35 Jahre
- Emissionskurs: 2,14%
- Tilgungskurs: 100%

1. Wie hoch ist die versprochene effektive Verzinsung dieser Anleihe?
2. Würden Sie diese Anleihe zeichnen? Überlegen Sie, welche Risiken mit dem Erwerb verbunden sind!

Übungsaufgabe 5.18:
Eine Rechnung enthält folgende Zahlungsbedingung: „Der Kaufpreis in Höhe von 200.000 € ist innerhalb von 21 Tagen unter Abzug von 2% Skonto oder innerhalb von 60 Tagen netto Kassa zu bezahlen.“ Wie hoch ist der effektive Zinssatz p.a. dieses Lieferantenkredits?

Übungsaufgabe 5.19:
Ein Unternehmen hat eine sofort fällige Zahlungsverpflichtung in Höhe von 50.000 € und einen in 180 Tagen fälligen Wechsel eines Kunden in Höhe von 51.000 €. Reicht der Diskonterlös für die Zahlung aus? Der Diskontierungszinssatz sei 6% p.a.

Übungsaufgabe 5.20:
Wie hoch ist die Rendite eines Aktionärs, der eine Aktie zu 130 € erworben hat, dann zwei Jahre Dividenden in Höhe von 10 € erhält und beim Verkauf der Aktie nach zwei Jahren 132 € erzielt?

Übungsaufgabe 5.21:
Die PRISMA AG bezahlt derzeit eine Dividende von 2 € je Aktie und es wird erwartet, dass die Dividenden konstant um 6% wachsen. Angenommen, der heutige Aktienkurs sei 20 €. Welcher risikoadjustierte Kalkulationszinssatz wäre nach dem Gordon-Modell adäquat, wenn der rechnerische Wert der Aktie gleich ihrem heutigen Kurs ist?

Übungsaufgabe 5.22:
Die Aktie der MILCH AG notiert derzeit zu einem Kurs von 115 €, der jährliche Gewinn wird mit 12 € je Aktie prognostiziert. Die BAUERNLAND AG

prognostiziert einen Gewinn von 15 € und plant eine Erstemission zum Kurs von 125 €. Ein Aktionär der MILCH AG plant seine Investitionsentscheidungen ausschließlich auf Basis des KGV. Wird er seine Aktien verkaufen und stattdessen BAUERNLAND-Aktien erwerben, wenn er beide Investitionen als gleich riskant einschätzt?

Übungsaufgabe 5.23:
Ein Unternehmen weist folgende Umsatzentwicklung bzw. -prognosen auf:

Umsatz				
Daten		Prognosen		
Juli	August	September	Oktober	November
2.000.000	3.500.000	3.000.000	4.500.000	4.000.000

Aus der Vergangenheit ist das Liquidationsspektrum (0,4; 0,3; 0,26) bekannt. Zusätzlich wird im September eine neue Maschine um 1.400.000 € angeschafft und sofort bezahlt. Die monatlich zu zahlende Miete für die Büro- und Verkaufsräumlichkeiten beträgt 800.000 €. An Lohn- und Gehaltszahlungen fallen monatlich 720.000 € an, wobei alle Löhne und Gehälter jeweils am Ende des Vormonats im Voraus bezahlt werden und jeweils bei den Gehältern für März, Juni, September und Dezember eine Sonderzahlung in Höhe von 50% der regulären Gehaltssumme zusätzlich anfällt.

Für einen allfälligen kurzfristigen Kapitalbedarf kann ein Kontokorrentkredit mit folgenden Konditionen ausgenützt werden:

- Bereitstellungsprovision: 2% p.a. (zahlbar im März, Juni, September, Dezember)
- Sollzinsen: 8% p.a. (zahlbar monatlich im Nachhinein)
- Überziehungsprovision: 2,5% p.a. (zusätzlich zu den Sollzinsen, zahlbar monatlich im Nachhinein)
- Kreditlimit: 600.000 €

Der Kontostand Ende August beträgt 3.000 €.
Stellen Sie den Finanzplan für die Monate September, Oktober und November unter Berücksichtigung der kurzfristigen Finanzierungsmöglichkeit auf!

Übungsaufgabe 5.24:
Ein Unternehmen weist folgende Umsatzentwicklung bzw. -prognosen auf:

Umsatz				
Vorjahrsdaten		Prognosen		
November	Dezember	Jänner	Februar	März
5.000.000	4.500.000	5.000.000	6.500.000	6.000.000

Die Zahlungsgewohnheiten der Kunden führen üblicherweise zu einem Liquidationsspektrum von (0,4; 0,5; 0,06). Zum Jahreswechsel besteht jedoch eine Tendenz zu verzögerter Zahlung: Für die Umsätze des Dezembers gilt das abweichende Liquidationsspektrum (0,2; 0,6; 0,16).

Ende Dezember weist das Konto einen negativen Saldo von 60.000 € aus. Die geplanten Auszahlungen für Löhne, Rohmaterialien und sonstige Auszahlungen sind der folgenden Tabelle zu entnehmen:

	Jänner	Februar	März
Löhne	3.000.000	2.600.000	2.800.000
Rohmaterialien	2.000.000	2.200.000	2.500.000
sonst. Auszahlungen	400.000	380.000	420.000

Im Jänner letzten Jahres wurde eine neue Maschine (Preis: 1.500.000 €) angeschafft. Der Lieferant gewährte zur Finanzierung des Kaufpreises ein Annuitätendarlehen (Zinssatz= 8%, Laufzeit zwei Jahre). Die erste Rückzahlungsrate ist im Jänner diesen Jahres, die zweite und letzte im Jänner des nächsten Jahres fällig.

Für einen allfälligen kurzfristigen Kapitalbedarf kann ein Kontokorrentkredit mit folgenden Konditionen ausgenützt werden:

- Bereitstellungsprovision: 0,5% p.a. (zahlbar im März, Juni, September, Dezember)
- Sollzinsen: 9% p.a. (zahlbar monatlich im Nachhinein)
- Überziehungsprovision: 2% p.a. (zahlbar monatlich im Nachhinein)
- Kreditlimit: 400.000 €

Stellen Sie den Finanzplan für die Monate Jänner, Februar und März unter Berücksichtigung der kurzfristigen Finanzierungsmöglichkeit auf!

Kapitel 6

Finanzinstitutionen

6.1 Grundlagen

Eine bekanntes Beispiel für eine Finanzinstitution ist eine Bank. Sie verwaltet Sparguthaben, vergibt Kredite an Unternehmen, und führt andere Geschäfte durch. In diesem Kapitel wollen wir die Funktionen von Banken und anderen Finanzinstitutionen behandeln. Zunächst wollen wir der Frage nachgehen, unter welchen Bedingungen Finanzinstitutionen wichtig sind.

In Kapitel 5 haben wir Instrumente der Kapitalbeschaffung behandelt. Der Kapitalnachfrager (in unseren Überlegungen üblicherweise ein Unternehmen) benötigt heute Kapital und verkauft dafür einen zukünftigen Zahlungsstrom an den Kapitalanbieter. Bei einem Darlehen leiht der Kapitalanbieter dem Kapitalnachfrager für einen bestimmten Zeitraum Finanzmittel und erhält diese je nach vereinbarter Tilgungsmodalität während oder am Ende der Laufzeit verzinst zurück. Der Kapitalanbieter kann im Falle einer Aktiengesellschaft alternativ zur Kreditvergabe Aktien des Kapital nachfragenden Unternehmens erwerben und erhält abhängig von Beschlüssen der Hauptversammlung in periodischen Abständen eine Gewinnbeteiligung in Form einer Dividendenzahlung[1].

In unseren bisherigen Überlegungen wurde vorausgesetzt, dass der Austausch von Finanzmitteln *reibungslos* funktioniert, d.h. Nachfrager und Anbieter eines bestimmten Zahlungsstroms finden problemlos am Finanzmarkt zueinander. Dabei unterscheiden wir den Markt für kurzfristige Instrumente (*Geldmarkt*) und jenen für mittel- bis längerfristige Instrumente (*Kapitalmarkt*). Wir beschäftigen uns hauptsächlich mit der Beschaffung längerfristigen Kapitals über Finanzmärkte, die kon-

[1] Die Aktie kann außerdem – je nach Marktbedingungen zu einem höheren oder niedrigeren Kurs – weiterverkauft werden.

sequenterweise auch als Kapitalmarktfinanzierung bezeichnet wird. Im Modell eines vollkommenen und vollständigen Kapitalmarkts (siehe Abschnitt 2.2.4) ist jeder beliebige Zahlungsstrom verfügbar, daher stellt sich das Problem eines mangelnden Angebots oder einer mangelnden Nachfrage auch nicht. Gerade deshalb ist aber die Annahme eines VVK zur genaueren Analyse von Finanzierungsproblemen wenig geeignet. Unter realen Bedingungen kann das „Zusammenfinden" von Kapitalgeber und Kapitalnehmer auf folgende Arten erfolgen:

1. Direkt, *ohne* Unterstützung von Finanzinstitutionen

2. Direkt, *mit* Unterstützung von Finanzinstitutionen

3. Indirekt über Finanzintermediäre

Kapital wird *direkt* ausgetauscht, wenn Kapitalanbieter und Kapitalnachfrager *ohne* Vermittlung einer Finanzinstitution in Kontakt treten und die Konditionen der Kapitalbereitstellung vereinbaren. Dies ist etwa bei einem Gesellschafterdarlehen der Fall. Dabei werden der Darlehensbetrag, die Tilgungsform und die Verzinsung zwischen dem Unternehmen und dem Gesellschafter autonom vereinbart.

Verträge zur Kapitalüberlassung kommen nur relativ selten so unmittelbar zustande, da Unternehmen ihre Finanzierungsentscheidungen in der Regel auf unvollständigen Märkten treffen. Dies bedeutet, dass unter Umständen nicht für jeden Finanzierungsbedarf ein entsprechendes Kapitalangebot direkt verfügbar ist.

In diesem Fall sorgen spezialisierte *Finanzinstitutionen* für die Schaffung geeigneter Rahmenbedingungen, um Kapitalangebot und Kapitalnachfrage zusammenzuführen. Nehmen wir als Beispiel ein Unternehmen, das zur Kapitalbeschaffung bestimmte Wertpapiere (z.B. Aktien, Anleihen) emittieren (*begeben*) möchte. Die Wertpapiere sollen von Anlegern *gezeichnet* (erworben) werden. Sie repräsentieren einen Anteil am Eigen- oder Fremdkapital des emittierenden Unternehmens. Mit diesen Wertpapieren sind bestimmte Rechte und Pflichten (vgl. Abschnitte 5.2.1 und 5.3.1) verbunden. Für das emittierende Unternehmen ist es schwierig, die Emission selbstständig durchzuführen. Investoren erwerben Wertpapiere vor allem deshalb, weil diese fungibel und daher handelbar sind. Sie sind an der Existenz eines Markts für den Handel mit den von ihnen gezeichneten Wertpapieren interessiert. Unter diesen Rahmenbedingungen werden Finanzinstitutionen benötigt, die Hilfestellung bei der Emission leisten und den Handel mit Wertpapieren ermöglichen.

Die Finanzinstitution „Börse“ stellt beispielsweise die „Spielregeln“ für den Handel mit Wertpapieren an einem Börseplatz auf. Sie regelt, wer zum Aktienhandel zugelassen wird und nach welchen Prinzipien Kauf- und Verkaufsaufträge ausgeführt werden. Weitere Beispiele für Finanzinstitutionen, welche die direkte Kapitalbereitstellung erleichtern, sind die Emissionsabteilung einer Bank, ein Discountbroker im Internet oder eine Ratingagentur (siehe auch Abschnitt 6.4.1).

Wenn Kapitalnachfrage und Kapitalangebot nicht direkt, sondern *ausschließlich* über den Umweg eines Finanzmittlers (*Finanzintermediärs*) zusammentreffen, bezeichnen wir dies als *indirekte* Finanzierung. Finanzintermediäre stellen damit eine besondere Form von Finanzinstitutionen dar. Sie sind bei indirekter Finanzierung unverzichtbar. Ein typisches Beispiel ist eine Bank, die Einzahlungen in Form von Spareinlagen erhält, diese sammelt und in Form von Krediten (Auszahlungen der Bank) an Unternehmen vergibt.

Das Zusammenwirken von Kapitalnachfragern, Kapitalanbietern, Finanzintermediären und sonstigen Finanzinstitutionen auf einem Finanzmarkt bezeichnen wir auch als *Finanzsystem*. Je nach Rolle der Finanzinstitutionen bei der Kapitalaufbringung unterscheiden wir ein *direktes* und ein *indirektes* Finanzsystem.

Bei ihrer Aufgabe, einen Ausgleich zwischen Kapitalangebot und Kapitalnachfrage zu schaffen, erfüllen Finanzmärkte und Finanzinstitutionen folgende *Transformationsfunktionen*:

1. *Losgrößentransformation*: Ausgleich unterschiedlicher betragsmäßiger Präferenzen (vgl. Beispiel 6.1)

2. *Fristentransformation*: Anpassung unterschiedlicher Laufzeitpräferenzen (vgl. Beispiel 6.2)

3. *Risikotransformation*: Anpassung unterschiedlicher Risikopräferenzen (vgl. Beispiel 6.3)

Beispiel 6.1:
Ein Unternehmen benötigt für eine Großinvestition 30 Mio. €. Es gibt keinen Investor, der diesen Betrag alleine aufbringen kann. Wie könnte eine Transformation der Beträge erfolgen?

Ein Bankdarlehen dient dazu, von Banken gesammelte Spareinlagen in eine einzige (große) Kreditsumme zu transformieren. Alternativ könnte das kapitalsuchende Unternehmen z.B. Aktien am Kapitalmarkt emittieren. Einzelne Investoren können dann in beliebiger Höhe Aktien zeichnen. In beiden Fällen kommt es zur Transformation vieler kleinerer Beträge in einen großen Betrag (*Losgrößentransformation*).

Beispiel 6.2:
Für die in Beispiel 6.1 beschriebene Investition ist eine Laufzeit von 20 Jahren geplant. Potentielle Kapitalanleger sind jedoch nur bereit, kurzfristige Finanzkontrakte einzugehen. Wie könnten die Fristen angepasst werden?

Die in Beispiel 6.1 genannten Lösungen sind auch geeignet, die unterschiedlichen Präferenzen hinsichtlich der Dauer der Kapitalbereitstellung auszugleichen. Beim Kredit übernimmt die Bank die *Fristentransformation*. Bei der Aktienemission kann durch den jederzeitigen Verkauf der Aktie am Sekundärmarkt eine Fristentransfomation erreicht werden.

Beispiel 6.3:
Ein Investor verfügt über 1.000 € und hat zwei Anlagemöglichkeiten (Aktien mit einem derzeitigen Kurs von je 1.000 €) mit folgenden erwarteten Kursgewinnen bzw. -verlusten. Er möchte das Risiko eines Verlustes ausschließen.

	Szenario 1 p=0,7	Szenario 2 p=0,3
Aktie ALPHA	200	–100
Aktie BETA	–50	150

Der Anleger hat nicht genügend Mittel, um in beide Wertpapiere gleichzeitig zu investieren. Was kann er tun, um das Risiko dennoch so weit wie möglich zu reduzieren?

Hier geht es um den Ausgleich zwischen unterschiedlichen Risikopräferenzen (*Risikotransformation*). Am Markt ist keine Aktie erhältlich, die das vom Investor gewünschte Risiko („kein Verlust") aufweist. Durch Kombination beider Aktien könnte ein Risikoausgleich geschaffen werden, der vom Investor bereitgestellte Betrag ist dafür jedoch zu gering. Eine Finanzinstitution, die selbst in Aktien investiert und die Anteile an diesem Vermögen verkauft, ist in der Lage, dem Investor das gewünschte Risiko zu bieten. Ein Aktienfonds könnte etwa einen Fondsanteil verkaufen, der einer halben Aktie ALPHA und einer halben Aktie BETA entspricht. Dieser Fondsanteil verspricht mit einer Wahrscheinlichkeit von p=0,7 einen Kursgewinn von $0{,}5 \cdot 200 + 0{,}5 \cdot (-50) = 75$ €, und mit einer Wahrscheinlichkeit von p=0,3 einen Kursgewinn in Höhe von $0{,}5 \cdot (-100) + 0{,}5 \cdot 150 = 25$ €. Durch Kauf eines derartigen Fondsanteils im Wert von 1.000 € kann der Investor sein Ziel erreichen.

Wir fassen zusammen:

Finanzinstitutionen erleichtern bei direkter Finanzierung das Zusammentreffen von Kapitalangebot und Kapitalnachfrage auf unvollkommenen und unvollständigen Finanzmärkten. Finanzinstitutionen sind unverzichtbar, wenn sie als Finanzintermediäre Transformationsfunktionen zwischen Kapitalanbietern und Kapitalnachfragern erbringen (indirekte Finanzierung).

Wir beschreiben in den folgenden Abschnitten einige wichtige Finanzinstitutionen.

6.2 Börsen

6.2.1 Börsetypen

Ein Finanzmarkt ist jener „Ort", an dem Nachfrage und Angebot bezüglich Finanzmitteln direkt aufeinander treffen können. Die Börse bietet den räumlichen und institutionellen Rahmen für dieses Zusammentreffen. Der Begriff „Börse" bezeichnet sowohl den Markt, auf dem gehandelt wird als auch die Institution, welche die rechtlichen und organisatorischen Rahmenbedingungen für den Handel am Finanzmarkt Börse festlegt.

Börsen können nach verschiedenen Kriterien klassifiziert werden:

1. nach der Art der gehandelten Güter (z.B. Wertpapierbörsen, Devisenbörsen, Warenbörsen),
2. nach dem Erfüllungszeitpunkt der an dieser Börse abgeschlossenen Geschäfte (z.B. Kassabörsen, Terminbörsen) oder
3. nach der Organisation des Handels (Präsenzbörsen, elektronische Börsen).

An den bekanntesten Börsen (z.B. Frankfurter Wertpapierbörse, New York Stock Exchange Euronext[2], London Stock Exchange) wird mit Aktien und anderen Wertpapieren gehandelt. Wir bezeichnen sie als *Wertpapierbörsen*. An *Devisenbörsen* werden Forderungen auf ausländische

[2] Dieser Börsenbetreiber entstand durch die Fusion der New York Stock Exchange mit der europäischen Mehrländerbörse Euronext (Amsterdam, Brüssel, Lissabon, Paris, Terminbörse London).

Währungen gehandelt und amtliche Wechselkurse[3] gebildet. Der Großteil des Devisenhandels findet jedoch außerbörslich, vor allem zwischen Banken, statt. An *Warenbörsen* werden vertretbare Güter (so genannte *Commodities*) gehandelt. Bisher waren das häufig landwirtschaftliche Produkte oder Rohstoffe (z.B. Kaffee, Weizen, Edelmetalle, Erdöl). In jüngster Zeit wurde das Produktspektrum an Warenbörsen stark erweitert. Es wird bereits mit Umweltzertifikaten (Emissionsrechten) und elektrischer Energie gehandelt; geplant ist auch der Handel mit Gas. Neben Geschäften mit sofortiger Erfüllung (*Kassageschäften*) können an diesen Börsen auch *Termingeschäfte* abgeschlossen werden. Bei Letzteren erfolgt die Erfüllung erst zu einem späteren Zeitpunkt (vgl. dazu auch Kapitel 7). Die wichtigsten Warenbörsen sind die Chicago Board of Trade (CBOT) sowie Börsen in London, Amsterdam oder Paris. An *Terminbörsen* wird mit Optionen und Futures gehandelt, die entsprechenden Finanzinstrumente werden in Kapitel 7 beschrieben. Wichtige Börsen für den Handel mit Optionen und Futures sind die Chicago Board of Options Exchange (CBOE), die gemeinsame deutsch-schweizerische Börse EUREX, oder die Derivatbörse der New York Stock Exchange-Euronext Gruppe, LIFFE.

Nach der Art des Börsehandels kann man zwischen *Präsenzbörsen* und *elektronischen Börsen* unterscheiden: *Präsenzbörsen* repräsentieren den ursprünglichen Typ des Börsehandels. Traditionellerweise findet dabei der Handel *standortgebunden* statt (Parketthandel). Die Börsehändler treffen sich während der Handelszeiten, amtlich bestellte Kursmakler sammeln ihre Kauf- und Verkaufsorders und setzen Kurse fest. Die Handelszeiten an einer Präsenzbörse sind in der Regel relativ kurz. Es gibt nur eine beschränkte Markttransparenz, d.h. der einzelne Börsehändler hat keinen vollständigen Überblick über Art und Umfang der vorliegenden Aufträge. Dafür besteht die Möglichkeit, dass die Börsehändler persönlich in Kontakt zueinander treten. Die meisten Börseplätze sind in den letzten Jahren vom Typus der reinen Präsenzbörse abgegangen. In Deutschland gibt es den Parketthandel – in deutlich modernisierter Form – vor allem noch an den Regionalbörsen (z.B. Berlin, Stuttgart). Dabei ist die physische Präsenz der Börsehändler und Makler nicht mehr erforderlich. Der Handel wird stattdessen über ein maklergestütztes Börsehandelssystem (genannt XONTRO) abgewickelt. Im Rahmen

[3]Amtliche Wechselkurse haben auf einem lokalen Markt einen offiziellen Charakter. Sie dienen als Richtwerte z.B. für eine stichtagsbezogene Umrechnung zweier Währungen.

dieses Systems sind Makler weiterhin für die Preisfestsetzung und die Ausführung der Aufträge verantwortlich.

Elektronische Börsen wurden mit dem Ziel eines vollelektronischen, *standortungebundenen* Handels gegründet. Sie ermöglichen ihren zugelassenen Mitgliedern (vor allem Kreditinstitute, Wertpapierhandelshäuser, Makler), direkt per Computer miteinander, d.h. ohne Vermittlung eines Maklers, zu handeln. Privatanleger nehmen am Handel über ihre depotführende Bank teil. Der Börseteilnehmer kauft oder verkauft ausschließlich auf elektronischem Weg (*Computerhandel*). Der Zentralrechner der Börse als Hardware und das dort installierte Handelssystem als Software übernehmen die Funktion des Kursmaklers bei der Festsetzung von Kursen und sind für den reibungslosen Ablauf des Börsehandels verantwortlich. Die Qualität einer elektronischen Börse ist eng mit der Güte der verwendeten Computertechnologie verbunden. Im Gegensatz zu Präsenzbörsen zeichnen sich elektronische Börsen durch relativ lange Handelszeiten und hohe Markttransparenz, unabhängig vom Standort des Marktteilnehmers, aus. An elektronischen Börsen können sowohl Kassaprodukte (z.B. Aktien) als auch Terminprodukte (z.B. Optionen auf Aktien) gehandelt werden. An der Frankfurter und der Wiener Börse kommt derzeit dasselbe vollelektronische Handelssystem (Xetra) zum Einsatz. Eine eigene *elektronische Terminbörse* (European Exchange, EUREX), hervorgegangen aus dem Zusammenschluss der deutschen und der schweizerischen Terminbörse, bietet ebenfalls ein einheitliches Handelssystem und wurde weltweit zu einer der bedeutendsten Börsen für den Handel mit Terminprodukten. Aufgrund der Vorteile elektronischer Börsen nimmt ihre Bedeutung ständig zu. Viele erwarten bereits für die nahe Zukunft eine gänzliche Abkehr vom Typ der Präsenzbörse.

Börsen sind – unabhängig von der Art des eingesetzten Handelssystems – verpflichtet, den gesetzlichen Rahmen für den Handel zu gestalten und die Einhaltung dieser Bestimmungen zu überwachen. In dieser Rolle fungiert die Börse als Behörde. Im Folgenden werden wir uns auf die aus betrieblicher Sicht bedeutendsten Börsen, die Wertpapierbörsen, beschränken.

6.2.2 Börsehandel

Die Börse stellt die wichtigste Institution für den Wertpapierhandel dar. Der Handel mit Wertpapieren findet jedoch auch außerhalb des geregelten Börsehandels statt. Im außerbörslichen Handel sind die *vorbörslichen* und *nachbörslichen* Handelstätigkeiten der Banken von größerer

Bedeutung. Man nennt diese Form des Wertpapierhandels auch *over the counter-Handel* (OTC-Handel) oder aufgrund der gebräuchlichen Kommunikationsform *Telefonhandel*. Der OTC-Handel ist vor allem für den Handel mit großen Wertpapierpaketen relevant. Die im Telefonhandel zustande kommenden Kurse werden nicht amtlich notiert, sondern nur monatlich im Nachhinein veröffentlicht. Als Indikator für die zwischenzeitlich gebildeten Kurse sind sie aber für den darauf folgenden Börsehandel relevant.

Wie schon erwähnt, wird der Börsehandel auf den beiden Börseplätzen Wien und Frankfurt weitgehend über das elektronische Handelssystem Xetra abgewickelt.

Charakteristisch ist die zentrale Rolle des Auftragsbuches (*Orderbuch*). Das Orderbuch enthält alle, von den Börsemitgliedern selbstständig eingegebenen Kauf- und Verkaufsaufträge, wobei wir zwischen Orders mit Preisangaben (*Limit Orders*) und jenen ohne Preisangaben (*Bestens Orders*) unterscheiden können. Neben der Art der Order und ihrem allfälligen Limit wird auch der zeitliche Eingang vermerkt. Marktteilnehmer erhalten mit Hilfe des elektronischen Orderbuchs einen sehr guten Überblick über die derzeitige Auftragslage und können jederzeit auf Marktbewegungen mit neuen Kauf- oder Verkaufsaufträgen reagieren. Bei Eingabe eines neuen Auftrags wird während des laufenden Handels automatisch überprüft, ob die gegenüberliegende Seite des Orderbuchs ein passendes Angebot enthält und so der Auftrag ausgeführt werden kann (engl. *matching*). Ist kein passendes Angebot vorhanden, wird die Order im Orderbuch für eine spätere Erfüllung gespeichert.

Ein wesentliches Kennzeichen des Handels an elektronischen Börsen ist die Einrichtung *institutioneller Liquiditätsanbieter*. Für diese Marktteilnehmer gibt es je nach Börse unterschiedliche Bezeichnungen, beispielsweise *Market Makers*, *Designated Sponsors* oder *Specialists*. Diese Marktteilnehmer verpflichten sich, für einzelne oder mehrere Börseprodukte *jederzeit*[4] verbindliche An- und Verkaufskurse (so genannte *Quotes*) zu stellen und damit einen Markt für diese Titel zu garantieren (*Market Making*). Die Tätigkeit von Liquiditätsanbietern wird häufig auch als *Marktbetreuung* bezeichnet. Diese Funktion übernehmen üblicherweise Banken oder Wertpapierhandelshäuser. Liquiditätsanbieter sind vor allem dann wichtig, wenn Nachfrage und Angebot deutlich

[4]Konkret sind z.B. die Designated Sponsors der Frankfurter Wertpapierbörse verpflichtet, auf Aufforderung innerhalb von zwei Minuten einen Quote zu stellen. Die Market Maker der Wiener Börse müssen ca. 2/3 der Handelszeit permanent mit Quotes im Markt stehen.

auseinander fallen. Damit steigt die Ausführungswahrscheinlichkeit der übrigen im System befindlichen Aufträge und somit die Marktliquidität. Pro Wertpapier kann es auch mehrere Market Maker geben. Die Attraktivität eines Wertpapiers erhöht sich mit dem Ausmaß der Marktbetreuung durch Market Maker. Die Börse schreibt dem Market Marker die Erfüllung bestimmter Qualitätsanforderungen[5] vor, im Gegenzug für sein Engagement wird der Market Maker von den Börsegebühren entlastet und erhält zumeist auch eine Reihe von Nebengeschäften von den durch ihn betreuten Aktiengesellschaften.

6.2.3 Märkte und Marktsegmente

Wertpapiere (z.B. Aktien, Anleihen) werden entweder zum Handel an der Börse gesetzlich zugelassen (in Österreich als geregelter Markt, in Deutschland als regulierter Markt bezeichnet) oder zum Handel in einem *Multilateralen Handelssystem* einbezogen. Ein Multilaterales Handelssystem ist ein außerbörsliches Handelssystem, in dem Finanzinstrumente auf ungeregelter (privatrechtlicher) Basis gehandelt werden.

Geregelte Märkte können in Marktsegmente unterteilt werden, für die jeweils unterschiedliche gesetzliche Zulassungsvoraussetzungen gelten. In Österreich sind das beispielsweise: der *amtliche Handel* und der *geregelte Freiverkehr*:

Der amtliche Handel ist jener geregelte Markt, auf den die meisten Wertpapiere entfallen. Gleichzeitig stellt er die höchsten Anforderungen an das Unternehmen: Es muss seit mindestens drei Jahren bestehen und Jahresabschlüsse über diese Jahre vorlegen. Außerdem muss die Emission eine bestimmte Mindestgröße erreichen. Die Wertpapiere müssen im Publikum gestreut sein bzw. ist für den Börsehandel ein entsprechend hoher Streubesitz vorzusehen (so genannter *Freefloat*). Als Streubesitz verstehen wir Beteiligungen, die unter 5% des stimmberechtigten Kapitals ausmachen.[6] Unternehmen im amtlichen Handel verpflichten sich zur Veröffentlichung ihrer Jahresabschlüsse und Geschäftsberichte sowie von Zwischenberichten. Außerdem haben sie die durch die Börse geregelten Bestimmungen zur *Ad-hoc-Publizität* einzuhalten. Darunter versteht man die unverzügliche Bekanntgabe all jener Informationen,

[5] Z.B. die maximal erlaubte Spanne zwischen Ankaufs- und Verkaufskurs oder die Zeitspanne, innerhalb der ein Kurs quotiert werden muss.

[6] Unabhängig von der Höhe der Beteiligung werden Anteile von z.B. Fonds oder Kapitalanlagegesellschaften aufgrund ihrer zumeist kurzfristigen Behaltedauer als Streubesitz behandelt.

die relevant für den Kurs des gehandelten Wertpapiers sein könnten. Dazu gehören z.B. die so genannten *Gewinnwarnungen*, die bei reduzierten Gewinnprognosen vorgenommen werden. Auch Meldungen über Unternehmenskäufe oder -zusammenschlüsse, personelle Veränderungen im Vorstand etc. sind für den Anleger von Interesse. Diese Informationen müssen veröffentlicht werden, üblicherweise in einem überregionalen elektronischen Medium oder in einem überregionalen Börsenpflichtblatt.[7] Für die Zulassung im zweiten geregelten Markt, dem geregelten Freiverkehr, sind die Voraussetzungen und Folgepflichten weniger streng als im amtlichen Handel. Es gibt eingeschränkte Bestimmungen betreffend die Mindestbestandsdauer des Unternehmens (z.B. nur ein Jahr), der vorzulegenden Jahresabschlüsse, des Emissionsvolumens und der erforderlichen Streuung der Aktien.[8]

Wertpapiere, die im amtlichen Handel oder geregelten Freiverkehr (bzw. geregelten Markt) zugelassen sind, erfüllen die Anforderungen bestimmter EU-Richtlinien.[9]

Wertpapiere, insbesondere jene, die über keine gesetzliche Zulassung verfügen, können auch in einem nicht-amtlichen, privatrechtlichen Teilmarkt an einer Börse gehandelt werden (z.B. Open Market der Deutschen Börse) oder zum Handel in einem Multilateralen Handelssystem einbezogen werden. Der Betrieb eines Multilateralen Handelssystems unterliegt einer Konzession.

Nachdem ein Unternehmen die Zulassung bzw. Einbeziehung eines der von ihm emittierten Wertpapiere zum Handel in einem bestimmten Teilmarkt beantragt hat, erhält das Wertpapier eine Kennung (*international securities identification number*, ISIN genannt) und wird zum Handel in diesem Markt zugeordnet.

Innerhalb einer Börse unterteilen *Marktsegmente* den Markt in einzelne Submärkte. Für die in einem Marktsegment gehandelten Wertpapiere gelten jeweils die gleichen Bestimmungen. Die Emittenten der Wertpapiere eines bestimmten Marktsegments haben dieselben Pflichten

---

[7] Dies sind von der jeweiligen Börse benannte Zeitungen, die regelmäßig über börserelevante Geschehnisse berichten.

[8] Die genauen Bestimmungen können den Homepages der jeweiligen Börsen entnommen werden, http://www.wienerboerse.at.

[9] Dies sind z.B. Richtlinien über Publizitätsverpflichtungen, über Meldepflicht wesentlicher Beteiligungen oder den so genannten Insiderhandel. Unter Insiderhandel versteht man den Handel von Personen, die aufgrund ihrer Stellung über besondere, vertrauliche Informationen und damit außergewöhnliche Kursgewinnmöglichkeiten verfügen. Kursgewinne, die auf Insiderinformationen beruhen, sollen durch Vorschriften zur Beschränkung des Insiderhandels ausgeschlossen werden.

gegenüber ihren Anlegern. Die Marktsegmentierung ist nicht ausschließlich abhängig davon, ob ein Wertpapier in einem bestimmten geregelten oder ungeregelten Markt zugeordnet ist, sondern richtet sich auch nach

1. Art des Finanzinstruments
2. Anforderungen nach Transparenz, Qualität und Publizität
3. Ad-hoc-Mitteilungen
4. Ausmaß der Marktbetreuung
5. Handelsform

Der Zweck der Marktsegmentierung besteht in einer Einteilung der Wertpapiere nach den Markterfordernissen. Wertpapiere mit hoher Liquidität werden in einem Marktsegment untergebracht, in dem fortlaufend gehandelt wird (Fließhandel). Dies ist bei Aktien vor allem das *Prime Segment*. Die genauen Bezeichnungen der einzelnen Marktsegmente sind je nach Börseplatz unterschiedlich: Beispielsweise wird das Prime Segment in Deutschland *Prime Standard*, in Österreich *Prime Market* genannt.

Eine andere Handelsform ist das *Auktionsverfahren*. Bei Auktionen werden die Kauf- und Verkaufsaufträge über einen längeren Zeitraum gesammelt. Zu einem bestimmten Zeitpunkt (z.B. einmal täglich) erfolgt eine Kursermittlung nach dem *Meistausführungsprinzip*. Dabei wird jener Kurs festgesetzt, bei dem das größte Volumen ausgeführt werden kann und folglich das Volumen der nicht zu erfüllenden Aufträge (Überhang) minimiert wird. Auktionsverfahren sind vor allem bei Wertpapieren mit niedriger Liquidität geeignet. In Österreich werden beispielsweise Aktienkurse des Dritten Marktes sowie sämtliche Anleihenkurse per Xetra in einem elektronischen Auktionsverfahren festgelegt.

Die im *Prime Segment* gelisteten Unternehmen müssen international übliche Anforderungen im Hinblick auf ihr Informations- und Berichtswesen erfüllen. Diese gehen über die gesetzlich vorgeschriebenen Voraussetzungen des amtlichen Handels hinaus und betreffen auch:

1. Veröffentlichung von Quartalsberichten
2. Verwendung internationaler Rechnungslegungsstandards (IAS/IFRS oder US-GAAP)[10]

[10] Unter IAS (*International Accounting Standards*) versteht man Rechnungslegungs-

3. Durchführung mindestens einer Analystenkonferenz pro Jahr (gilt für Unternehmen im deutschen Prime Segment)
4. Veröffentlichung von Ad-hoc-Mitteilungen in einem elektronischen Medium
5. Berichterstattung in englischer Sprache
6. verpflichtende Einhaltung von Corporate Governance Standards.[11]

Mit diesen Bestimmungen richtet sich das Prime Segment vor allem an jene Unternehmen, die eine zunehmend internationale Anlegerschaft ansprechen wollen. Eine Einordnung in das Prime Segment ist in Deutschland Voraussetzung für die Aufnahme in bestimmte Indizes, z.B. den DAX.

Neben dem Prime Segment besitzt jede Börse weitere Segmente für den Handel mit anderen Wertpapieren, z.B. verschiedene Segmente für den Handel mit Anleihen, Derivaten oder strukturierten Produkten.[12] Zuordnungen in Marktsegmente können sich im Zeitablauf verändern, wenn etwa aufgrund der Gegebenheiten des Marktes die Zuordnung in ein anderes Segment sinnvoller ist.

6.2.4 Börsenindizes

An Wertpapierbörsen werden Anteile am Eigen- und Fremdkapital von Unternehmen gehandelt. Der Kurs eines Wertpapiers entwickelt sich dabei entsprechend des Angebots und der Nachfrage; er repräsentiert den Wert, der dem Wertpapier am Markt beigemessen wird. Um die Kursentwicklungen eines gesamten Marktes oder eines Teilbereichs in einer einzigen Kennzahl abzubilden und den Anlegern Vergleichsmöglichkeiten zu bieten (z.B. „Wie entwickelt sich ein Wertpapier im Vergleich zum Gesamtmarkt?“, „Wie entwickelt sich der deutsche im Vergleich zum amerikanischen Aktienmarkt?“), werden an Wertpapierbörsen so

richtlinien mit Empfehlungscharakter, die von einem internationalen Komitee (Sitz in London) von Wirtschaftsprüfern und Finanzanalysten erarbeitet wurden. Die IFRS (*International Financial Reporting Standards*) stellen eine Weiterentwicklung der IAS dar. US-GAAP (*Generally Accepted Accounting Principles*) bezeichnet die offiziell anerkannten US-amerikanischen Rechnungslegungsvorschriften.

[11] Unter Corporate Governance Standards versteht man Verhaltensnormen für Unternehmen gegenüber ihren Anlegern. Diese Regelungen haben meistens Empfehlungscharakter.

[12] Strukturierte Produkte sind z.B an der Börse gehandelte Zertifikate oder Investmentfonds.

Bezeichnung	Zusammensetzung
Dow Jones Industrial Index (DJII)	30 Aktien der New York Stock Exchange
Nikkei	225 Aktien der TSE (Tokio)
DAX	30 Aktien im Prime Standard der Frankfurter Börse („deutsche Blue Chips“[13])
ATX	20 Aktien im Prime Market der Wiener Börse („österreichische Blue Chips“)
DJ Euro Stoxx-50	50 Aktien europäischer Großunternehmen
Prime All Share	Aktien im Prime Segment der Frankfurter Wertpapierbörse (FWB)
ATX Prime	Aktien des österreichischen Prime Segments
CDAX	Aktien des Prime und General Standard der FWB
WBI	Aktien des Prime und Standard Markets der Wiener Börse

Tabelle 6.1: Beispiele für Aktienindizes
Die Indizes in der oberen Tabellenhälfte sind so genannte *Auswahlindizes*; sie umfassen die liquidesten Aktien eines Marktes. In der unteren Tabellenhälfte finden sich so genannte *All-Share-Indizes*, die alle Aktien eines bestimmten Marktes umfassen.

genannte *Wertpapierindizes* gebildet. Ein Wertpapierindex ist ein gewichteter Durchschnitt der Kurse der einzelnen darin enthaltenen Wertpapiere. Nach der Art der von einem Index umfassten Wertpapiere unterscheiden wir Aktien- und Anleihen-(Renten-)indizes. Tabelle 6.1 enthält einige weltweit bzw. für den deutschsprachigen Raum bedeutende Aktienindizes.

Ein Aktienindex kann die Kursentwicklung des *gesamten* Aktienmarktes (so genannte *All Share*-Indizes, z.B. der WBI der Wiener Börse), eines bestimmten *Aktiensegmentes* (so genannte *Auswahlindizes*, z.B. der DAX) oder einer bestimmten *Branche* abbilden. Typische Branchenindizes gibt es etwa für die Immobilienbranche (Immobilien ATX), den

[13] Mit „Blue Chips“ bezeichnet man im Allgemeinen Aktien von höchster Qualität. Sie zeichnen sich vor allem durch ihren Bekanntheitsgrad, die Bonität des emittierenden Unternehmens, gute Wachstumsperspektiven und regelmäßige Dividendenzahlungen aus. Diese Werte sind häufig in Aktienindizes vertreten.

chemischen Sektor (Prime Chemical Index in Frankfurt) oder für Werte aus technologie- und wachstumsorientierten Branchen (Vienna Dynamic Index, ViDX).

Beispiel 6.4:
Der Austrian Traded Index (ATX) wurde von der Wiener Börse entwickelt. In die Berechnungen des Werts fließen die aktuellen Kurse der größten und am stärksten gehandelten (liquidesten) Aktien der Wiener Börse ein. Um in den ATX aufgenommen zu werden, muss eine Aktie sowohl von der Größe (gemessen nach der Marktkapitalisierung[14]) als auch vom Umsatz unter den 25 bedeutendsten Titeln der Wiener Börse sein. Innerhalb des ATX erfolgt eine Gewichtung nach der Marktkapitalisierung unter Berücksichtigung des Streubesitzes der Aktien. Aktien mit einer hohen Marktkapitalisierung bzw. hohem Streubesitz erhalten einen stärkeren Einfluss auf den ATX als jene mit geringerer Marktkapitalisierung bzw. geringerem Streubesitz.

6.3 Banken

6.3.1 Bankgeschäfte

Die Tätigkeit von Banken ist gesetzlich geregelt. Sie erstreckt sich vor allem auf folgende Geschäfte:

1. Verwaltung von (Spar-)Einlagen (Einlagengeschäft)
2. Girogeschäft (bargeldloser Zahlungsverkehr)
3. Kreditgeschäft
4. Diskontierung von Wechseln (Diskontgeschäft)
5. Verwahrung und Verwaltung von Wertpapieren (Depotgeschäft)
6. Wertpapieremissionsgeschäft
7. Handel mit
   (a) Wertpapieren
   (b) Devisen und Valuten: Devisen sind Forderungen in ausländischer Währung (Buchgeld), Valuten sind Zahlungsmittel in ausländischer Währung.

---
[14] Unter Marktkapitalisierung versteht man das Produkt aus der Anzahl der Aktien und ihrem Kurs.

(c) Terminkontrakten

8. Garantiegeschäft: Im Garantiegeschäft gibt die Bank Zahlungsversprechen an Dritte ab. Bankgarantien sind insbesondere im internationalen Geschäft von Bedeutung.

Im Folgenden wollen wir jene beiden Geschäftsbereiche von Banken näher behandeln, die für die Kapitalbeschaffung von Unternehmen am wichtigsten sind. Zunächst beschreiben wir das *Kreditgeschäft*, bei dem Banken als Finanzintermediäre agieren. Anschließend werden wir die Funktion von Banken als Finanzinstitutionen bei der *Emission* von Wertpapieren am Beispiel von Aktien- und Anleihenemissionen betrachten.

6.3.2 Banken und Kreditgeschäft

Ein *Kreditinstitut* bzw. eine Bank[15] ist ein typischer *Finanzintermediär*. Finanzintermediäre sind dann nötig, wenn Kapitalanbieter und Kapitalnachfrager über den Finanzmarkt keine zufrieden stellende Einigung zur Kapitalüberlassung erzielen können. Unter einem *indirekten* Finanzsystem versteht man einen Finanzmarkt, auf dem die Kapitalbereitstellung überwiegend durch Finanzintermediäre erfolgt.

Beispiel 6.5:
Ein neugegründetes Unternehmen plant die Entwicklung und den Vertrieb von PC-Lernsoftware für Vorschulkinder. An Eigenkapital sind 85.000 € vorhanden, weiters werden 150.000 € für den Umbau und die Ausstattung der Geschäftsräumlichkeiten benötigt. Die Kapitalbereitstellung ist für einen potentiellen Investor mit einem hohen Risiko verbunden: Das Produkt ist noch nicht am Markt, seine Qualität kann nicht beurteilt werden.

Wir haben bereits in Abschnitt 5.1 die *asymmetrische Informationsverteilung* zwischen Kapitalgeber und Kapitalnehmer hinsichtlich der Qualität eines bestimmten Unternehmens bzw. seiner Investitionsprojekte diskutiert. Diese *Qualitätsunsicherheit* ist (mit-)verantwortlich für das Risiko der Kapitalüberlassung. Für einen Investor ergibt sich darüber hinaus das Problem, dass er nach Kapitalüberlassung kaum Einflussmöglichkeiten auf das Gelingen des Projekts hat. Die Möglichkeit einer missbräuchlichen Verwendung des überlassenen Kapitals bezeichnen wir

[15] Wir werden im Folgenden die Begriffe Bank und Kreditinstitut synonym verwenden.

als *Moral Hazard*. Weiters kann sich der Kapitalgeber gegen den Fall des Scheiterns nicht absichern (z.B. durch rechtzeitigen Verkauf seiner Ansprüche).

Wir fassen zusammen:

> *Informations- und Anreizprobleme* sind typisch, wenn Personen, die nicht unmittelbar im Unternehmen tätig sind, Kapital bereitstellen. In dem in Beispiel 6.5 skizzierten Fall sind sie besonders stark ausgeprägt.

Aus diesem Grund wird das benötigte Kapital nur schwerlich direkt auf dem Finanzmarkt (z.B. über die Emission von börsegehandelten Aktien) zu beschaffen sein. Wahrscheinlicher ist es, dass der Finanzbedarf über ein Darlehen einer Bank gedeckt werden kann.

> Banken bieten als Finanzintermediäre Produkte bzw. Dienstleistungen an, die bei bestehenden Informations- und Anreizproblemen jene Transformationsleistungen erbringen, die über den Finanzmarkt direkt nicht erzielt werden können.

6.3.2.1 Banken und Kreditrisiko

Im Folgenden wollen wir untersuchen, warum Banken Kapital bereitstellen, obwohl sie mit asymmetrischer Informationsverteilung und Anreizproblemen konfrontiert sind. Für diesen Zweck ist es nützlich, den Vorgang bei der Ermittlung der Höhe des geforderten Kreditzinssatzes zu verdeutlichen (siehe Abbildung 6.1).

Zunächst ermittelt die Bank den *Marktzinssatz* für Veranlagungen mit gleicher Laufzeit, die kein Risiko verursachen. Wir haben diesen Zinssatz bereits unter der Bezeichnung *risikoloser Zinssatz* kennengelernt. Er entspricht dem Zinssatz, den Schuldner mit erstklassiger Bonität zahlen.[16] Dem Marktzins wird der *Spread* (auch Marge genannt) aufgeschlagen, der sich aus folgenden Bestandteilen zusammensetzt:

1. Prämie für Kreditbearbeitung
2. Prämie für Kreditrisiko
3. Prämie für Eigenkapitalunterlegung

[16] Genau genommen würden Unternehmen mit erstklassiger Bonität nur im Falle direkter Finanzierung den risikolosen Zinssatz (ohne weitere Zuschläge) bezahlen.

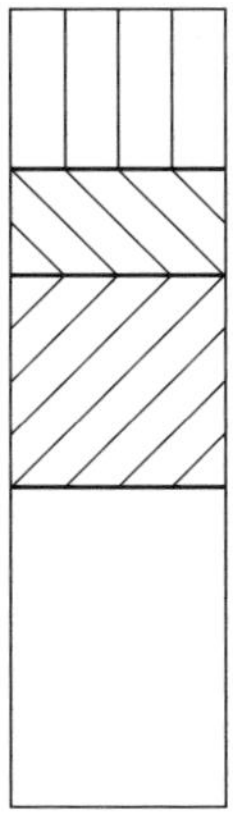

Abbildung 6.1: Bestandteile des Kreditzinssatzes

Wir wollen die genannten Bestandteile nun näher erläutern.

Die *Kreditbearbeitungsprämie* umfasst jene Aufschläge auf den risikolosen Zinssatz, die zur Abdeckung der Kosten der Errichtung und der laufenden Betreuung eines Kredits erfolgen (zusätzlich zur Bearbeitungsgebühr, vgl. Abschnitt 5.2.2.2). Eine Kreditbeziehung hat für die Kredit gewährende Bank zahlreiche zahlungswirksame Konsequenzen. Sie muss etwa auf Kreditangelegenheiten spezialisiertes Personal zur Verfügung stellen (*Kreditbetreuer*). Die Bank muss außerdem vor der Kreditvergabe Informationen über das kreditsuchende Unternehmen einholen und bankintern auswerten (*Kreditwürdigkeitsprüfung*). Dies ist umso schwieriger, je kürzer das Unternehmen besteht und je weniger Informationen darüber verfügbar sind. Die Informationsasymmetrie ist daher ein entscheidender Faktor für die Höhe der Kreditbearbeitungsprämie. Auch Kosten der Kreditüberwachung sind ein Bestandteil der Kreditbearbeitungsprämie.

Die *Kreditrisikoprämie* wird aufgrund des *Kreditrisikos* (auch: *Bonitätsrisiko*) aufgeschlagen. Das Kreditrisiko wird von folgenden Faktoren beeinflusst :

1. *Ausfallwahrscheinlichkeit*: Die Ausfallwahrscheinlichkeit misst das Risiko, dass der Kreditnehmer seinen Zahlungsverpflichtungen an den Kreditgeber nicht nachkommen kann oder will. Sie ist von der Bonität des Kreditnehmers bzw. der Qualität des finanzierten Objekts abhängig. Die Ausfallwahrscheinlichkeit wird auch als *Probability of Default* (PD) bezeichnet.

2. *Verlustquote bei Ausfall*: Die Verlustquote gibt jenen Anteil des Kredits an, der dem Kreditgeber bei Zahlungsausfall verloren geht. Die Verlustquote kann durch vertraglich vereinbarte Sicherheiten, an denen sich der Kreditgeber schadlos halten kann, reduziert werden. So kann er z.B. eine mit einer Hypothek belastete Immobilie verkaufen. Bei der Ermittlung der Verlustquote bei Ausfall (*Loss Given Default*, LGD) sind die Kosten zur Verwertung von Sicherheiten (z.B. anfallende Maklerprovisionen beim Verkauf von Immobilien) und die tatsächlich erzielbaren Erlöse bei der Verwertung der Sicherheiten zu berücksichtigen. Es ist zu beachten, dass die Werte von Sicherheiten schwankungsanfällig sind, sodass möglicherweise bei einem Notverkauf einer Immobilie nur mehr ein Preis erzielt werden kann, der unterhalb des erwarteten Verkaufserlöses liegt.

3. *Erwartete Höhe der Forderung zum Zeitpunkt des Ausfalls*: Darunter verstehen wir jenen Betrag, der zum Zeitpunkt des Zahlungsausfalls dem Kreditgeber geschuldet wird (*Exposure At Default*, EAD). Dieser setzt sich aus dem noch nicht getilgten Kreditbetrag und den nicht bezahlten Zinsen zusammen.

4. *Restlaufzeit*: Zuletzt ist das Kreditrisiko auch von der (Rest-)Laufzeit der Forderung abhängig, wobei von einem mit der Höhe der Laufzeit steigenden Kreditrisiko ausgegangen wird.

Der gesamte erwartete Schaden des Kreditgebers lässt sich ermitteln als Produkt aus Ausfallwahrscheinlichkeit (PD), Verlustquote (LGD) und dem aushaftenden Kreditbetrag (EAD).

In der Regel beurteilen Kreditgeber nur die Bonität (in erster Linie abhängig von der Ausfallwahrscheinlichkeit) der einzelnen Kreditnehmer. Die Bonität wird häufig in *externen* oder *internen Ratings* abgebildet.[17] Externe Ratings werden von unabhängigen Dritten erstellt und ausführlicher in Abschnitt 6.4.1 behandelt. Bei internen Ratings werden Unternehmen bankintern in bestimmte Risikoklassen eingeordnet, und diesen Risikoklassen wird auf Grund historischer Erfahrungswerte eine bestimmte Kreditausfallwahrscheinlichkeit zugeordnet (vgl. Abschnitt 6.3.2.2).

Beispiel 6.6:

Eine Bank teilt ihre Darlehensnehmer in drei Risikoklassen ein.

---

[17] Ein Rating drückt die Erwartungen, dass ein Kredit nicht mehr (vollständig) zurückgezahlt werden kann, komprimiert in einer einzigen Kennzahl aus.

Risikoklasse	Ausfall-wahrscheinlichkeit	Zuschlagsatz Kreditrisiko
A	2%	2,24%
B	5%	5,79%
C	10%	12,22%

Die Bank vergibt ein Darlehen an ein Unternehmen, das nach einer bankinternen Bonitätsanalyse der Risikoklasse B zugeordnet wird. In dieser Risikoklasse beträgt die Ausfallwahrscheinlichkeit 5%. Entsprechend dieser Einschätzung wird die Bank (sie verhält sich risikoneutral) auf den Marktzins eine Risikoprämie aufschlagen. Im beschriebenen Fall schlägt die Bank 5,79 Prozentpunkte auf. Mit diesem Zuschlag versucht sie eine Kompensation gegen allfällige Verluste durch Zahlungsausfälle zu erreichen, indem von allen Unternehmen der Risikoklasse B ein um 5,79 Prozentpunkte höherer Zinssatz gefordert wird und dieser zusätzliche Ertrag als Ausgleich für die 5% Kreditausfälle in dieser Risikoklasse dient.

Die Zuordnung von Unternehmen in bestimmte Risikoklassen hängt neben bankinternen und -externen Ratings von Umfang und Qualität etwaiger *Sicherheiten* ab. Wir werden auf beide Einflussfaktoren in Abschnitt 6.3.2.3 noch genauer eingehen.

Ein weiterer Bestandteil des Kreditzinssatzes ist die Prämie für die *Eigenkapitalunterlegung*. Banken verwalten als Kapitalsammelstellen die Spareinlagen vieler Anleger und vergeben Teile dieser Gelder in Form von Krediten. Diese Kredite sind zum Teil riskant, d.h. es ist zu erwarten, dass ein Teil der Kredite nicht zurückgezahlt wird. Bei hohen Kreditausfällen könnten die Spareinlagen der Anleger gefährdet sein. Um dies zu verhindern, sind Banken gesetzlich verpflichtet, für ein bestimmtes Verhältnis zwischen vergebenen Krediten und Eigenkapital der Bank zu sorgen, d.h. sie müssen selbst entsprechendes Eigenkapital zur Verfügung haben. Man bezeichnet diese Vorgangsweise als Unterlegung der vergebenen Kreditmittel mit Eigenkapital oder kurz *Eigenkapitalunterlegung*. Die Vorschriften zur Eigenkapitalausstattung von Banken bezwecken, die Sicherheit des Finanzsystems zu gewährleisten. Bisher mussten Banken Kredite, die an Unternehmen vergeben wurden, mit Eigenkapital in Höhe von 8% der Restschuld unterlegen. Dieser Prozentsatz war *unabhängig* davon, in welche Risikoklasse das jeweilige kreditnehmende Unternehmen einzuordnen war. Hingegen war für Kredite an öffentliche Kreditnehmer de facto keine, für Kredite an (bestimmte) Banken eine deutlich reduzierte Eigenkapitalunterlegung notwendig.

Die Unterlegung von Krediten mit Eigenkapital verursacht Kosten[18] (z.B. in Form von zusätzlichen Dividendenzahlungen, wenn auch möglicherweise mit zeitlicher Verzögerung). Diese Kosten sind umso höher, je höher der Prozentsatz für die Berechnung des zu unterlegenden Eigenkapitals ist. Dieser Unterschied schlägt sich auch im Kreditzinssatz nieder. Die gesetzlichen Bestimmungen zur Eigenkapitalunterlegung führen somit dazu, dass für bestimmte Kreditnehmer geringere Kreditzinssätze festgelegt werden können. So zahlen etwa Kreditnehmer des öffentlichen Sektors in der Regel geringere Kreditzinssätze als Unternehmen, weil

1. diese Kreditnehmer meist ein geringeres Zahlungsausfallsrisiko aufweisen (geringere Prämie für das Kreditrisiko) und

2. für ihre Kredite von der Bank gesetzlich kein Eigenkapital zu unterlegen ist (geringere Prämie für die Eigenkapitalunterlegung).

Seit 1.1.2008 wird der oben genannte Satz von 8% zur Eigenkapitalunterlegung für Kredite an Unternehmen durch einen nach Risiko gestaffelten Prozentsatz abgelöst. Diese Neuerung wurde vom Basler Ausschuss für Bankenaufsicht initiiert. Dieses Organ setzt sich aus Vertretern der Zentralbanken und Bankenaufsichtsbehörden der G10-Staaten[19] zusammen und tritt bei der Bank für internationalen Zahlungsausgleich (BIZ) mit Sitz in Basel zusammen. Seine Empfehlungen zur Kapitalausstattung von Banken wurden unter dem Begriff *Basel II* in Form von EU-Richtlinien verankert und gelten seitdem für alle Banken innerhalb der Europäischen Union. Banken sind verpflichtet, die Bonität ihrer Kreditnehmer entweder auf Basis externer oder interner Ratings[20] festzustellen und je nach Rating entsprechend Eigenkapital zu unterlegen. Ein Rating repräsentiert die Bewertung des Kreditrisikos eines Schuldners, die in einer Kennzahl komprimiert ist. Bei externen Ratings erfolgt die Bonitätsbeurteilung durch *Ratingagenturen*.[21] Je nachdem, welches Rating das kreditsuchende Unternehmen aufweist und welche Art der Kreditforderung zugrunde liegt, wird eine bestimmte Risikogewichtung

[18] Die Eigenkapitalunterlegung hat eine Reihe von zum Teil zahlungswirksamen Konsequenzen, die wir mit dem Begriff *Kosten* umschreiben, ohne auf Details näher einzugehen.

[19] Das sind Belgien, Deutschland, Frankreich, Großbritannien, Italien, Japan, Kanada, die Niederlande, Schweden, Schweiz und die USA.

[20] Der auf externen Ratings basierende Ansatz wird auch als Standardansatz bezeichnet. Daneben steht es der Bank frei, einen auf internen Ratings basierenden Bewertungsansatz (IRB-Ansatz) zu wählen.

[21] Vgl. dazu auch Abschnitt 6.4.1.

vorgegeben (*Standardansatz*). Beim anspruchsvolleren *Internen Rating-Ansatz* übernimmt die Bank die Zuordnung des Kreditgebers in eine Ratingklasse mit entsprechender Kreditausfallswahrscheinlichkeit. Eine Bank, die weniger riskante Kredite vergibt, benötigt folglich weniger Eigenkapital als eine Bank mit riskanteren Kreditvergaben (bei gleichem Kreditvolumen).

Die Folgen einer risikoangepassten Eigenkapitalunterlegung veranschaulicht Beispiel 6.7 (die Berechnungen stammen von einer österreichischen Großbank).

Beispiel 6.7:

Kreditnehmer	Unternehmen SIHA	Unternehmen GEFA
Bankinternes Rating	2	6
1-jährige Ausfallwahrscheinlichkeit	0,1%	5%
Kreditbetrag	1 Mio. €	1 Mio. €
Laufzeit	3 Jahre	3 Jahre
Risikogewicht in %	30	178
Erforderliches Eigenkapital in %	2,4	14,24
Erforderliches Eigenkapital	24.000 €	142.400 €
Dividendenansprüche der Aktionäre (15%)	3.600 €	21.360 €
Veranlagungsertrag (6%)	1.440 €	8.544 €
Nettokosten Eigenkapitalunterlegung	2.160 €	12.816 €

Unternehmen SIHA erhält wegen seiner geringen Ausfallwahrscheinlichkeit von 0,1% ein bankinternes Rating von 2. Die Wahrscheinlichkeit eines Kreditausfalls von Unternehmen GEFA liegt hingegen bei 5%. Bei gleich hoher Kredithöhe und Laufzeit muss der für Unternehmen SIHA unterlegte Eigenkapitalanteil in der Höhe von 8% nur mit 30%, bei Unternehmen GEFA hingegen mit 178% gewichtet werden. Diese verwendeten Gewichte werden der Bank durch die Basel II-Vereinbarungen vorgegeben.

Dies bedeutet, ein Kredit an Unternehmen SIHA muss zu 2,4% mit Eigenkapital der Bank ($0{,}08 \cdot 0{,}3$) unterlegt werden. Für Kredite an Unternehmen GEFA muss die Bank hingegen 14,24% ($0{,}08 \cdot 1{,}78$) unterlegen. In absoluten Zahlen muss die Bank für den SIHA-Kredit daher 24.000 €, für den GEFA-Kredit jedoch 142.400 € unterlegen. Kalkuliert man mit einer durchschnittlichen Zahlung an Eigenkapitalgeber (z.B. in Form von Dividenden) von 15% und einem tatsächlichen Ertrag des unterlegten Eigenkapitals von 6%, so verursacht die Eigenkapitalunterlegung im Falle des SIHA-Kredites Auszahlungen in der Höhe von 2.160 € ($=24.000 \cdot (0{,}15{-}0{,}06)$). Beim GEFA-Kredit fallen durch die Eigenkapitalunterlegung Auszahlungen in der Höhe von 12.816 € (=142.400 · (0,15–0,06)) an.

Nachdem die Unterlegung mit Eigenkapital der Bank Kosten verursacht, wird sie diese im Kreditzinssatz berücksichtigen. Die Netto-Eigenmittelkosten machen 0,216% für SIHA, aber 1,282% für GEFA aus. Der zusätzliche Aufschlag (im Vergleich zu SIHA) für die Eigenkapitalunterlegung im Fall einer Kreditvergabe an GEFA beträgt somit 1,066% p.a.

Aufgrund der neuen Regelungen zur Eigenkapitalunterlegung nach Basel II werden Unternehmen mit folgenden Konsequenzen zu rechnen haben:

1. Kreditzinssätze werden nach dem tatsächlichen Kreditrisiko festgelegt, d.h. Kredite an Unternehmen mit einem schlechteren Rating werden mit höheren Kreditzinsen versehen, Unternehmen mit gutem Rating profitieren von niedrigeren Zinssätzen.

2. Kreditzinssätze werden sich stärker als bisher an die Zinssätze auf Anleihenmärkten annähern.

3. Ratings werden institutionalisiert und sind Grundvoraussetzung für die Vergabe von Krediten.

6.3.2.2 Kreditwürdigkeitsprüfung

Die *Kreditwürdigkeitsprüfung* ist ein Instrument zur Einschätzung des Kreditrisikos eines Schuldners durch den Kreditgeber. Sie sollte nicht nur vor der Kreditvergabe erfolgen, sondern laufend durch eine Analyse der wirtschaftlichen Situation des Kreditnehmers aktualisiert werden. Eine umfassende Kreditwürdigkeitsprüfung hat die Aufgabe, die Bonität des Schuldners, die Sicherheiten sowie sonstige bonitätsrelevante Faktoren zu erfassen.

Die Informationen für die Kreditwürdigkeitsprüfung können aus einer Vielzahl von Quellen stammen:

1. Befragung und Beobachtung des Kreditnehmers durch den Kreditgeber (z.B. Betriebsbesichtigung, bisherige Kontoführung)

2. Externe Auskünfte (z.B. Auskunfteien, Referenzen)

3. Öffentliche Register (z.B. Grundbuch)

4. Jahresabschluss

5. Unternehmensplanungsrechnungen (z.B. Finanzplan)

Standardmäßig wird zumeist nur die Bonität und damit die Ausfallwahrscheinlichkeit (PD) ermittelt und in einem Rating zusammengefasst. Das Rating hat zwei Komponenten:

1. *Finanzrating* (quantitatives Rating): Im Finanzrating wird eine betriebswirtschaftliche Analyse von Finanzdaten des Kreditnehmers vorgenommen. Dabei werden vor allem finanzielle Kennzahlen (z.B. Rentabilitäts- und Liquiditätskennziffern, Verschuldungsgrad[22]) aus dem Jahresabschluss oder der Unternehmensplanung berechnet.

2. *Qualitatives Rating*: Das qualitative Rating bewertet eine Reihe von Faktoren, die für die Bonität des Kreditnehmers relevant sind. Dies sind etwa die Stellung des Unternehmens im Vergleich zur Konkurrenz (z.B. Marktanteil, Produktpositionierung), die Qualität des Managements, Branchentrends (z.B. Konjunkturabhängigkeit, staatliche Regulierung).

Die für das Rating herangezogenen Daten fließen entweder in Form von Checklisten in die subjektive Bewertung des Kreditsachbearbeiters ein oder sind Bestandteil eines standardisierten *Kredit-Scoringverfahrens*. Beim Scoringverfahren werden zunächst Kriterien gebildet, die maßgeblich für die Kreditwürdigkeit sind. Diese Kriterien werden für den konkreten Kreditgeber bewertet (z.B. Beurteilung nach dem Schulnotensystem). Die Ergebnisse aus quantitativem und qualitativem Rating werden zusammen mit weiteren bonitätsrelevanten bankinternen Informationen (z.B. über das bisherige Zahlungsverhalten des Kreditnehmers) gewichtet und in einem Gesamtscore zusammengefasst. Der Gesamtscore wird in ein *Unternehmensrating* umgerechnet und bildet damit die Risikoklasse des Unternehmens ab.

Neben der Beurteilung der Bonität durch Bildung eines Unternehmensratings sind im Rahmen der Kreditwürdigkeitsprüfung auch die Sicherheiten zu untersuchen, damit neben der Beurteilung der Ausfallwahrscheinlichkeit (PD) auch die Verlustquote bei Zahlungsausfall (LGD) quantifiziert werden kann. Auf dabei relevante Problemstellungen wird im folgenden Abschnitt näher eingegangen.

---

[22] Beim Verschuldungsgrad handelt es sich um eine finanzwirtschaftliche Kennzahl, die das Fremdkapital eines Unternehmens in Bezug zum Gesamtkapital setzt.

Die Probleme der Kreditwürdigkeitsprüfung bestehen in der starken Gewichtung *vergangenheitsbezogener* Daten (vor allem bei der Analyse des Jahresabschlusses) und der Unsicherheit von *Prognoserechnungen.*

6.3.2.3 Kreditsicherheiten

Kredite können *besichert* und *unbesichert* (so genannte *Blankokredite*) vergeben werden. Insbesondere bei längeren Laufzeiten ist die Bereitstellung von Sicherheiten durch den Kreditnehmer üblich. Im Folgenden wollen wir erläutern, welche konkrete Funktion Sicherheiten im Rahmen einer Kreditbeziehung haben und welche Sicherheiten sich für diesen Zweck eignen.[23]

Beispiel 6.8:
Das Unternehmen net.OIS aus Beispiel 5.2, S. 143 benötigt ein Darlehen in der Höhe von 500.000 €, rückzahlbar nach einem Jahr inklusive Zinsen. Bei sicherer Rückzahlung (Zahlungsausfallsrisiko p=0) hätte der Kapitalgeber den Vergleichszinssatz am Kapitalmarkt von 10% p.a. (=risikolos) gefordert. Bei einem Zahlungsausfallsrisiko von p=0,02 beträgt der Erwartungswert der Zahlung an den Kreditgeber nur mehr 539.000 €, der erwartete Effektivzinssatz für den Kapitalgeber beträgt folglich nur mehr 7,8% (anstelle von 10%). Für einen erwarteten Effektivzins von 10% (wir nehmen wieder an, dass sich der Kapitalgeber risikoneutral verhält) muss er einen risikoangepassten Zinssatz von 12,24% fordern (vgl. Beispiel 6.6):

$$500.000 \cdot (1+i) \cdot 0{,}98 + 0 \cdot 0{,}02 = 550.000$$

$$\Longrightarrow \quad i = 0{,}122449 \simeq 12{,}24\%.$$

Angenommen, net.OIS könnte Sicherheiten mit einem Liquidationswert von 100.000 € anbieten, wie würde das den geforderten Zinssatz verändern? Mit einer Wahrscheinlichkeit von 98% wird der Kredit vertragsgemäß verzinst und getilgt, mit einer Wahrscheinlichkeit von 2% erhält der Kreditgeber vom Kreditnehmer keine Zahlung, verfügt dann aber über liquidierbare Sicherheiten in Höhe von 100.000 €. Wie hoch ist der zu vereinbarende Zinssatz, damit der Erwartungswert der Zahlungen aus dem sicheren und dem riskanten (aber teilweise besicherten) Kredit gleich hoch ist?

$$500.000 \cdot (1+i) \cdot 0{,}98 + 100.000 \cdot 0{,}02 = 550.000$$

[23] Eine weiter gehende Erörterung einzelner Sicherheiten setzt juristische Kenntnisse voraus und ist daher nicht Ziel dieses Buchs. Für Interessierte empfehlen wir die Darstellungen bei Gräfer et al. [2001] und Schäfer [2002].

$$\Longrightarrow \quad i = 0{,}118367 \simeq 11{,}84\%$$

Damit die Erwartungswerte beider Zahlungen gleich sind, muss der Kreditgeber einen Zinssatz von 11,84% verlangen. Die Differenz zwischen 12,24% und 11,84% ergibt sich durch die Sicherheiten.

> Sicherheiten schützen den Kreditgeber vor den negativen Folgen eines Zahlungsausfalls. Sie begrenzen sein Risiko auf die unbesicherten Teile des Kredits. Je höher der Wert von Sicherheiten, desto geringer ist der für das Kreditrisiko vorzunehmende Aufschlag auf den risikolosen Zinssatz.

Wir unterscheiden konkret zwei Typen von Sicherheiten: Bei *Sachsicherheiten* (dinglichen Sicherheiten) fungiert eine Sache als Besicherung. Der Wert der Sicherheit ergibt sich aus ihrem prognostizierten Liquidationserlös, z.B. dem Erlös beim Verkauf verpfändeter Wertpapiere.

Bei den *Personalsicherheiten* (obligatorischen Sicherheiten) fungiert eine Person als Risikoträger. Diese sichert dem Kreditgeber die Zahlung für den Fall, dass der Kreditnehmer seinen Zahlungsverpflichtungen nicht nachkommt. Zur Beurteilung des Werts einer Personalsicherheit muss der Kreditgeber die Bonität der betreffenden Person (z.B. eines Bürgen) bewerten. Einen Überblick über die wichtigsten Sicherheiten gibt Tabelle 6.2.

Sachsicherheiten	Personalsicherheiten
Eigentumsvorbehalt	Bürgschaft
Pfandrecht	Garantie
Hypothek (Grundpfandrecht)	Schuldbeitritt
Sicherungsabtretung	Patronatserklärung

Tabelle 6.2: Kreditsicherheiten

Unter den Sachsicherheiten ist bei Lieferantenkrediten vor allem der *Eigentumsvorbehalt* weit verbreitet. Damit behält der Verkäufer das Eigentum an der verkauften Sache so lange, bis der Kaufpreis zur Gänze bezahlt ist. Der Kunde (der Kreditnehmer des Lieferantenkredits) darf die Ware also vor ihrer vollständigen Bezahlung zwar nutzen, aber nicht weiterverkaufen.

Wird ein *Pfandrecht* gewährt, so ist der verpfändete Gegenstand an den Kreditgeber auszuhändigen. Wenn etwa bei einem Lombardkredit Wertpapiere verpfändet werden, sind diese der Bank zu übergeben.

Der Gläubiger kann das Pfand im Fall des Zahlungsausfalls verwerten. Nachteilig am Pfandrecht ist, dass Vermögensgegenstände, die der Kreditnehmer benötigt (z.B. Produktionsanlagen), wegen der geforderten Übergabe nicht verpfändbar sind. Für Pfandrechte geeignet sind hingegen bewegliche Wertgegenstände (z.B. Schmuck) oder Wertpapiere. Ein Pfandrecht auf ein Grundstück nennt man *Hypothek*. Die Belastung eines Grundstücks mit einer Hypothek wird ins Grundbuch eingetragen. Will man die Kosten einer hypothekarischen Eintragung vermeiden, kann der Gläubiger auch eine *Pfandurkunde* erhalten, in der sich der Schuldner verpflichtet, die Sicherheit weder zu belasten noch zu veräußern.

Bei einer *Sicherungsabtretung* tritt der Kreditschuldner an den Kreditgeber entweder eine einzelne oder eine Gesamtheit von Forderungen oder anderen Rechten (z.B. Anteile an einer GmbH) ab (*Zession*). Der Drittschuldner kann von der Zession informiert werden (*offene Zession*), dies kann aber auch unterbleiben (*stille Zession*). Abtreten einer Forderung heißt, dass der neue Eigentümer der Forderung sämtliche Rechte an der Forderung erhält, z.B. muss der Schuldner bei einer offenen Zession nun an den neuen Forderungseigentümer Zahlung leisten. Man unterscheidet zwischen einer Einzel- und einer Globalzession.[24] Im Falle der stillen Zession ist der Schuldner verpflichtet, die vom Dritten geleistete Zahlung an den Kreditgeber weiterzuleiten. Auch die Abtretung noch nicht bestehender Forderungen ist möglich. Die Sicherungsabtretung stellt eine im Kreditgeschäft sehr häufig verwendete Besicherungsform dar.

Bei den Personalsicherheiten ist die *Bürgschaft* relativ häufig. Dabei verpflichtet sich eine Person, der Bürge, gegenüber dem Kreditgeber zur Erfüllung der Verbindlichkeit für den Fall, dass der Schuldner nicht zahlt (subsidiäre Haftung). Abweichend davon haften nur der „Handelsbürge" und der „Bürge und Zahler" gegenüber dem Kreditgeber *gesamtschuldnerisch*, d.h. dem Kreditgeber steht es hier frei, vom Schuldner oder vom Bürgen Zahlung zu verlangen. Bei so genannten Ausfallsbürgschaften haftet der Bürge nur für jenen Betrag, der trotz Zwangsvollstreckung beim Schuldner uneinbringlich war.

Große Ähnlichkeiten bestehen zwischen Bürgschaft, Schuldbeitritt und Garantie. Die beiden Letzteren werden daher auch als *bürgschaftsähnliche Sicherheiten* bezeichnet. Beim *Schuldbeitritt* übernimmt der

[24]Bei der Globalzession werden sämtliche Forderungen gegenüber einer bestimmten Kundengruppe pauschal abgetreten. Auf den abwicklungstechnisch komplizierteren Fall einer Mantelzession wollen wir in diesem Lehrbuch nicht eingehen.

Dritte als zusätzlicher Schuldner (d.h. gesamtschuldnerisch) gegenüber dem Kreditgläubiger die Haftung für die Verpflichtungen des Kreditnehmers.

Ähnlich funktioniert eine *Garantie*: Ein Dritter (der Garant) garantiert prinzipiell für einen bestimmten Erfolg bzw. für den Ausgleich eines Schadens. Im Kreditgeschäft garantiert er dem Kreditgeber die Zahlung von Zinsen und Tilgung. Die Abgrenzung zur Bürgschaft erfolgt nach rechtlichen Kriterien.

Eine *Patronatserklärung* ist die Erklärung einer Muttergesellschaft zur Stärkung der Kreditwürdigkeit ihrer Tochtergesellschaft. In einer Patronatserklärung verpflichtet sich die Muttergesellschaft z.B. die Zahlungsfähigkeit ihrer Tochtergesellschaft während der Kreditlaufzeit sicherzustellen. Wie wir gesehen haben, reduziert das Vorhandensein von Sicherheiten die Risikoprämie für das Kreditrisiko. Nach den Plänen von Basel II sollen Sicherheiten auch die vorgesehene Eigenkapitalunterlegung reduzieren. Dies gilt vor allem für finanzielle Sicherheiten (z.B. Bareinlagen bei Kredit gebenden Banken, verpfändete Wertpapiere, Gold).

6.3.3 Banken und Wertpapieremissionsgeschäft

Die Ausgabe von Wertpapieren durch Unternehmen bezeichnet man als *Emission*. Der Emittent bietet dabei der Öffentlichkeit bzw. einem bestimmten Adressatenkreis Wertpapiere zur Zeichnung an. Die Emission von Wertpapieren führt nicht automatisch zur Börseneinführung. Falls nach der Emission die Einführung des Wertpapiers an der Börse beabsichtigt wird, muss das emittierende Unternehmen entsprechende Voraussetzungen im Hinblick auf seine Unternehmensgröße und Ertragskraft erfüllen. Bei Aktienemissionen gelten folgende Richtwerte:

1. Mindestumsatz: z.B. im Amtlichen Handel 40 Mio. €, im Geregelten Markt 15 Mio. €

2. Umsatzrendite (Gewinn/Umsatz): 4–6%

3. Mindest-Dividendenrendite:[25] 3%

Unternehmen können ihre Wertpapiere entweder selbst platzieren (so genannte *Selbstemission*) oder – der üblichere Fall – dafür die Dienstleistungen einer Finanzinstitution in Anspruch nehmen (so genannte

[25] Die Dividendenrendite ist das Verhältnis von Dividende zu Börsenkurs einer Aktie.

Fremdemission). Eine Reihe von Argumenten spricht für die Einschaltung von Banken bei der Emission von Wertpapieren:

1. Banken verfügen über umfangreiche Erfahrung in der Abwicklung von Wertpapieremissionen.

2. Banken sind in der Lage, das Platzierungsrisiko für den Fall zu übernehmen, dass nicht die Gesamtanzahl an Wertpapieren gezeichnet wird.

3. Die Reputation einer Bank verhilft der Emission zu einer höheren Akzeptanz bei den Anlegern.

Im Falle einer Fremdemission wählt der Emittent zuerst eine geeignete Bank aus. Häufig wird auch ein *Bankenkonsortium* als Zusammenschluss mehrerer Banken gegründet, das gemeinsam die Aufgabe übernimmt, die Wertpapiere erfolgreich am Markt zu platzieren. Das Konsortium wird von einer Bank geleitet, dem *Leadmanager*. Die Beziehungen zwischen den einzelnen Banken werden vertraglich mit einem *Konsortialvertrag*, zwischen Emittent und Konsortium mittels eines *Emissionsvertrags* geregelt. Das Bankenkonsortium erarbeitet gemeinsam mit dem Emittenten die Eckpfeiler der geplanten Emission:

1. Emissionsvolumen

2. Marktsegment (z.B. Amtlicher Handel)

3. Wertpapierart (z.B. Stammaktie, Optionsanleihe)

4. Börseplatz[26]

5. Emissionskurs und Emissionsverfahren

6. Emissionszeitpunkt

7. Börsezulassungsprospekt

Einige dieser Aspekte werden wir nun genauer darstellen.

[26]Es besteht auch die Möglichkeit, die Emission gleichzeitig auf mehreren Börseplätzen vorzunehmen (so genanntes *dual* oder *multiple listing*).

6.3.3.1 Emissionskurs und Emissionsverfahren bei Aktienemissionen

Vor der erstmaligen Platzierung von Aktien an der Börse (engl. *initial public offering*, IPO) ist eine Unternehmensbewertung vorzunehmen. Diese dient dazu, eine angemessene Bandbreite für den Emissionskurs der Aktie festzulegen. Die dabei verwendeten Verfahren können sich entweder an den Barwerten der zukünftigen Einzahlungsüberschüsse bzw. Erträge des Unternehmens oder an den Marktwerten vergleichbarer Unternehmen orientieren.[27]

Die genaue Festlegung des Emissionskurses hängt von der Wahl des *Emissionsverfahrens* ab. Die beiden wichtigsten Verfahren sind:

1. das Festpreisverfahren

2. das Bookbuilding-Verfahren

Beim *Festpreisverfahren* wird der Emissionskurs des Wertpapiers zu Beginn der Verkaufsfrist vom Emittenten und dem Bankenkonsortium festgesetzt. Vorteilhaft ist hierbei, dass der erwartete Emissionserlös im Voraus bestimmt werden kann, wenn die Platzierung erfolgreich ist (d.h. alle angebotenen Wertpapiere von Anlegern gezeichnet werden). Wenn der Emittent sich gegen das Risiko einer nicht vollständigen Platzierung (*Platzierungsrisiko*) absichern möchte, kann er mit dem Konsortium eine Übernahmegarantie vereinbaren. Für den Fall, dass zum genannten Festpreis nicht die gesamte Emission am Markt platziert werden kann, müssen die garantierenden Banken die verbleibenden Wertpapiere selbst übernehmen. Diese bedingte Verpflichtung zur Übernahme wird auch als *Underwriting* bezeichnet. Das Konsortium erhält dafür eine gesonderte Provision. Wenn hingegen am Markt eine zu hohe Nachfrage nach den emittierten Wertpapieren besteht, entgehen dem Emittenten beim Festpreisverfahren Einzahlungen, da er einen höheren als den festgesetzten Emissionskurs hätte erzielen können. Das Festpreisverfahren findet heute vor allem bei jenen Aktienemissionen Anwendung, die ein vergleichsweise niedriges Emissionsvolumen aufweisen.

Im Folgenden wollen wir den Ablauf einer Emission nach dem Festpreisverfahren am Beispiel einer ordentlichen Kapitalerhöhung (siehe Abschnitt 5.3.2.4) beschreiben. Zunächst wird ein Emissionskurs für die neu am Markt zu platzierenden Aktien festgelegt. Aus dem Verhältnis der Zahl der bereits existierenden (alten) Aktien (a) und der Zahl der anlässlich der Kapitalerhöhung neu geschaffenen (*jungen*) Aktien

---

[27] Weiterführende Darstellungen zu den einzelnen Verfahren finden sich bei Poppmeier-Reisinger [2003].

(n) ergibt sich das *Bezugsverhältnis* (a/n). Jeder Altaktionär (das ist ein Aktionär, der schon vor der Kapitalerhöhung Aktien des Unternehmens besitzt) erhält für jede Aktie, die er besitzt, ein Bezugsrecht. Jeweils a Bezugsrechte berechtigen ihn, gegen Zahlung des Emissionskurses n junge Aktien zu erwerben. Dadurch erhält jeder Altaktionär die Möglichkeit, seinen *vor* der Kapitalerhöhung bestehenden Stimmrechts- und Vermögensanteil aufrechtzuerhalten.

Beispiel 6.9:
Die derzeit 700.000 KAPER-Aktien notieren zu einem Kurs (S_a) von je 38 € an der Börse. Anlässlich einer Kapitalerhöhung sollen 100.000 junge Aktien zum fixen Emissionspreis (S_n) von 30 € platziert werden.

Welches Bezugsverhältnis sichert den derzeitigen KAPER-Aktionären einen entsprechenden Anteil an jungen Aktien, damit sie nach der Kapitalerhöhung keine geringere Stimmrechtsquote und keinen geringeren Anteil am Unternehmensvermögen als vor der Kapitalerhöhung besitzen?

Das Bezugsverhältnis entspricht dem Quotienten aus der Zahl der alten Aktien und der Zahl der jungen Aktien. Es wird üblicherweise als ganzzahliges Verhältnis angegeben und beträgt hier 700.000/100.000=7:1.

Durch die zugeteilten Bezugsrechte erhält jeder KAPER-Aktionär anlässlich der Kapitalerhöhung die Möglichkeit, für je sieben Aktien, die er schon besitzt, eine neue Aktie gegen Zahlung des Emissionspreises zu erwerben, damit sich sein bestehender Stimmrechts- und Vermögensanteil nach der Emission nicht verringert.

Der Aktionär muss von diesem Recht nicht Gebrauch machen. Bezugsrechte, die nicht von bestehenden Aktionären in Anspruch genommen werden, dienen dem Erwerb der jungen Aktien durch neue, bisher noch nicht am Unternehmen beteiligte Aktionäre. Außenstehende (d.h. Nicht-Altaktionäre), die bei einer Aktienemission junge Aktien zeichnen wollen, müssen zunächst die entsprechende Anzahl von Bezugsrechten erwerben. Bezugsrechte können selbst an der Börse gehandelt werden (*Bezugsrechtshandel*). Das Bezugsrecht hat dabei den folgenden (rechnerischen) Wert:

$$\text{BR} = \frac{S_a - S_n}{(a/n) + 1}. \tag{6.1}$$

Der tatsächliche Börsenkurs des Bezugsrechtes kann von diesem Wert abweichen. Er ergibt sich aus Angebot und Nachfrage am Markt.

Beispiel 6.10:
(Fortsetzung Beispiel 6.9) Welcher (theoretische) Mischkurs sollte sich nach der Kapitalerhöhung der KAPER-AG einstellen, wenn der Kurs unmittelbar vor der Kapitalerhöhung bei 35 € lag? Wie hoch ist der rechnerische Wert des Bezugsrechts?

Da der Emissionskurs den aktuellen Kurs wesentlich unterschreitet, wird der nach der Emission entstehende Mischkurs unter dem heutigen Kurs liegen:

$$S_M = \frac{700.000 \cdot 35 + 100.000 \cdot 30}{800.000} = 34{,}375.$$

Für den Wert des Bezugsrechts ergibt sich mit Formel (6.1):

$$\mathrm{BR} = \frac{35 - 30}{700.000/100.000 + 1} = 0{,}625.$$

Wenn der Aktionär an der Kapitalerhöhung nicht teilnehmen möchte und die Bezugsrechte zu einem Kurs verkaufen kann, der dem rechnerischen Wert entspricht, wird der Kursverlust (S_a–S_M) durch den Verkaufserlös aus den Bezugsrechten genau wettgemacht.

Da Bezugsrechte international eher unüblich sind, wird bei Emissionen, die an internationale Anleger gerichtet sind, häufig das Bookbuilding-Verfahren gewählt, bei dem der Bezugsrechtshandel entfällt.

Das *Bookbuilding-Verfahren* bildet im deutschsprachigen Raum eine relativ neue Form zur Festlegung des Emissionskurses. Dabei wählt der Emittent eine konsortialführende Bank als so genannten *Bookrunner* aus. Meist ist dies zugleich der Leadmanager des Konsortiums. Dieser legt nun eine Bandbreite für den Emissionskurs fest, innerhalb derer die Anleger ihre Kaufaufträge (entweder mit Preislimit oder unlimitiert als Bestens-Order) positionieren können. Mit Beginn der ein- bis zweiwöchigen Zeichnungsfrist werden die Zeichnungswünsche in einem elektronischen Orderbuch beim Bookrunner gesammelt. Während der Zeichnungsphase zeigt sich aufgrund der abgegebenen Kaufaufträge, wie hoch die Nachfrage nach dem Wertpapier ist. Um das Interesse der Anleger zu steigern, präsentieren Emittent und Emissionsbank das Unternehmen in diesem Zeitraum häufig bei Marketingveranstaltungen (so genannten *Roadshows*). Wenn sich die Nachfragesituation innerhalb der Zeichnungsphase verändert, können Zeichnungswünsche modifiziert werden (Anleger können z.B. ihr Preislimit innerhalb der Bandbreite erhöhen, damit sie mit einer größeren Wahrscheinlichkeit Wertpapiere erhalten). Am Ende der Zeichnungsfrist setzen Emittent und Bookrunner den Emissionspreis aufgrund der eingegangenen Orders fest und nehmen im Falle von *Überzeichnungen* (d.h. wenn die Anleger insgesamt eine größere Anzahl an Wertpapiere zeichnen wollen, als angeboten werden) *Zuteilungen* vor. Dabei wird vom Emittenten und dem Emissionskonsortium festgelegt, welche Anleger wie viele der von ihnen gewünschten Wertpapiere erhalten. Üblicherweise werden bei stark überzeichneten Emissionen Aufträge von Kleinanlegern geringer gekürzt als die von Großinvestoren. Eine weitere Möglichkeit besteht darin, bei stark überzeichneten Emissionen das Emissionsvolumen durch eine festgelegte Anzahl weiterer Aktien zu erhöhen. Diese Aktien können z.B. durch eine Kapitalerhöhung in Form von genehmigtem Kapital zur Verfügung gestellt werden (*Mehrzuteilungsoption*, engl. *greenshoe*). Auch beim Bookbuilding-Verfahren ist ein Underwriting durch das Emissionskonsortium möglich.

Zu den Vorteilen des Bookbuilding-Verfahrens zählen insbesondere die marktkonforme Kursfestlegung und die Chance auf einen höheren Emissionserlös. Außerdem werden durch die Marketingaktivitäten im Zuge der Emissionsphase intensivere Beziehungen zu den Investoren (engl. *investor relations*) geknüpft.

Nachteilig gegenüber dem Festpreisverfahren sind die höheren (Marketing-)Kosten sowie die Unsicherheit über den letztlich zu erzielenden Emissionserlös. Insgesamt ist bei größeren Emissionen ein Trend zum Bookbuilding-Verfahren festzustellen. Ein Nebeneffekt dieses Emissionsverfahrens besteht darin, dass der Erwerb von Bezugsrechten über die Börse keinen ökonomischen Sinn mehr hat, wenn der Emissionskurs nahe am aktuellen Aktienkurs liegt. Folglich verliert der Bezugsrechtshandel bei diesem Emissionsverfahren an Bedeutung. Das Bezugsrecht dient nur noch dem Schutz der Altaktionäre vor unerwünschten Stimmrechtsverschiebungen.

Bei einer Aktienemission mit anschließender Börseneinführung sind insbesondere die folgenden Gebühren und Spesen zu berücksichtigen:

1. Zulassungsgebühr
2. Prospektkosten
3. Jahresgebühren
4. Gebühren und Honorare für Emissionskonsortium, Rechtsanwälte, Notare

5. Werbemaßnahmen

Grob geschätzt betragen die Kosten einer erstmaligen Börseneinführung etwa 5–10% des Emissionsvolumens.

Beispiel 6.11:
Die BOOBIE-AG emittiert 1.000.000 Stück Aktien im Bookbuilding-Verfahren und legt als Bookbuilding-Spanne einen Preis von 30 bis 35 € fest. Die am Ende der Zeichnungsfrist vorliegenden Aufträge sind in folgender Tabelle zusammengefasst:

Kaufauftrag	Menge (in Stück)	Preis (in €)
A	200.000	bestens
B	100.000	35,00
C	350.000	34,75
D	800.000	34,50
E	400.000	34,00
F	500.000	33,00

Die BOOBIE-AG entschließt sich, den Emissionskurs mit 34,5 € zu fixieren. Welche Konsequenzen könnte diese Festlegung haben?

Die insgesamt georderte Stückzahl von 2.350.000 überschreitet die zur Verfügung stehende Zahl an Aktien. Die Emission ist überzeichnet. Die Preislimits der Aufträge E und F liegen unterhalb des letztlich festgelegten Emissionskurses. Emittent und Leadmanager müssen ein Prozedere für die Zuteilung finden, z.B. kleinere Aufträge (A und B) geringer, größere (D) stärker kürzen. Auch eine Zuteilung nach gewünschter Anlegerstruktur (z.B. private vs. institutionelle Investoren) oder nach geographischen Kriterien ist möglich. Es wäre sogar denkbar, dass ein Teil der unter E und F zusammengefassten Kauforders erfüllt wird, wenn die Investoren sich entschließen, ihr Angebot auf 34,5 € zu erhöhen.

6.3.3.2 Emissionskurs und Emissionsverfahren bei Anleihenemissionen

Die Emission von Anleihen wurde in den letzten Jahren dereguliert. Im Prinzip ist die Emission von Anleihen nicht an die Rechtsform einer Aktiengesellschaft gebunden. Es gibt auch keine Einschränkungen bezüglich der Ausstattungsmerkmale einer Anleihe (z.B. Anleiheform, Laufzeit, Zinssatz usw.). Wird jedoch eine Börsezulassung angestrebt, so gelten die gesetzlichen Bedingungen für den Handel im jeweiligen Marktsegment (z.B. Amtlicher Handel).

Auch bei der Emission von Anleihen spielt das Bankenkonsortium (bzw. sein Leadmanager) eine große Rolle bei der Gestaltung des Emissionskonzepts. Die Preisfestlegung von Anleihen betrifft zunächst die

Festlegung eines adäquaten *Nominalzinssatzes*. Anfangs erfolgt nur eine relativ grobe Festlegung (in Zehntel-Prozent), da sich die Kapitalmarktzinsen zwischen Emissionsvorbereitung und konkretem Emissionszeitpunkt noch ändern. Die Feinabstimmung wird über den *Emissionskurs* der Anleihe (Agio bzw. Disagio) vorgenommen, der unmittelbar vor der Emission festgelegt wird. Der Nominalzinssatz berücksichtigt:

1. die aktuelle Zinsstruktur und
2. das Rating des Emittenten.[28]

Bei der Festlegung von risikoadäquaten Zinssätzen bei Anleihenemissionen spielen externe Ratings anerkannter internationaler Ratingagenturen eine wichtige Rolle (vgl. Abschnitt 6.4.1). Unabhängig davon wird der Leadmanager ein bankinternes Rating erstellen und veröffentlichen, um potentiellen Investoren ein umfassendes Bild über die wirtschaftliche Lage des Unternehmens zu bieten. Bei Anleihenemissionen von Unternehmen (engl. *corporate bonds*) übernimmt der Leadmanager häufig die gesamte Emission zu einem festen Kurs und sorgt anschließend für eine möglichst gute Platzierung (d.h. einen Weiterverkauf eines möglichst großen Teils des Emissionsvolumens). Da im Voraus nicht sicher ist, ob die gesamte Emission verkauft werden kann, bietet diese Verpflichtung dem Emittenten größtmögliche Sicherheit.

Bei der Emission von Anleihen unterscheiden wir zwei Platzierungsverfahren:

1. Privatplatzierung (*private placement*)
2. Öffentliches Angebot (*public placement*)

Bei einer *Privatplatzierung* werden die Anleihen nur einem ausgewählten Kreis von Anlegern (in der Regel institutionellen Investoren, wie z.B. Versicherungsgesellschaften) angeboten. Es ist kein internationales Rating erforderlich. Die Anleihe wird üblicherweise nicht an der Börse gehandelt. Die Emissionskosten sind vergleichsweise niedrig und es gibt keine gesetzlichen Publizitätspflichten. Nachteilig ist, dass der Sekundärmarkt für diese Anleihen relativ illiquid ist und mit der Emission keine positiven Auswirkungen auf die Publizität oder das Image des Unternehmens verbunden sind. Diese Form der Emission empfiehlt sich vor allem bei kleineren Emissionen (ab 5 Mio. €).

[28] Analog zum Kredit gilt: Je besser das Rating, desto geringer ist der von den Investoren geforderte Risikozuschlag.

Im Falle eines *öffentlichen Angebots* werden die Anleihen allgemein zur Zeichnung angeboten und können (müssen aber nicht!) anschließend zum Handel in einem der drei Börsesegmente zugelassen werden. Wenn eine Börseeinführung gewünscht wird, sind die börserechtlichen Zulassungsvoraussetzungen bezüglich Mindestvolumen, Streuung bzw. Mindeststückanzahl sowie die laufenden Verpflichtungen des Emittenten (z.B. Ad-hoc-Meldepflichten, Übermittlung von Jahresabschlüssen) zu berücksichtigen.

Neben dem Festpreisverfahren und dem (bei Anleihen relativ seltenen) Bookbuilding-Verfahren werden Anleihen, insbesondere Staatsanleihen, häufig mit Hilfe des *Auktions-* oder *Tenderverfahrens* emittiert. Emittent und Emissionskonsortium vereinbaren dabei einen Mindestkurs und die Zeichner werden aufgefordert, Gebote zu Kursen abzugeben, die mindestens diesem Kurs entsprechen. Die Wertpapiere werden, beginnend vom höchsten Gebot, nach dem Meistausführungsprinzip zugeteilt. Der Emittent hat bei diesem Verfahren keinen Einfluss auf die Zuteilung.

Bei einer Anleihenemission fallen folgende Auszahlungen an:

1. Garantie- und Begebungsprovision (ca. 4% des Nominales)
2. Zahlstellengebühr (für jene Bank, die Zins- und Tilgungszahlungen abwickelt)
3. eventuell Börsegebühren
4. Zahlungen für Marketingaktivitäten

6.3.3.3 Börsezulassungsprospekt

Wenn ein Wertpapier zum Handel an einer Börse zugelassen werden soll, muss das emittierende Unternehmen bzw. die (konsortialführende) Emissionsbank einen Börsezulassungsprospekt, kurz *Börseprospekt*, erstellen. Die Aufgabe dieses Börseprospektes ist es, die potentiellen Anleger wahrheitsgemäß über die rechtliche und wirtschaftliche Situation des Emittenten und die konkrete Emission zu informieren. Ein Börseprospekt enthält üblicherweise die folgenden Informationen:

1. Entwicklung und Geschichte des Unternehmens
2. Geschäfts- und Tätigkeitsbereiche des Unternehmens
3. Zukunftsaussichten

4. letzter Jahresabschluss

5. namentliche Nennung der Mitglieder des Vorstands und Aufsichtsrats

Die Emissionsbank übernimmt häufig die Aufgabe, den Börseprospekt zu erstellen. Der Börseprospekt wird von der Börse auf seinen Informationsgehalt geprüft und ist zu veröffentlichen. Bei Wertpapieren, die zum Amtlichen Handel oder Geregelten Markt (Geregelten Freiverkehr) zugelassen sind, haften der Emittent und jene Personen, die den Prospekt erstellt haben (üblicherweise ein Wirtschaftsprüfer oder die emittierende Bank), für den Prospektinhalt (*Prospekthaftung*).

6.4 Sonstige Finanzinstitutionen

Neben Banken und Börsen gibt es eine Reihe von weiteren Finanzinstitutionen. Dazu zählen (ohne Anspruch auf Vollständigkeit):

1. Versicherungsgesellschaften

2. Kapitalanlagegesellschaften (Investmentgesellschaften)

3. Venture-Capital-Firmen und andere Beteiligungsgesellschaften

4. Finanzmarktaufsichtsbehörden[29]

5. Anlagevermittler

6. Kreditkartengesellschaften

7. Leasinggesellschaften

8. Factoringgesellschaften

9. Ratingagenturen bzw. Agenturen für Handelsauskünfte

Aus der Vielzahl der sonstigen Finanzinstitutionen werden wir in den folgenden Abschnitten jene beschreiben, die für die Kapitalbeschaffung von Unternehmen von unmittelbarer Relevanz sind.

[29] In Deutschland ist dies die Bundesanstalt für Finanzdienstleistungsaufsicht (BaFin), in Österreich die Finanzmarktaufsicht (FMA).

6.4.1 Ratingagenturen

Zur Bestimmung des Kreditrisikos analysieren Ratingagenturen das *operative* Risiko (Branche, Wettbewerbssituation, Management usw.) und das *finanzielle* Risiko (Verschuldungsgrad, Rentabilität, liquide Mittel, Investitionen). Ratings treffen Aussagen über die Fähigkeit zur Leistung von Tilgungs- und Zinszahlungen. Sie bilden die Wahrscheinlichkeit ab, dass ein Kredit nicht mehr (vollständig) zurückgezahlt werden kann. Auf Basis dieser Einschätzungen wird jedoch häufig auf die „Qualität“ eines ganzen Unternehmens geschlossen. Ein Rating kann daher auch Auswirkungen auf die Risikoeinschätzung der Aktionäre und damit auf den Aktienkurs haben. Neben den internen Ratings von Banken im Rahmen ihrer Kreditwürdigkeitsprüfung spielen Ratings, die von Externen erstellt werden, vor allem auf internationalen Kredit- und Anleihemärkten eine wesentliche Rolle bei der Beurteilung der Bonität von Schuldnern. Als Rating wird dabei sowohl der *Prozess* der Bewertung als auch sein *Ergebnis* bezeichnet.

Neben den nationalen Kreditschutzverbänden und Ratingfirmen werden vor allem internationale Ratingagenturen für externe Ratings herangezogen. Die bekanntesten sind Moody's Investor Services (Moody's), Standard&Poor's (S&P) und FitchRatings. Sie bewerten vor allem Unternehmen, die ihre Wertpapiere am Kapitalmarkt emittieren und dabei auch internationale Investoren ansprechen. Internationale Investoren besitzen üblicherweise keine detaillierten Kenntnisse über die Emittenten und lokalen Rahmenbedingungen. Sie sind daher in hohem Ausmaß Informationsasymmetrien bzw. Anreizproblemen ausgesetzt und legen folglich großen Wert auf objektive, aussagekräftige Informationen über das Kapital nachfragende Unternehmen. Die Ratings internationaler Ratingagenturen genießen bei diesen Anlegern eine hohe Glaubwürdigkeit. In Europa herrscht in Bezug auf internationale Ratings gegenüber den USA ein starker Nachholbedarf. In Deutschland haben derzeit erst ca. 80 Industrieunternehmen ein international anerkanntes Rating, in Österreich sind dies außerhalb des Finanzdienstleistungssektors nur etwa zehn Unternehmen.

Ratingagenturen verwenden weitestgehend einheitliche Kategorisierungssysteme in Form von Buchstabenkürzeln, die von AAA für Unternehmen mit bester Qualität und geringem Ausfallsrisiko bis zu D für Unternehmen mit Zahlungsverzug und hohem Zahlungsausfallsrisiko reichen (siehe Tabelle 6.3). Von großer Bedeutung für die Gestaltung von Risikoprämien ist hierbei die Einordnung des Unternehmens in eine

S&P	Moody's	Fitch	Beschreibung
AAA	Aaa	AAA	Ausgezeichnet: höchste Bonität, praktisch kein Ausfallsrisiko
AA+ AA AA–	Aa1 Aa2 Aa3	AA+ AA AA–	Sehr Gut: Hohe Zahlungswahrscheinlichkeit, geringes Ausfallsrisiko
A+ A A–	A1 A2 A3	A+ A A–	Gut: Angemessene Deckung von Zins und Tilgung, Risikoelemente vorhanden
BBB+ BBB BBB–	Baa1 Baa2 Baa3	BBB+ BBB BBB–	Befriedigend: angemessene Deckung von Zins und Tilgung, jedoch mangelnder Schutz gegen wirtschaftliche Veränderungen
BB+ BB BB–	Ba1 Ba2 Ba3	BB+ BB BB–	Ausreichend: spekulativ, fortwährende Unsicherheit, mäßige Deckung von Zins und Tilgung
B+ B B–	B1 B2 B3	B+ B B–	Mangelhaft: sehr spekulativ, hoch riskant, hohes Zahlungsausfallsrisiko
CCC+ CCC CCC–	Caa1 Caa2 Caa3	CCC	Ungenügend: niedrigste Qualität, geringster Anlegerschutz, akute Gefahr des Zahlungsverzugs
CC C	Ca C	CC C	Zahlungsstörungen, vor Zahlungsunfähigkeit
D	D	D	Zahlungsunfähigkeit oder sonstige Marktverletzungen

Tabelle 6.3: Ratingstufen bedeutender Ratingagenturen. Die horizontale Trennung der Tabelle entspricht jener in „Investment Grade“ und „Sub Investment Grade“.

Risikoklasse des Typs *Investment Grade* oder eine, die als *Sub Investment Grade* bezeichnet wird.[30] Manche Investoren dürfen aufgrund unternehmensinterner oder staatlicher Anlagevorschriften nur in Anleihen investieren, die als *Investment Grade* klassifiziert wurden. Anleihen bis BBB– (nach S&P) gelten als *Investment Grade*.

[30]Manchmal wird für diese Risikoklasse anstelle von Sub Investment Grade auch die Bezeichnung Non Investment Grade verwendet.

Der Prozess eines Ratings weist Parallelen zur Vorgangsweise bei einer Kreditwürdigkeitsprüfung durch eine Bank auf. Ein Unternehmen beauftragt in der Regel das Ratingunternehmen *(Solicited Rating)* selbst und stellt die für die Analyse notwendigen Unternehmensdaten und Unterlagen zur Verfügung. Im deutschsprachigen Raum sind Ratings, die ohne expliziten Auftrag (etwa auf Anfrage von Investoren) erstellt werden *(Unsolicited Rating)*, unüblich.

In der Zukunft werden Ratings nicht nur für Emittenten von Wertpapieren, sondern aufgrund der Vorgaben von Basel II auch für jene Unternehmen relevant, die Kapital vorwiegend in Form von Krediten beschaffen. Möglicherweise werden die notwendigen Ratings – zumindest teilweise – auch von unabhängigen Ratingagenturen erstellt werden.

6.4.2 Factoringgesellschaften

Beim *Factoring* handelt es sich um den Ankauf noch nicht fälliger Forderungen aus Lieferungen und Leistungen durch eine spezialisierte Finanzinstitution, die Factoringgesellschaft (kurz *Factor*) genannt wird. Das Instrument hat Ähnlichkeiten mit einem Diskontkredit (vgl. Abschnitt 5.2.4.2). Da Factoring aber zumeist als *Ersatz* für einen Kredit dient, wird es auch als *Kreditsubstitut* bezeichnet. Die wesentlichen Unterschiede sind:

1. Die Factoringgesellschaft übernimmt beim „echten“ Factoring nicht nur das Inkasso der Forderung bei Fälligkeit, sondern auch das *Delkredererisiko*. Unter Delkredere versteht man eine Garantie für die Zahlungsfähigkeit des Schuldners. Mit anderen Worten: Falls der Kunde zahlungsunfähig wird, haftet dafür in einem bestimmten Ausmaß der Factor.[31] Beim so genannten „unechten“ Factoring übernimmt der Factor *kein* Delkredererisiko.

2. Beim Factoring werden nicht einzelne Forderungen, sondern Forderungsbündel angekauft, um das Risiko zu streuen.

Aufgrund des Delkredererisikos führen Factoringgesellschaften im Voraus Bonitätsanalysen durch und nennen dem Unternehmen einen Höchstbetrag pro Kunde (*Limit*), bis zu dem Forderungen angekauft werden. Nach Erteilung von Limits kann das Unternehmen uneingeschränkt bis zu diesem Höchstbetrag Forderungen an den Factor abtreten. Abwicklungstechnisch handelt es sich um die Globalzession von

[31] Nicht abgesichert sind z.B. Zahlungsausfälle aus politischen Tatbeständen (z.B. Krieg).

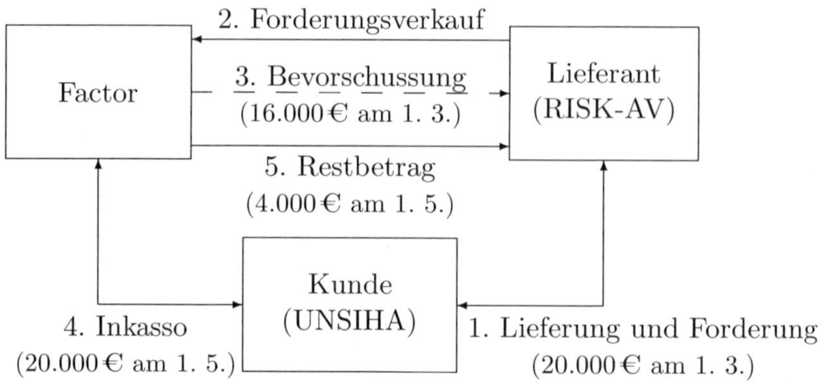

Abbildung 6.2: Ablauf eines Factoringgeschäfts (Beispiel 6.12)

Forderungen. Der Factoringvertrag kann vorsehen, dass das Unternehmen erst bei Fälligkeit der Forderung vom Factor Zahlung erhält (Factoring ohne Vorfinanzierung, engl. *maturity factoring*) oder bereits bei Abtretung der Forderung einen Teil der Forderung (maximal 90%) als Vorschuss bekommt (engl. *standard factoring*). In diesem Fall entspricht das Factoring einem Finanzierungsinstrument und erhöht – wie z.B. eine Kreditaufnahme – die Liquidität des Unternehmens. Sind die Kunden des Unternehmens über die Factoringbeziehung informiert, bezeichnen wir dies als *offenes* Factoring, im anderen Fall als *stilles* Factoring.

Sollte die Forderung für die Factoringgesellschaft uneinbringlich sein, ist der Lieferant gegen den Zahlungsausfall beim echten Factoring zumindest weitgehend abgesichert. Typischerweise übernehmen Factoringgesellschaften dann mindestens 70% des Zahlungsausfalls; jedoch sind auch Factoringverträge ohne Selbstbehalt des Lieferanten möglich. Factoring ist insbesondere für Klein- und Mittelbetriebe mit großem Kundenstock und hohen ausstehenden Forderungen (etwa aufgrund langer Zahlungsziele) geeignet, vor allem wenn sie nicht über die notwendigen Sicherheiten für Kredite verfügen.

Beispiel 6.12:
Lieferant RISK-AV schließt einen Standard-Factoringvertrag (bei dem 80% bevorschusst werden) mit einer Factoringgesellschaft über die laufende Abtretung von Forderungen an den Kunden UNSIHA ab. Die Forderungen haben eine durchschnittliche Laufzeit von 60 Tagen. Welche Zahlungen resultieren für eine am 1. 3. entstandene Forderung in Höhe von 20.000 €?

Der Lieferant tritt die Forderung gegenüber UNSIHA an die Factoringgesellschaft ab und erhält sofort eine Zahlung (Bevorschussung) von 16.000 € (20.000 · 0,8). Nach 60 Tagen erhält er (nach erfolgtem Inkasso) den Restbetrag in Höhe von 4.000 € ausbezahlt. Wenn der Factoringvertrag eine vollständige Delkredereübernahme vorsieht, erhält RISK-AV auch im Falle einer uneinbringlichen Forderung vom Factor den ausstehenden Restbetrag.

Die Gebühren für Factoring richten sich nach den in Anspruch genommenen Leistungen. Für die Finanzierung werden banküblice Zinssätze verrechnet (die etwa gleich hoch sind wie bei einem Kontokorrentkredit). Für Mahnwesen und Inkasso (*Debitorenmanagement*) fallen Gebühren in der Höhe von 0,2–2% des Umsatzes an. Bei Übernahme des Delkredererisikos bezahlt der Factoringkunde mindestens weitere 0,2% des ausgenutzten Limits. Diese Gebühren werden üblicherweise pauschal für alle Forderungen eines bestimmten Zeitraums abgerechnet (und nicht einzeln für jede Forderung).

Vorteile des Factorings bestehen darin, dass der Lieferant bei einer Bevorschussung seine noch nicht fälligen Forderungen in sofortige Einzahlungen umwandeln und außerdem (zumindest beim echten Factoring) das Zahlungsausfallsrisiko deutlich reduzieren kann. Zahlreiche kleinere und mittlere Unternehmen setzen Factoring auch deshalb ein, weil dadurch bestimmte Tätigkeiten (Kreditprüfung, Mahnwesen, Inkasso) ausgelagert werden können. Insgesamt ist Factoring jedoch teurer als vergleichbare andere Finanzinstrumente und kann möglicherweise zu einer negativen Außenwirkung führen: Manche Kunden beurteilen das Inkasso über einen Dritten als Indiz für eine schlechte Liquiditätssituation des Lieferanten.

6.4.3 Leasinggesellschaften

Unter *Leasing* versteht man die entgeltliche Überlassung von Gütern. Leasing ist ebenso wie Factoring ein Kreditsubstitut. Unter geeigneten Voraussetzungen kann Leasing also *an Stelle* eines Kredits in Anspruch genommen werden. Im Folgenden wollen wir zeigen, wie ein Leasinggeschäft abläuft und worin die Vorteile gegenüber einer Kreditfinanzierung bestehen (können).

In ein Leasinggeschäft sind in der Regel folgende Beteiligte eingebunden:

1. Kunde (Leasingnehmer)

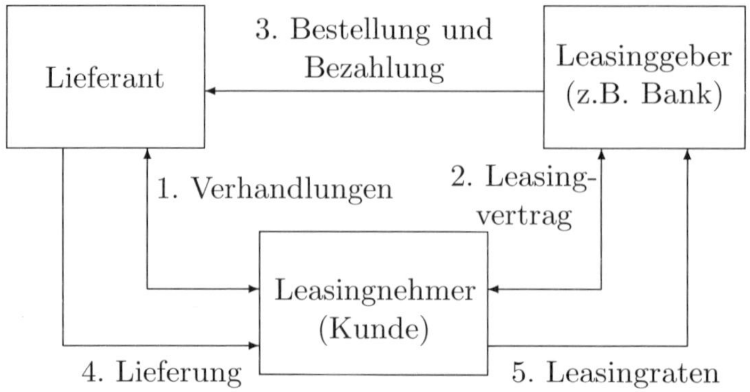

Abbildung 6.3: Ablauf eines Leasinggeschäfts

2. Lieferant
3. Leasinggeber[32]

Es können sowohl Konsumgüter als auch Investitionsgüter geleast werden. Unternehmen leasen z.B. Fahrzeuge (Kfz-Leasing), Produktionsanlagen, Büromaschinen oder Gebäude (Immobilien-Leasing). Als Leasinggeber fungieren zumeist Finanzinstitutionen, die Tochtergesellschaften von Banken sind.

Das Leasing kann insofern mit einer Kreditfinanzierung verglichen werden, als auch beim Leasing Investitionen ohne (bzw. mit nur wenig) Eigenkapital finanziert werden können. Im Gegensatz zur Kreditfinanzierung wird der Leasingnehmer jedoch in der Regel *nicht* wirtschaftlicher Eigentümer des geleasten Gutes, sondern hat allenfalls eine *Kaufoption* am Ende der Leasingdauer. Das Leasinggut scheint daher nicht in der Bilanz des Leasingnehmers auf. Der Leasinggeber bezahlt dem Leasinggeber periodisch (z.B. monatlich) eine *Leasinggebühr*, die in der Regel höher als die Kosten eines vergleichbaren Kredites ist. Die Gründe für eine höhere Leasinggebühr liegen darin, dass die Leasinggesellschaft höhere Auszahlungen und höhere Risiken als ein „normaler" Kreditgeber hat (z.B. Instandhaltungs- und Verwaltungskosten während der Laufzeit des Leasingvertrags bzw. das Risiko, dass der nach Ablauf des Leasingvertrags resultierende Restwert keinen wirtschaftlich sinnvollen Weiterverkauf des Leasinggutes zulässt).

Dennoch kann Leasing für das Unternehmen eine sinnvolle Alternative zum (unter Umständen kreditfinanzierten) Kauf darstellen. Dies ist dann der Fall, wenn die Leasinggesellschaft aufgrund ihrer Marktpositi-

[32]Beim so genannten Hersteller-Leasing sind Lieferant und Leasinggeber ident.

on über günstigere Beschaffungs- und Wiederverwertungsmöglichkeiten verfügt als das Unternehmen selbst. Die Leasinggebühr stellt außerdem eine fixe Auszahlung dar, die unabhängig von Marktzinsveränderungen in die Finanzplanung des Unternehmens übernommen werden kann. Für die Inanspruchnahme von Leasing sprechen jedoch vor allem steuerliche Überlegungen, weil die Leasinggebühr eine steuerlich absetzbare Betriebsausgabe ist. Im Gegensatz dazu sind bei der Kreditfinanzierung einer Investition nur die Zinszahlungen, nicht aber die Tilgungszahlungen Betriebsausgaben. Weitere Steuervorteile sind von der Ausgestaltung des jeweiligen Leasingvertrages abhängig. In diesem Zusammenhang spielen auch grenzüberschreitende Leasinggeschäfte (engl. *cross-border leasing*) eine Rolle, bei denen die Bestimmungen unterschiedlicher Steuersysteme zugunsten des Leasingnehmers ausgenützt werden können.

6.4.4 Venture-Capital-Gesellschaften

Unter *Venture-Capital* versteht man Eigenkapital, das vorwiegend jungen, in Wachstumsbranchen tätigen Unternehmen zur Verfügung gestellt wird. Diese Unternehmen sind in der Regel nicht börsereif. Aufgrund der Struktur der finanzierten Unternehmen übernimmt der Venture-Capital-Geber ein hohes Risiko. Venture-Capital-Investoren haben einen befristeten Investitionshorizont. Zunächst verzichten sie über eine mehrjährige Periode auf Gewinnausschüttung. Soferne in dieser Zeit überhaupt Gewinne erwirtschaftet werden, können diese für das weitere Wachstum im Unternehmen reinvestiert werden. Im Gegenzug dafür erwarten sich die Venture-Capital-Geber nach einer bestimmten Frist (üblicherweise nach drei bis zehn Jahren) eine überdurchschnittliche Rendite durch die Realiserung eines Wertzuwachses beim Verkauf der Beteiligung *(Exit)* entweder über die Börse oder direkt an große institutionelle, industrielle oder private Investoren.

Venture-Capital-Gesellschaften sind Finanzintermediäre.[33] Sie nehmen Gelder von Investoren auf, errichten einen Fonds und legen die Mittel als Venture-Capital-Beteiligungen in geeigneten Unternehmen an. Durch die Beteiligung an einem Fonds kann das Risiko des einzelnen Investors reduziert werden. Venture-Capital-Fonds sind wichtige Finanzierungsquellen für Unternehmen, die aufgrund ihrer spezifischen Eigenschaften (z.B. Branche, Alter, asymmetrische Information) über kei-

[33] Venture-Capital-Gesellschaften treten aus steuerlichen Gründen meist als Unternehmensbeteiligungsgesellschaften bzw. in Österreich auch als Mittelstandsfinanzierungsgesellschaften in Erscheinung.

ne anderen Kapitalgeber verfügen. Außerdem bieten eine Reihe von Venture-Capital-Gesellschaften neben Risikokapital auch Unterstützung des Managements, zumeist in Form von betriebswirtschaftlichem Know-how an.

6.5 Weiterführende Literatur

Gräfer, Horst, Beike, Rolf und Guido A. Scheld. *Finanzierung. Grundlagen, Institutionen, Instrumente und Kapitalmarkttheorie.* 5. Aufl., Erich Schmidt Verlag, 2001.

Hartmann-Wendels, Thomas, Pfingsten, Andreas und Martin Weber. *Bankbetriebslehre.* 4. Aufl., Springer, 2006.

Kofler, Georg und Barbara Polster-Grüll (Hrsg.). *Private Equity und Venture Capital.* Linde, 2003.

Poppmeier-Reisinger, Karin. *Handbuch Börsegang. Alternativen der modernen Unternehmensfinanzierung.* Aktienforum, 2003.

Schäfer, Henry. *Unternehmensfinanzen.* 2. Aufl., Physica, 2002.

6.6 Übungsaufgaben

Übungsaufgabe 6.1:
In Beispiel 6.7, S. 229 wurde für Unternehmen GEFA eine zusätzliche Prämie für die Eigenkapitalunterlegung in Höhe von 1,066% ermittelt. Wie hoch wäre diese, wenn die Ausfallwahrscheinlichkeit von GEFA 3% und das damit verbundene Risikogewicht 100% beträge?

Übungsaufgabe 6.2:
Das Bankhaus ERNEUT möchte für vergebene Kredite im Erwartungswert eine Verzinsung von 9% erzielen. Wie hoch ist der Zinssatz, den ERNEUT von einem Kreditnehmer mit einem Zahlungsausfallsrisiko von 3% für einen einjährigen, unbesicherten Kredit fordern muss?

Übungsaufgabe 6.3:
(Fortsetzung von Aufgabe 6.2) Wie hoch ist der von ERNEUT zu fordernde Zinssatz, wenn der Kreditnehmer Sicherheiten mit einem Marktwert in Höhe von 50% des Darlehensnominales beibringt?

Übungsaufgabe 6.4:
Ein Kredit in Höhe von 250.000 € ist in einem Jahr zurückzuzahlen. Die Bank verlangt einen Zinssatz von 5% p.a. Die Wahrscheinlichkeit des Ausfalls beträgt 2% und die Bank verfügt über Sicherheiten im Wert von 20.000 €. Die Kosten der Verwertung der Sicherheiten werden mit 3.000 € angesetzt. Wie hoch ist der erwartete Verlust dieses Kreditgeschäfts?

Übungsaufgabe 6.5:
Der Emittent einer Serienanleihe mit Nominale 1 Mio. € und einer Laufzeit von 4 Jahren legt als Nominalzinssatz 4,5% p.a. fest. Kurz vor Zeichnungsbeginn liegt die Rendite vergleichbarer Anleihen bei ca. 4,8%. Wie kann der Emittent durch Festlegung eines geeigneten Emissionskurses erreichen, dass die Platzierung der Anleihe gelingt?

Übungsaufgabe 6.6:
Bei einer Emission sollen 3 Mio. Aktien emittiert werden. Wie hoch ist jeweils der Emissionserlös in den folgenden Szenarien?

1. Festpreisverfahren: Emissionskurs 28 €, 90% der Aktien werden platziert, kein Underwriting
2. Festpreisverfahren: Emissionskurs 28 €, 95% der Aktien werden platziert, mit Underwriting
3. Festpreisverfahren: Emissionskurs 28 €, Emission zu 30% überzeichnet
4. Bookbuilding-Verfahren: Preisband 27–31 €, bei 29 € werden alle Aktien platziert
5. Bookbuilding-Verfahren: Preisband 27–31 €, bei 29 € ist die Emission zu 30% überzeichnet, 10% Greenshoe-Option wird ausgenützt

Übungsaufgabe 6.7:
Die derzeit 2 Mio. Aktien der FESTPREIS-AG notieren zu einem Kurs von 8 €. Anlässlich einer Kapitalerhöhung sollen weitere 500.000 Aktien zu einem fixen Emissionspreis von 6,50 € emittiert werden.

1. Wie viele Bezugsrechte erhält ein Altaktionär, der derzeit 240 Aktien besitzt?
2. Angenommen, der Aktionär will seine Bezugsrechte verkaufen. Wie hoch muss der Kurs der Bezugsrechte mindestens sein, damit der Aktionär keinen Vermögensverlust erleidet?

Übungsaufgabe 6.8:
Das Grundkapital einer AG beträgt 500 Mio. € (Nennwert je Aktie 1.000 €, derzeitiger Kurs 2.450 €). Es soll durch Ausgabe junger Aktien mit dem gleichen

Nennwert wie die alten Aktien auf 650 Mio. € erhöht werden. Der Ausgabekurs wird mit 2.200 € festgelegt. Altaktionär OLD verfügt über 10.000 Aktien.

1. Mit welchem (theoretischen) Kurs notiert die Aktie nach der Emissionsphase?
2. Wie hoch ist das Bezugsverhältnis?
3. Wie viele junge Aktien kann OLD aufgrund der ihm deshalb zustehenden Bezugsrechte erwerben?
4. Wie hoch ist der rechnerische Wert des Bezugsrechts?
5. Altaktionär OLD übt seine Bezugsrechte (vollständig) aus. Darüber hinaus kauft er 1.000 zusätzliche Bezugsrechte an der Börse zu einem Kurs von 59 €, die er ebenfalls ausübt. Wie hoch ist sein Stimmrechtsanteil *vor* und *nach* der Kapitalerhöhung?

Kapitel 7

Derivative Wertpapiere

7.1 Grundlagen

Als *derivative Wertpapiere*, kurz *Derivative* oder *Derivate* genannt, bezeichnet man Finanzinstrumente, deren Wert von der Wertentwicklung eines anderen Gutes (des *Basiswerts*, engl. *underlying*) abhängt. Beispiele für Derivative sind *Futures* und *Optionen*. Derivative Wertpapiere haben in den letzten Jahrzehnten mehr und mehr Bedeutung nicht nur für Spezialisten in Finanzdienstleistungsunternehmen, sondern auch für die betriebliche Finanzwirtschaft erlangt. Unternehmen verwenden Derivative unter anderem zur Steuerung und Begrenzung verschiedener finanzwirtschaftlicher Risiken (z.B. Wechselkurs- oder Zinsänderungsrisiken). Bevor wir uns näher mit den einzelnen Typen von Derivaten befassen, wollen wir erst einige Begriffe klären, die für Derivative allgemein relevant sind.

Als *Kassageschäft* bezeichnen wir eine Transaktion, bei der Bezahlung und Lieferung unmittelbar nach dem Geschäftsabschluss erfolgen. Im Gegensatz dazu bezeichnen wir als *Termingeschäft* eine Vereinbarung über einen Kauf bzw. Verkauf mit Erfüllung *in der Zukunft*. Das Geschäft wird heute abgeschlossen; insbesondere wird auch der Preis bereits fixiert. Lieferung und Bezahlung erfolgen aber nicht sofort, sondern zu einem zukünftigen Zeitpunkt. Dieser Zeitpunkt wird bereits beim Geschäftsabschluss fixiert, man bezeichnet ihn (je nach Instrument) als *Fälligkeitstag* oder *Verfallstag*. Märkte, auf denen Kassageschäfte abgeschlossen werden, bezeichnet man als *Kassamärkte*; solche, auf denen Termingeschäfte geschlossen werden, als *Terminmärkte*.

Die Termingeschäfte kann man weiter unterteilen in *bedingte* und *unbedingte* Termingeschäfte. Bei *bedingten* Termingeschäften kann eine der beiden Vertragsparteien am Fälligkeitstag wählen, ob das Geschäft

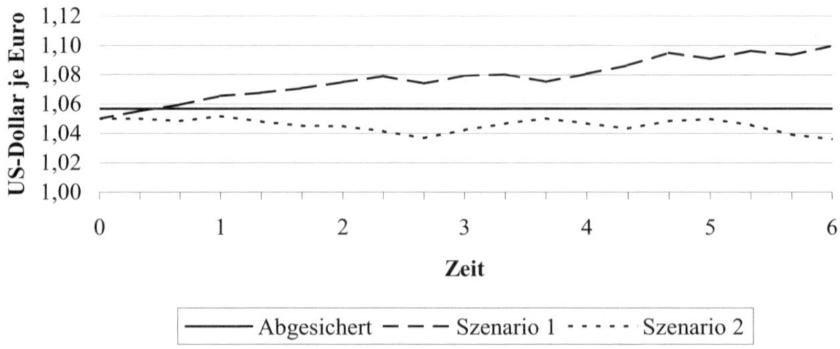

Abbildung 7.1: Beispiele für mögliche Wechselkursentwicklungen zwischen Jänner und Juli (Beispiel 7.1)

zu den ursprünglich vereinbarten Konditionen tatsächlich durchgeführt wird oder nicht; bei *unbedingten* Termingeschäften besteht kein derartiges Wahlrecht.

Die einfachsten (gebräuchlichen) Derivattypen sind Forward- bzw. Future-Kontrakte. Wir besprechen sie im folgenden Abschnitt genauer, bevor wir uns im zweiten Teil dieses Kapitels Swaps zuwenden. Der letzte Abschnitt ist dann den Optionen gewidmet.

7.2 Forwards und Futures

7.2.1 Motivation

Beispiel 7.1:
Unternehmen EUROBAYESD mit Sitz in der Euro-Zone hat eine größere Bestellung bei einem Lieferanten in den USA aufgegeben. In sechs Monaten soll die Bezahlung des Kaufpreises in Höhe von 1 Mio. $ erfolgen. Das Unternehmen ist dadurch einem erheblichen Wechselkursrisiko ausgesetzt: Der US-Dollar könnte bis dahin gegenüber dem Euro aufwerten, wodurch der Kaufpreis in Euro höher ausfiele[1] als ursprünglich erwartet (Szenario 2 in Abbildung 7.1). Umgekehrt könnte es natürlich auch zu einer Abwertung des US-Dollar relativ zum Euro kommen, was sich in einem niedrigeren Kaufpreis (in Euro) niederschlagen würde (Szenario 1 in Abbildung 7.1). Derartige Risiken sind meist unerwünscht. Es existieren verschiedene Möglichkeiten der *Absicherung* dagegen. Eine dieser Möglichkeiten besteht darin, bereits heute mit einer Finanzinstitution einen Vertrag abzuschließen, in dem der zukünftige Umtauschkurs für den Betrag von 1 Mio. $ fixiert wird (in Abbildung

[1] Bei der Notation ist zu beachten, dass eine Aufwertung des Dollars zu einem niedrigeren Kurs führt, z.B. von 1 EUR=1,05 USD auf 1 EUR=1,03 USD.

7.1 wurde ein zukünftiger Umtauschkurs von 1,0567 US-Dollar je Euro angenommen). Ein derartiges Geschäft wird als *Forward*-Kontrakt bezeichnet.

7.2.2 Forward-Kontrakte – Grundbegriffe

Forwards sind unbedingte Termingeschäfte. Zwei Vertragsparteien, nennen wir sie L und S, schließen heute (im Zeitpunkt $t=0$) eine Vereinbarung über den Terminkauf einer bestimmten Menge (*Kontraktgröße*) eines Basiswerts ab. Der *Fälligkeitstag*, also der Zeitpunkt, zu dem geliefert und bezahlt werden soll ($t=T$), wird fixiert. Der am Fälligkeitstag zu bezahlende Preis (der *Basispreis* F; häufig in Geldeinheiten pro Mengeneinheit angegeben) wird so festgesetzt, dass der Forward im Zeitpunkt des Vertragsabschlusses einen Wert von null hat.[2] L verpflichtet sich dabei, am Fälligkeitstag die vereinbarte Menge des Basiswerts abzunehmen und den Basispreis F zu bezahlen. Wir sagen, L ist in der *Long-Position* bzw. *long*, oder auch: L ist der *Käufer* des Forward-Kontrakts. Mit anderen Worten: L kauft die *jetzt vereinbarte Menge* des Basiswerts zum *jetzt vereinbarten Preis* mit Lieferung und Bezahlung zum zukünftigen Zeitpunkt $t=T$. Dieser Preis – der Basispreis F, der bei Währungen auch als *Terminkurs* (engl. *forward (exchange) rate*) bezeichnet wird – entspricht dabei im Allgemeinen *nicht* dem derzeitigen Marktpreis des Basiswerts, der bei Währungen auch als *Kassakurs* (engl. *spot (exchange) rate*) bezeichnet wird.

S verpflichtet sich, am Fälligkeitstag die vereinbarte Menge des Basiswerts gegen Bezahlung des Basispreises zu liefern. Wir sagen, S ist in der *Short-Position* bzw. *short*, kurz: S ist der *Verkäufer* des Forward-Kontrakts.

Beispiel 7.2:
(Fortsetzung von Beispiel 7.1) EUROBAYESD und X-FIN (eine Finanzinstitution) schließen am 1. Jänner einen Forward-Kontrakt über die Lieferung von 1 Mio. \$ am 1. Juli ab. Der *Basiswert* ist also in unserem Fall der US-Dollar, die Kontraktgröße 1 Million. Der Terminkurs für den An- bzw. Verkauf von US-Dollar in sechs Monaten liegt bei 1 EUR=1,0567 USD. Daraus ergibt sich ein *Basispreis* in Höhe von 1/1,0567=0,94634239€ je US-Dollar. Bei einer Kontraktgröße von 1 Mio. \$ beträgt der Basispreis 946.342,39€ für den ganzen Kontrakt. EUROBAYESD verpflichtet sich, am 1. Juli 946.342,39€ zu bezahlen; X-FIN verpflichtet sich, am 1. Juli im Gegenzug 1 Mio. \$ zu liefern. Der

[2] Dazu mehr in Abschnitt 7.2.8.

Terminkurs wird zwischen den Vertragsparteien so vereinbart, dass der Forward-Kontrakt im Zeitpunkt des Vertragsabschlusses (am 1. Jänner) für beide Vertragspartner einen Wert von null hat – der Abschluss eines Forward-Kontrakts ist also kostenfrei möglich. Der Gewinn/Verlust aus der Sicht des Käufers (EUROBAYESD) hängt dabei vom Wechselkurs zum Zeitpunkt $t=T$ (der zukünftigen *Spot Exchange Rate*) ab:

- Liegt die Spot Exchange Rate im Fälligkeitszeitpunkt ($t=T$) *über* 1,0567, z.B. bei 1 EUR=1,0788 USD, erweist sich der Abschluss des Forward-Kontrakts im Nachhinein als ungünstig: Durch die frühzeitige Fixierung des Wechselkurses muss EUROBAYESD die benötigte Menge an US-Dollar teurer erwerben als ohne Forward-Kontrakt. Der Kassapreis S_T des Basiswerts (für 1 Mio. \$) im Zeitpunkt $t=T$ ist 926.955,88 €. Der Verlust beträgt

$$F - S_T = 946.342,39 - 926.955,88 = 19.386,51.$$

- Liegt die Spot Exchange Rate im Fälligkeitszeitpunkt ($t=T$) *unter* 1,0567, z.B. bei 1 EUR=1,0354 USD, erweist sich der Abschluss des Forward-Kontrakts im Nachhinein als günstig: Durch die frühzeitige Fixierung des Wechselkurses kann EUROBAYESD die 1 Mio. US-Dollar billiger erwerben als ohne Forward-Kontrakt. Sein Gewinn beträgt

$$S_T - F = 965.810,31 - 946.342,39 = 19.467,92.$$

Die Vertragsbestandteile von Forward-Kontrakten werden typischerweise zwischen Unternehmen und Finanzinstitutionen (bzw. zwischen Finanzinstitutionen) individuell ausgehandelt. Dies bringt den Vorteil, dass die Kontraktmerkmale genau auf die individuellen Bedürfnisse der Vertragsparteien zugeschnitten werden können. Wesentlicher Nachteil eines Forward-Kontrakts ist seine „Unbedingtheit" bzw. Nicht-Handelbarkeit. Einmal abgeschlossen, muss er am Fälligkeitstag erfüllt werden.[3] Hinsichtlich dieser Erfüllung besteht bei Forward-Kontrakten auch ein gewisses Risiko (das so genannte *Erfüllungsrisiko*): Wird sich der Vertragspartner am Fälligkeitstag auch wirklich an die getroffenen Vereinbarungen halten? Sollte beispielsweise ein Vertragspartner während der Laufzeit des Vertrages zahlungsunfähig werden, trifft dieses Risiko zur Gänze den anderen Vertragspartner.

[3] Eine Ausnahme davon wären nachträgliche Änderungen aufgrund von Verhandlungen zwischen den Vertragsparteien.

Abbildung 7.2: Relevante Zeitpunkte beim FRA

7.2.3 Forward Rate Agreements

Forward Rate Agreements (FRAs) sind Forward-Kontrakte auf Zinssätze. FRAs dienen dazu, die Unsicherheit über die in der Zukunft für einen bestimmten Zeitraum herrschende Spot Rate zu eliminieren.[4] Sie können hinsichtlich ihrer finanziellen Auswirkungen als Verträge über zukünftige, üblicherweise kurzfristige Darlehen betrachtet werden. Bei jedem FRA sind also zwei Zeitpunkte relevant (vgl. Abbildung 7.2): T_1, der Anfangszeitpunkt des zukünftigen Darlehens, und T_2, der Endzeitpunkt des zukünftigen Darlehens. Man schreibt kurz „$T_1 \times T_2$-FRA“ (wobei T_1 und T_2 häufig in Monaten angegeben werden) und spricht das „$\times$“ als „gegen“ aus.

FRAs sind so genannte *OTC-*(*over-the-counter-*)Verträge. Das bedeutet, dass sie zwischen zwei Vertragspartnern direkt abgeschlossen werden und nicht auf organisierten Märkten (z.B. Börsen) gehandelt werden. Derjenige Vertragspartner, der beim zukünftigen Darlehen die Rolle des Darlehens*nehmers* einnimmt, wird als *Käufer* des FRAs bezeichnet. Der Darlehens*geber* des zukünftigen Darlehens heißt dagegen *Verkäufer* des FRAs. Wer in der Zukunft Geld benötigt, kann also durch den Kauf eines FRAs bereits heute den Zinssatz fixieren, zu dem er künftig Geld ausleihen kann. Wer dagegen heute schon weiß, dass er in der Zukunft Geld anlegen wird wollen, kann sich durch Verkauf eines FRAs bereits heute den Zinssatz sichern, den er für seine Geldanlage bekommen wird.

Der Abschluss eines FRAs ist – wie bei jedem Forward-Kontrakt – kostenfrei. Je nachdem, ob die Spot Rate im Zeitpunkt T_1 für den Darlehenszeitraum höher (niedriger) liegt als die heutige Forward Rate für diesen Zeitraum, wird sich der Abschluss des FRAs *ex post* für einen der beiden Vertragspartner als vorteilhaft, für den anderen hingegen als nachteilig erweisen. Zu beachten ist, dass ein FRA beidseitig verbindlich ist (ein so genanntes *unbedingtes Termingeschäft*).

[4] Zur Definition von Spot Rates und Forward Rates vgl. Abschnitt 3.5.

Der Zinssatz, der zwischen den Vertragspartnern vereinbart wird, wird sich eng an der (heutigen) Forward Rate für den Zeitraum von T_1 bis T_2 orientieren (vgl. Abschnitt 3.5). Bei einem FRA erfolgt keine physische Lieferung, sondern eine Barabrechnung. Das bedeutet, dass am Fälligkeitstag eine *Ausgleichszahlung* berechnet wird. Bezogen auf das vereinbarte Nominale wird die Differenz zwischen vereinbartem Zinssatz und tatsächlich beobachteter zukünftiger Spot Rate, bezogen auf das Nominale, ermittelt. Diese Differenz bezieht sich auf das Ende der Zinsperiode und wird daher noch auf den Fälligkeitszeitpunkt (=Beginn der Zinsperiode) abgezinst. Zu diesem Zeitpunkt wird der so berechnete Betrag von einem der beiden FRA-Partner an den anderen geleistet. Das zugrunde liegende Darlehen selbst dient demnach nur zur Berechnung dieser Zinsausgleichszahlung und wird üblicherweise *nicht* zwischen den FRA-Partnern tatsächlich abgeschlossen. Es liegt daher nur ein fiktives Darlehen vor. Auf die genauen Zinsverrechnungsmodalitäten von FRAs wird hier nicht näher eingegangen.

Beispiel 7.3:
Der Finanzmanager des Unternehmens DEMNEXT weiß, dass das Unternehmen in sechs Monaten aus einem Großauftrag eine Einzahlung in Höhe von 1 Mio. € erhalten wird. Aus dem Finanzplan geht hervor, dass diese Summe ab dem Zahlungseingang für drei Monate nicht benötigt wird, danach aber wieder zur Verfügung stehen muss.

Der Finanzmanager beschließt, diese Summe von $T_1{=}0{,}5$ bis $T_2{=}0{,}75$ anzulegen. Aus heutiger Sicht ist unsicher, welche Spot Rate im Zeitpunkt T_1 für dreimonatige Geldanlagen am Markt herrschen wird. Diese Unsicherheit kann der Finanzmanager eliminieren, indem er ein 6×9-FRA *verkauft*. Eine Bank quotiert für derartige FRAs Zinssätze von 2,32/2,35. Das bedeutet, dass sich der Finanzmanager für seine zukünftige Anlage heute bereits einen Anlagezinssatz von 2,32% p.a. sichern kann (für eine Kreditaufnahme im gleichen Zeitraum könnte er sich einen Zinssatz von 2,35% p.a. sichern). Der Finanzmanager schließt ein solches FRA für ein Nominale von 1 Mio. € ab.

Sechs Monate später liegt die Spot Rate für dreimonatige Geldanlagen bei 2,25% p.a. DEMNEXT kann also am Markt zu 2,25% p.a. für drei Monate anlegen. Durch das FRA erhält DEMNEXT eine Ausgleichszahlung in Höhe der Zinsdifferenz zwischen 2,32% und 2,25% p.a. (für drei Monate), bezogen auf eine Million Euro , diskontiert über drei Monate mit der herrschenden Spot Rate für diesen Zeitraum. Wenn wir der Einfachheit halber annehmen, dass für den genannten Zeitraum ein

Viertel der Jahreszinsen anfallen, ergibt sich die Ausgleichszahlung zu

$$\frac{0{,}0232 - 0{,}0225}{4} \cdot \frac{1.000.000}{1 + 0{,}0225/4} = 174{,}02.$$

Insgesamt ergibt sich für DEMNEXT dadurch über den genannten Zeitraum die „gesicherte" Verzinsung von 2,32% p.a.

Läge die Spot Rate für dreimonatige Geldanlagen in T_1 *höher* als 2,32%, müsste DEMNEXT eine Ausgleichszahlung *leisten*. Dadurch erhielte DEMNEXT per saldo „nur" den vereinbarten Zinssatz von 2,32% p.a.

7.2.4 Futures – Grundbegriffe

Futures werden an Terminbörsen gehandelt. Sie sind Forwards sehr ähnlich, weil sie ebenfalls unbedingte Termingeschäfte sind. Als börsenotierte Finanzinstrumente haben Future-Kontrakte einen Preis (den *Börsekurs* des Future-Kontrakts). Der Kurs eines Futures entspricht grosso modo dem Basispreis bei einem Forward-Kontrakt. Der Kurs sollte so hoch sein, dass der theoretische Wert eines Future-Kontrakts (wie jener eines Forward-Kontrakts) im Zeitpunkt des Vertragsabschlusses gleich null ist.[5] Der Börsekurs eines Future-Kontrakts ändert sich im Zeitablauf, z.B. aufgrund von Änderungen im Kassakurs des Basiswerts.

Weiters unterscheiden sich Futures von Forwards in folgenden wesentlichen Merkmalen:

- *Standardisierung:* Die genauen Kontraktmerkmale von Futures (so etwa die Kontraktgröße, z.B. Anzahl der Barrel Rohöl pro Kontrakt) werden durch die jeweilige Börse festgelegt, an der der Future-Kontrakt gehandelt wird. So ist z.B. auch die Laufzeit des Kontrakts nicht zwischen den Vertragsparteien individuell verhandelbar.

- *Clearing:* Eine so genannte *Clearingstelle* sorgt für die Ausschaltung des Erfüllungsrisikos. Alle Marktteilnehmer müssen Sicherheitseinlagen (engl. *margins*) leisten, die täglich an die Wertentwicklung ihrer Positionen angepasst werden. Bei günstiger Entwicklung kann der Investor zwischenzeitliche Gewinne beheben, bei ungünstiger Entwicklung muss er Geld *nachschießen* (um einen geforderten Mindestbestand des Marginkontos nicht zu unterschreiten). Erfolgen solche geforderten Nachschüsse nicht rechtzeitig, wird die Position zwangsweise liquidiert (also z.B. ein gekaufter Kontrakt verkauft und entstandene Verluste aus dem hinterlegten Margin abgedeckt).

[5] Siehe auch Abschnitt 7.2.9 zur Bewertung von Future-Kontrakten.

- *Fungibilität:* Durch das Clearing entfällt die Notwendigkeit, den jeweiligen Vertragspartner überhaupt zu kennen. Die Standardisierung bewirkt, dass die Varietät der gehandelten Kontrakte gering ist. So existiert typischerweise nur ein Fälligkeitstag pro Monat. Insgesamt ergibt sich daraus eine leichte Handelbarkeit von Futures. Insbesondere können offene Positionen vor dem Fälligkeitstag durch Eingehen der entsprechenden Gegenposition *glattgestellt* werden: Im Gegensatz zu Forwards kann man sich einer per Future-Kontrakt eingegangenen Verpflichtung entledigen, indem man einfach die entgegengesetzte Position eingeht. Im Falle eines *gekauften* Future-Kontrakts *verkauft* man den gleichen Kontrakt (und umgekehrt): Rechte und Pflichten aus beiden Geschäften heben dann einander wechselseitig auf. Nach der Glattstellung kann man über den auf dem Verrechnungskonto hinterlegten Margin wieder verfügen (bzw. über jenen Teil, der nach Abdeckung zwischenzeitlicher Verluste noch übrig ist).
- *Marking to Market:* Gewinne aus Future-Positionen werden Investoren täglich gutgeschrieben, Verluste täglich ihrem Verrechnungskonto als Belastung verrechnet. Dadurch wird eine Kumulation von Gewinnen bzw. Verlusten vermieden. Die Margins können damit der Höhe nach auf die maximale antizipierte Wertveränderung eines Future-Kontrakts an einem Börsentag begrenzt werden. Der am Fälligkeitstag zu bezahlende Abrechnungspreis ergibt sich aus dem Schlusskurs des Futures am Fälligkeitstag und entspricht dem Spotpreis des Basiswerts an diesem Tag (bzw. liegt sehr nahe an diesem). Daraus ergibt sich ein deutlicher Unterschied zu Forward-Kontrakten, bei denen der am Fälligkeitstag zu bezahlende Preis bereits bei Vertragsabschluss festgelegt wird. Ökonomisch gesehen führen beide Varianten jedoch (unter Vernachlässigung von Zinserträgen aus der Marginhinterlegung) im Wesentlichen zum gleichen Ergebnis. Die Gewinne/Verluste, die beim Forward-Kontrakt im Fälligkeitszeitpunkt entstehen, entsprechen der Summe der Gutschriften bzw. Belastungen auf dem Verrechnungskonto bei einem Future-Kontrakt.

Gängige Basiswerte, für die liquide Futuresmärkte existieren, sind Finanzwerte (Aktienindizes, Anleihen, kurzlaufende festverzinsliche Werte, bedeutende Währungen) und Rohstoffe (Öl, Edelmetalle, landwirtschaftliche Produkte). Neben Basiswerten, bei denen eine physische Lieferung möglich ist (z.B. Aktien oder Rohöl) werden auch physisch nicht existente Rechengrößen als Basiswerte herangezogen (z.B. Aktienindizes). In solchen Fällen ist regelmäßig eine *Barabrechnung* (engl. *cash settlement*) anstelle der physischen Lieferung vereinbart.

Beispiel 7.4:
Der Goldpreis am 1. Juli (t=0) liegt bei 390 $ je Unze. An einer Terminbörse wird ein Gold-Future gehandelt, der in einem Jahr ausläuft und bei 410,50 $ je Unze notiert. Das Kontraktvolumen beträgt 100 Unzen. Am Fälligkeitstag wird der Schlusskurs des Futures mit dem dann herrschenden Spotpreis für Gold übereinstimmen.[6]

Investor GOLDBULL rechnet für die nächsten Monate mit einem Anstieg des Goldpreises. Er entscheidet sich dafür, diese Markteinschätzung mithilfe einer Long-Position in dem beschriebenen Gold-Future umzusetzen. Der von der Börse verlangte Margin bei Eröffnung der Futuresposition (engl. *initial margin*) beträgt 2.000 $ je Kontrakt. Bei Unterschreiten eines Marginkontostandes von 1.500 $ je Kontrakt (engl. *maintenance margin*) muss der Investor wieder die Differenz auf 2.000 $ je Kontrakt auf das Marginkonto transferieren.[7]

Investor GOLDBULL überweist 2.000 $ auf sein Verrechnungskonto. Dies stellt für ihn eine Auszahlung dar; er kann diesen Betrag vorläufig nicht alternativ verwenden.[8] Am Folgetag sinkt der Gold-Future auf 404,50 $ je Unze. Der daraus entstehende Verlust von 6 $ mal 100 (Kontraktgröße in Unzen) wird dem Verrechnungskonto des Investors angelastet. Es entsteht eine Nachschusspflicht, da der Kontostand des Investors mit 1.400 $ geringer ist als der maintenance margin von 1.500 $. Der Investor muss somit 600 $ auf das Marginkonto überweisen.[9]

Die Gewinne bzw. Verluste aus einer Forward- oder Future-Position können anhand so genannter Gewinn-/Verlustdiagramme veranschaulicht werden. Hier und in den folgenden Beispielen in diesem Kapitel nehmen wir der Einfachheit halber an, dass keine Transaktionskosten existieren. Insbesondere vernachlässigen wir etwaige entgangene Zinserträge aus der Marginhinterlegung.

---

[6] Können Sie erklären, warum? Siehe dazu auch Übungsaufgabe 7.3.

[7] Der Marginkontostand am Beginn jedes Handelstages beträgt somit jedenfalls mehr als 1.500 $. Mit einem Margin von genau 1.500 $ pro Kontrakt kann eine Preisänderung im Gold von 15 $ je Unze an einem Börsetag abgedeckt werden. Offenbar wird seitens der Börse damit gerechnet, dass Preisänderungen im Gold von einem Tag zum nächsten nicht über 15 $ je Unze liegen werden.

[8] Zur Klassifikation einer (umgangssprachlich so bezeichneten) „Einzahlung" auf ein Konto als Auszahlung im finanzwirtschaftlichen Sinne siehe S. 40.

[9] Anzumerken ist, dass bei Kombinationen von Future-Positionen, deren Risiko teilweise gegenläufig ist, geringere Marginsätze zur Anwendung kommen. Des Weiteren werden die Marginsätze von Zeit zu Zeit an die aktuelle Marktsituation angepasst (die potentielle Preisschwankung von Gold ist – in absoluten Zahlen – bei einem Goldpreis von z.B. 400 $ deutlich geringer als bei einem Goldpreis von 800 $).

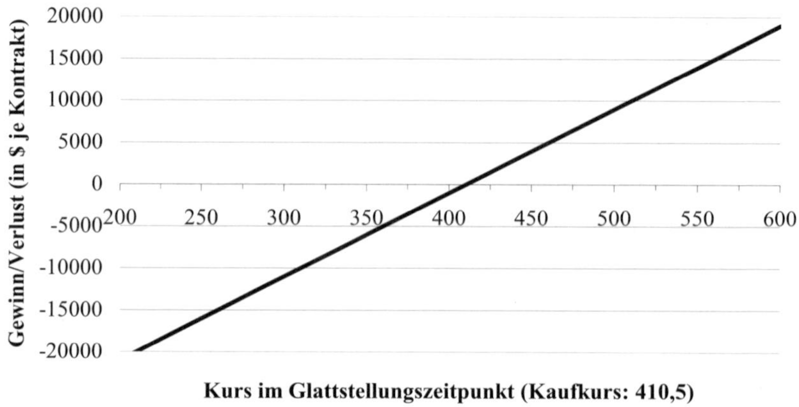

Abbildung 7.3: Gewinn/Verlust (in $ je Kontrakt) des Investors GOLDBULL aus Beispiel 7.5 (Future long) in Abhängigkeit vom Kurs im Glattstellungszeitpunkt

Beispiel 7.5:
Wir übernehmen die Angaben von Beispiel 7.4 und gehen davon aus, dass der Investor seine Long-Position am 10. Oktober glattstellt (d.h. den ursprünglich gekauften Kontrakt wieder verkauft). Der Gewinn bzw. Verlust (in $ je Kontrakt) aus der gesamten Futurestransaktion in Abhängigkeit vom Futureskurs, zu dem der Investor den Kontrakt am 10. Oktober verkauft, ist in Abbildung 7.3 dargestellt. Um den dargestellten Gewinn bzw. Verlust für einen Kontrakt zu erhalten, muss der Gewinn/Verlust je Unze noch mit der Kontraktgröße (hier 100) multipliziert werden.

Wir fassen zusammen:

Futures und Forwards sind unbedingte Termingeschäfte. Forward Rate Agreements (FRAs) sind Forwards auf Zinssätze. Während Forwards als individuelle Verträge zwischen zwei einander bekannten Vertragsparteien ausgehandelt werden, sind Futures börsegehandelte Verträge mit standardisierten Kontraktmerkmalen. Verpflichtungen aus Forward-Kontrakten müssen am Fälligkeitstag jedenfalls erfüllt werden, bei Futures hingegen ist ein „vorzeitiger Ausstieg“ durch Eingehen der Gegenposition (*Glattstellung*) unter Realisierung des bis zu diesem Zeitpunkt eingetretenen Gewinns/Verlusts möglich.

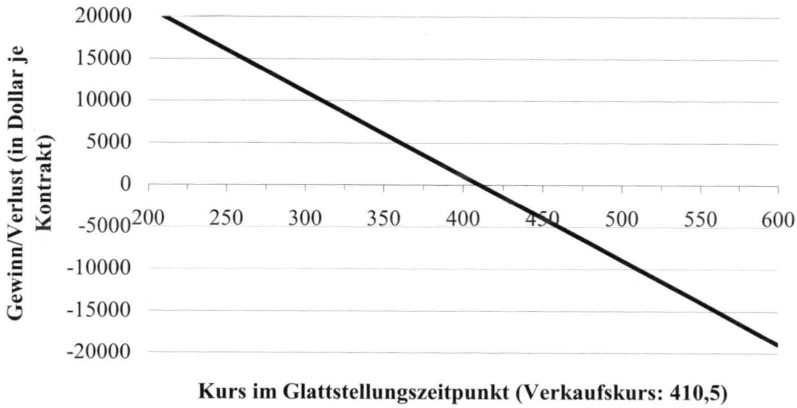

Abbildung 7.4: Gewinn/Verlust (in $ je Kontrakt) des Investors GOLDBÄR aus Beispiel 7.6 (Future short) in Abhängigkeit vom Kurs im Glattstellungszeitpunkt

7.2.5 Spekulation mit Forwards/Futures

Grundsätzlich gelten die Ausführungen in diesem Abschnitt sowohl für Forwards als auch für Futures. Futures eignen sich aber aus verschiedenen Gründen besser für Spekulationszwecke, insbesondere aufgrund der Möglichkeit, einmal eingegangene Positionen rasch wieder liquidieren zu können.

Beispiel 7.6:
Wir übernehmen die Daten von Beispiel 7.4. Ein anderer Investor, GOLDBÄR, rechnet (im Gegensatz zu GOLDBULL) für die nächsten Monate mit einem Rückgang des Goldpreises. Wie kann er diese Marktmeinung mithilfe des 12-Monats-Gold-Futures umsetzen?

GOLDBÄR könnte den Gold-Future zum aktuellen Kurs von 410,50 $ je Unze *verkaufen.* Der Gewinn/Verlust in Dollar je Kontrakt, der sich dann bei späterer Glattstellung in Abhängigkeit vom Futureskurs im Glattstellungszeitpunkt ergibt, ist in Abbildung 7.4 dargestellt.

Kennzeichnend für Future-Positionen ist die Symmetrie ihres Gewinn-/Verlustdiagramms. Die in Abbildung 7.3 dargestellte Gewinn-/ Verluststruktur ist dabei identisch zu jener, die z.B. beim Kauf eines beliebigen Basiswerts (zum Kurs von 410,50) und nachfolgendem Verkauf erzielt worden wäre. Die Positionen *Basiswert long* und *Future long* sind demnach in ihrer Gewinn-/Verluststruktur identisch. Diejenige Position im Basiswert, deren Gewinn-/Verluststruktur zu einer *Fu-*

ture short-Position korrespondiert, wird als *Leerverkauf* (engl. *short sale*) bezeichnet. Unter einem Leerverkauf versteht man den Verkauf von Wertpapieren (auch Währungen oder Waren), deren Eigentümer man nicht ist. Die Abwicklung eines Leerverkaufs erfolgt so, dass die Wertpapiere (im Zeitpunkt $t{=}0$) ausgeborgt und verkauft werden. Ausgeborgt wird regelmäßig gegen ein Entgelt und das Versprechen, sie auf jederzeitiges Verlangen des Verleihers binnen kurzer Frist (in der Regel zwei Handelstage) zurückzugeben. Üblicherweise müssen auch entsprechende Sicherheiten hinterlegt werden. Vor der Rückgabe (im Zeitpunkt $t{=}1$) müssen die Papiere natürlich wieder *ge*kauft werden. Liegt der Kaufkurs S_1 der Papiere unter dem Verkaufskurs S_0, ist diese Strategie gewinnbringend (wenn wir Transaktionskosten, insbesondere die Leihgebühr für die Wertpapiere, außer Acht lassen). Die Gewinn-/Verluststruktur eines Leerverkaufs von Aktien (*Aktie short*) entspricht somit jener einer *Future short*-Position.

Beispiel 7.7:
Wir übernehmen die Angaben aus Beispiel 7.6. Wie könnte GOLDBÄR seine Marktmeinung umsetzen, wenn *keine* Terminkontrakte zur Verfügung stünden?

Der Investor müsste heute Gold leerverkaufen und dann hoffen, dass er das Gold bis zum Rückgabezeitpunkt billiger am Markt „zurückkaufen" und dem Verleiher retournieren kann. Die Differenz der Preise (abzüglich Zinszahlungen und Leihgebühr für das Gold!) ist sein Spekulationsgewinn. Nachteil dieser Variante sind die deutlich höheren Transaktionskosten.

Worin besteht nun eigentlich der Unterschied zwischen Positionen im Basiswert und den entsprechenden Future-Positionen? Dazu müssen die Schwankungen des Marginkontos mit den Kursveränderungen des Basiswerts verglichen werden. Die beobachtete stärkere relative Schwankung des Marginkontos im Vergleich zu den Schwankungen des Basiswerts wird als *Hebeleffekt* (engl. *Leverage Effect*) bezeichnet. Dieser Effekt macht Futures für Spekulationszwecke interessanter als eine Direktinvestition in den Basiswert. Als *Hebel* bezeichnet man dabei das Verhältnis aus der Rendite des Derivativgeschäfts und der Rendite der Direktinvestition in den Basiswert.

Beispiel 7.8:
Ein DAX-Future-Kontrakt hat im Jänner 2003 (DAX-Index bei ca. 3.000 Punkten) ein Kontraktvolumen von ca. 75.000 € (Kontraktgröße:

25-mal der Index). Die Kursangabe erfolgt in *Indexpunkten*, die minimale Veränderung ist dabei 0,5 Punkte (entspricht 12,5 €). Der geforderte Margin beträgt 9.000 € je Kontrakt. Ein Anleger, der bei einem Indexstand von 3.000 auf ein Ansteigen des DAX „wetten“ möchte, hat folgende Möglichkeiten:

1. Kauf der Aktien im DAX (in jenem Verhältnis, wie sie im Index enthalten sind) und Verkauf nach Anstieg des DAX.
2. Kauf von DAX-Futures und Glattstellung nach Anstieg des DAX.

Ein Anstieg des Index um 5% (von 3.000 auf 3.150) führt bei Strategie 1 unter Vernachlässigung von (erheblichen!) Transaktionskosten zu einer Rendite von 5% auf das eingesetzte Kapital. Unter der Annahme, dass ein Indexanstieg von 5% zu einem gleich hohen Anstieg des DAX-Futures führt[10], ergibt sich für Strategie 2 eine Erhöhung des Marginkontostandes (je DAX-Future) von 9.000 € auf 12.750 € (um 150 · 25=3.750 €). Das entspricht einer Rendite von

$$i_{\text{eff}} = \frac{12.750}{9.000} - 1 = 41{,}67\%.$$

Diese deutlich stärkere Schwankung des Marginkontos im Vergleich zum Basiswert wird als *Hebeleffekt* bezeichnet. Wir sehen, dass der Hebel etwas über 8 liegt (41,67%/5%>8). Man spricht in diesem Zusammenhang auch davon, dass mit einem Margin von 9.000 € ein Kontraktvolumen von 75.000 € „bewegt werden kann“; das führt bei unterstellten (ungefähr) gleichen absoluten Wertänderungen von Future und Basiswert ebenfalls zu einem Hebel von

$$75.000/9.000 \simeq 8.$$

7.2.6 Hedging mit Forwards/Futures

Neben der Spekulation bildet die Absicherung von Wertpapierpositionen (engl. *hedging*) ein weiteres wichtiges Einsatzgebiet für Forwards und Futures. Dabei wird die gegenläufige Wertentwicklung von Positionen, z.B. *Aktie long* und *Future short*, ausgenützt. Die zur Absicherung verwendete Anzahl der Futures, bezogen auf die gehaltene Stückzahl des Basiswerts, wird als *Hedgeverhältnis* (engl. *hedge ratio*) bezeichnet. Zu seiner Bestimmung existieren verschiedene Ansätze. Wir werden hier nur die so genannte „naive Strategie“ verwenden. Dabei wird

[10] Eine Aufwärtsbewegung von einem Punkt beim DAX-Index sollte aus theoretischer Sicht zu einer Aufwärtsbewegung beim DAX-Future von ungefähr einem Punkt führen. Zur Bewertung von Futures siehe Abschnitt 7.2.9.

unterstellt, dass sich Index und Future im gleichen Ausmaß verändern werden. Da Future-Kurs und Indexstand *vor* dem Fälligkeitstag nur in Ausnahmefällen übereinstimmen, entsteht daraus eine Ungenauigkeit.

Beispiel 7.9:
Ein Fondsmanager betreut einen Fonds, dessen Aktienanteil in seiner Zusammensetzung jener des DAX entspricht (d.h. im Fonds sind alle DAX-Werte enthalten, und das Verhältnis ihrer Marktwerte entspricht dem Aufbau des Index). Er rechnet für die kommenden drei Monate generell mit fallenden Kursen. Gemäß der Fondsrichtlinien darf der Aktienanteil nicht unter 60% absinken, und Leerverkäufe sind nicht zulässig. Am Markt wird ein DAX-Future gehandelt, dessen (Rest-) Laufzeit ca. drei Monate beträgt (Kurs: 3.000). Der Gesamtwert der Aktien im Fonds beträgt ca. 3 Mio. €. Die Zahl der zu verkaufenden Futures ergibt sich aus der Division des Gesamtwerts der Aktien durch den Future-Kurs und die Kontraktgröße (jeder Kontrakt ist das 25fache des Future-Kurses wert, also 75.000 €):

$$\frac{3.000.000}{3.000 \cdot 25} = 40.$$

Durch einen Verkauf von 40 Futures geht der Fondsmanager eine Future-Position ein, deren Wertentwicklung fast genau spiegelbildlich[11] zu jener des Aktienanteils im Fonds verläuft. Aus Abbildung 7.5 ist ersichtlich, dass Gewinne und Verluste aus beiden Positionen einander wechselseitig aufheben.

7.2.7 Arbitrage mit Forwards/Futures

Das dritte Einsatzgebiet von Forwards und Futures ist die *Arbitrage*. Unter Arbitrage versteht man das Ausnützen von Marktunvollkommenheiten (z.B. unterschiedliche Preise für das gleiche Produkt), sodass ohne Risiko Gewinne erzielt werden, die höher sind als die marktübliche Verzinsung des eingesetzten Kapitals. *Arbitrageure* sind Marktteilnehmer, die auf das Aufspüren und Ausnützen von Arbitragemöglichkeiten spezialisiert sind. Sie sorgen dafür, dass die Preise von Futures immer innerhalb einer relativ engen Bandbreite um den theoretischen Wert des Kontrakts bleiben.

Beispiel 7.10:
Wir übernehmen die Angaben aus Beispiel 7.6. Der Besitz von Gold

[11] Kleinere Abweichungen erklären sich durch Transaktionskosten, (entgangene) Zinserträge und Ganzzahligkeitsrestriktionen (d.h. das Handeln von Bruchteilen von Wertpapieren ist nicht möglich).

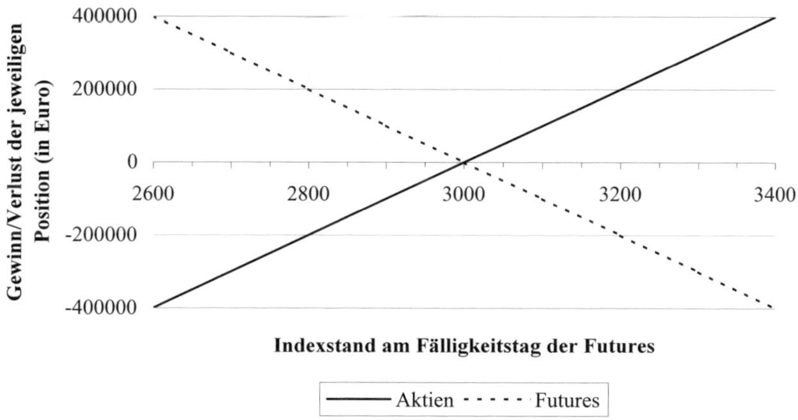

Abbildung 7.5: Gewinn/Verlust (in Euro) der Aktien- bzw. Future-Position aus Beispiel 7.9 in Abhängigkeit vom Indexstand am Fälligkeitstag

im Fälligkeitszeitpunkt des Futures kann über zwei Strategien erreicht werden:

1. Sofortiger Erwerb von Gold und Lagerung bis zum Fälligkeitszeitpunkt.
2. Kauf des Futures und Erwerb von Gold in einem Jahr über den Future.

Der Finanzierungszinssatz beträgt 4,5% p.a. (jährliche Verzinsung), die Lagerkosten für Gold liegen bei 2 $ pro Jahr und Unze (inkl. Versicherung). Die Kosten der ersten Strategie betragen $390 \cdot 1{,}045 + 2 = 409{,}55$ $ (in Endwerten zu $t=1$, inkl. Lagerung). Die Kosten der zweiten Strategie belaufen sich auf 410,50 $.[12] Ein Arbitrageur könnte diese Ungleichgewichtssituation ausnützen, indem er Futures verkauft, Gold kauft und lagert, und das Gold bei Fälligkeit des Futures liefert. Sein Gewinn beträgt dann 410,50–409,55=0,95 $ (in $t=1$).

7.2.8 Bewertung von Forwards

Die im vorangehenden Abschnitt diskutierten Arbitrageüberlegungen können zu einem Bewertungsmodell für Forwards ausgebaut werden. Das so genannte *Cost-of-Carry-Modell* baut auf der beschriebenen Ar-

[12]Die Kosten von 410,50 $ stimmen exakt nur im Falle eines Forward-Kontrakts. Für einen Future-Kontrakt gilt das nur ungefähr, solange etwaige Zinsen aus der Marginhinterlegung nicht vernachlässigt werden können.

bitrageüberlegung auf. Der Besitz des Basiswerts im Fälligkeitszeitpunkt des Forwards kann über zwei Strategien erreicht werden:

- Sofortiger Erwerb des Basiswerts und Lagerung bis zum Verfallszeitpunkt.
- Kauf des Forwards und Erwerb des Basiswerts im Fälligkeitszeitpunkt über den Terminkontrakt.

Je nach Art des Basiswerts können die Lagerungs- bzw. Versicherungskosten (bei Edelmetallen wie z.B. Gold) durchaus erhebliche Größenordnungen erreichen. Weichen die Kosten der beiden Strategien zu stark voneinander ab, ist Arbitrage möglich. Arbitrageure stellen sicher, dass sich die Preise von Futures immer innerhalb relativ enger Bandbreiten bewegen, sodass Arbitragemöglichkeiten sehr rasch nach ihrem Entstehen wieder verschwinden. Das folgende Beispiel erläutert diese grundsätzlichen Überlegungen.

Beispiel 7.11:
Eine Bank quotiert für 12-Monats-Forward-Kontrakte auf Gold Basispreise von 412/416 (in Dollar je Unze). Das bedeutet, dass die Bank bereit ist, zu einem Basispreis von 412 $ die Long-Position in einem solchen Kontrakt einzunehmen bzw. zu einem Basispreis von 416 $ short zu gehen. Der Goldpreis heute liegt bei 392 $, und die Lagerungs- bzw. Versicherungskosten für Gold betragen 2 $ je Unze und Jahr, zahlbar im Nachhinein. Der Finanzierungszinssatz liegt bei 5% p.a. (jährliche Verzinsung).

Die verfügbaren Strategien sind die gleichen wie in Beispiel 7.10 mit dem Unterschied, dass bei Strategie 2 jetzt kein Future-Kontrakt, sondern ein Forward zu Verfügung steht. Der so genannte *Cost-of-Carry-Wert* ergibt sich aus den Kosten der ersten Strategie. Er beträgt hier $392 \cdot 1{,}05 + 2 = 413{,}6$ $. Die Bank bietet den Kontrakt also zu einem Preis an, der etwas über den Gesamtauszahlungen für die Cost-of-Carry-Strategie liegt.

Das Cost-of-Carry-Modell ist natürlich nur dann zur Bewertung verwendbar, wenn der sofortige Erwerb des Basiswerts bzw. seine Lagerung überhaupt möglich ist. Der sofortige Erwerb ist z.B. bei Forwards auf Getreide nicht möglich, wenn das Getreide zum Zeitpunkt des Abschlusses des Forward-Kontraktes noch gar nicht geerntet ist (manchmal noch gar nicht gesät). Bei Terminkontrakten auf elektrische Energie wiederum ist zwar der sofortige Erwerb von Strom möglich, nicht aber die Lagerung.

Darüber hinaus ist dieses Modell in seiner Grundform nur für Basiswerte geeignet, die von einer großen Zahl von Investoren ausschließlich aus Investitionsmotiven gehalten werden (und nicht für Konsum- bzw. Produktionszwecke).

7.2.9 Bewertung von Futures

Das Cost-of-Carry-Modell wird in manchen Fällen auch für die Bewertung von Futures herangezogen. Diese Vorgangsweise ist nur unter folgenden Voraussetzungen gerechtfertigt:

1. Das Guthaben auf dem Marginkonto wird marktgerecht verzinst.

2. Die Höhe des Zinssatzes auf dem Marginkonto ist von der Wertentwicklung des Basiswertes unabhängig.

Während die erste Voraussetzung meist erfüllt ist, bereitet die zweite Voraussetzung insbesondere für Futures auf zinssensitive Basiswerte Probleme. Bevor also das Cost-of-Carry-Modell für die Bewertung von Futures eingesetzt wird, ist sorgfältig zu prüfen, ob die genannten Voraussetzungen für den zu bewertenden Kontrakt tatsächlich erfüllt sind.

Die im vorigen Abschnitt diskutierten allgemeinen Voraussetzungen für die Gültigkeit des Cost-of-Carry-Modells (Möglichkeit des sofortigen Erwerbs bzw. der Lagerung des Basiswerts) gelten auch für die Anwendung dieses Modells zur Bewertung von Futures in gleicher Weise.

Für Detailfragen zur Bewertung von Forwards und Futures, insbesondere die genannten Sonderprobleme, verweisen wir auf die weiterführende Literatur (z.B. Hull [2008] oder Sandmann [2001]).

7.3 Swaps

Unter dem Oberbegriff *Swap* werden verschiedene Finanzinstrumente zusammengefasst, deren gemeinsames Merkmal der Austausch von zukünftigen Zahlungsströmen ist. Wie Forward Rate Agreements sind auch Swaps OTC-Verträge. Die gängigste Ausgestaltungsform ist der „gewöhnliche Zinsswap", bei dem eine Vertragspartei fixe Zinsen bezahlt, die andere Vertragspartei dagegen variable Zinsen. Der Zinsswap wird im kommenden Abschnitt etwas ausführlicher dargestellt. Eine weitere gebräuchliche Form sind Währungsswaps, bei denen die Vertragsparteien Zahlungen in verschiedenen Währungen austauschen. Daneben existieren zahlreiche Sonderformen, von denen aufgrund ihrer zunehmenden

Bedeutung *Credit Default Swaps* eine gesonderte Erwähnung verdienen. Bei diesen hängen die Zahlungen vom Eintritt so genannter *Kreditereignisse* (z.B. Veränderungen im Rating eines Unternehmens) ab.

7.3.1 Zinsswap – Motivation

Zinsswaps können dazu eingesetzt werden, fix verzinste Investitionen bzw. Finanzierungen in variabel verzinste zu transformieren und umgekehrt. Beispiel 7.12 zeigt einen Anwendungsfall für die Transformation einer fix verzinsten Verbindlichkeit in eine variabel verzinste.

Beispiel 7.12:
Unternehmen AUNDAS hat vor drei Jahren einen endfälligen Floater mit jährlichen Zinszahlungen emittiert, der aus heutiger Sicht noch sieben Jahre läuft (Tilgungskurs TK=100). Der Floater kann jeweils zum Kupontermin vom Emittenten gekündigt werden. AUNDAS rechnet mit stark steigenden Zinsen und hätte daher gerne anstelle seiner variabel verzinsten Verbindlichkeit eine mit fixer Verzinsung in Höhe von $K\%$. Bei variabler Verzinsung ist nur die am Ende der laufenden Zinsperiode zu leistende Zinszahlung heute bekannt. Alle übrigen Zinszahlungen hängen (vgl. Abschnitt 5.2.3.8) von der *unsicheren* zukünftigen Entwicklung des Referenzzinssatzes ab. Wie in Abschnitt 5.2.3.8 verwenden wir die Darstellung $\tilde{L}_i$ für die Zeitpunkte i=2,...,7, um diesen Sachverhalt darzustellen. Die folgende Abbildung stellt derzeitige und gewünschte Zahlungsstruktur einander gegenüber.

t	0	1	2	...	7
derzeit:		$-L_1$	$-\tilde{L}_2$	...	$-(\tilde{L}_7 + 100)$
gewünscht:		$-K$	$-K$	...	$-(K + 100)$

Um die Struktur der Rückzahlungen von variabler Verzinsung auf fixe Verzinsung zu ändern, könnte das Unternehmen den Floater kündigen (also vorzeitig tilgen). Gleichzeitig müsste AUNDAS eine Kuponanleihe mit sieben Jahren Laufzeit und gleichem Nominale begeben, um diese vorzeitige Rückzahlung zu finanzieren. Nachteile dieser Variante sind hohe Transaktionskosten für Rückzahlung und Neuemission. Darüberhinaus ist diese Vorgangsweise überhaupt nur möglich, sofern es sich bei dem Floater tatsächlich um eine kündbare Anleihe handelt.

Alternativ könnte AUNDAS ein Geschäft abschließen, bei dem sich das Unternehmen verpflichtet, über sieben Jahre hinweg fixe Zahlungen (in

Höhe von jeweils $K\%$ vom Nominale) zu leisten und im Gegenzug variable Zinszahlungen (in Höhe von jeweils $\tilde{L}_t\%$ vom Nominale) zu erhalten. Ein derartiges Geschäft wird als *Zinsswap* bezeichnet. Hauptvorteile sind die einfache Abwicklung und sehr geringe Transaktionskosten. Weiters ist es bei dieser Alternative nicht notwendig, dass AUNDAS für den Floater das Recht der vorzeitigen Kündigung hat. Die Wirkungsweise dieses Geschäfts wird durch Abbildung 7.6 veranschaulicht.

t	0	1	2	...	7
derzeit:		$-L_1$	$-\tilde{L}_2$	...	$-(\tilde{L}_7 + 100)$
Swap:		$+L_1$	$+\tilde{L}_2$	...	$+\tilde{L}_7$
		$-K$	$-K$	...	$-K$
gewünscht:		$-K$	$-K$	...	$-(K + 100)$

Abbildung 7.6: Swap zur Transformation variabel verzinster Verschuldung in fix verzinste Verschuldung

7.3.2 Zinsswap – Grundbegriffe

Bei einem Zinsswap verpflichtet sich eine Vertragspartei, die auch als *Käufer* des Swaps bezeichnet wird, Zahlungen in fixer Höhe zu leisten. Diese Zahlungen werden üblicherweise als Prozentsatz vom Nominale dargestellt und als *Swapkupon* K bezeichnet. Die Gegenpartei (der *Verkäufer* des Swaps) verpflichtet sich zu Zinszahlungen in variabler Höhe (vgl. Abbildung 7.7). Die Höhe dieser Zinszahlungen hängt regelmäßig von einem so genannten *Referenzzinssatz* L ab. Gebräuchliche Referenzzinssätze für Swaps sind z.B. der LIBOR und der EURIBOR. Wir bezeichnen mit $\tilde{L}_t$ jenen Referenzzinssatz, der die Höhe der variablen Zinszahlung im Zeitpunkt t bestimmt. Hier ist zu beachten, dass dieser Zinssatz – wie beim Floater – jeweils am Beginn einer Zinsperiode beobachtet, aber erst am Ende der Periode bezahlt wird. Somit ist zu jedem Zeitpunkt die Höhe der jeweils nächsten Zinszahlung bekannt, während alle weiteren Zinszahlungen von erst in der Zukunft zu beobachtenden Ausprägungen des Referenzzinssatzes abhängen.

Der Abschluss eines Swaps ist kostenfrei. Das Nominale dient nur zur Berechnung der Höhe der Zinszahlungen und wird nicht ausgetauscht. Es würde wenig Sinn machen und nur unnötig Spesen verursachen, wenn die beiden Vertragspartner einander wechselseitig zum gleichen Zeitpunkt z.B. 10 Mio. € überwiesen. Aufgrund ähnlicher Überlegungen ist es auch

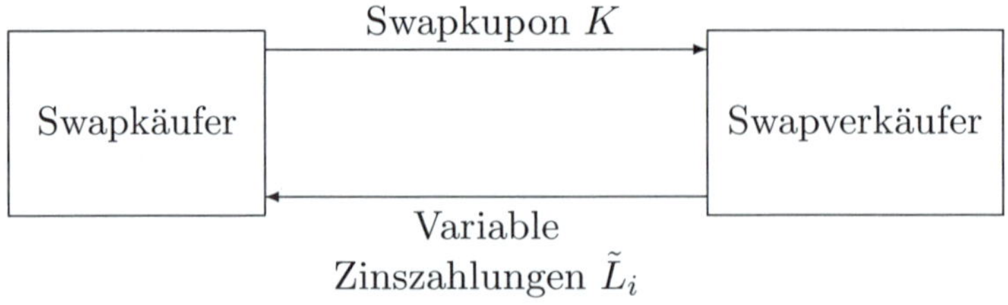

Abbildung 7.7: Schematische Darstellung eines Zinsswaps

üblich, dass zu den vereinbarten Zahlungszeitpunkten jeweils nur eine Ausgleichszahlung in Höhe des Saldos der wechselseitigen Zinszahlungen erfolgt.

Beispiel 7.13:
Das Nominale eines Swaps beträgt 10 Mio. €. Die Laufzeit wird auf fünf Jahre fixiert, Zahlungen werden jährlich geleistet. Als Referenzzinssatz ist der 12-Monats-EURIBOR festgelegt. Zu Beginn des Swaps wird ein 12-Monats-EURIBOR von L_1=4,8% p.a. beobachtet. Als Swapkupon werden K=4,5% p.a. vereinbart. Welche Zahlungen resultieren daraus für die Zeitpunkte t=1,...,5?

Die fixe Zinszahlung beträgt für alle Zeitpunkte 450.000 €. Die erste variable Zinszahlung ist bereits bekannt (480.000 €). Für den Zeitpunkt t=1 ergibt sich damit eine Ausgleichszahlung in Höhe von 30.000 €, die der Verkäufer des Swaps an den Käufer zu leisten hat. Für die übrigen Zahlungszeitpunkte ist eine Berechnung der Ausgleichszahlung aus heutiger Sicht noch nicht möglich, weil die jeweiligen Referenzzinssätze erst in der Zukunft beobachtbar sein werden (zwar jeweils ein Jahr bevor die Zahlung fällig ist, aber eben noch nicht heute).

7.3.3 Zinsswap – technische Abwicklung

Nur in Ausnahmefällen kommt es vor, dass Zinsswaps direkt zwischen zwei Unternehmen abgeschlossen werden. Dafür gibt es zwei wesentliche Gründe: Zum einen besteht ein Informationsproblem. Woher sollte ein Unternehmen, das am Kauf eines fünfjährigen Swaps mit Nominale 25 Mio. € bei jährlichen Zahlungen Interesse hat, wissen, welches andere Unternehmen zufällig gerade bereit ist, die Gegenposition einzugehen? Zum andern besteht bei Swaps, die direkt zwischen Unternehmen abgeschlossen werden, ein je nach Rating des Vertragspartners mehr oder weniger bedeutsames Kreditrisiko. Eine unmittelbare Ausfallsgefahr liegt beim Zinsswap nur dann vor, wenn der Vertragspartner, der zahlungsunfähig wird, zu einem bestimmten Zeitpunkt aus dem Swap eine Zahlung zu *leisten* hätte. Dieses *mögliche* Exposure eines Zinsswaps ist verglichen mit dem Nominale des Swaps gering, da es nur in der Differenz zwischen den Zinszahlungen zum nächsten Zahlungszeitpunkt besteht.

Die mit Abstand häufigste Variante ist der Abschluss eines Swaps mit einer Finanzinstitution, die als *Swap Dealer* tätig wird. Die Preisangabe für Swaps (Quotierung) erfolgt über den Swapkupon für eine bestimmte Kombination aus Laufzeit, Zahlungsfrequenz und Rating des Vertragspartners. Quotiert ein Swap Dealer einem bestimmten Unternehmen z.B. für fünfjährige Swaps mit jährlichen Zahlungen 4,62/4,66 gegen 12-Monats-LIBOR, so ist er bereit, derartige Swaps mit einem Swapkupon von K=4,62% p.a. zu kaufen bzw. mit einem Swapkupon von K=4,66% p.a. zu verkaufen. Swapmärkte sind äußerst liquid und kompetitiv, was sich in einer geringen Differenz zwischen den beiden Quotierungen (*Bid-Ask-Spread*) niederschlägt.

7.3.4 Bewertung von Zinsswaps

Aus der Möglichkeit eines für beide Vertragspartner kostenlosen Abschlusses eines Zinsswaps folgt, dass ein Zinsswap im Zeitpunkt des Abschlusses einen Wert von null hat. Anlässe für die Notwendigkeit einer Bewertung während der Laufzeit können z.B. die Erstellung der Bilanz oder Verhandlungen über eine vorzeitige Beendigung des Swaps sein.

Für Zwecke der Bewertung[13] ist es sinnvoll, so zu tun, als ob zu jedem Zahlungszeitpunkt jeweils die Bruttobeträge der fixen bzw. variablen Zinsen bezahlt würden (anstelle des tatsächlich erfolgenden Differenzausgleichs, vgl. Abbildung 7.8). Der Barwert der vom Swap*käufer* zu leistenden zukünftigen (fixen) Zahlungen ist dann bei Kenntnis der Spot Rates für die relevanten Zahlungszeitpunkte problemlos ermittelbar. Die vom Swap*verkäufer* zu leistenden Zahlungen scheinen dagegen auf den ersten Blick sehr schwierig zu bewerten: Bis auf die nächste variable Zinszahlung ist ihre Höhe im Bewertungszeitpunkt noch nicht bekannt.

[13] Wir vernachlässigen im Folgenden aus Gründen der einfacheren Darstellung, dass bei Swaps besondere Konventionen für die Zinsverrechnung gelten.

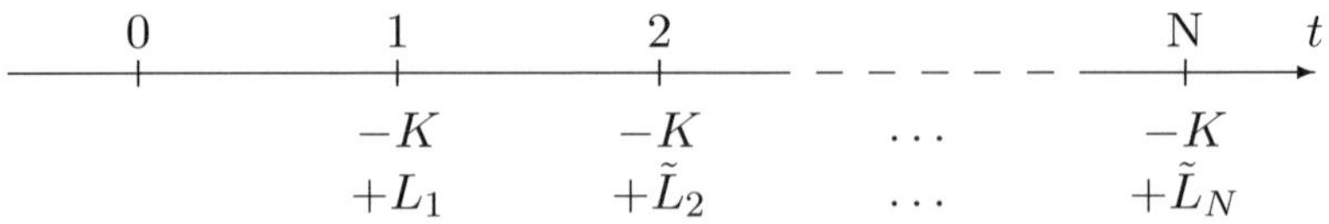

Abbildung 7.8: Zahlungen aus der Sicht des Swapkäufers (in Prozent vom Nominale)

Wenn wir im Endzeitpunkt des Swaps jeweils das fiktive Nominale hinzufügen, so erkennen wir (vgl. Abbildung 7.9), dass sich ein Swap als Kombination aus einer Kuponanleihe und einem Floater darstellen lässt. Die Kuponanleihe wird so bewertet, wie wir es in Abschnitt 5.2.3.8 kennengelernt haben. Für den Floater wissen wir aus demselben Abschnitt, dass dieser unmittelbar nach einem Kupontermin zu pari (bei 100%) notiert. Diese Überlegungen erlauben uns, *zum Zweck der Bewertung* von den Zahlungen in Abbildung 7.10 auszugehen. Beim Vergleich von Abbildung 7.9 mit Abbildung 7.10 fällt auf, dass in Abbildung 7.10 nur noch Größen vorkommen, die im Bewertungszeitpunkt bereits bekannt sind. Die Bewertung eines Zinsswaps erfordert somit nur Kenntnisse, die bereits bei der Bewertung von Anleihen behandelt wurden.

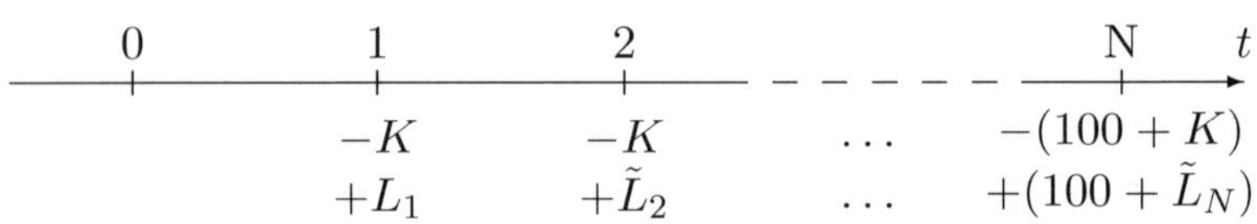

Abbildung 7.9: Darstellung eines Zinsswaps als Kombination aus Kuponanleihe und Floater (in Prozent vom Nominale)

Beispiel 7.14:
Unternehmen DOMOIS hat vor längerer Zeit einen Zinsswap abgeschlossen. DOMOIS zahlt 5% jährlich und erhält dafür den 12-Monats-EURIBOR. Nominale ist 15 Mio. €, der Swap hat eine Restlaufzeit von zweieinhalb Jahren. Der vor sechs Monaten beobachtete 12-Monats-EURIBOR war 5,1%.

Die Spot Rates (stetige Verzinsung) für die relevanten Fristigkeiten:

N	0,5	1,5	2,5
i_N (in %)	4,7	4,9	5,2

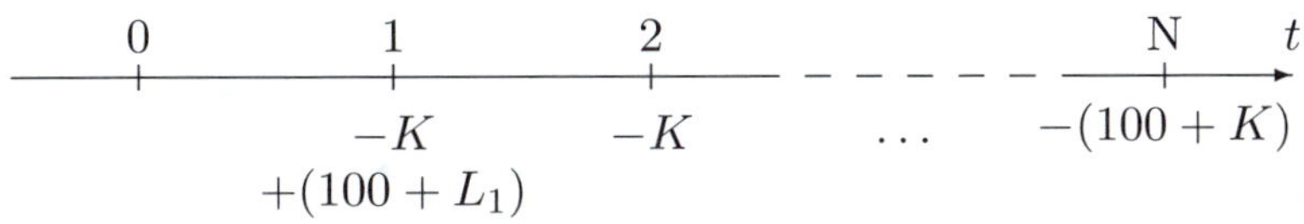

Abbildung 7.10: Bewertung eines Zinsswaps als Kombination aus Kuponanleihe und Floater (in Prozent vom Nominale)

Wie hoch ist der Wert des Swaps aus der Sicht von DOMOIS?

Der Wert der Kuponanleihe (in Prozent) ergibt sich zu

$$5 \cdot e^{-0{,}047 \cdot 0{,}5} + 5 \cdot e^{-0{,}049 \cdot 1{,}5} + 105 \cdot e^{-0{,}052 \cdot 2{,}5} = 101{,}73.$$

Der Wert des Floaters (in Prozent) beträgt

$$105{,}1 \cdot e^{-0{,}047 \cdot 0{,}5} = 102{,}66.$$

DOMOIS erhält variable Zahlungen und muss fixe leisten. Unter Berücksichtigung des Nominales von 15 Mio. € ergibt sich der Wert des Swaps aus der Sicht von DOMOIS zu

$$15.000.000 \cdot (102{,}66 - 101{,}73)/100 = 139.406{,}08.$$

Wir fassen zusammen:

Swaps sind Finanztransaktionen, die den Austausch zukünftiger Zahlungs*ströme* zum Inhalt haben. Die häufigste Form ist der Zinsswap, bei dem fixe gegen variable Zinszahlungen getauscht werden. Die Bewertung von Zinsswaps erfolgt über die Zerlegung in zwei Anleihenpositionen (eine Kuponanleihe und einen Floater).

7.4 Optionen

7.4.1 Motivation

Betrachten wir noch einmal das in Abbildung 7.3 (S. 264) dargestellte Gewinn-/Verlustdiagramm (Future long[14]). Bei einem Kursanstieg macht der Investor Gewinne, bei einem Kursrückgang Verluste. Die Idealvorstellung vieler Investoren wäre hingegen eine Gewinn-/Verluststruktur wie in Abbildung 7.11 dargestellt: Bei Kursanstieg Gewinne,

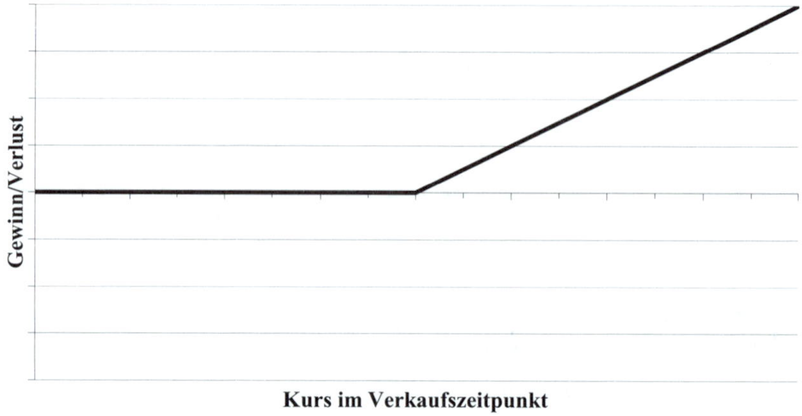

Abbildung 7.11: „Idealvorstellung" vieler Investoren: Gewinne bei Kursanstieg, keine Verluste bei Kursrückgang

bei Kursrückgang *keine* Verluste. Positionen mit derartigen Gewinn-/ Verluststrukturen sind auf den Finanzmärkten tatsächlich möglich – jedenfalls beinahe. *Optionen* bieten beispielsweise Investoren mit Long-Positionen in Basiswerten, auf die Optionen gehandelt werden (z.B. Aktien) die Möglichkeit, eine Art Versicherung gegen Kursrückgänge abzuschließen. Um eine Gewinn-/Verluststruktur wie in Abbildung 7.11 zu erreichen, müsste eine solche Versicherung kostenfrei erhältlich sein – was natürlich nicht möglich ist. In der Praxis sind daher die Gewinne/Verluste in Abbildung 7.11 um eine Art „Versicherungsprämie" zu reduzieren. Wie wir später sehen werden, handelt es sich bei dieser Prämie um den Preis einer Option. Die dadurch erreichbare Gewinn-/ Verluststruktur ist in Abbildung 7.12 dargestellt.

7.4.2 Optionen – Grundbegriffe

Im Gegensatz zu Forwards bzw. Futures sind Optionen *bedingte* Termingeschäfte. Der Vertragspartner in der Long-Position kann darüber entscheiden, ob das Geschäft (zu den im Voraus vereinbarten Bedingungen) tatsächlich erfüllt wird oder nicht. Er wird sich nur dann *für* die Erfüllung des Geschäfts entscheiden, wenn dies für ihn vorteilhaft ist.

Wir betrachten als einführendes Beispiel den Grundtyp der *Europäischen Call-Option* (die deutsche Bezeichnung *Kaufoption* wird nur noch selten verwendet). Eine Europäische Call-Option gibt ihrem Käufer

[14]Aktie long hätte die gleiche Struktur.

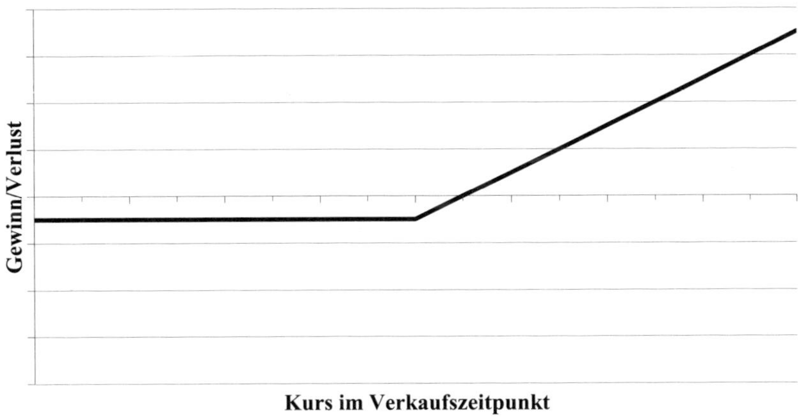

Abbildung 7.12: Gewinn-/Verluststruktur aus Abbildung 7.11 unter Berücksichtigung einer „Versicherungsprämie"

(dem Vertragspartner in der Long-Position) das Recht,

- zu einem festgelegten zukünftigen Zeitpunkt (dem *Verfallstag* $t{=}T$, engl. *expiration*)
- zu einem festgelegten Preis (dem *Ausübungspreis* X, engl. *strike* oder *exercise price*)
- eine bestimmte Menge (*Kontraktgröße*) des Basiswerts

zu *kaufen*. Der Marktpreis des Basiswerts im Zeitpunkt t wird mit S_t bezeichnet.

Den Vertragspartner in der Short-Position bezeichnet man häufig als *Schreiber* der Option bzw. als *Stillhalter* oder *Verkäufer*. Die Entscheidung des Käufers, das vereinbarte Geschäft tatsächlich durchzuführen, bezeichnet man als *Ausübung* der Option. Bei einer Europäischen Option muss diese Entscheidung erst am Ende der Laufzeit der Option getroffen werden. Der Käufer der Option wird diese nur dann ausüben, wenn dies für ihn vorteilhaft ist. Bei einer Call-Option ist dies dann der Fall, wenn der Kurs des Basiswerts am Verfallstag (S_T) größer ist als der Ausübungspreis (X). Der Wert der Call-Option *am Verfallstag* (C_T) beträgt also entweder $S_T{-}X$ (falls $S_T{>}X$) oder 0 (falls $S_T{\leq}X$), anders ausgedrückt:

$$C_T = \max(S_T - X, 0).$$

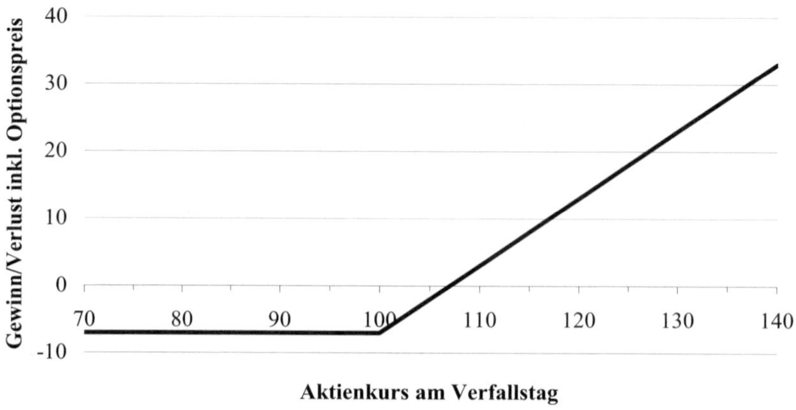

Abbildung 7.13: Gewinn-/Verluststruktur pro Option für Investorin LANG-KOHL aus Beispiel 7.15 (long Call)

Beispiel 7.15:
Investorin LANG-KOHL kauft am 19. Jänner 10 Europäische Call-Optionen auf BASW-Aktien mit einem Ausübungspreis von 100 € und Verfallstag 21. Jänner um 7 € pro Stück. Die Kontraktgröße ist 1, d.h. jede Option berechtigt Frau LANG-KOHL, gegen Zahlung von 100 € eine BASW-Aktie zu erwerben.

Falls der Aktienkurs am 21. Jänner über 100 liegt (z.B. bei S_T=108 €), wird Frau LANG-KOHL die Calls ausüben. Will sie die Aktien tatsächlich haben, dann bekommt sie diese durch Ausübung der Option günstiger als an der Börse. Will sie die Aktien nicht haben, so kann sie diese sofort an der Börse um 108 € je Aktie weiter verkaufen. Ihr Vermögensvorteil beträgt in jedem Fall $S_T-X=108-100=8$ € je Option. Berücksichtigt sie zusätzlich den Kaufpreis von 7 € pro Option, so hat sie insgesamt (unter Vernachlässigung aller Zinseffekte) einen Gewinn von 1 € pro Option erzielt.

Falls der Aktienkurs am 21. Jänner unter oder bei 100 liegt (z.B. bei S_T=95), wird Frau LANG-KOHL die Calls nicht ausüben, sondern verfallen lassen. Bei Ausübung der Calls würde sie für jede BASW-Aktie um 5 € mehr bezahlen, als die Aktie wert ist. Dies kann sie vermeiden, indem sie die Aktien – falls sie diese erwerben möchte – direkt an der Börse um 95 € pro Stück erwirbt. Da sie aber anfangs 7 € für die jetzt wertlosen Optionen gezahlt hat, hat sie in Summe einen Verlust von 7 € pro Option erlitten.

Abbildung 7.13 zeigt die Gewinn-/Verluststruktur, die sich aus dem Besitz einer dieser Call-Optionen ergibt.

Falls der Käufer ausübt, ist der Stillhalter *verpflichtet*, die vereinbarte Menge des Basiswerts gegen Zahlung des Ausübungspreises zu liefern. Das damit verbundene *Erfüllungsrisiko* wird bei börsegehandelten Optionen (wie bei Futures) über ein so genanntes *Clearing-System* ausgeschaltet. Gebräuchliche Basiswerte für Optionen sind in erster Linie Finanzwerte (Aktien, Anleihen, Devisen, Indizes).

Beispiel 7.16:
Investor KURZKOHL hat am 19. Jänner 10 Europäische Call-Optionen auf BASW-Aktien (Kontraktgröße 1) mit einem Ausübungspreis von 100 € und Verfallstag 21. Jänner um 7 €/Stück an Investorin LANG-KOHL verkauft. Damit hat er sich verpflichtet, Frau LANG-KOHL am 21. Jänner 10 BASW-Aktien um je 100 € zu verkaufen, falls sie die Optionen ausübt.

Falls der Aktienkurs am 21. Jänner über 100 liegt (z.B. bei S_T=110 €), wird Frau LANG-KOHL die Calls ausüben. Investor KURZKOHL muss ihr dann die BASW-Aktien um 100 € verkaufen, obwohl diese 110 € wert sind. Der Vermögensverlust für Investor KURZKOHL beträgt also 10 € pro Option, oder allgemein $X-S_T$. Berücksichtigt er den erhaltenen Kaufpreis von 7 € pro Option, so reduziert sich sein Gesamtverlust auf 3 € pro Option (wir vernachlässigen aufgrund der kurzen Laufzeit wieder alle Zinseffekte).

Falls der Aktienkurs am 21. Jänner unter oder bei 100 liegt (z.B. bei S_T=95), wird Frau LANG-KOHL die Calls nicht ausüben, sondern verfallen lassen. Herr KURZKOHL als Stillhalter der Option hat damit keine weiteren Verpflichtungen, sein Gesamtgewinn entspricht dann genau dem erhaltenen Kaufpreis von 7 € pro Option. Abbildung 7.14 zeigt die Gewinn-/Verluststruktur, die sich aus dem Verkauf einer dieser Call-Optionen ergibt.

Es ist zu beachten, dass Investor KURZKOHL die BASW-Aktien nicht unbedingt besitzen muss, um Call-Optionen darauf verkaufen zu können. Falls Investorin LANG-KOHL als Besitzerin der Optionen diese ausübt, muss Investor KURZKOHL eben die Aktien (z.B. um 110 € pro Stück) an der Börse erwerben und dann an Frau LANG-KOHL weiterverkaufen.

Ein Vergleich von Abbildung 7.13 mit Abbildung 7.14 verdeutlicht noch einmal, dass Optionskontrakte (unter Vernachlässigung von Transaktionskosten) *Nullsummenspiele* sind: Der Gewinn des einen Vertragspartners entspricht betragsmäßig dem Verlust des anderen und umgekehrt.

Bedeutsamer als Optionen auf Einzelaktien sind in der Praxis Optionen auf Aktienindizes. Während bei Aktienoptionen im Fall der Ausübung die Aktien gegen Zahlung des Ausübungspreises physisch geliefert

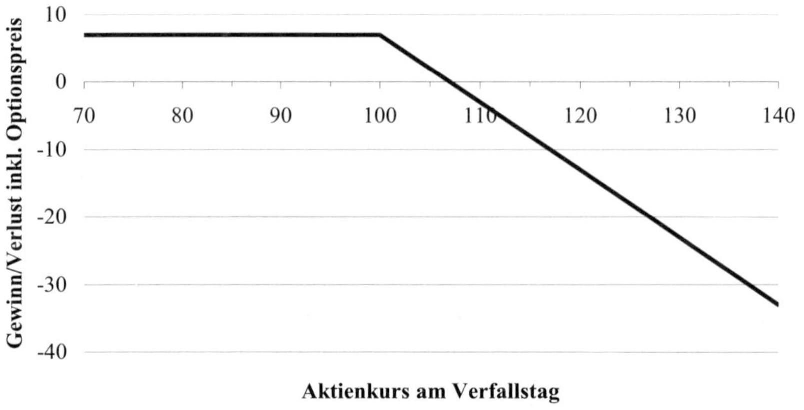

Abbildung 7.14: Gewinn-/Verluststruktur pro Option für Investor KURZKOHL aus Beispiel 7.16 (short Call)

werden, findet bei Aktienindizes immer eine Barabrechnung statt. Bei Ausübung eines Indexcalls zahlt der Stillhalter an den Käufer die Differenz zwischen Indexstand und Ausübungspreis, multipliziert mit der Kontraktgröße. Bei Ausübung eines Indexputs ergibt sich die Ausgleichszahlung als Differenz zwischen Ausübungspreis und Indexstand.

Beispiel 7.17:
Investor LACHS kauft am 29. Jänner eine Europäische Call-Option auf den DAX mit Ausübungspreis 2.900 und Verfallstag 21. Februar bei einem Kurs (Preis der Option in Indexpunkten) von C_0=68,20. Basiswert der Option ist der DAX, die Kontraktgröße ist das Fünffache des Indexwerts. Die Notierung erfolgt in Indexpunkten, die kleinste mögliche Veränderung sind 0,1 Indexpunkte. Angenommen, der Investor hält die Option bis zum Verfallstag. Er wird die Option nur dann ausüben, wenn der Schlusskurs des DAX am 21. Februar höher liegt als 2.900. In diesem Fall erhält er die fünffache Differenz zwischen dem Schlusskurs des DAX und dem Ausübungspreis (Barabrechnung). Berücksichtigt man noch den ursprünglich bezahlten Optionspreis C_0, ergibt sich die in den Abbildungen 7.15 und 7.16 dargestellte Gewinn-/Verluststruktur aus diesem Geschäft. Abbildung 7.15 zeigt den Gewinn/Verlust in Euro, Abbildung 7.16 in Indexpunkten (bzw. in Fünfteln eines Optionskontrakts). Entgangene Zinserträge (auf den Optionspreis) werden hier aufgrund der kurzen Laufzeit der Option vernachlässigt.

Investor SACHS hat die Stillhalterposition eingenommen. Er hat sich verpflichtet, im Fall der Ausübung der Call-Option durch LACHS diesem die fünffache Differenz zwischen dem Schlusskurs des DAX am 21. Februar und dem Ausübungspreis zu bezahlen. Der Wert seiner Po-

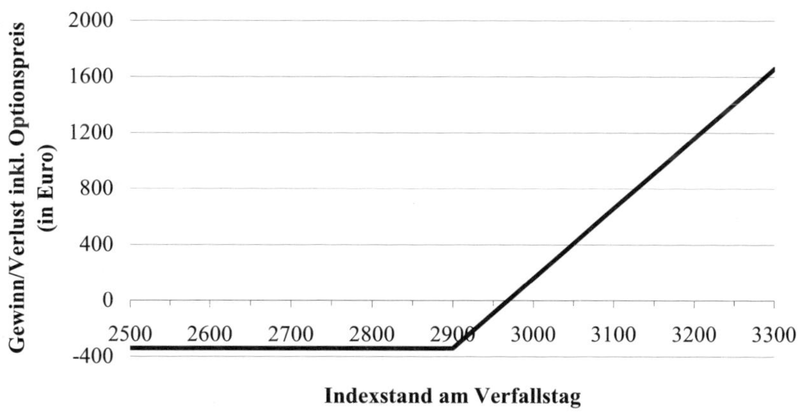

Abbildung 7.15: Gewinn-/Verluststruktur für Investor LACHS aus Beispiel 7.17 (long Call) in Euro

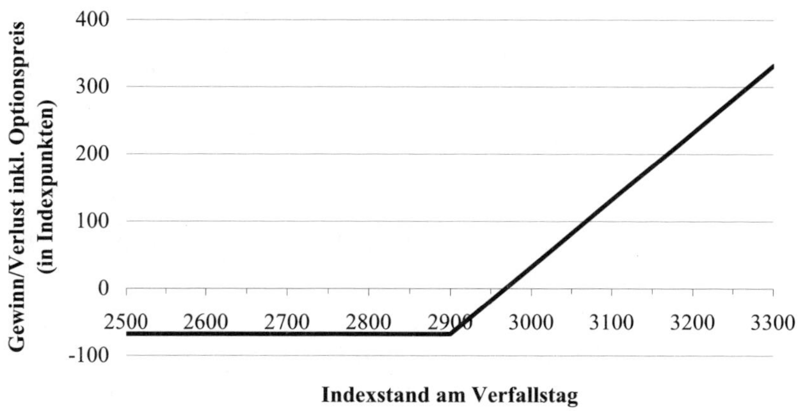

Abbildung 7.16: Gewinn-/Verluststruktur für Investor LACHS aus Beispiel 7.17 (long Call) in Indexpunkten

sition am Verfallstag (in Indexpunkten) beträgt X–S_T (falls S_T>X) oder 0 (falls $S_T \leq X$). Seine Gewinn-/Verluststruktur (in Euro) unter Berücksichtigung des in t=0 erhaltenen Optionspreises ist in Abbildung 7.17 dargestellt (in dieser Graphik wurden die Gewinne/Verluste in Indexpunkten mit der Kontraktgröße von fünf multipliziert).

Der zweite Grundtyp von Optionen sind Europäische *Put-Optionen* (*Verkaufsoptionen*). Eine Europäische Put-Option gibt ihrem Käufer (dem Vertragspartner in der Long-Position) das Recht,

- zu einem bestimmten zukünftigen Zeitpunkt (dem *Verfallstag*, engl. *expiration*)

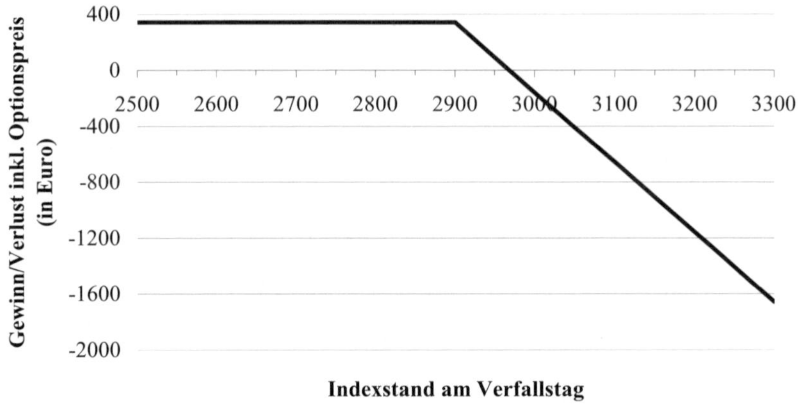

Abbildung 7.17: Gewinn-/Verluststruktur für Investor SACHS aus Beispiel 7.17 (short Call) in Euro

- zu einem festgelegten Preis (dem *Ausübungspreis*, engl. *strike* oder *exercise price*)
- eine bestimmte Menge (*Kontraktgröße*) des Basiswerts

zu *ver*kaufen. Falls der Käufer ausübt, ist der Stillhalter *verpflichtet*, den Ausübungspreis zu bezahlen und die vereinbarte Menge des Basiswerts abzunehmen.

Beispiel 7.18:
Investor ELPUTT kauft am 29. Jänner eine Europäische Put-Option auf ANDRAZ-Aktien mit Ausübungspreis 80 und Verfallstag 21. Februar. Die Kontraktgröße ist wiederum gleich eins, der Kaufpreis der Option beträgt 4 €. Der Investor hält die Option bis zum Verfallstag. Er wird die Option nur dann ausüben, wenn der Aktienkurs am 21. Februar niedriger ist als 80 € – dann darf er die Aktie um 80 € verkaufen, obwohl sie weniger wert ist. Ist hingegen der Aktienkurs am Verfallstag höher als der Ausübungspreis, wird Investor ELPUTT die Option verfallen lassen: Wenn er die Aktie verkaufen möchte, erhält er an der Börse den höheren Betrag S_T.

Der Wert der Put-Option am Verfallstag beträgt also

$$P_T = \max(X - S_T, 0).$$

Berücksichtigen wir zusätzlich den Kaufpreis der Option, erhalten wir die in Abbildung 7.18 dargestellte Gewinn-/Verluststruktur aus diesem Geschäft. (Entgangene Zinserträge auf den Optionspreis werden dabei wieder vernachlässigt.)

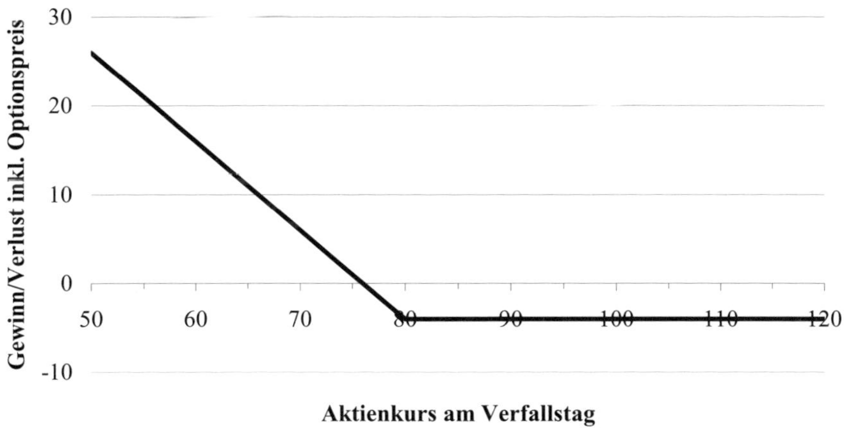

Abbildung 7.18: Gewinn-/Verluststruktur für Investor ELPUTT aus Beispiel 7.18 (long Put)

Auch hier muss Investor ELPUTT nicht unbedingt die ANDRAZ-Aktie bereits in dem Zeitpunkt besitzen, in dem er eine Put-Option darauf kaufen möchte. Kurz vor Ausübung der Option kann Herr ELPUTT die Aktie gegebenenfalls vorher an der Börse erwerben.

Investorin PSCHORR hat die Stillhalterposition in diesem Optionsgeschäft eingenommen. Sie hat sich damit verpflichtet, Herrn ELPUTT die ANDRAZ-Aktie um 80 € abzunehmen, sollte dieser die Put-Option ausüben. Im Gegenzug hat sie den Optionspreis in Höhe von 4 € eingenommen. Ihre Gewinn-/Verluststruktur aus diesem Geschäft ist in Abbildung 7.19 dargestellt. Sie ist das Spiegelbild der Position von Investor ELPUTT: Ist der Aktienkurs am Verfallstag niedriger als der Ausübungspreis, wird Herr ELPUTT die Option ausüben, Investorin PSCHORR muss dann die Aktie um 80 € kaufen, obwohl sie weniger wert ist. Ist hingegen der Aktienkurs höher als der Ausübungspreis, wird Investor ELPUTT die Option verfallen lassen und Frau PSCHORR hat keine weiteren Verpflichtungen mehr.

Abbildung 7.20 stellt zusammenfassend die Zahlungskonsequenzen am Verfallstag für die vier Grundpositionen (long/short Call, long/short Put) einander gegenüber.

Amerikanische Optionen unterscheiden sich von Europäischen dadurch, dass sie während der gesamten Laufzeit ausgeübt werden können (nicht nur am Ende der Laufzeit). Daneben existiert eine Vielzahl von weiteren Optionstypen, die unter dem Begriff *exotische Optionen* zusammengefasst werden. Sie sind nicht Gegenstand dieses Buches, den interessierten Leser verweisen wir z.B. auf Hull [2008].

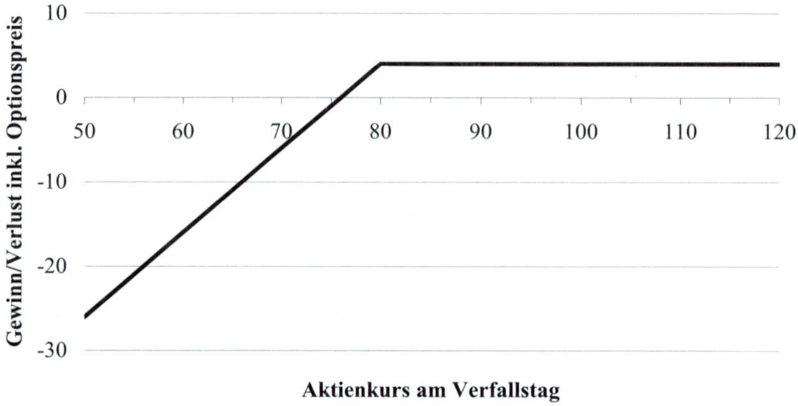

Abbildung 7.19: Gewinn-/Verluststruktur für Investorin PSCHORR aus Beispiel 7.18 (short Put)

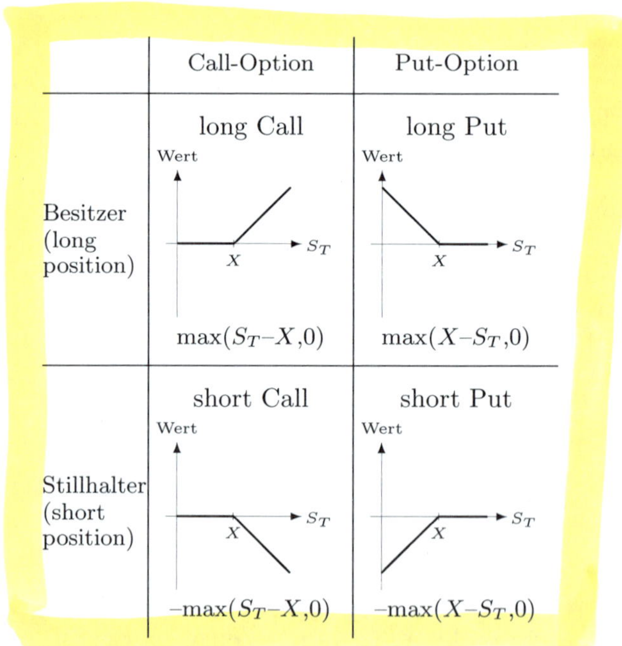

Abbildung 7.20: Wert von Call- und Put-Optionen am Verfallstag aus der Sicht des Besitzers bzw. Stillhalters der Option

Wir fassen zusammen:

Optionen sind bedingte Termingeschäfte. Der Vertragspartner in der Long-Position entscheidet, ob er die Option ausübt (und damit der Basiswert gegen Zahlung des Ausübungspreises ge- bzw. verkauft wird) oder nicht.

7.4.3 Spekulation mit Optionen

Wie bei Futures ist auch bei Optionspositionen ein mögliches Motiv die Spekulation. Dabei wird ebenfalls der so genannte *Hebeleffekt* ausgenützt. Darunter versteht man hier die stärkere relative Schwankung des Optionspreises im Vergleich zum Kurs des Basiswerts. Wir demonstrieren den Hebeleffekt anhand des folgenden Beispiels.

Beispiel 7.19:
Am 13. November notiert die BMW-Aktie bei S_0=37,75. Eine Call-Option auf BMW-Aktien (Kontraktgröße: 100) mit Ausübungspreis 40[15] und Verfallstag 17. November hat einen Preis von C_0=20. Ein Anleger, der auf ein Ansteigen des BMW-Aktienkurses am nächsten Tag „wetten" möchte, hat (unter anderem) folgende Möglichkeiten:

1. Kauf der BMW-Aktie und Verkauf am nächsten Tag.
2. Kauf der beschriebenen Call-Option und Glattstellung der Position am nächsten Tag.

Am 14. November notiert die BMW-Aktie bei S_1=38,99, die beschriebene Call-Option bei C_1=32. Die erzielte Tagesrendite bei Strategie 1 (Kauf und nachfolgender Verkauf der Aktie) beträgt (bei Vernachlässigung von Transaktionskosten und Zinsen)

$$i_{\text{eff},1} = \frac{38{,}99}{37{,}75} - 1 = 3{,}28\%,$$

jene bei Strategie 2 (Kauf und nachfolgende Glattstellung der Call-Option) hingegen

$$i_{\text{eff},2} = \frac{32}{20} - 1 = 60\%.$$

Die relative Änderung des Optionspreises ist mit 60% deutlich höher als jene des Aktienkurses mit 3,28%. Dieser Hebeleffekt macht Optionen zu einem besonders interessanten Spekulationsinstrument, insbesondere jene mit einem großen Hebel (das sind i.A. Out-of-the-money-Optionen, ein Begriff, der in Abschnitt 7.4.6 erläutert wird).

[15] Vorgriff auf Abschnitt 7.4.6: Die Option ist also *aus dem Geld* (engl. *out-of-the-money*).

7.4.4 Hedging mit Optionen

Wie Futures können auch Optionen zur Absicherung von Wertpapierpositionen verwendet werden. Ein wesentlicher Unterschied besteht dabei in der asymmetrischen Gewinn-/Verluststruktur von Optionen. Die Absicherung einer Long-Position gegen fallende Kurse kann beispielsweise durch den Kauf von Put-Optionen erreicht werden. Der Ausübungspreis der Put-Option legt dabei das Preislimit fest, ab dem die Absicherung wirksam ist: Erst bei einem Absinken des Preises des Basiswerts unter den Ausübungspreis der Put-Option werden die Wertverluste beim Basiswert durch Wertsteigerungen der Put-Optionen kompensiert.

Beim Hedging wird der Gesamtwert aus den gehaltenen Optionen und dem Basiswert betrachtet. Man spricht dabei von einem *Portfolio* von Basiswert und Optionen.[16] Die Zahl der zu kaufenden Put-Optionen ergibt sich dabei aus der Division der gehaltenen Stückzahl des Basiswerts durch die Kontraktgröße. Beispiel 7.20 verdeutlicht dies anhand einer praktischen Problemstellung.

Beispiel 7.20:
Ein Fondsmanager betreut einen Fonds, dessen Aktienanteil in seiner Zusammensetzung jener des DAX entspricht (d.h. im Fonds sind alle DAX-Werte enthalten und das Verhältnis ihrer Marktwerte entspricht dem Aufbau des Index). Er rechnet für die kommenden zwei Monate generell mit stark fallenden Kursen (derzeitiger Wert des DAX: 2.706). Gemäß der Fondsrichtlinien darf der Aktienanteil nicht unter 60% absinken, und Leerverkäufe sind nicht zulässig. Der Fondsmanager möchte den Aktienanteil im Fonds gegen deutliche Verluste (konkret: gegen ein Absinken des DAX unter 2.500) absichern, aber gleichzeitig die Chance auf mögliche Kursgewinne wahren. Am Markt wird eine Put-Option auf den DAX mit einem Ausübungspreis von 2.500 gehandelt, deren (Rest-)Laufzeit ca. zwei Monate beträgt (aktueller Kurs in Indexpunkten: 113,90, Kontraktgröße: 5). Der Gesamtwert der Aktien im Fonds beträgt ca. 3 Mio. €. Bei einem Indexstand von unter 2.500 am Verfallstag hat diese Put-Option einen positiven Wert. Wie viele solcher Put-Optionen soll der Fondsmanager kaufen, um sein Portfolio aus dem Fondsvermögen und den Optionen zum Verfallstag der Option gegen einen Rückgang des DAX unter 2.500 vollständig abzusichern?

Mittels Division des Portfoliowerts von 3 Mio. € durch den derzeitigen Indexstand (2.706) wird in einem ersten Schritt errechnet, wie oft der Index im Wert des Aktienanteils enthalten ist (die „Stückzahl"). Dividieren wir das Ergebnis von 1.108,65 durch die Kontraktgröße (5),

[16] Allgemein versteht man unter einem Portfolio eine Kombination von mehreren Wertpapieren.

erhalten wir für die Zahl der zu kaufenden Put-Optionen 221,73. Durch einen Kauf von 222 Puts (Bruchteile von Optionen können nicht erworben werden) geht der Fondsmanager eine Optionsposition ein, deren Wertentwicklung bei einem Rückgang des DAX unter 2.500 fast genau spiegelbildlich zu jener des Aktienanteils im Fonds verläuft.[17] Abbildung 7.21 veranschaulicht den Wert der einzelnen Positionen am Verfallstag in Abhängigkeit vom Indexstand. Wenn der DAX z.B. auf 2.100 Punkte fällt, hat jede gekaufte Put-Option einen Wert (am Verfallstag) von 2.000 € (Wert am Verfallstag in Indexpunkten, multipliziert mit der Kontraktgröße: $400 \cdot 5$). Bei 222 gekauften Puts sind das insgesamt 444.000 €. Der Wert der Aktien bei einem Rückgang des DAX auf 2.500 beträgt ungefähr

$$2.500/2.706 \cdot 3.000.000 = 2.771.619\,€.$$

Bei einem Rückgang des DAX auf 2.100 Punkte beträgt der Wert der Aktien jedoch ungefähr

$$2.100/2.706 \cdot 3.000.000 = 2.328.160\,€.$$

Die Differenz, die sich durch das Absinken des DAX auf 2.100 ergibt, beträgt 2.771.619–2.328.160=443.459. Sie entspricht fast genau dem Wert der Put-Optionen (die Abweichung ergibt sich aus der Ganzzahligkeitsrestriktion).

In Beispiel 7.20 besteht das Ziel in einer *einseitigen* Absicherung: Nur Bewegungen des Basiswerts in eine bestimmte (unerwünschte) Richtung sollten durch die Wertentwicklung der Optionen kompensiert werden. Durch geschickte Kombination von Positionen in Basiswert und Optionen können jedoch auch Gesamtportfolios gebildet werden, deren Wert *völlig unabhängig* von der Wertentwicklung des Basiswerts ist. Beispiel 7.21 erläutert diese Idee näher.

Beispiel 7.21:
Ein Anleger besitzt eine Aktie, deren Kurs heute (t=0) 1.000 € beträgt. Wir nehmen zur Vereinfachung an, dass am nächsten Tag (t=1) nur zwei Aktienkurse möglich sind: ein Anstieg auf 1.040 € oder ein Kursrückgang auf 960 €. An der Börse wird eine Call-Option auf diese Aktie gehandelt, die in t=1 verfällt und bei einem Ausübungspreis von 1.000 € bei 20,2 notiert. Der Anleger möchte durch Kauf bzw. Verkauf von Call-Optionen ein Gesamtportfolio bilden, dessen Wert in t=1 nicht von der tatsächlichen Aktienkursentwicklung bis morgen abhängt. Der risikolose Zinssatz für eintägige Anlagen (engl. *overnight rate*) beträgt

[17] Kleinere Abweichungen erklären sich durch Transaktionskosten, (entgangene) Zinserträge und Rundungseffekte.

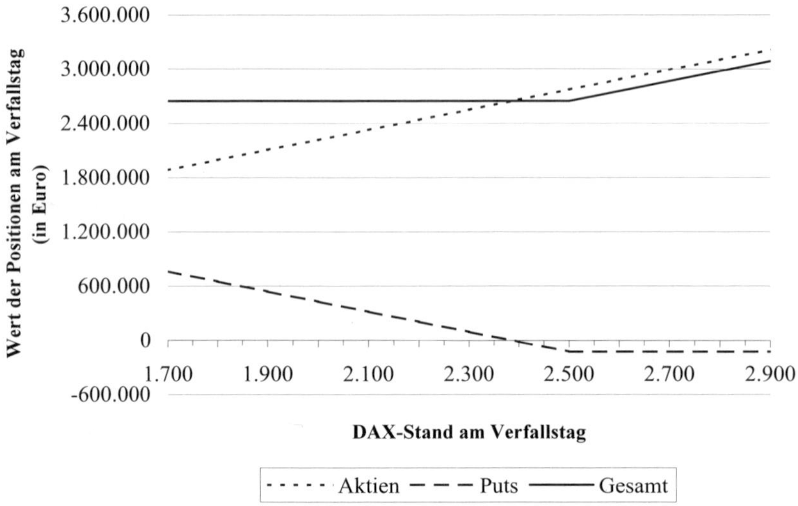

Abbildung 7.21: Wert der einzelnen Positionen aus Beispiel 7.20 am Verfallstag der Option

i=3% p.a. (bei stetiger Verzinsung). Bezeichnen wir die (vorerst unbekannte) Zahl zu kaufender Optionen mit x, und setzen wir i_d:=i/365, so erhalten wir folgende Gleichung (bei Vernachlässigung von Transaktionskosten):

$$\underbrace{\overbrace{1.040}^{\text{Aktie}} + \overbrace{40x}^{\text{Optionen}} - \overbrace{20{,}2x \cdot \mathrm{e}^{i_d}}^{\text{Kaufpreis Optionen inkl. Zi.}}}_{\text{PF-Wert in } t=1 \text{ nach Kursanstieg}} = \underbrace{\overbrace{960}^{\text{Aktie}} - \overbrace{20{,}2x \cdot \mathrm{e}^{i_d}}^{\text{Kaufpreis Optionen inkl. Zi.}}}_{\text{PF-Wert in } t=1 \text{ nach Kursrückgang}}$$

$$x = -2$$

Das Ergebnis x=–2 sagt uns, dass wir zwei Calls *ver*kaufen sollen. Eine Kontrollrechnung zeigt, dass der Gesamtwert eines Portfolios bestehend aus einer Aktie long und zwei Calls short am nächsten Tag tatsächlich unabhängig von der tatsächlich eingetretenen Kursentwicklung ist:

$$1.040 - 80 + 40{,}4 \cdot \mathrm{e}^{i_d} = 960 + 40{,}4 \cdot \mathrm{e}^{i_d}. \tag{7.1}$$

Die Umsetzung einer derartigen Strategie *in der Praxis* ist mit Auszahlungen für laufende Anpassungen verbunden. Die Höhe dieser Auszahlungen ist ein wesentlicher Einflussfaktor für beobachtete Optionspreise. Zur Bewertung von Optionen siehe auch Abschnitt 7.4.6.

7.4.5 Arbitrage mit Optionen

Das dritte Einsatzgebiet für Optionen ist die Arbitrage. Die Grundidee dabei ist, dass zwei identische Produkte (auf Finanzmärkten: Zahlungsströme) den gleichen Preis haben müssen. Ist das nicht der Fall, so kann das Produkt billig eingekauft und teurer wieder verkauft werden, oder anders ausgedrückt: Es wird eine Long-Position im billigen Produkt und eine Short-Position im teureren Produkt eingegangen. Die Differenz ist der *Arbitragegewinn*. Eine Erweiterung von Beispiel 7.21 zeigt, wie Optionen in dem beschriebenen vereinfachten Modell (eine Periode, nur zwei mögliche Aktienkurse) zu Arbitragezwecken verwendet werden können.

Beispiel 7.22:
(Fortsetzung von Beispiel 7.21) Bei i=3% p.a. (stetige Verzinsung) erhalten wir für die risikolose Anlage von 1.000 einen Tag später

$$1.000 \cdot \mathrm{e}^{0{,}03/365} = 1.000{,}08.$$

Bei dem Portfolio aus einer Aktie long und zwei Calls short erhalten wir hingegen (vgl. Gleichung [7.1])

$$960 + 40{,}4 \cdot \mathrm{e}^{0{,}03/365} = 1.000{,}40.$$

Das Portfolio aus einer Aktie long und zwei Calls short ist ebenfalls risikolos. Dennoch erzielt der Anleger eine höhere Rendite als bei einer Geldanlage zur Overnight Rate. Auf Jahresbasis:

$$i_{\text{eff}} = 365 \cdot \ln\left(\frac{1.000{,}40}{1.000}\right) = 14{,}72\%\ \text{p.a.}$$

Ein Arbitrageur, der zur Overnight Rate Geld für einen Tag ausborgen kann, könnte also folgende Strategie verfolgen: Kauf von Aktien und Verkauf von zwei der beschriebenen Call-Optionen je Aktie. Die benötigten Mittel werden zur Overnight Rate ausgeliehen. Eine Long-Position im billigeren Produkt (dem Portfolio) wird mit einer Short-Position im teureren Produkt (der Anlage zur Overnight Rate) kombiniert. Das steigende Angebot an Call-Optionen (beim derzeitigen Marktpreis) wird zu einem Absinken des Callpreises führen. Dieser Prozess wird so lange anhalten, bis die Arbitragemöglichkeit verschwunden ist.

Eine andere Betrachtung führt zur gleichen Schlussfolgerung: Da das Portfolio (obzwar risikolos) eine höhere Rendite bringt als die Geldanlage zur Overnight Rate, ist es offenbar „zu billig“. Da die Calls im Portfolio short gehalten werden, ist offensichtlich der Callpreis von 20,2 zu hoch.

7.4.6 Bewertung von Optionen

Die im vorangegangenen Abschnitt beschriebenen Arbitrageüberlegungen können – ähnlich unserer Vorgangsweise bei den Futures – zu einem Bewertungsmodell für Optionen ausgebaut werden. Die gängigen Bewertungsmodelle für Optionen verwenden sehr anspruchsvolle mathematische bzw. statistische Ansätze. Ihre Darstellung übersteigt den Rahmen dieses einführenden Lehrbuches bei weitem. Hier wollen wir nur einige Überlegungen anstellen, welche Faktoren den Wert einer Option beeinflussen. Für darüber hinausgehende Fragen verweisen wir den Leser auf die weiterführende Literatur.

Jenen Wert, den eine Option bei sofortiger Ausübung hätte (falls diese vorteilhaft wäre[18]), bezeichnet man als den *inneren Wert* (engl. *intrinsic value*) einer Option. Da die sofortige Ausübung nur bei positivem Optionswert vorteilhaft ist, kann der innere Wert niemals negativ sein. Bei einer Call-Option (und Kontraktgröße 1) ist der innere Wert max(S_t–X,0), bei einer Put-Option max(X–S_t,0). Ist der innere Wert (deutlich) positiv, dann bezeichnet man die Option als *im Geld* (engl. *in-the-money*). Falls hingegen eine sofortige Ausübung einer Option für deren Besitzer nachteilig wäre, bezeichnet man die Option als *aus dem Geld* (engl. *out-of-the-money*). Der Fall $S_t \simeq X$ wird als *am Geld* (engl. *at-the-money*) bezeichnet.

Typischerweise übersteigt der Optionspreis den inneren Wert.[19] Die Differenz zwischen aktuellem Optionspreis und innerem Wert wird als *Zeitwert* (engl. *time value*) bezeichnet. Dieser entsteht durch die asymmetrische Gewinn-/Verluststruktur von Optionen: Aus der Sicht des Investors in der Long-Position erhöhen zukünftige Wertschwankungen des Basiswerts in die vorteilhafte Richtung (z.B. bei einem Call: steigender Kurs des Basiswerts) den inneren Wert einer Option. Gegenläufige Bewegungen des Basiswerts verringern den inneren Wert jedoch nur so lange, bis $S_t = X$ gilt, weil der innere Wert niemals negativ werden kann.

Der Zeitwert ist im Allgemeinen umso höher, je länger die Restlaufzeit der Option ist (je mehr Zeit noch für entsprechend vorteilhafte Kursausschläge zur Verfügung steht). Mit abnehmender Restlaufzeit geht der Zeitwert gegen null. Ein weiterer wichtiger Faktor ist die so genannte *Volatilität* des Basiswerts. Sie stellt ein Maß für die Schwankungsbreite des Basiswerts dar. Hier gilt wiederum: Aufgrund der asymmetrischen

---

[18] Wir unterstellen hier, dass die sofortige Ausübung *möglich* wäre, und zwar auch für Europäische Optionen.

[19] Eine Ausnahme stellen Europäische Put-Optionen dar, bei denen das nicht immer der Fall sein muss.

Gewinn-/Verluststruktur ist eine hohe Volatilität für Anleger mit Long-Positionen in Optionen positiv. Große Schwankungen in die „richtige“ Richtung erhöhen den Optionswert, große Schwankungen in die Gegenrichtung vermindern ihn nicht im gleichen Ausmaß.

Für die Diskussion weiterer Einflussfaktoren verweisen wir auf die weiterführende Literatur.

7.5 Weiterführende Literatur

Hull, John C. *Options, Futures, and Other Derivative Securities.* 7th ed., Prentice-Hall, 2008.

Sandmann, Klaus. *Einführung in die Stochastik der Finanzmärkte.* 2. Aufl., Springer, 2001.

7.6 Übungsaufgaben

Übungsaufgabe 7.1:
Sie sind Treasurer eines Anlagenbauers mit Sitz in der Euro-Zone, der einen Großauftrag aus Angola erhalten hat. Als Zahlungstermin ist der 2. August im kommenden Jahr vereinbart, fakturiert wird in angolanischen Kwanza (der lokalen Währung, internationale Abkürzung AON). Der Rechnungsbetrag beläuft sich auf drei Milliarden AON, die spot rate liegt bei 1 EUR=62,7427 AON. Eine europäische Großbank nennt Ihnen für den Zahlungstermin einen Terminkurs von 1 EUR=57,2345 AON.

1. Sie schließen mit der Bank einen Forward-Kontrakt ab, um das Wechselkursrisiko zu eliminieren. Beschreiben Sie detailliert, welche Rechte und Pflichten für Sie sowie für die Bank mit diesem Kontrakt verbunden sind.
2. Am 2. August im nächsten Jahr liegt die spot rate bei 1 EUR=59,1234 AON. Welcher Gewinn/Verlust ist für Ihr Unternehmen aus der Absicherung über den Forward-Kontrakt entstanden?
3. Warum wären Futures keine brauchbare Alternative gewesen?

Übungsaufgabe 7.2:
Sie sind Finanzmanager eines Großunternehmens. Aus dem Finanzplan entnehmen Sie, dass Sie in vier Monaten einen Fehlbetrag von 5 Mio. € über einen Zeitraum von zwei Monaten fremdfinanzieren müssen. Das damit verbundene Zinsänderungsrisiko möchten Sie über ein Forward Rate Agreement eliminieren. Ihre Bank quotiert Ihnen FRA-Zinssätze für diesen Zeitraum von 3,85%/3,89%.

1. Welche Art von FRA (in der Notation $T_1 \times T_2$-FRA) müssen Sie dazu abschließen?

2. Müssen Sie das FRA *kaufen* oder *verkaufen*?
3. Bei Fälligkeit liegt die Spot Rate für zweimonatige Ausleihungen bei 3,56%. Wie hoch ist die Ausgleichszahlung, die sich daraus für das beschriebene FRA ergibt?
4. Bekommt Ihr Unternehmen diese Ausgleichszahlung, oder muss es diese leisten?

Übungsaufgabe 7.3:
Warum gilt generell, dass im Fälligkeitszeitpunkt eines Futures der Future-Kurs mit dem Kurs des Basiswerts übereinstimmt ($F_T = S_T$)? Angenommen, der Future-Kurs wäre deutlich kleiner als der Kurs des Basiswerts: Beschreiben Sie eine Strategie, mit der Sie aus dieser Situation profitieren können!

Übungsaufgabe 7.4:
Bei einem Goldpreis von 416 $ je Unze möchten Sie auf ein Fallen des Goldpreises spekulieren. Der Gold-Future mit Fälligkeit in zwei Monaten notiert bei 420 $ je Unze, die Kontraktgröße ist 100 Unzen. Stellen Sie den Gewinn/Verlust aus Ihrer Future-Position in Dollar in Abhängigkeit vom Future-Kurs im Glattstellungszeitpunkt (unter Vernachlässigung aller Transaktionskosten) grafisch dar.

Übungsaufgabe 7.5:
Bei einem Indexstand von 2.900 möchten Sie auf einen Anstieg des DAX spekulieren. Der DAX-Future mit Fälligkeit in zwei Monaten notiert bei 2.925. Die Kontraktgröße ist der 25fache Indexstand, der geforderte Margin pro Kontrakt liegt bei 9.000 €. Nehmen Sie an, dass eine Direktinvestition in den Index ohne Transaktionskosten möglich wäre, dass der Index um einen Punkt steigt, und eine Indexveränderung von einem Punkt zu einer Veränderung der Future-Notierung um genau einen Punkt führt:

1. Wie groß ist die Rendite Ihres Investments, wenn Sie sofort nach dem Anstieg des Index um einen Punkt Ihre Position glattstellen?
2. Wie groß ist die Hebelwirkung der Investition in den Future (im Vergleich zur Investition in den Index?).

Übungsaufgabe 7.6:
Ein Fondsmanager betreut einen Fonds, dessen Aktienanteil in seiner Zusammensetzung jener des DAX entspricht (d.h. im Fonds sind alle DAX-Werte enthalten, und das Verhältnis ihrer Marktwerte entspricht dem Aufbau des Index). Er rechnet für das kommende Monat generell mit fallenden Kursen. Gemäß der Fondsrichtlinien darf der Aktienanteil nicht unter 60% absinken,

und Leerverkäufe sind nicht zulässig. Am Markt wird ein DAX-Future gehandelt, dessen (Rest-)Laufzeit ca. ein Monat beträgt (Kurs: 2.800). Kontraktgröße ist der 25fache Indexwert, der geforderte Margin beträgt 9.000 € pro Kontrakt. Der Gesamtwert der Aktien im Fonds beträgt ca. 80 Mio. €.

1. Wieviele DAX-Futures sollte der Fondsmanager kaufen/verkaufen (so genannte „naive Strategie"), um seinen Aktienbestand für das kommende Monat gegen jegliche Kursschwankungen abzusichern?
2. Wie hoch ist der dafür erforderliche Margin?

Übungsaufgabe 7.7:
Der Goldpreis am 1. Jänner liegt bei 288 $ je Unze. An einer Terminbörse wird ein Gold-Future gehandelt, der in einem Jahr ausläuft und bei 306 $ je Unze notiert. Der Finanzierungszinssatz beträgt 4,5% p.a., die Lagerkosten für Gold liegen bei 2 $ pro Jahr und Unze (inkl. Versicherung).

1. Welche Strategien stehen unter den beschriebenen Bedingungen einem Investor offen, der Gold in einem Jahr besitzen möchte?
2. Welche dieser Strategien ist günstiger?
3. Wie kann ein Arbitrageur diese Ungleichgewichtssituation ausnützen?

Übungsaufgabe 7.8:
Die EVM schließt bei ihrer Bank einen Swap ab. EVM zahlt fix 4% p.a., die Bank zahlt den 12-Monats-LIBOR. Zahlungen erfolgen jährlich (Laufzeit 5 Jahre), das Nominale beträgt 50 Mio. €. Im Abschlusszeitpunkt wird ein 12-Monats-LIBOR von 3,6% beobachtet. Stellen Sie die Zahlungen aus dem Swap aus der Sicht von EVM übersichtlich dar (brutto, d.h. fixe und variable Seite getrennt)!

Übungsaufgabe 7.9:
(Fortsetzung von Übungsaufgabe 7.8) Seit dem Abschluss des Swaps sind 15 Monate vergangen. Die EVM möchte den Swap bewerten. Der zum letzten Zinstermin beobachtete 12-Monats-LIBOR betrug 3,6% p.a. Die Spot Rates (in % p.a.) für die relevanten Fristigkeiten betragen (stetige Verzinsung):

N	0,75	1,75	2,75	3,75
i_N	3,3	3,6	3,9	4,1

1. Zeigen Sie, wie sich die verbleibenden Zahlungen aus dem Swap als Kombination aus zwei Anleihen darstellen lassen!
2. Wie hoch ist der Wert des Swaps aus der Sicht von EVM?

Übungsaufgabe 7.10:
Investor SPAX verkauft am 29. Jänner eine Europäische Put-Option auf den DAX mit Ausübungspreis 2.900 (in Indexpunkten) und Verfallstag 21. Februar bei einem Kurs (Preis der Option in Indexpunkten) von 243,40. Basiswert der Option ist der DAX, Kontraktgröße der fünffache Wert des Index. Der Investor hält die Option bis zum Verfallstag. Stellen Sie den Gewinn/Verlust des Investors in Indexpunkten in Abhängigkeit vom Indexstand am Verfallstag grafisch dar (vernachlässigen Sie dabei jegliche Zinseffekte)!

Übungsaufgabe 7.11:
Ein Investor besitzt eine CoP-Aktie, die derzeit zu einem Kurs von 100 € notiert. Um sich gegen Kursverluste abzusichern, kauft der Investor eine Put-Option mit Ausübungspreis 100 auf diese Aktie (Kontraktgröße 1) zu einem Preis von 8 €.

1. Stellen Sie den Gewinn/Verlust des Investors in Euro in Abhängigkeit vom Aktienkurs am Verfallstag grafisch dar (vernachlässigen Sie dabei jegliche Zinseffekte)!
2. Welcher Standard-Optionsposition entspricht die Form der Gesamtposition des Investors?
3. An der Börse wird ein CoP-Call mit gleichem Ausübungspreis und Kontraktgröße zu einem Kurs von 7 € gehandelt. Welche alternative Strategie zur Absicherung der bestehenden Aktienposition mit Puts können Sie dem Investor empfehlen?

Übungsaufgabe 7.12:
Ein Investor kauft eine Call-Option mit Ausübungspreis 90 € um 10 €, und eine Put-Option (auf den gleichen Basiswert) mit Ausübungspreis 90 € um 5 €. Beide Optionen verfallen zum gleichen Termin. Der Investor hält dieses Optionsportfolio bis zum Verfallstag. Stellen Sie den Gewinn/Verlust des Investors in Euro in Abhängigkeit vom Kurs des Basiswerts am Verfallstag grafisch dar (vernachlässigen Sie dabei jegliche Zinseffekte)!

Übungsaufgabe 7.13:
Die VW-Aktie notiert am 27. Februar bei 35,68 €. Eine Europäische Put-Option mit Kontraktgröße 1, Verfallstag 17. Juni und Ausübungspreis 40 € notiert bei 7,20 €. Zwei Investoren, A und B, möchten auf ein Fallen der VW-Aktie bis Mitte Juni wetten. Investor A entscheidet sich für den Leerverkauf von VW-Aktien (und muss dafür 100% des Werts der Aktien als unverzinste Sicherheit hinterlegen), Investor B kauft dagegen Put-Optionen.

1. Ist die beschriebene Put-Option derzeit im, am oder aus dem Geld?

2. Wie hoch ist der Zeitwert der Put-Option?
3. Bei einem Kurs der VW-Aktie am 17. Juni von 31 € kauft Investor A die Aktien zurück, während Investor B die Put-Optionen ausübt. Wie hoch ist jeweils die Rendite der Investoren A bzw. B?

Übungsaufgabe 7.14:
Ein Fondsmanager betreut einen Fonds, dessen Aktienanteil in seiner Zusammensetzung jener des DAX entspricht (d.h. im Fonds sind alle DAX-Werte enthalten, und das Verhältnis ihrer Marktwerte entspricht dem Aufbau des Index). Er rechnet für die kommenden drei Monate generell mit stark fallenden Kursen (derzeitiger Wert des DAX: 2.450). Gemäß der Fondsrichtlinien darf der Aktienanteil nicht unter 60% absinken, und Leerverkäufe sind nicht zulässig. Der Fondsmanager möchte den Aktienanteil im Fonds gegen weitere Verluste (konkret: gegen ein Absinken des DAX unter 2.400) absichern, aber gleichzeitig die Chance auf mögliche Kursgewinne wahren. Am Markt wird eine Put-Option auf den DAX mit einem Ausübungspreis von 2.400 gehandelt, deren (Rest-)Laufzeit ca. drei Monate beträgt (aktueller Preis: 170 €). Der Gesamtwert der Aktien im Fonds beträgt ca. 15 Mio. €. Die Kontraktgröße liegt beim fünffachen Indexwert. Wieviele dieser Put-Optionen soll der Fondsmanager kaufen/verkaufen?

Übungsaufgabe 7.15:
Ein Anleger hat heute 100 Call-Optionen auf XY-Aktien mit Ausübungspreis 90 € geschrieben, die derzeit bei 2,50 € notieren. Die XY-Aktie notiert zu diesem Zeitpunkt bei 93 €, für morgen (Verfallstag der Call-Optionen) seien nur entweder ein Anstieg auf 95 € oder ein Rückgang auf 91 € möglich. Der Anleger möchte durch Kauf/Leerverkauf von XY-Aktien ein Gesamtportfolio bilden, dessen Wert morgen nicht von der tatsächlich eintretenden Aktienkursentwicklung abhängt. Der risikolose Zinssatz für einen Tag beträgt 3% p.a. (bei kontinuierlicher Verzinsung).

1. Wie viele XY-Aktien soll der Anleger kaufen/verkaufen?
2. Ermöglicht der derzeitige Optionspreis Arbitrage (unter Vernachlässigung von Transaktionskosten, aber unter Berücksichtigung von Zinsen)?

Anhang A

Lösungen zu den Übungsaufgaben

A.1 Lösungen zu den Übungsaufgaben aus Kapitel 2

Lösung zu Übungsaufgabe 2.1:
Wir betrachten zwei Aktionen: a_1 (Anschaffung eines Fahrrads) und a_2 (Anschaffung eines Motorrads). Die Zustände sind durch die Anzahl der Fahrten pro Tag gegeben. Die Wahrscheinlichkeiten der Zustände können aus den relativen Häufigkeiten der vergangenen 350 Tage berechnet werden (z.B. für Zustand 1: p_1=25/350=0,071=7,1%).

Die Matrix der Zahlungen ergibt sich aus Einzahlungen minus Auszahlungen bei der jeweiligen Anzahl der Fahrten (z.B. bei 12 Fahrten mit dem Fahrrad: $12 \cdot (3\text{–}0{,}1)=34{,}8$).

	z_1	z_2	z_3	z_4	z_5	z_6	z_7	z_8	z_9	z_{10}	z_{11}	
$p_j \rightarrow$	7,1	11,4	12,0	13,4	10,9	11,4	10,3	9,7	6,9	4,0	2,9	E(a_i)
a_1	34,8	37,7	40,6	43,5	46,4	49,3	52,2	52,2	52,2	52,2	52,2	45,8
a_2	26,4	28,6	30,8	33,0	35,2	37,4	39,6	41,8	44,0	46,2	48,4	35,8

Der Erwartungswert für Aktion a_1 ist größer. Daher sollte auf Basis des Kriteriums des erwarteten Einzahlungsüberschusses ein Fahrrad angeschafft werden.

Lösung zu Übungsaufgabe 2.2:

1. Der Erwartungswert für net.OIS beträgt

$$0{,}98 \cdot 550.000 + 0{,}02 \cdot 0 = 539.000.$$

2. Der Erwartungswert für VALOS beträgt

$$0{,}80 \cdot 550.000 + 0{,}15 \cdot 530.000 + 0{,}05 \cdot 500.000 = 544.500.$$

3. Ein *direkter* Vergleich der beiden Wahrscheinlichkeitsverteilungen (98% und 2% bzw. 80%, 15% und 5%) – wie in Abbildung 2.1 – ist nicht möglich, weil die dazugehörenden Zustände verschieden sind. Ein häufig verwendetes Maß für das Risiko beruht auf den quadrierten Differenzen zwischen den Zahlungen und ihrem Erwartungswert. Die quadrierten Abweichungen werden mit den entsprechenden Wahrscheinlichkeiten multipliziert und summiert. Das resultierende Maß heißt *Varianz.* Für net.OIS beträgt die Varianz 5.929, für VALOS erhält man einen Wert von 154,75 (Einheit jeweils Millionen €^{2}). Daraus kann man schließen, dass der Kredit an VALOS ein geringeres Risiko aufweist.

Lösung zu Übungsaufgabe 2.3:

1. Die Erwartungswerte betragen –32,5 (a_1), –28,5 (a_2) und 5 (a_3).
2. Der erwartete Einzahlungsüberschuss für a_3 ist maximal. Daher sollte a_3 gewählt (d.h. nichts getan) werden.
3. Das Risiko der Alternative a_3 ist am geringsten, weil die Einzahlungsüberschüsse am wenigsten stark um den Erwartungswert schwanken. Die Alternative a_1 weist die stärksten Schwankungen auf. Die Abweichungen der Einzahlungsüberschüsse vom Erwartungswert sind zwar bei Alternative a_2 geringer als bei a_1, aber noch immer größer als bei Alternative a_3.

Lösung zu Übungsaufgabe 2.4:

1. Die Erwartungswerte betragen 33 € (Aktie DYN) und 49 € (Aktie KONS).
2. (a) Der Kurs von Aktie DYN beträgt 35 €. Entscheidet sich der Investor für Aktie DYN, dann ist das Sicherheitsäquivalent größer als der Erwartungswert. Der Investor wäre demnach risikofreudig.
   (b) Wenn sich der Investor für Aktie KONS entscheidet, ist er risikoscheu, weil das Sicherheitsäquivalent – der Kurs in Höhe von 45 € – kleiner als der Erwartungswert ist.
3. Für die Frage nach dem Sicherheitsäquivalent gibt es keine allgemein „richtige“ Antwort. Welche Einzahlung „gleich viel wert“ ist, kann nur subjektiv bestimmt werden. Wenn Sie z.B. für Aktie DYN ein Sicherheitsäquivalent von 25 € angeben, dann sind Sie risikoscheu, weil das Sicherheitsäquivalent kleiner als der Erwartungswert (33 € für Aktie DYN) ist. Wenn Ihr Sicherheitsäquivalent 33 € beträgt, sind Sie risikoneutral. Wenn Ihr Sicherheitsäquivalent größer als der Erwartungswert von 33 € ist, dann sind Sie risikofreudig.

Lösung zu Übungsaufgabe 2.5:
Diese Person verhält sich bei Spiel GMA risikofreudig. Das Sicherheitsäquivalent (der Einsatz von 0,50 €) ist größer als der Erwartungswert von 0,10 €. Die Risikofreude kann man damit erklären, dass der mögliche Verlust von 10 € relativ gering ist. Bei Spiel AUW verhält sich die Person risikoscheu. Obwohl der Einsatz von 5 € kleiner als der Erwartungswert von 10 € ist, erachtet die Person das Spiel offenbar als zu riskant. Der Einsatz müsste noch geringer (eventuell sogar negativ) sein, damit die Person bei Spiel AUW mitspielt.

Lösung zu Übungsaufgabe 2.6:
Dieser Haushalt wird als risikoscheu bezeichnet, weil das Sicherheitsäquivalent (die Prämie) größer als der Erwartungswert des Schadens ist. Da es sich im vorliegenden Fall um Auszahlungen handelt, muss die Zuordnung der Risikoeinstellung auf S. 35 entsprechend angepasst werden.

A.2 Lösungen zu den Übungsaufgaben aus Kapitel 3

Lösung zu Übungsaufgabe 3.1:

1. $15.000 \cdot 1{,}025^{10} = 19.201,27$
2. $15.000 \cdot (1 + 0{,}025/4)^{4\cdot 10} = 19.245,40$
3. $15.000 \cdot e^{0{,}025\cdot 10} = 19.260,38$

Lösung zu Übungsaufgabe 3.2:

$$\begin{aligned} K_0 &= 2.000 \cdot 1{,}015^{-2\cdot 2} + 3.000 \cdot 1{,}015^{-2\cdot 4} + 5.000 \cdot 1{,}015^{-2\cdot 7} \\ &= 8.606{,}75. \end{aligned}$$

Lösung zu Übungsaufgabe 3.3:
Rechenweg und Lösung können Abbildung A.1 entnommen werden.

Lösung zu Übungsaufgabe 3.4:

$$10.000 - x \cdot 1{,}025^{-3} - x \cdot 1{,}025^{-5} - 4.000 \cdot 1{,}025^{-8} = 0$$

$$\Longrightarrow \quad x = 3.706{,}03$$

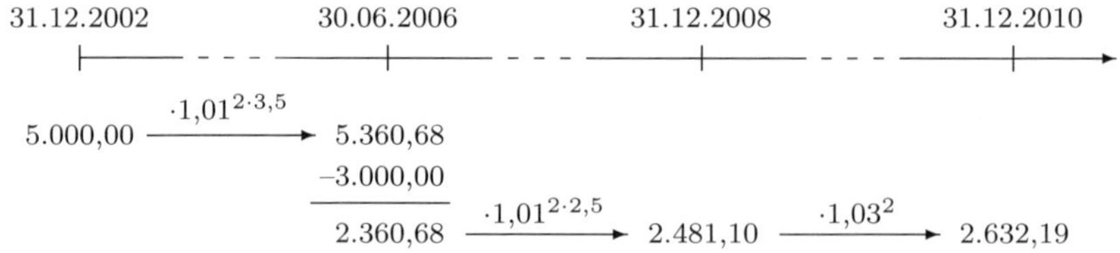

Abbildung A.1: Lösung zu Übungsaufgabe 3.3

Lösung zu Übungsaufgabe 3.5:

$$2 \cdot (1+i)^7 = 8.000 \quad \Longrightarrow \quad i = 2{,}27024 \simeq 227{,}02\% \text{ p.a.}$$

Lösung zu Übungsaufgabe 3.6:

$$1 \cdot (1+i_{\text{eff}})^{10} = 2 \quad \Longrightarrow \quad i_{\text{eff}} = 0{,}07177 \simeq 7{,}18\% \text{ p.a.}$$

Lösung zu Übungsaufgabe 3.7:
Die Berechnung der Tagesrendite erfolgt analog zu Beispiel 3.10 auf S. 48, nur wird jetzt auf Tagesbasis gerechnet:

$$i_{\text{eff,Tag}} = \frac{8{,}12 - 8{,}10}{8{,}10} = 0{,}002469 = 0{,}2469\% \text{ pro Tag.}$$

Für die Jahresrendite kann Formel (3.7), S. 52 herangezogen werden, die Tagesrendite $i_{\text{eff,Tag}}$ ist gleichbedeutend mit dem Ausdruck i_{nom}/m:

$$1 + i_{\text{eff,Jahr}} = \left(1 + i_{\text{eff,Tag}}\right)^{365}$$

$$\Longrightarrow \quad i_{\text{eff,Jahr}} = 1{,}45991 \simeq 145{,}99\% \text{ p.a.}$$

Lösung zu Übungsaufgabe 3.8:

$$i_{\text{kon},2} = 2 \cdot \left(\sqrt[2]{1{,}09} - 1\right) = 0{,}0881 = 8{,}81\% \text{ p.a.}$$

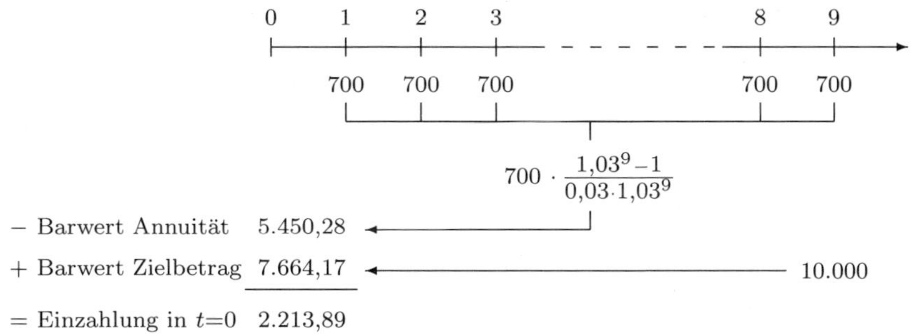

Abbildung A.2: Lösung zu Übungsaufgabe 3.11

Lösung zu Übungsaufgabe 3.9:
Die 2,5% p.a. bei monatlicher Verzinsung entsprechende effektive jährliche Verzinsung beträgt nur

$$i_{\text{eff, Jahr}} = \left(1 + i_{\text{eff, Monat}}\right)^{12} - 1 = 0{,}025288 \simeq 2{,}53\% \text{ p.a.},$$

ist also niedriger als das Angebot der Bank von 2,7% p.a., das Angebot sollte also angenommen werden (es handelt sich ja um eine *Veranlagung* und nicht einen aufgenommenen Kredit). Man kann auch den umgekehrten Lösungsweg gehen: Der zu 2,7% p.a. gehörende konforme monatliche Zinssatz beträgt

$$i_{\text{kon},12} = 12 \cdot \left(\sqrt[12]{1{,}027} - 1\right) = 0{,}2667 \simeq 2,67\% \text{ p.a.},$$

ist also höher als die derzeitige nominelle Verzinsung von 2,5% p.a. bei m=12.

Lösung zu Übungsaufgabe 3.10:

$$K_0 = 750 + 750 \cdot 1{,}05^{-1} + 750 \cdot 1{,}05^{-2} = 2.144{,}56.$$

Man könnte hier natürlich auch die Formel für den Rentenbarwert verwenden — da die erste Zahlung sofort fällig ist, muss sie jedenfalls gesondert behandelt werden:

$$K_0 = 750 + 750 \cdot \frac{1{,}05^2 - 1}{0{,}05 \cdot 1{,}05^2} = 2.144{,}56.$$

Lösung zu Übungsaufgabe 3.11:
Rechenweg und Lösung befinden sich in Abbildung A.2.

Lösung zu Übungsaufgabe 3.12:
Am einfachsten ist es, zunächst von einer 15-jährigen Annuität in Höhe von 400 auszugehen, und danach für $t{=}8$ bis $t{=}11$ die Differenz zu den tatsächlich entnommenen 100 gesondert zu berücksichtigen. Der Barwert dieser 15-jährigen Annuität ist

$$K_0 = 400 \cdot \frac{1{,}0201^{15} - 1}{0{,}0201 \cdot 1{,}0201^{15}} = 5.135{,}86.$$

Der Wert der Annuität von $t{=}8$ bis $t{=}11$, bezogen auf $t{=}0$, beträgt

$$K_0 = 300 \cdot \frac{1{,}0201^{4} - 1}{0{,}0201 \cdot 1{,}0201^{4}} \cdot 1{,}0201^{-7} = 993{,}53.$$

Das Endvermögen ist dann

$$K_{15} = (6.000 - 5.135{,}86 + 993{,}53) \cdot 1{,}0201^{15} = 2.503{,}86.$$

Lösung zu Übungsaufgabe 3.13:

$$K_0 = 600 \cdot \frac{1{,}02^{15} - 1}{0{,}02 \cdot 1{,}02^{15}} + 8.000 \cdot 1{,}02^{-15} = 13.653{,}68$$

Lösung zu Übungsaufgabe 3.14:

$$K_5 = 18.000 \cdot 1{,}015^{10} - 800 \cdot \frac{1{,}015^{10} - 1}{(1{,}015^{2} - 1) \cdot 1{,}015^{10}} \cdot 1{,}015^{10} = 16.640{,}52$$

$$A^{\infty} = 16.640{,}52 \cdot 0{,}035 = 582{,}42$$

Lösung zu Übungsaufgabe 3.15:
Rechenweg und Lösung können Abbildung A.3 entnommen werden. Das genaue (nicht gerundete) Ergebnis für die Annuität ist 7.753,61.

Lösung zu Übungsaufgabe 3.16:

$$R_1 = 24.000 \cdot \frac{\big(0{,}03 - (-0{,}01)\big) \cdot 1{,}03^{12}}{1{,}03^{12} - 0{,}99^{12}} = 2.537{,}62,$$

$$R_{12} = 2.537{,}62 \cdot 0{,}99^{11} = 2.272{,}03$$

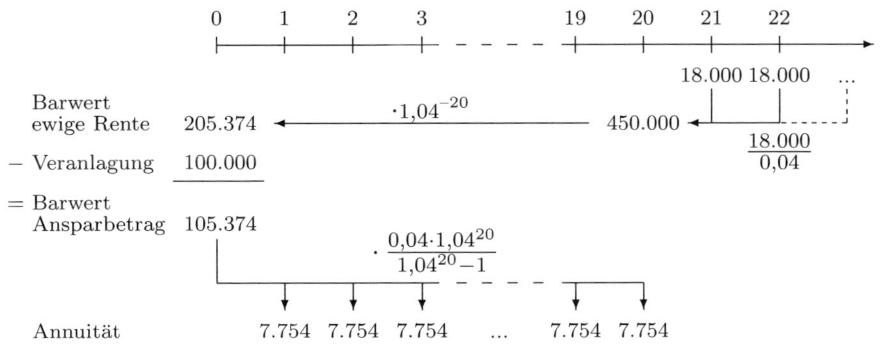

Abbildung A.3: Lösung zu Übungsaufgabe 3.15

Lösung zu Übungsaufgabe 3.17:
Am besten zerteilt man die Rente in zwei Teilrenten: eine zehnjährige Rente mit Anfangszahlung 2.800 und Wachstumsrate 2%, beginnend in t=5, und eine sechsjährige Rente mit noch unbekannter Anfangszahlung, Wachstumsrate 3% und Zahlungsbeginn in t=15. Zunächst wird der Barwert der ersten Teilrente berechnet, wobei zusätzlich das Ergebnis der Annuitätenformel noch auf t=0 abgezinst werden muss:

$$K_0 = 2.800 \cdot \frac{1{,}04^{10} - 1{,}02^{10}}{(0{,}04 - 0{,}02) \cdot 1{,}04^{10}} \cdot 1{,}04^{-4} = 21.121{,}14.$$

In t=15 beträgt die Rentenhöhe $2.800 \cdot 1{,}02^9 \cdot 1{,}03 = 3.446{,}65$. Diesen Wert kann man als erste Rentenzahlung der zweiten Teilrente auffassen. Deren Wert in t=0 beträgt dann

$$K_0 = 3.446{,}65 \cdot \frac{1{,}04^6 - 1{,}03^6}{(0{,}04 - 0{,}03) \cdot 1{,}04^6} \cdot 1{,}04^{-14} = 11.210{,}30.$$

Der Barwert der gesamten Rente beträgt damit

$$21.121{,}14 + 11.210{,}30 = 32.331{,}44.$$

Lösung zu Übungsaufgabe 3.18:
Hier wird in Monaten anstatt in Jahren gerechnet:

$$K_0 = 400 \cdot \frac{1{,}0025^{36} - 1{,}001^{36}}{(0{,}0025 - 0{,}001) \cdot 1{,}0025^{36}} = 13.994{,}27 < 14.000.$$

Sie sollten sich daher für die Einmalzahlung entscheiden.

Lösung zu Übungsaufgabe 3.19:
Bei nachschüssiger Verzinsung mit 8% p.a. verfügen Sie in zwei Jahren über ein Endvermögen von

$$K_2 = 1.000 \cdot (1 + 2 \cdot 0{,}08) = 1.160,$$

bei vorschüssiger Verzinsung mit 7,5% p.a. hingegen über

$$K_2 = \frac{1.000}{1 - 2 \cdot 0{,}075} = 1.176{,}47.$$

Lösung zu Übungsaufgabe 3.20:

$$K_0 = 44.000 \cdot \left(1 - \frac{5}{12} \cdot 0{,}16\right) = 41.066{,}67$$

Lösung zu Übungsaufgabe 3.21:

1. Bei jährlicher Verzinsung gelten die Beziehungen

$$\begin{aligned}(1+i_2)^2 &= (1+i_1)\cdot(1+f_{1|2}),\\ (1+i_3)^3 &= (1+i_1)\cdot(1+f_{1|3})^2 \quad \text{und}\\ (1+i_3)^3 &= (1+i_1)\cdot(1+f_{1|2})\cdot(1+f_{2|3}).\end{aligned}$$

   Damit ergeben sich die gesuchten Werte zu $i_2 \simeq 5{,}549\%$ p.a., $f_{1|3} \simeq 7{,}156\%$ p.a. und $f_{2|3} \simeq 8{,}427\%$ p.a.

2. Bei stetiger Verzinsung erhält man

$$\begin{aligned}\exp(2\cdot i_2) &= \exp(i_1)\cdot\exp(f_{1|2}),\\ \exp(3\cdot i_3) &= \exp(i_1)\cdot\exp(2\cdot f_{1|3}) \text{ und}\\ \exp(3\cdot i_3) &= \exp(i_1)\cdot\exp(f_{1|2})\cdot\exp(f_{2|3}),\end{aligned}$$

   und nach entsprechender Umformung

$$\begin{aligned}2\cdot i_2 &= i_1 + f_{1|2},\\ 3\cdot i_3 &= i_1 + 2\cdot f_{1|3} \text{ und}\\ 3\cdot i_3 &= i_1 + f_{1|2} + f_{2|3}.\end{aligned}$$

   Die gesuchten Werte lauten dann i_2=5,55%, $f_{1|3}$=7,15% und $f_{2|3}$=8,40% (jeweils p.a.)

A.3 Lösungen zu den Übungsaufgaben aus Kapitel 4

Lösung zu Übungsaufgabe 4.1:

1.

t	Ein-zahlungen	Aus-zahlungen	Zahlungen	Barwerte	kumulierte Barwerte
0		–250.000	–250.000	–250.000,00	–250.000,00
1	172.000	83.100	88.900	80.090,09	–169.909,91
2	180.000	78.000	102.000	82.785,49	–87.124,42
3	161.000	90.200	70.800	51.768,35	–35.356,07
4	170.000	99.000	71.000	46.769,90	11.413,83

Der Kapitalwert beträgt 11.413,83 € und die dynamische Amortisationszeit beträgt vier Jahre.

2. Das Endvermögen beträgt $250.000 \cdot 1{,}11^4 = 379.517{,}60$.
3. Das Endvermögen beträgt $379.517{,}60 + 11.413{,}83 \cdot 1{,}11^4 = 396.844{,}60$.

Lösung zu Übungsaufgabe 4.2:

1. Der Kapitalwert des Projekts beträgt

$$-70 + 50 \cdot 1{,}07^{-1} - 20 \cdot 1{,}07^{-2} + 60 \cdot 1{,}07^{-3} = 8{,}24.$$

2.

t	Zahlungen	Endwerte
1	50,0	57,25
2	–20,0	–21,40
3	60,0	60,00
	Summe	95,85

Die Annahme des VVK bedeutet, dass jeder beliebige Geldbetrag zum Kalkulationszinssatz am Kapitalmarkt angelegt oder beschafft werden kann. Wenn die Einzahlungen am Kapitalmarkt mit einem Zinssatz von 8% angelegt werden, beträgt das Endvermögen am Ende der Laufzeit 95,85. Die Auszahlung in t=2 wird am Kapitalmarkt zum selben Zinssatz beschafft. –21,4 ist der entsprechende Rückzahlungsbetrag in t=3.

Bei einer Anlage der Anschaffungsauszahlung am Kapitalmarkt wird ein Endvermögen von $70 \cdot 1{,}07^3 = 85{,}75$ erzielt. Der Kapitalwert des Projekts entspricht der abgezinsten Differenz zwischen dem Endvermögen bei Realisierung des Projekts und diesem Endvermögen:

$$(95{,}85 - 85{,}75) \cdot 1{,}07^{-3} = 8{,}24.$$

Lösung zu Übungsaufgabe 4.3:

1. Die Kapitalwerte der beiden Projekte betragen 53.953 € (für Projekt M5) und 36.232 € (für Projekt M4). Beide Projekte sind (absolut) vorteilhaft, und Projekt M5 sollte realisiert werden.
2. Wir nehmen an, dass zur Beschaffung des fehlenden Kapitals für Projekt M5 ein Kredit aufgenommen wird, der am Ende der Laufzeit inklusive Zinsen zurückgezahlt wird. Die Zahlungsreihe für den Kredit besteht aus der Einzahlung in Höhe von 20.000 € und aus der Rückzahlung in t=4 in Höhe von

   $$-20.000 \cdot (1 + 0{,}06)^4 = -25.250.$$

   Der Kapitalwert dieser Zahlungsreihe ist null. Der Kapitalwert der gesamten Zahlungsreihe aus Projekt und Kredit beträgt somit 53.953 €. Daher ändert sich durch die Kreditaufnahme unter der Annahme des VVK weder die absolute noch die relative Vorteilhaftigkeit.

Lösung zu Übungsaufgabe 4.4:
Die Annuität des Projekts beträgt (berechnet mit dem nicht gerundeten Kapitalwert aus Aufgabe 4.1!)

$$11.413{,}83 \cdot \frac{1{,}11^4 \cdot 0{,}11}{1{,}11^4 - 1} = 11.413{,}83 \cdot 0{,}3223 = 3.678{,}98.$$

Wenn eine jährlich konstante Entnahme in Höhe der Annuität getätigt wird, erzielt der Investor ein Endvermögen von

$$250.000 \cdot 1{,}11^4 = 379.517{,}60,$$

das auch bei einer Veranlagung der Anschaffungsauszahlung mit 11% am Kapitalmarkt erzielt wird. Wenn der Investor einen höheren Betrag (z.B. 3.800 €) entnimmt (und die verbleibenden Einzahlungsüberschüsse am Kapitalmarkt veranlagt), erzielt er ein geringeres Endvermögen. Der Barwert der zusätzlichen Entnahmen von 121,02 € (3.800–3.678,98) beträgt

$$121{,}02 \cdot \frac{1{,}11^4 - 1}{1{,}11^4 \cdot 0{,}11} = 375{,}47.$$

–375,47 ist auch der Kapitalwert der Zahlungsreihe des Projekts nach Berücksichtigung der Entnahmen in Höhe von 3.800 €. Das Endvermögen reduziert sich daher durch die Entnahmen auf

$$379.517{,}60 - 375{,}47 \cdot 1{,}11^4 = 378.947{,}62.$$

Lösung zu Übungsaufgabe 4.5:
Bei mehrmaliger Wiederholung der Projekte (Investitionskette) wird die relative Vorteilhaftigkeit mit der Annuitätenmethode ermittelt. Dazu wird der Annuitätenfaktor mit der jeweiligen (betrieblichen) Nutzungsdauer berechnet. Für das Projekt UE1 beträgt die Annuität 3.678,98 € (siehe Aufgabe 4.4). Für das Projekt ND3 beträgt die Annuität:

$$10.500 \cdot \frac{1{,}11^3 \cdot 0{,}11}{1{,}11^3 - 1} = 10.500 \cdot 0{,}4092 = 4.296{,}74.$$

Das Projekt ND3 sollte realisiert werden, weil es eine höhere Annuität aufweist.

Lösung zu Übungsaufgabe 4.6:
Der Kapitalwert von Projekt T4 beträgt

$$3.000 \cdot (1 + 0{,}11)^{-4} = 1.976{,}19.$$

Die beiden Projekte ND3 und T4 erzielen *gemeinsam* einen Kapitalwert von 12.476,19 € (10.500+1.976,19), der größer ist als der Kapitalwert von Projekt UE1 von 11.413,83 € (siehe Aufgabe 4.1). Man könnte daher zu dem *voreiligen* Schluss kommen, dass Projekt ND3 im Vergleich zu Projekt UE1 vorteilhaft sei, wenn man es gemeinsam mit Projekt T4 realisiert – z.B. indem man einen Teil des Endvermögens, das mit Projekt ND3 erzielt wird, in T4 investiert. Falls jedoch kein zwingender Grund (z.B. technischer oder vertraglicher Natur) erfordert, dass Projekt T4 nur dann realisiert werden kann, wenn vorher Projekt ND3 realisiert wird, ändert sich durch Projekt T4 *nichts* an der relativen Vorteilhaftigkeit von Projekt UE1 gegenüber ND3. Die Entscheidung zwischen diesen beiden Projekten ist unabhängig von einem anderen (zukünftigen) Projekt, sofern dessen Realisierung unabhängig von den beiden jetzt betrachteten Projekten ist.

Lösung zu Übungsaufgabe 4.7:

1. Zur Beurteilung der relativen Vorteilhaftigkeit bei einmaliger Durchführung der Investition wird die Kapitalwertmethode verwendet. Die Kapitalwerte der beiden Projekte betragen KW_{HKW}=630,87 bzw. KW_{HAN}=582,02. Aufgrund des höheren Kapitalwerts ist Projekt HKW vorzuziehen.

2. Bei identischer Reinvestition dürfen bei unterschiedlichen Nutzungsdauern die Kapitalwerte der Einzelprojekte nicht direkt verglichen werden. Bildet man die entsprechenden Investitionsketten (d.h. dreimal Projekt HKW und viermal Projekt HAN hintereinander durchführen), ergibt sich eine einheitliche Nutzungsdauer dieser Ketten (hier zwölf Jahre). Damit können die Kapitalwerte der Investitionsketten wieder verglichen werden. Für die Investitionskette HKW ergibt sich

$$KW_{\text{Kette HKW}} = 630{,}87 \cdot (1 + 1{,}05^{-4} + 1{,}05^{-8}) = 1.576{,}90,$$

und für Projekt HAN

$$\text{KW}_{\text{Kette HAN}} = 582{,}02 \cdot (1 + 1{,}05^{-3} + 1{,}05^{-6} + 1{,}05^{-9}) = 1.894{,}28.$$

Nach der Kapitalwertmethode ist unter der Annahme identischer Reinvestition Projekt HAN vorzuziehen. Bei Verwendung der Annuitätenmethode werden in diesem Fall die Annuitätenfaktoren auf Basis der betrieblichen Nutzungsdauern berechnet, d.h. für Projekt HKW gilt N=4, für Projekt HAN N=3. Damit ergeben sich die Annuitäten

$$A_{\text{HKW}} = 630{,}87 \cdot \frac{0{,}05 \cdot 1{,}05^4}{1{,}05^4 - 1} = 177{,}91$$

und

$$A_{\text{HAN}} = 582{,}02 \cdot \frac{0{,}05 \cdot 1{,}05^3}{1{,}05^3 - 1} = 213{,}72.$$

Es kann keinen Widerspruch zu der Schlussfolgerung auf Basis der Kapitalwerte der Investitionsketten geben. Projekt HAN sollte realisiert werden. Projekt HAN erlaubt in jedem Jahr eine größere Entnahme als Projekt HKW.

3. Damit bei identischer Reinvestition beide Projekte gleichwertig sind, müssen die Annuitäten (berechnet auf Basis der betrieblichen Nutzungsdauern) gleich hoch sein. Es gilt also

$$\text{KW}^*_{\text{HKW}} \cdot \frac{0{,}05 \cdot 1{,}05^4}{1{,}05^4 - 1} = 213{,}72 \quad \Longrightarrow \quad \text{KW}^*_{\text{HKW}} = 757{,}85.$$

Lösung zu Übungsaufgabe 4.8:
Das gebundene Kapital verzinst sich mit 13,185%. Da in den ersten beiden Perioden keine Zahlungen erfolgen, nimmt der Wert des gebundenen Kapitals im Zeitablauf zu und steigt auf einen Wert von $10.000 \cdot (1 + 0{,}13185)^3$=14.500 in t=3. Durch die Einzahlung von 14.500 in t=3 wird das gesamte gebundene Kapital auf einmal freigesetzt.

Lösung zu Übungsaufgabe 4.9:

1. Zur (näherungsweisen) Berechnung des internen Zinssatzes werden zwei Zinssätze so gewählt, dass ein positiver und ein negativer Kapitalwert resultiert:

$$\text{KW}(3\%) = 3.375{,}5 \qquad \text{KW}(4\%) = -4.964{,}16$$

Interpolation:

$$i_{\text{eff}} \simeq 0{,}03 + \frac{3.375{,}5 \cdot (0{,}04 - 0{,}03)}{3.375{,}5 + 4.964{,}16} = 0{,}034 = 3{,}4\%.$$

2. Da der interne Zinssatz mit 3,4% geringer ist als der Kalkulationszinssatz mit 5%, ist das Projekt nicht vorteilhaft.

3. Nein. Die Beurteilung der absoluten Vorteilhaftigkeit von Normalinvestitionen führt bei beiden Methoden immer zu derselben Empfehlung.

Lösung zu Übungsaufgabe 4.10:

1. Es handelt sich hier um keine Normalinvestition (mehr als ein Vorzeichenwechsel). Es könnte daher sein, dass der interne Zinssatz nicht eindeutig oder negativ ist.

2. Es könnte sein, dass Widersprüche zu den Empfehlungen der Kapitalwertmethode auftreten.

Lösung zu Übungsaufgabe 4.11:

1. Zur (näherungsweisen) Berechnung des internen Zinssatzes von Projekt A werden zwei Zinssätze so gewählt, dass ein positiver und ein negativer Kapitalwert resultiert:

   $$\mathrm{KW}_A(8\%) = 7.209{,}27, \quad \mathrm{KW}_A(9\%) = -698{,}86$$

   Interpolation:

   $$i_{\text{eff}} \simeq 0{,}08 + \frac{7.209{,}27 \cdot (0{,}09 - 0{,}08)}{7.209{,}27 + 698{,}86} = 0{,}089$$

   Da der interne Zinssatz 8,9% größer als der interne Zinssatz von Projekt B (6%) ist, sollte Projekt A realisiert werden. Wir weisen jedoch auf die Probleme bei der Beurteilung der relativen Vorteilhaftigkeit auf Basis der Internen-Zinssatz-Methode hin, die wir in Abschnitt 4.5.4 beschrieben haben.

2. Der Kapitalwert von A ist bei einem Kalkulationszinssatz von 7% jedenfalls positiv. Weil A eine Normalinvestition ist, gibt es einen eindeutigen internen Zinssatz (nur eine Nullstelle der Kapitalwertfunktion) und die Kapitalwertfunktion ist monoton fallend. Daher würde nach der Kapitalwertmethode das Projekt A realisiert werden, weil der Kapitalwert der Normalinvestition B (mit einem internen Zinssatz von 6%) bei einem Kalkulationszinssatz von 7% negativ ist.

Lösung zu Übungsaufgabe 4.12:

1. Wir berechnen zunächst die Erwartungswerte der Zahlungen. Dann werden die Barwerte unter Verwendung des risikoadjustierten Zinssatzes berechnet. Schließlich werden die Barwerte kumuliert. Der Kapitalwert ist der kumulierte Barwert im Zeitpunkt t=4. Diese Berechnungen sind in der folgenden Tabelle zusammengefasst (in tausend €):

t	erwartete Zahlungen	Barwerte	kumulierte Barwerte
0	–300,0	–300,0	–300,0
1	158,7	136,8	–163,2
2	118,9	88,4	–74,8
3	127,7	81,8	7,0
4	133,1	73,5	80,5

   Das Projekt amortisiert sich in t=3. Der Kapitalwert beträgt 80.500 €, ist positiv und das Projekt RIZIF sollte daher durchgeführt werden.

2. Für die näherungsweise Berechnung des internen Zinssatzes verwenden wir zwei verschiedene Ausgangszinssätze. Für i^+=0,16 kennen wir bereits KW^+=80,5. Für i^-=0,4 erhalten wir KW^-=–44,8 und daher

$$i_{\text{eff}} \simeq 0{,}16 + \frac{80{,}5 \cdot (0{,}4 - 0{,}16)}{80{,}5 - (-44{,}8)} = 0{,}3142.$$

   Anmerkung: Der exakte interne Zinssatz von Projekt RIZIF beträgt 29,4%.

3. Der interne Zinssatz ist größer als der (risikoadjustierte) Kalkulationszinssatz. Daher sollte das Projekt durchgeführt werden. Problematisch ist jedoch, dass die Interne-Zinssatz-Methode unterstellt, dass Projektzahlungen zum internen Zinssatz veranlagt bzw. beschafft werden können. Der Kalkulationszinssatz von 16% entspricht einer Anlagemöglichkeit am Kapitalmarkt mit *vergleichbarem* Risiko. Es ist jedoch völlig unklar, ob eine Anlagemöglichkeit zum internen Zinssatz von 29,4% existiert bzw. welches Risiko eine derartige Anlagemöglichkeit aufweist.

Lösung zu Übungsaufgabe 4.13:
Der Erwartungswert der Einzahlungen in t=1 beträgt

$$0{,}3 \cdot 70.000 + 0{,}7 \cdot 48.000 = 54.600.$$

Wenn der Kapitalwert nach Berücksichtigung des Risikos null beträgt, muss gelten:

$$0 = -50.000 + 54.600 \cdot (1 + i_{\text{eff}})^{-1} \quad \Longrightarrow \quad i_{\text{eff}} = 54.600/50.000 - 1 = 9{,}2\%.$$

Der Risikozuschlag beträgt daher 5,2% (9,2–4,0).

Lösung zu Übungsaufgabe 4.14:
Wenn der Risikozuschlag 14,2 Prozentpunkte beträgt, muss der risikolose Zinssatz 1,8% betragen. Wenn die Sicherheitsäquivalente mit dem risikolosen Zinssatz abgezinst werden, muss ein Kapitalwert resultieren, der genau so groß ist, wie der Kapitalwert unter Verwendung der Erwartungswerte und des risikoadjustierten Zinssatzes. Aus der Lösung von Aufgabe 4.12 wissen wir, dass dieser Kapitalwert 80,5 beträgt. Wenn die Behauptung des Investors stimmt, muss daher folgende Beziehung gelten:

$$80{,}5 = -300 + 144{,}5 \cdot 1{,}018^{-1} + 90{,}4 \cdot 1{,}018^{-2} + 84{,}6 \cdot 1{,}018^{-3} + 76{,}4 \cdot 1{,}018^{-4}.$$

Diese Gleichung ist erfüllt. Der Risikozuschlag beträgt daher 14,2 Prozentpunkte.

Lösung zu Übungsaufgabe 4.15:
Projekt HAN gilt als sicher, daher wird zu seiner Beurteilung der risikolose Zinssatz von 5% herangezogen. Der Kapitalwert von Projekt HAN ist daher derselbe wie in Aufgabe 4.7 (KW_{HAN}=582,02). Das Risiko, das mit Projekt HKW verbunden ist, wird durch den risikoadjustierten Kalkulationszinssatz von 8% berücksichtigt. Für Projekt HKW erhalten wir bei Verwendung von 8%

$$KW_{HKW} = 518{,}96.$$

Projekt HAN hat einen größeren Kapitalwert als Projekt HKW und wird daher vorgezogen.

Lösung zu Übungsaufgabe 4.16:

1. Der Kapitalwert wird unter Verwendung der für die jeweilige Fristigkeit geltenden Spot Rates berechnet und beträgt

   $$KW = -6.000 + \frac{2.100}{1{,}058} + \frac{2.300}{1{,}064^2} + \frac{2.200}{1{,}069^3} + \frac{1.200}{1{,}075^4} = 715{,}97.$$

   Das Projekt ist daher vorteilhaft.

2. Der Kapitalwert ist der Barwert des *zusätzlichen* Endvermögens im Vergleich zur Veranlagung der Anschaffungsauszahlung. Um das gesamte Endvermögen zu ermitteln, muss die Anschaffungsauszahlung zum Kapitalwert hinzugezählt und die Summe aufgezinst werden:

   $$EV = (6.000{,}00 + 715{,}97) \cdot 1{,}075^4 = 8.968{,}97.$$

   Alternativ könnte man auch die einzelnen Zahlungen von t=1 bis t=4 mit den jeweiligen Forward Rates auf t=4 aufzinsen und summieren.

Lösung zu Übungsaufgabe 4.17:
Bei nicht flacher Zinsstruktur müssen die gesamten Zahlungsreihen zur Berechnung der Kettenkapitalwerte aufgestellt werden. Damit ergibt sich für Maschine A:

t	i_t	1. Realisierung	2. Realisierung	3. Realisierung	gesamt	Barwert
0		–3.000			–3.000	–3.000,00
1	8,5%	1.900			1.900	1.751,15
2	7,9%	1.700	–3.000		–1.300	–1.116,61
3	7,5%		1.900		1.900	1.529,43
4	7,2%		1.700	–3.000	–1.300	–984,38
5	6,9%			1.900	1.900	1.361,02
6	6,5%			1.700	1.700	1.165,07
Kettenkapitalwert						705,68

Maschine B wird zweimal beschafft, die entsprechende Tabelle lautet:

t	i_t	1. Realisierung	2. Realisierung	gesamt	Barwert
0		–3.500		–3.500	–3.500,00
1	8,5%	1.500		1.500	1.382,49
2	7,9%	1.500		1.500	1.288,39
3	7,5%	1.500	–3.500	–2.000	–1.609,92
4	7,2%		1.500	1.500	1.135,83
5	6,9%		1.500	1.500	1.074,49
6	6,5%		1.500	1.500	1.028,00
Kettenkapitalwert					799,28

Das Unternehmen sollte sich aufgrund des höheren Kettenkapitalwerts für Maschinentyp B entscheiden.

A.4 Lösungen zu den Übungsaufgaben aus Kapitel 5

Lösung zu Übungsaufgabe 5.1:
Die Berechnung des internen Zinssatzes erfolgt auf die gleiche Art wie im ersten Teil von Beispiel 5.5, S. 146. Mit den Zinssätzen i^-=0,04 bzw. i^+=0,07 erhält man KW(i^-)=–28.930,96<0 bzw. KW(i^+)=11.190,67>0. Diese Werte werden in die Näherungsformel (4.3), S. 105 eingesetzt und man erhält als erste Näherung

$$i_{\text{eff}} \simeq 0{,}07 + \frac{11.190{,}67 \cdot (0{,}04 - 0{,}07)}{11.190{,}67 - (-28.930{,}96)} = 0{,}0616324.$$

Wird das Näherungsverfahren öfter durchgeführt, ergibt sich ein interner Zinssatz von rund 6,13%.

Lösung zu Übungsaufgabe 5.2:

Einzahlungs-/Auszahlungstabelle						
Zeit-	Einzah-	Auszahlungen				Schulden-
punkt	lungen	Tilgung	Zinsen	sonstige	Summe	stand
0	80.000			960	79.040	80.000
1			6.400	30	–6.430	80.000
2			6.400	30	–6.430	80.000
3			6.400	30	–6.430	80.000
4			6.400	30	–6.430	80.000
5			6.400	30	–6.430	80.000
6		80.000	6.400	30	–86.430	0

Die Bearbeitungsgebühr in Höhe von $0{,}012 \cdot 80.000 = 960$ wird einmalig in $t=0$ fällig. Die Zinsen betragen in jedem Jahr der Laufzeit $0{,}08 \cdot 80.000 = 6.400$. Die Tilgung des Darlehens erfolgt am Ende der Laufzeit.

Lösung zu Übungsaufgabe 5.3:

1. Sicht des Darlehensnehmers:

Einzahlungs–/Auszahlungs–Tabelle						
Zeit-	Einzah-	Auszahlungen				Schulden-
punkt	lungen	Tilgung	Zinsen	sonst.	Summe	stand
0	300.000			6.900	293.100	300.000
1		50.000	26.250	25	–76.275	250.000
2		50.000	21.875	25	–71.900	200.000
3		50.000	17.500	25	–67.525	150.000
4		50.000	13.125	25	–63.150	100.000
5		50.000	8.750	25	–58.775	50.000
6		50.000	4.375	25	–54.400	0

Die einmaligen Auszahlungen anlässlich der Darlehensaufnahme (Bearbeitungs- und Vertragserrichtungsgebühr) betragen 1,5%+0,8%=2,3% vom Nominale: $0{,}023 \cdot 300.000 = 6.900$. Die Tilgung errechnet sich durch Division des ursprünglichen Schuldenstands durch die Laufzeit: 300.000/6=50.000. Die Zinsen zum Zeitpunkt t ergeben sich durch Multiplikation des Schuldenstands vom Zeitpunkt t–1 mit dem Nominalzinssatz von 8,75%.

2. Sicht des Darlehensgebers:

Einzahlungs–/Auszahlungs–Tabelle						
Zeit-	Auszah-	Einzahlungen				Forderungs-
punkt	lungen	Tilgung	Zinsen	sonst.	Summe	stand
0	300.000			4.500	–295.500	300.000
1		50.000	26.250	25	76.275	250.000
2		50.000	21.875	25	71.900	200.000
3		50.000	17.500	25	67.525	150.000
4		50.000	13.125	25	63.150	100.000
5		50.000	8.750	25	58.775	50.000
6		50.000	4.375	25	54.400	0

Die Vertragserrichtungsgebühr stellt für den Darlehensgeber keine Einzahlung dar, sie wird an das Finanzamt abgeführt. Daher unterscheiden sich die beiden Tabellen (nicht nur hinsichtlich des Vorzeichens der Zahlungen) in t=0.

3. Aus der Sicht des Schuldners ergibt sich eine effektive Verzinsung von 9,59%, aus der Sicht des Gläubigers eine Rendite von 9,30%. Der Unterschied resultiert aus dem Umstand, dass die Vertragserrichtungsgebühr für den Schuldner eine Auszahlung, für den Gläubiger aber keine Einzahlung darstellt.

4. Der Kapitalwert der Zahlungsreihe muss unter Verwendung der vorgegebenen Rendite von 10% als Kalkulationszinssatz null ergeben. Die Bearbeitungsgebühr wird als unbekannte Größe BG angesetzt:

$$-300.000 + \text{BG} + \frac{76.275}{1{,}1} + \frac{71.900}{1{,}1^2} + \cdots + \frac{54.400}{1{,}1^6} = 0$$

$$\Longrightarrow \quad \text{BG} = 10.170{,}74$$

bzw. 3,39% vom Darlehensbetrag.

Lösung zu Übungsaufgabe 5.4:

Einzahlungs–/Auszahlungs–Tabelle						
Zeit-	Einzah-	Auszahlungen				Schulden-
punkt	lungen	Tilgung	Zinsen	sonst.	Summe	stand
0	200.000			2.000	198.000,00	200.000,00
1		0,00	17.000,00		–17.000,00	200.000,00
2		44.057,58	17.000,00		–61.057,58	155.942,42
3		47.802,47	13.255,11		–61.057,58	108.139,95
4		51.865,68	9.191,90		–61.057,58	56.274,27
5		56.274,27	4.783,31		–61.057,58	0,00

Im ersten Jahr werden nur Zinsen, aber keine Tilgung bezahlt. Zur Berechnung der Annuität werden der Schuldenstand von 200.000 am Ende des ersten Jahres sowie die nun verbleibende Restlaufzeit von vier Jahren verwendet:

$$200.000 \cdot \frac{0{,}085 \cdot 1{,}085^4}{1{,}085^4 - 1} = 61.057{,}58.$$

Die Aufspaltung in Zins- und Tilgungsanteil erfolgt so, dass für jeden Zeitpunkt t erst der Zinsanteil durch Multiplikation des Schuldenstands im Zeitpunkt t–1 mit 0,085 errechnet wird. Dieser Zinsanteil wird von der Annuität abgezogen, um den Tilgungsanteil zu erhalten. Der Schuldenstand zum Zeitpunkt t errechnet sich dann aus dem Schuldenstand zum Zeitpunkt t–1, vermindert um den Tilgungsanteil des Zeitpunktes t. Die Summen der Zahlungen der Zeitpunkte 2 bis 5 entsprechen, da keine Kontoführungsgebühren anfallen, der Annuität.

Lösung zu Übungsaufgabe 5.5:

Einzahlungs–/Auszahlungs–Tabelle						
Zeit-	Einzah-	Auszahlungen				Schulden-
punkt	lungen	Tilgung	Zinsen	sonst.	Summe	stand
0	300.000			3.000	297.000	300.000
1		60.000	16.800	40	–76.840	240.000
2		60.000	14.160	40	–74.200	180.000
3		60.000	10.800	40	–70.840	120.000
4		60.000	7.200	40	–67.240	60.000
5		60.000	3.480	40	–63.520	0

Der in einem bestimmten Zeitpunkt t geltende 12-Monats-EURIBOR bestimmt den Darlehenszinssatz der Periode von t bis t+1, die in dieser Periode anfallenden Zinsen werden im Zeitpunkt t+1 beglichen. Z.B. ergibt der in t=0 geltende EURIBOR von 3,8% einen Darlehenszins von 3,8%+1,8%=5,6%, die in t=1 zu zahlenden Zinsen betragen dann $0{,}056 \cdot 300.000 = 16.800$. Im dritten und vierten Jahr greift die vereinbarte Zinsobergrenze, anstelle von 6,4% bzw. 6,1% werden jeweils nur 6% Zinsen fällig.

Lösung zu Übungsaufgabe 5.6:

Einzahlungs–/Auszahlungs–Tabelle						
Zeit-	Einzah-	Auszahlungen				Schulden-
punkt	lungen	Tilgung	Zinsen	sonst.	Summe	stand
0	600.000			9.000	591.000	600.000
1		100.000	45.000	20	–145.020	500.000
2		100.000	37.500	20	–137.520	400.000
3		100.000	30.000	20	–130.020	300.000
4		0	22.500	20	–22.520	300.000
5		150.000	22.500	20	–172.520	150.000
6		50.000	12.750	20	–62.770	100.000
7		50.000	8.500	20	–58.520	50.000
8		50.000	4.250	20	–54.270	0

Die Tilgungszahlung für die ersten drei Jahre ergibt sich durch Division des Nominales durch die ursprünglich geplante Restlaufzeit von sechs Jahren. Nachdem im vierten Jahr nur Zinsen, aber keine Tilgung bezahlt wird, ist der Restschuldenstand von 300.000 auf die Restlaufzeit von zwei Jahren (das ist die Differenz zu der in diesem Zeitpunkt immer noch geltenden Gesamtlaufzeit von sechs Jahren) aufzuteilen. Am Beginn des sechsten Jahres wird schließlich eine Laufzeitverlängerung auf acht Jahre vereinbart. Deshalb wird der Restschuldenstand zu diesem Zeitpunkt durch die neue Restlaufzeit von drei Jahren dividiert, um die neue Tilgungszahlung von 50.000 zu erhalten. Ab t=6 werden die Zinsen mit dem neuen Satz von 8,5% berechnet.

Lösung zu Übungsaufgabe 5.7:

Einzahlungs–/Auszahlungs–Tabelle						
Zeit-	Einzah-	Auszahlungen				Schulden-
punkt	lungen	Tilgung	Zinsen	sonst.	Summe	stand
0	500.000			5.000	495.000,00	500.000,00
1		0,00	45.000,00	15	–45.015,00	500.000,00
2		83.546,23	45.000,00	15	–128.561,23	416.453,77
3		91.065,39	37.480,84	15	–128.561,23	325.388,38
4		20.700,05	29.284,95	15	–50.000,00	304.688,34
5		145.783,89	27.421,95	15	–173.220,84	158.904,44
6		48.240,21	15.095,92	15	–63.351,13	110.664,24
7		52.823,03	10.513,10	15	–63.351,13	57.841,21
8		57.841,21	5.494,92	15	–63.351,13	0,00

Im ersten Jahr werden nur Zinsen, aber keine Tilgung bezahlt. Die Annuität für die Zeitpunkte 2 und 3 wird mit dem Schuldenstand in t=1 und der geplanten Restlaufzeit von fünf Jahren berechnet:

$$A_{t=2,3} = 500.000 \cdot \frac{0{,}09 \cdot 1{,}09^5}{1{,}09^5 - 1} = 128.546{,}23.$$

Von den im vierten Jahr bezahlten 50.000 werden zuerst die Kontoführungsgebühren in Höhe von 15 gedeckt (es verbleiben 49.985). Davon werden die Zinsen in Höhe von $325.388{,}38 \cdot 0{,}09$=29.284,95 bezahlt. Es verbleiben 49.985–29.284,95=20.700,05 als Tilgungsanteil. Für das fünfte Jahr ist eine neue Annuität unter Zugrundelegung der vereinbarten Gesamtlaufzeit von sechs Jahren (das entspricht einer Restlaufzeit von zwei Jahren) zu errechnen:

$$A_{t=5} = 304.688, 34 \cdot \frac{0{,}09 \cdot 1{,}09^2}{1{,}09^2 - 1} = 173.205{,}84.$$

Am Beginn des sechsten Jahres wird die Laufzeit verlängert und der Zinssatz erhöht, was eine neuerliche Berechnung der Annuität für die nunmehr verbleibenden drei Jahre Restlaufzeit erfordert:

$$A_{t=6,7,8} = 158.904{,}44 \cdot \frac{0{,}095 \cdot 1{,}095^3}{1{,}095^3 - 1} = 63.336{,}13.$$

Lösung zu Übungsaufgabe 5.8:

Einzahlungs–/Auszahlungs–Tabelle						
Zeit-punkt	Einzah-lungen	Auszahlungen			Summe	Schulden-stand
		Tilgung	Zinsen	sonst.		
0	10.000			200	9.800,00	10.000,00
1		2.500,00	800,00	20	–3.320,00	7.500,00
2		0,00	600,00	20	–620,00	7.500,00
3		1.361,25	618,75	20	–2.000,00	6.138,75
4		6.138,75	521,79	20	–6.680,54	0,00

Da im zweiten Jahr keine Tilgung erfolgt, reduziert sich auch der Schuldenstand nicht. Von den 2.000, die im dritten Jahr gezahlt werden, werden zuerst die Kontoführungsgebühr und die Zinsen (berechnet mit dem neuen Zinssatz) abgedeckt, der verbleibende Betrag in Höhe von 2.000,00–20,00–618,75=1.361,25 wird für die Tilgung verwendet. Entsprechend verringert sich der Schuldenstand auf 6.138,75. Im vierten (und letzten) Jahr muss die Tilgung genau der Restschuld am Ende der Vorperiode entsprechen, die Zinsen werden unter Verwendung des neuen Zinssatzes von 8,5% ermittelt.

Lösung zu Übungsaufgabe 5.9:

Einzahlungs–/Auszahlungs–Tabelle						
Zeitpunkt (Quartal)	Auszah-lungen	Einzahlungen			Summe	Forderungs-stand
		Tilgung	Zinsen	sonst.		
0	150.000			1.800	–148.200,00	150.000,00
1		17.322,69	3.375,00	7	20.704,69	132.677,31
2		17.712,45	2.985,24	7	20.704,69	114.964,85
3		18.110,98	2.586,71	7	20.704,69	96.853,87
4		18.518,48	2.179,21	7	20.704,69	78.335,39
5		0,00	0,00	0	0,00	80.104,94
6		26.045,09	2.002,62	7	28.054,72	54.059,84
7		26.696,22	1.351,50	7	28.054,72	27.363,62
8		27.363,62	684,09	7	28.054,72	0,00

Die Laufzeit des Darlehens beträgt acht Quartale. Der Quartalszinssatz liegt bei 9%/4=2,25%. Damit ergibt sich die Annuität

$$A_{t=1,2,3,4} = 150.000 \cdot \frac{0{,}0225 \cdot 1{,}0225^8}{1{,}0225^8 - 1} = 20.697{,}69.$$

Im fünften Quartal erhöht sich der Forderungsstand des Gläubigers um die nicht gezahlten Zinsen und die nicht gezahlte Kontoführungsgebühr. In t=6 ist unter Verwendung des neuen Schuldenstands, des auf 10% p.a. (das entspricht

2,5% pro Quartal) angehobenen Zinssatzes und der verbleibenden Restlaufzeit eine neue Annuität zu ermitteln:

$$A_{t=6,7,8} = 80.104,94 \cdot \frac{0{,}025 \cdot 1{,}025^3}{1{,}025^3 - 1} = 28.047{,}72.$$

Lösung zu Übungsaufgabe 5.10:

Einzahlungs–/Auszahlungs–Tabelle						
Zeit-	Einzah-	Auszahlungen				Schulden-
punkt	lungen	Tilgung	Zinsen	sonst.	Summe	stand
0	30.000			450	29.550	30.000
1		0	2.250	20	–2.270	30.000
2		0	0	20	–20	32.400
3		0	2.592	20	–2.612	32.400
4		10.800	2.592	20	–13.412	21.600
5		10.800	1.728	20	–12.548	10.800
6		10.800	864	20	–11.684	0

Das erste Jahr ist ein Freijahr, es werden nur die Kontoführungsgebühr und die Zinsen (0,075 · 30.000=2.250) gezahlt. In t=2 wird nur die Kontoführungsgebühr gezahlt, die nicht gezahlten Zinsen (berechnet mit dem neuen Zinssatz von 8%) erhöhen den Schuldenstand. Im dritten Jahr erfolgt keine Tilgungszahlung, die Restschuld von 32.400 wird ab t=4 in konstanten Kapitalraten auf die verbleibenden Jahre der Laufzeit verteilt.

Lösung zu Übungsaufgabe 5.11:
Nach Abzug von 1,3% (der Darlehenssumme) müssen von der Darlehenssumme x noch 10.000 übrig bleiben:

$$x - 0{,}013 \cdot x = 10.000 \quad\Longrightarrow\quad x = 10.131{,}71.$$

Lösung zu Übungsaufgabe 5.12:

1. Tilgungsplan:

	Einzahlungen	Auszahlungen				Schulden-
t	Emission	Tilgung	Zinsen	Spesen	Summe	stand
0	15.150.000			375.000	14.775.000	15.000.000
1		3.000.000	900.000	5.000	–3.905.000	12.000.000
2		3.000.000	720.000	5.000	–3.725.000	9.000.000
3		3.000.000	540.000	5.000	–3.545.000	6.000.000
4		3.000.000	360.000	5.000	–3.365.000	3.000.000
5		3.000.000	180.000	5.000	–3.185.000	0

2. Bei Verwendung der gegebenen Rendite von 6% als Kalkulationszinssatz muss der Kapitalwert der Zahlungsreihe gleich null sein:

$$15.000.000 \cdot \text{EmK} - 375.000 - \frac{3.905.000}{1{,}06} - \ldots - \frac{3.185.000}{1{,}06^5} = 0$$

$$\Longrightarrow \quad \text{EmK} = 1{,}0264 = 102{,}64\%.$$

3. Bei der Berechnung des Kurses dürfen die jeweils anfallenden Spesen nicht berücksichtigt werden. Es ergibt sich damit

$$\frac{3.540.000}{1{,}038} + \frac{3.360.000}{1{,}039^2} + \frac{3.180.000}{1{,}039^3} = 9.358.075{,}14,$$

zur Berechnung des Kurses der Anleihe muss nun durch den zu diesem Zeitpunkt noch ausstehenden Schuldenstand dividiert werden:

9.358.075,14/9.000.000=1,039786≃103,98%.

Lösung zu Übungsaufgabe 5.13:

1. Einzahlungs-/Auszahlungstabelle:

	Einzahlungen	Auszahlungen			Forderungs-
t	Tilgung	Kauf	Spesen	Summe	stand
0		36.825	375	-37.200	50.000
1				0	50.000
2				0	50.000
3				0	50.000
4	50.000			50.000	0

2. Rendite:

$$i_{\text{eff}} = \sqrt[4]{\frac{50.000}{37.200}} - 1 = 0{,}0767 = 7{,}67\% \text{ p.a.}$$

3. Emissionskurs:

$$-50.000 \cdot \text{EmK} - 375 + 50.000 \cdot 1{,}07^{-4} = 0$$

$$\Longrightarrow \quad \text{EmK} \simeq 0{,}7554 = 75{,}54\%.$$

Lösung zu Übungsaufgabe 5.14:

1. Einzahlungs-/Auszahlungstabelle:

t	Einzahlungen		Auszahlungen		Summe	Forderungsstand
	Tilgung	Zinsen	Kauf	Spesen		
0			3.968	32	–4.000	4.000
1		230			230	4.000
2		230			230	4.000
3	4.000	230			4.230	0

2. Der Wert der Anteile des Anlegers in t=1 beträgt

$$230 \cdot 1{,}049^{-1} + 4.230 \cdot 1,047^{-2} = 4.078{,}01,$$

der Kurs der Anleihe zu diesem Zeitpunkt beträgt 101,95%.

Lösung zu Übungsaufgabe 5.15:

1. Einzahlungs-/Auszahlungstabelle:

t	Einzahlungen		Auszahlungen		Summe	Forderungsstand
	Tilgung	Zinsen	Kauf	Spesen		
0			20.000	140	–20.140	20.000
1		1.250		20	1.230	20.000
2		1.290		20	1.270	20.000
3		1.330		20	1.310	20.000
4	20.000	1.370		20	21.350	0

Die Zinszahlungen in den einzelnen Jahren werden mit dem jeweils geltenden Zinssatz berechnet. In t=4 wird die Anleihe zur Gänze getilgt.

2. Es gilt

$$102{,}5 = 106{,}85 \cdot (1 + i_1)^{-1} \quad \Rightarrow \quad i_1 = 0{,}042439 \simeq 4{,}24\% \text{ p.a.}$$

Lösung zu Übungsaufgabe 5.16:
Der Kurs des Floaters beträgt

$$B = 104{,}8 \cdot 1{,}045^{-10/12} = 101{,}02551 \simeq 100{,}03.$$

Lösung zu Übungsaufgabe 5.17:

1. Rendite:

$$i_{\text{eff}} = \sqrt[35]{\frac{100}{2{,}14}} - 1 = 0{,}116098 \simeq 11{,}61\% \text{ p.a.}$$

2. Mit dem Kauf dieser Anleihe sind mehrere Risiken verbunden: Zunächst besteht das Wechselkursrisiko: Die Anleihe ist in Rand begeben und wird auch in Rand getilgt. Niemand kann voraussagen, welcher Wechselkurs zwischen Rand und Euro im Jahr 2032 gelten wird — vielleicht verliert der Anleger durch eine ungünstige Kursentwicklung einen großen Teil seines eingesetzten Kapitals, vielleicht erzielt er aufgrund einer günstigen Kursentwicklung auch einen zusätzlichen Gewinn.

   Weiters besteht die Gefahr, dass der Konzern am Ende der Laufzeit der Nullkuponanleihe nicht in der Lage sein wird, die Tilgungszahlung zu leisten. Möglicherweise ist der Konzern schon während der Laufzeit in Konkurs gegangen. Da es für österreichische (oder deutsche) Privatanleger i.A. eher schwierig ist, die wirtschaftliche Entwicklung eines südafrikanischen Konzerns genau zu verfolgen, kann der Anleger seine gezeichneten Anteile vielleicht nicht rechtzeitig weiterverkaufen. Zusätzlich fällt durch den Charakter der Nullkuponanleihe ein „Frühwarnsystem“ für den Zeichner weg: Bei Kuponanleihen ist das Ausbleiben einer Kuponzahlung ein Warnsignal, dass der Emittent Zahlungsschwierigkeiten hat.

   Ob die Rendite von 11,61% p.a. diese Risiken aufwiegt, hängt von der Risikoeinstellung des Investors ab. Jeder Anleger muss diese Frage für sich selbst entscheiden.

Lösung zu Übungsaufgabe 5.18:
Die Inanspruchnahme des Lieferantenkredits entspricht einer Kreditaufnahme mit einer Einzahlung in Höhe von 196.000 € in t=21 und einer Auszahlung in Höhe von 200.000 € in t=60. Die Laufzeit des Kredits beträgt somit 39 Tage. Der Effektivzinssatz pro Tag beträgt

$$i_{\text{eff}} = \sqrt[39]{\frac{200.000}{196.000}} - 1 = 0{,}0005182 = 0{,}05182\%.$$

Daraus ergibt sich ein effektiver Jahreszinssatz von

$$i_{\text{eff}} = \left(\sqrt[39]{\frac{200.000}{196.000}}\right)^{365} - 1 = 0{,}2081 = 20{,}81\% \text{ p.a.}$$

Lösung zu Übungsaufgabe 5.19:
Der Diskonterlös wird mittels einfacher, vorschüssiger Verzinsung errechnet:

$$51.000 \cdot (1 - 0,06/2) = 49.470.$$

Die heute fällige Zahlung in Höhe von 50.000 € übersteigt den Diskonterlös. Es ergibt sich ein zu finanzierender Rest von ca. 530 € (50.000–49.470).

Lösung zu Übungsaufgabe 5.20:
Die Rendite des Investors entspricht jenem Kalkulationszinssatz, bei dem die mit Erwerb, Halten und Verkauf der Aktie verbundene Zahlungsreihe einen Kapitalwert von null hat:

$$-130 + \frac{10}{(1 + i_{\text{eff}})} + \frac{142}{(1 + i_{\text{eff}})^2} = 0$$

Lösen dieser quadratischen Gleichung (in diesem Fall kann die Rendite exakt ermittelt werden) ergibt $i_{\text{eff}} = 0{,}0843 = 8{,}43\%$.

Lösung zu Übungsaufgabe 5.21:
Der adäquate Kalkulationszinssatz ergibt sich mit Hilfe von Formel (5.3) zu:

$$20 = \frac{2}{i - 0{,}06} \qquad \Longrightarrow i = 0{,}16 = 16\%.$$

Lösung zu Übungsaufgabe 5.22:
Das KGV der Bauernland AG beträgt 125/15=8,33, das KGV der Milch AG dagegen 115/12=9,58. Der Investor wird umschichten, da die Bauernland AG ein geringeres KGV hat („billiger ist“).

Lösung zu Übungsaufgabe 5.23:

Finanzplan				
		September	Oktober	November
Anfangsbestand		3.000	–150.000	1.939.000
Einzahlungen	Umsatz (Juli)	520.000		
	Umsatz (Aug.)	1.050.000	910.000	
	Umsatz (Sept.)	1.200.000	900.000	780.000
	Umsatz (Okt.)		1.800.000	1.350.000
	Umsatz (Nov.)			1.600.000
Summe Einzahlungen		2.770.000	3.610.000	3.730.000
Auszahlungen	Maschine	1.400.000		
	Miete	800.000	800.000	800.000
	Löhne/Gehälter	720.000	720.000	1.080.000
KK–Kredit	Bereitst.–Prov.	3.000	0	0
	Überziehungsprov.	0	0	0
	Sollzinsen	0	1.000	0
Summe Auszahlungen		2.923.000	1.521.000	1.880.000
Zahlungsmittelendbestand		–150.000	1.939.000	3.789.000
Kurzfr. Fin.-Bedarf		150.000	0	0

Die realisierten bzw. prognostizierten Umsätze werden über das Liquidationsspektrum in geplante Einzahlungen umgewandelt: So werden beispielsweise 40% der Umsätze des Oktobers zu Einzahlungen im Oktober, 30% der Oktober–Umsätze aber erst im November zu Einzahlungen. Bei den laufenden Auszahlungen ist darauf zu achten, dass die Dezember–Gehälter Ende November angewiesen werden (hier ist die Sonderzahlung inkludiert). Der Kontokorrentkredit muss nur einmal in Anspruch genommen werden: Im September sind die Einzahlungen geringer als die Auszahlungen, und diese Differenz übersteigt den Kassastand von 3.000 bei weitem. Die Zinsen ergeben sich zu

$$150.000 \cdot \frac{0{,}08 \cdot 30}{360} = 1.000$$

und werden im Oktober bezahlt. Die Bereitstellungsprovision beträgt

$$600.000 \cdot \frac{0{,}02 \cdot 90}{360} = 3.000$$

und wird gemäß Angabe im September bezahlt.

Lösung zu Übungsaufgabe 5.24:

Finanzplan				
		Jänner	Februar	März
Anfangsbestand		–60.000,00	–1.301.603,86	–672.868,56
Einzahlungen	Umsatz (Nov.)	300.000,00		
	Umsatz (Dez.)	2.700.000,00	720.000,00	
	Umsatz (Jan.)	2.000.000,00	2.500.000,00	300.000,00
	Umsatz (Feb.)		2.600.000,00	3.250.000,00
	Umsatz (März)			2.400.000,00
Summe Einzahlungen		5.000.000,00	5.820.000,00	5.950.000,00
Auszahlungen	Maschine	841.153,86		
	Material	2.000.000,00	2.200.000,00	2.500.000,00
	Löhne	3.000.000,00	2.600.000,00	2.800.000,00
	sonst.	400.000,00	380.000,00	420.000,00
KK–Kredit	Bereitst.–Prov.	0,00	0,00	500,00
	Überz.–Prov.	0,00	1.502,67	454,78
	Sollzinsen	450,00	9.762,03	5.046,51
Summe Auszahlungen		6.241.603,86	5.191.264,70	5.726.001,29
Zahlungsmittelendbestand		–1.301.603,86	–672.868,56	–448.869,85
kurzfr. Finanzierungsbedarf		1.301.603,86	672.868,56	448.869,85

Die Umsätze (Daten und Prognosen) werden wie beim vorigen Beispiel über das Liquidationsspektrum in geplante Einzahlungen umgerechnet. Die Annuität für die Maschine berechnet sich zu

$$1.500.000{,}00 \cdot \frac{0{,}08 \cdot 1{,}08^2}{1{,}08^2 - 1} = 841.153,86.$$

Die übrigen Auszahlungen werden laut Angabe eingetragen, ebenso der Saldo vom Dezember (–60.000). Die Sollzinsen im Jänner ergeben sich aufgrund des negativen Saldos aus dem Dezember zu

$$60.000{,}00 \cdot \frac{0{,}09 \cdot 30}{360} = 450{,}00.$$

Die Bereitstellungsprovision ergibt sich zu

$$400.000{,}00 \cdot \frac{0{,}005 \cdot 90}{360} = 500{,}00$$

und ist im März fällig. Die Zinsen im Februar betragen

$$1.301.603{,}86 \cdot \frac{0{,}09 \cdot 30}{360} = 9.762{,}03$$

(analog für den März). Die Überziehungsprovision fällt nur für jenen Teil der Kontoüberziehung an, der den Rahmen von 400.000 übersteigt. Für den Februar berechnet sie sich aus

$$(1.301.603{,}86 - 400.000{,}00) \cdot \frac{0{,}02 \cdot 30}{360} = 1.502{,}67$$

(analog für den März).

A.5 Lösungen zu den Übungsaufgaben aus Kapitel 6

Lösung zu Übungsaufgabe 6.1:
Für den GEFA-Kredit sind 80.000 € ($1.000.000 \cdot 0{,}08 \cdot 1$) an Eigenkapital zu unterlegen. Das entspricht Auszahlungen in Höhe von 7.200 € ($80.000 \cdot (0{,}15-0{,}06)$). Die Prämie für die Eigenkapitalunterlegung beim GEFA-Kredit beträgt somit 0,72% (7.200/1.000.000). Der zusätzliche Aufschlag für die Eigenkapitalunterlegung bei Kreditvergabe an GEFA (im Vergleich zur Kreditvergabe an SIHA) beträgt damit 0,504% (0,72–0,216).

Lösung zu Übungsaufgabe 6.2:
Für jeden Euro, der als Kredit vergeben wird, hat ERNEUT bei einem vereinbarten Zinssatz von r eine Forderung nach einem Jahr in Höhe von $1 + r$. Der Kreditnehmer wird mit einer Wahrscheinlichkeit von 97% die geforderte Zahlung leisten (ansonsten bezahlt er nichts). Im Erwartungswert möchte ERNEUT genau dasselbe erhalten, wie bei einer vereinbarten Verzinsung von 9% und einem Ausfallsrisiko von null:

$$0{,}97 \cdot (1 + r) = 1{,}09$$
$$r = \frac{1{,}09}{0{,}97} - 1 = 0{,}123711 \simeq 12{,}37\%.$$

Lösung zu Übungsaufgabe 6.3:
Mit einer Wahrscheinlichkeit von 3% erhält ERNEUT nun zwar keine Zahlung vom Kreditnehmer, kann aber die Sicherheiten verwerten, die einen Wert von 50% des Nominales haben:

$$0{,}97 \cdot (1 + r) + 0{,}03 \cdot 0{,}5 = 1{,}09$$
$$r = \frac{1{,}09 - 0{,}03 \cdot 0{,}5}{0{,}97} - 1 = 0{,}108247 \simeq 10{,}82\%.$$

Die Beibringung von Sicherheiten reduziert das Kreditrisiko und somit den Risikozuschlag im geforderten Zinssatz.

Lösung zu Übungsaufgabe 6.4:
Es gilt

$$\begin{aligned} \text{PD} &= 0{,}02, \\ \text{EAD} &= 250.000 + 250.000 \cdot 0{,}05 = 262.500 \text{ und} \\ \text{LGD} &= 1 - (17.000/250.000) = 0{,}932. \end{aligned}$$

Der erwartete Verlust (expected loss, EL) ist das Produkt aus PD, EAD und LGD und beträgt

$$\text{EL} = 0{,}02 \cdot 262.500 \cdot 0{,}932 = 4.893{,}00.$$

Lösung zu Übungsaufgabe 6.5:
Zunächst ist die Zahlungsreihe (Zins- und Tilgungszahlungen) aus Sicht des Emittenten aufzustellen:

		Auszahlungen		
t	Einzahlungen	Tilgung	Zinsen	Summe
0	1.000.000			1.000.000
1		250.000	45.000	–295.000
2		250.000	33.750	–283.750
3		250.000	22.500	–272.500
4		250.000	11.250	–261.250

Anschließend wird jener Emissionskurs bestimmt, bei dem das Diskontieren der Zahlungsreihe mit dem gewünschten Effektivzinssatz von i=4,8% einen Kapitalwert von null ergibt:

$$1.000.000 \cdot \text{EmK} - \frac{295.000}{1{,}048} - \frac{283.750}{1{,}048^2} - \frac{272.500}{1{,}048^3} - \frac{261.250}{1{,}048^4} = 0$$

$$\text{EmK} = 0{,}99316 \simeq 99{,}3\%.$$

Der einer Rendite von 4,8% entsprechende Emissionskurs beträgt 99,3%.

Lösung zu Übungsaufgabe 6.6:

1. 2.700.000 Aktien zu je 28 €=75.600.000 €
2. 3.000.000 Aktien zu je 28 €=84.000.000 €
3. 3.000.000 Aktien zu je 28 €=84.000.000 €
4. 3.000.000 Aktien zu je 29 €=87.000.000 €
5. 3.300.000 Aktien zu je 29 €=95.700.000 €

Lösung zu Übungsaufgabe 6.7:

1. Das Bezugsverhältnis errechnet sich aus 2.000.000/500.000 = 4:1, d.h. für 4 alte Aktien kann eine neue Aktie erworben werden. Der Altaktionär erhält 240 Bezugsrechte, die ihn zum Bezug von 60 neuen Aktien berechtigen.
2. Nach der Kapitalerhöhung wird sich folgender Mischkurs einstellen:

$$\frac{2.000.000 \cdot 8 + 500.000 \cdot 6{,}5}{2.500.000} = 7{,}7.$$

Das bedeutet, der Aktionär würde durch die Kapitalerhöhung (ohne Berücksichtigung des Verkaufserlöses für die Bezugsrechte) einen Vermögensverlust von (8–7,7) · 240=72 € erleiden. Er muss die Bezugsrechte mindestens zu ihrem rechnerischen Wert von 0,3 € verkaufen (vgl. Formel (6.1)), dies entspricht auch der Differenz zwischen dem Kurs der Altaktien vor der Kapitalerhöhung und dem rechnerischen Mischkurs).

Lösung zu Übungsaufgabe 6.8:

1. Der Mischkurs wird folgendermaßen errechnet: 500.000 Aktien zu je 2.450 € haben einen Gesamtwert von 1.225.000.000 €. 150.000 Aktien zu je 2.200 € sind insgesamt 330.000.000 € wert. Die Summe von 1.555.000.000 € ergibt aufgeteilt auf insgesamt 650.000 Aktien einen theoretischen Mischkurs von 2.392,31 €.
2. Das Bezugsverhältnis beträgt 500.000/150.000=10:3 (das Bezugsverhältnis wird üblicherweise als ganzzahliges Verhältnis angegeben).
3. 3/10 · 10.000=3.000.
4. Unter Verwendung von Formel (6.1) ergibt sich:

$$\text{BR} = \frac{2.450 - 2.200}{10/3 + 1} = 57,69\,€.$$

5. Stimmrechtsanteil vor Kapitalerhöhung: 10.000/500.000=0,02=2%, nach Kapitalerhöhung: (10.000+3.300)/650.000=2,046%. (Für 11.000 Bezugsrechte bekommt OLD 3.300 junge Aktien.)

A.6 Lösungen zu den Übungsaufgaben aus Kapitel 7

Lösung zu Übungsaufgabe 7.1:

1. Der Anlagenbauer verpflichtet sich, am 2. August des kommenden Jahres der Bank drei Mrd. AON gegen Erhalt des Kaufpreises von 52.415.937,94 € (3.000.000.000/57.2345) zu verkaufen. Die Bank verpflichtet sich, gegen Zahlung des genannten Kaufpreises den Betrag von drei Milliarden AON zu erwerben.
2. Ohne Forward hätte der Betrag am 2. August um 50.741.330,84 € verkauft werden können. Durch den Abschluss des Forward-Kontraktes werden hingegen 52.415.937,94 € erlöst. Durch die Absicherung ist also ein Gewinn von 1.674.607,10 € entstanden.
3. Für derart exotische Währungen existieren keine Futures.

Lösung zu Übungsaufgabe 7.2:

1. Sie müssen ein 4×6-FRA abschließen. Die erste Zahl gibt den Beginnzeitpunkt des fiktiven Darlehens an, die zweite den Endzeitpunkt.
2. Sie müssen das FRA *kaufen*, da Sie Geld benötigen und daher bei diesem fiktiven Darlehen als Darlehens*nehmer* auftreten.
3. Die Ausgleichszahlung beträgt

$$(0{,}0389 - 0{,}0356)/6 \cdot 5.000.000/(1 + 0{,}0356/6) = 16.402{,}68$$

4. Bei Fälligkeit herrschen günstigere Darlehenskonditionen vor als durch das FRA gesichert wurden. Ihr Unternehmen muss daher diese Ausgleichszahlung *leisten.*

Lösung zu Übungsaufgabe 7.3:
Futures- und Basiswertkurs im Fälligkeitszeitpunkt müssen übereinstimmen, weil sonst Arbitrage möglich wäre. In der beschriebenen Situation könnte der Future gekauft und der Basiswert über den Future zum Preis von F_T erworben werden. Unmittelbar danach könnte der Basiswert zum Preis von S_T verkauft werden. Der Arbitragegewinn beträgt $S_T - F_T$.

Lösung zu Übungsaufgabe 7.4:
Siehe Abbildung A.4.

Lösung zu Übungsaufgabe 7.5:

1. Im Falle der Direktinvestition in den Index beträgt die Rendite

$$i_{\text{eff}} = \frac{2.901 - 2.900}{2.900} = 0{,}0345\%.$$

2. Im Falle des Kaufs eines DAX-Futures (Kontraktgröße ist der 25fache Indexstand, zu hinterlegender Margin 9.000 €!)

$$i_{\text{eff}} = \frac{25}{9.000} = 0{,}2778\%.$$

Der Hebel des Futures liegt somit bei $0{,}2778/0{,}0345 \simeq 8$.

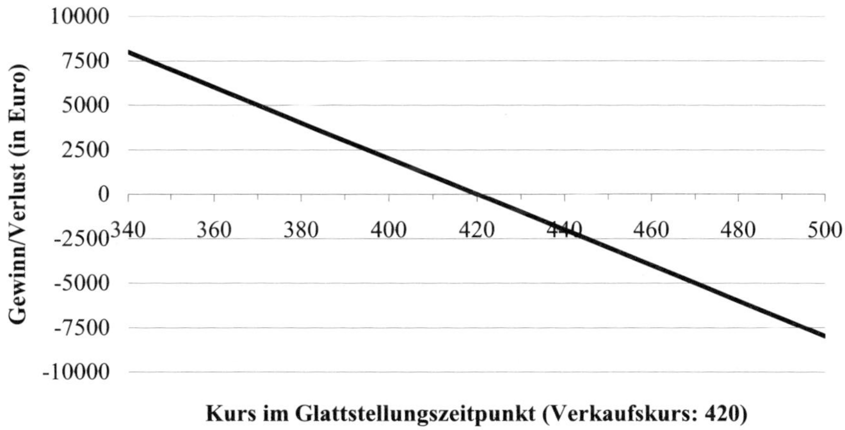

Abbildung A.4: Gewinn/Verlust der Futuresposition aus Übungsaufgabe 7.4 (in Euro) in Abhängigkeit vom Futureskurs im Glattstellungszeitpunkt

Lösung zu Übungsaufgabe 7.6:

1. Um eine Long-Position in Aktien abzusichern, sind Futures zu *ver*kaufen. Die Zahl der zu verkaufenden Kontrakte ergibt sich aus

   $$80.000.000/2.800/25 \simeq 1.143.$$

2. Der dafür erforderliche Margin beträgt $1.143 \cdot 9.000 = 10.287.000$€.

Lösung zu Übungsaufgabe 7.7:

1. Der Investor könnte Gold auf dem Kassamarkt kaufen und ein Jahr lagern, oder Gold-Futures kaufen und das Gold bei Fälligkeit des Futures erwerben.
2. Die erste Strategie kostet je Unze $288 \cdot 1{,}045 + 2 = 302{,}96$ \$, die zweite dagegen 306 \$(jeweils in t=1). Die Strategie „Kauf sofort und Lagerung für ein Jahr“ ist somit deutlich günstiger.
3. Ein Arbitrageur könnte diese Ungleichgewichtssituation ausnützen, indem er die erste Strategie verfolgt und parallel Gold-Futures verkauft. Je Kontrakt beträgt sein Gewinn 306–302,96=3,04 \$ (in einem Jahr).

Lösung zu Übungsaufgabe 7.8:
Siehe Abbildung A.5.

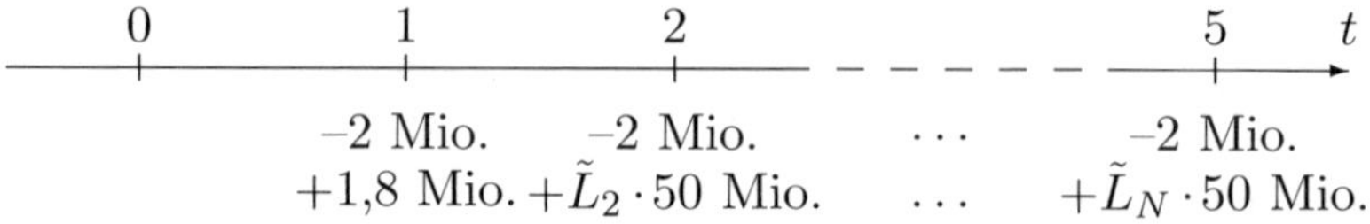

Abbildung A.5: Zahlungen aus der Sicht von EVM (Übungsaufgabe 7.8)

Lösung zu Übungsaufgabe 7.9:

1. Siehe Abbildung A.6.
2. Der Wert der Kuponanleihe (in Prozent) ergibt sich zu

   $$4 \cdot \mathrm{e}^{-0{,}033 \cdot 0{,}75} + 4 \cdot \mathrm{e}^{-0{,}036 \cdot 1{,}75} + 4 \cdot \mathrm{e}^{-0{,}039 \cdot 2{,}75} + 104 \cdot \mathrm{e}^{-0{,}041 \cdot 3{,}75} = 100{,}43.$$

   Der Wert des Floaters (in Prozent) beträgt

   $$103{,}6 \cdot \mathrm{e}^{-0{,}033 \cdot 0{,}75} = 101{,}07.$$

   Die EVM erhält variable Zahlungen und muss fixe leisten. Unter Berücksichtigung des Nominales von 50 Mio. € ergibt sich der Wert des Swaps aus der Sicht der EVM zu

   $$50.000.000 \cdot (101{,}07 - 100{,}43)/100 = 318.797{,}64.$$

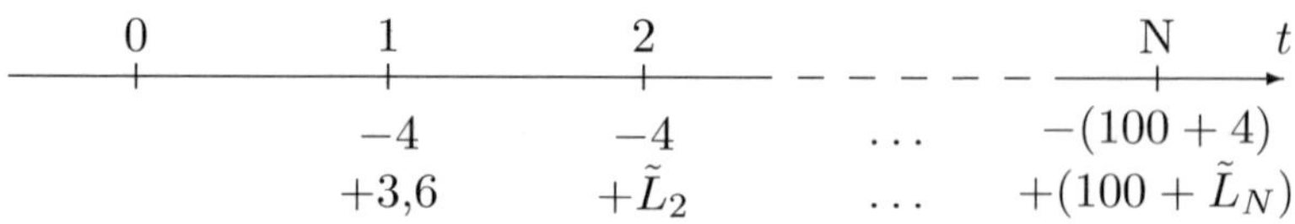

Abbildung A.6: Darstellung des Zinsswaps aus Übungsaufgabe 7.9 als Kombination aus Kuponanleihe und Floater (in Prozent vom Nominale)

Lösung zu Übungsaufgabe 7.10:
Siehe Abbildung A.7.

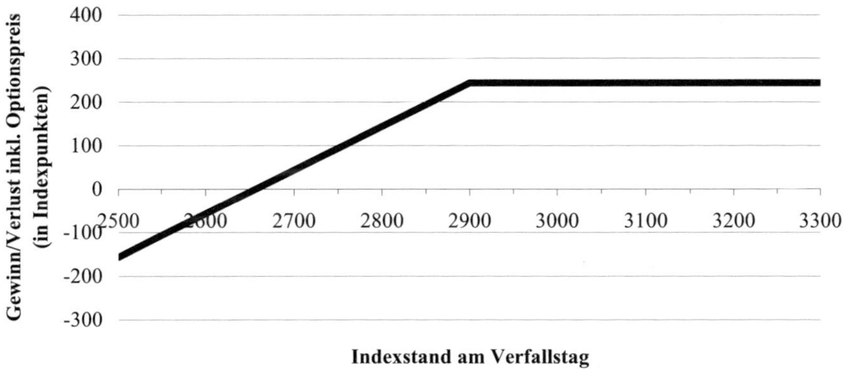

Abbildung A.7: Gewinn/Verlust des Investors aus Übungsaufgabe 7.10 (in Indexpunkten) in Abhängigkeit vom Indexstand am Verfallstag

Lösung zu Übungsaufgabe 7.11:

1. Siehe Abbildung A.8.
2. Die Form der Gesamtposition des Investors entspricht einer gekauften Call-Option (long Call).
3. Der Investor hätte eine sehr ähnliche Gesamtposition am Verfallstag durch Verkauf der gehaltenen Aktie und Kauf einer Call-Option erreichen können. Wenn Transaktionskosten nicht berücksichtigt werden, ist das Gesamtergebnis dieser Strategie um 1 € besser als jenes der Kombination Aktie long/Put long. Die durch Aktie long/Put long „künstlich erzeugte“ Call-Option ist um 1 € teurer als die an der Börse gehandelte Call-Option.

Lösung zu Übungsaufgabe 7.12:
Siehe Abbildung A.9.

Lösung zu Übungsaufgabe 7.13:

1. Bei sofortiger Ausübung der Option (wir unterstellen, dass diese möglich wäre) hätte diese einen positiven Wert (innerer Wert: 40–35,68=4,32>0). Die Option ist also im Geld.
2. Der Zeitwert der Put-Option entspricht der Differenz zwischen Optionspreis und innerem Wert: 7,20–4,32=2,88.
3. Die Rendite von Investor A ergibt sich aus

$$i_{\text{eff,A}} = \frac{35{,}68 - 31}{35{,}68} = 13{,}12\%,$$

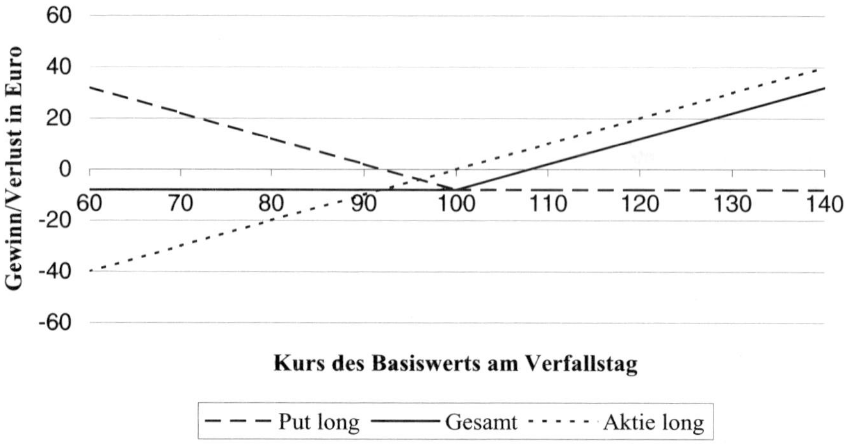

Abbildung A.8: Gewinn/Verlust des Investors aus Übungsaufgabe 7.11 in Abhängigkeit vom Aktienkurs am Verfallstag

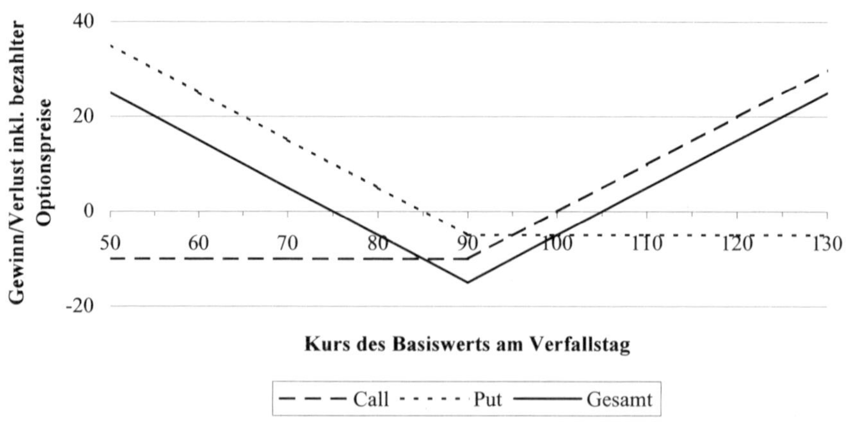

Abbildung A.9: Gewinn/Verlust des Investors aus Übungsaufgabe 7.12 in Abhängigkeit vom Kurs des Basiswerts am Verfallstag

jene von Investor B aus

$$i_{\text{eff,B}} = \frac{9 - 7{,}20}{7{,}20} = 25\%.$$

Lösung zu Übungsaufgabe 7.14:
Zur Absicherung einer Long-Position in Aktien sind Put-Optionen zu *kaufen.* Die Zahl der zu kaufenden Puts ergibt sich aus der Division des Gesamtwerts der Aktien durch den derzeitigen Indexstand und die Kontraktgröße:

$$15.000.000/2.450/5 = 1.224{,}49.$$

Der Fondsmanager soll also entweder 1.224 oder 1.225 Put-Optionen kaufen.

Lösung zu Übungsaufgabe 7.15:

1. Die Zahl der zu kaufenden/verkaufenden Aktien ergibt sich durch Gleichsetzen der Portfoliowerte im Falle von Kursanstieg bzw. Kursrückgang:[1]

$$\underbrace{\overbrace{95x}^{\text{Aktien}} - \overbrace{5 \cdot 100}^{\text{Calls short}} - \overbrace{93x \cdot e^{\frac{0{,}03}{365}}}^{\text{Kaufpreis Aktien inkl. Zi.}} + \overbrace{250 \cdot e^{\frac{0{,}03}{365}})}^{\text{Verkaufserlös Optionen inkl. Zi.}}}_{\text{PF-Wert in } t=1 \text{ nach Kursanstieg}} =$$

$$\underbrace{\overbrace{91x}^{\text{Aktien}} - \overbrace{\mathbf{1 \cdot 100}}^{\text{Calls short}} - \overbrace{93x \cdot e^{\frac{0{,}03}{365}}}^{\text{Kaufpreis Aktien inkl. Zi.}} + \overbrace{250 \cdot e^{\frac{0{,}03}{365}})}^{\text{Verkaufserlös Optionen inkl. Zi.}}}_{\text{PF-Wert in } t=1 \text{ nach Kursrückgang}}$$

$$x = 100$$

Das Ergebnis x=(+)100 sagt uns, dass wir 100 Aktien *kaufen* sollen. Eine Kontrollrechnung zeigt, dass der Gesamtwert eines Portfolios bestehend aus 100 Aktien long und 100 Calls short am nächsten Tag tatsächlich unabhängig von der tatsächlich eingetretenen Kursentwicklung ist:

$$95 \cdot 100 - 500 + (250 - 93 \cdot 100) \cdot e^{\frac{0{,}03}{365}} = 91 \cdot 100 - 100 + (250 - 93 \cdot 100) \cdot e^{\frac{0{,}03}{365}}$$

$$-50{,}74 = -50{,}74$$

[1]Zu beachten ist dabei Folgendes: Der Verkaufserlös aus den geschriebenen Call-Optionen kann zinsbringend angelegt werden (während in Beispiel 7.21, S. 289, der Wert der Aktien natürlich nicht *verzinst* wird, sondern gemäß den Modellannahmen entweder auf einen bestimmten Wert ansteigt oder einen anderen Wert fällt!). Dadurch erhalten wir einen zusätzlichen Term in der Gleichung, der zwar bei der Ermittlung der Anzahl der zu kaufenden/verkaufenden Aktien keine Rolle spielt (er ist auf beiden Seiten der Gleichung enthalten), sehr wohl aber bei der Frage, ob Arbitrage möglich ist.

2. Im Unterschied zu Beispiel 7.21, S. 289, haben wir hier ein Startkapital von null. Das Portfolio bringt mit Sicherheit ein negatives Endvermögen. Daraus können wir schließen, dass die „umgekehrte“ Strategie (Calls kaufen, Aktien leerverkaufen) mit Sicherheit zu einem (positiven) Endvermögen von 50,74 führen wird.

   Offensichtlich ist der Callpreis im Vergleich zum Aktienkurs zu niedrig. Ein Arbitrageur, der zur overnight rate Geld für einen Tag ausborgen kann, könnte also folgende Strategie verfolgen: Verkauf von Aktien und Kauf von einer der beschriebenen Call-Optionen je Aktie. Die benötigten Mittel werden zur overnight rate ausgeliehen. Die steigende Nachfrage nach Call-Optionen (beim derzeitigen Marktpreis) wird zu einem Anstieg des Callpreises führen. Dieser Prozess wird so lange anhalten, bis die Arbitragemöglichkeit verschwunden ist.

Anhang B

Symbolverzeichnis

a	Zahl der alten Aktien
a_i	Handlungsalternative i
A	Annuität
A_t	Auszahlung zum Zeitpunkt t
AW	Anschaffungswert
B	Wert einer Anleihe
BR	rechnerischer Wert des Bezugsrechts
BG	Bearbeitungsgebühr
C_t	Wert einer Call-Option zum Zeitpunkt t
D	(konstante) Dividende (pro Aktie)
D_t	Dividende (pro Aktie) zum Zeitpunkt t
e	Euler'sche Zahl (2,71828...)
$\mathrm{E}[\cdot]$	Erwartungswert
EAD	Erwartete Höhe der Forderung zum Zeitpunkt des Ausfalls (Exposure at Default)
EL	erwarteter Schaden (Expected Loss)
E_t	Einzahlung zum Zeitpunkt t
EmK	Emissionskurs
EV	Endvermögen
F	Basispreis
g	Wachstumsrate einer nichtkonstanten Rente
G	(konstanter) Gewinn (pro Aktie)
i	Zinssatz
$\hat{i}$	Näherungswert für den internen Zinssatz
i_{eff}	effektiver Zinssatz, interner Zinssatz, Rendite
i_{nom}	nomineller Jahreszinssatz
i_v	Zinssatz bei vorschüssiger Verzinsung
K_0	Barwert

K_t	Zeitwert zum Zeitpunkt t
KGV	Kurs/Gewinn-Verhältnis
KS	Konsumstrom
KW	Kapitalwert
L	Liquidationserlös
LD	Verlustquote bei Ausfall (Loss given Default)
LM_t	liquide Mittel zum Zeitpunkt t
m	Anzahl der unterjährigen Zinsperioden
n	Zahl der neuen (jungen) Aktien
N	Laufzeit
p	Wahrscheinlichkeit
PD	Ausfallwahrscheinlichkeit (Probability of Default)
p_j	Eintrittswahrscheinlichkeit für den Umweltzustand z_j
P_t	Wert einer Put-Option zum Zeitpunkt t
q^N	Aufzinsungsfaktor für N Perioden
r	risikoadjustierter Zinssatz
R_t	Zahlung einer nichtkonstanten Rente zum Zeitpunkt t
S_a	Kurs der alten Aktien
S_j	Kurs der neuen (jungen) Aktien
S_M	(theoretischer) Mischkurs nach Kapitalerhöhung
S_t	Aktienkurs zum Zeitpunkt t
S_t^R	rechnerischer Wert einer Aktie zum Zeitpunkt t
SÄ	Sicherheitsäquivalent
t	Zeitindex
T	Fälligkeitstag/Verfallstag
TK	Tilgungskurs
$\tilde{x}_i$	unsichere Zahlung die mit Aktion i verbunden ist
x_{ij}	Zahlung für das Aktions-Zustands-Paar (a_i,z_j)
X	Ausübungspreis einer Option
z_j	Umweltzustand j

Index